共缩聚树脂木材胶黏剂

杜官本 等 著

科学出版社

北京

内 容 简 介

　　本书以国家自然科学基金重点项目等研究成果为基础，重点介绍了木材胶黏剂用共缩聚树脂合成化学、结构表征、性能分析等，并详细介绍了三聚氰胺-尿素-甲醛共缩聚树脂、苯酚-尿素-甲醛共缩聚树脂、乙二醛-尿素-甲醛共缩聚树脂、生物质多组分共缩聚树脂等几种典型共缩聚树脂合成、结构与性能，最后简要介绍了作者课题组对氨基共缩聚树脂高支化结构改造的研究进展。本书参考了大量国内外相关文献和最近研究结果，旨在为木材胶黏剂合成理论创新、产品性能改良和新型胶黏剂创制等提供思路。

　　本书可供木材科学与工程、材料科学与工程、高分子科学与工程、精细化工等领域科研人员、工程技术人员和高等院校师生使用与参考。

图书在版编目(CIP)数据

共缩聚树脂木材胶黏剂 / 杜官本等著. —北京：科学出版社，2021.6
ISBN 978-7-03-067722-8

Ⅰ. ①共⋯　Ⅱ. ①杜⋯　Ⅲ. ①树脂胶黏剂　Ⅳ. ①TQ433.4

中国版本图书馆CIP数据核字(2020)第272040号

责任编辑：周巧龙 杨新改 / 责任校对：杜子昂
责任印制：吴兆东 / 封面设计：东方人华

科 学 出 版 社 出版
北京东黄城根北街 16 号
邮政编码：100717
http://www.sciencep.com
北京虎彩文化传播有限公司 印刷
科学出版社发行　各地新华书店经销
*
2021 年 6 月第 一 版　开本：720 × 1000 1/16
2023 年 3 月第二次印刷　印张：26
字数：522 000
定价：150.00 元
(如有印装质量问题，我社负责调换)

序

首先，我非常高兴能为杜官本教授的新书《共缩聚树脂木材胶黏剂》作序。

1990年，当我还在约翰内斯堡威特沃特斯兰德大学担任教授时，杜教授和我通过信件首次联系，从此开启了长达30年的合作与友谊。现在，他在西南林业大学带头组建了一支木材胶黏剂研究团队，通过他们的勤奋努力，特别是创新性思维和聪明才智，该团队已在木材胶黏剂理论与应用以及聚合物化学领域做出了突出贡献，并在世界范围内享有很高的学术声誉。

氨基树脂主要包括脲醛树脂和三聚氰胺-甲醛树脂，是木质复合材料最重要的胶黏剂，但面临甲醛释放和耐湿性差的挑战。为此，改善树脂性能的尝试一直在进行并从未停止。近年来共缩聚树脂的研究引起了人们的广泛关注，杜教授及其团队是该领域的开拓者，主要集中在共缩聚树脂反应机理、共缩聚的实施方法、共缩聚树脂的合成-结构-性能相关性等聚合物化学领域。

该书系统论述了几种典型的氨基共缩聚树脂，包括三聚氰胺-尿素-甲醛共缩聚树脂、苯酚-尿素-甲醛共缩聚树脂、乙二醛-尿素-甲醛共缩聚树脂、生物质多组分共缩聚树脂及高支化氨基共缩聚树脂木材胶黏剂的合成、结构与性能及三者之间的相关性。采用量子化学计算从原子或分子水平上揭示了各种氨基共缩聚树脂的加成及缩聚反应机理，提出了新的分子动力学竞争反应路径。此外，书中归纳介绍了近年发展起来的树脂结构和性能表征方法，如NMR、MALDI-TOF-MS和TMA等，对树脂的化学结构研究及结构调控具有重要参考价值。

这是介绍共缩聚树脂木材胶黏剂的第一部专著，我深信他们出色的研究工作具有非常重要的学术价值并将对人造板工业产生广泛和深远影响。

法国洛林大学ENSTIB-LERMAB实验室名誉教授

Preface

First of all, it is my great pleasure to write the preface for Prof. Du's new book *The Co-condensed Resin for Wood Adhesive*.

Prof. Du and I have first been in contact and exchanged mail in 1990 when I was a professor at the University of the Witwatersrand in Johannesburg, which means we have cooperated with each other and our friendship has been lasting for almost thirty years. Now he co-leads one group in Southwest Forestry University that works in the field of wood adhesives. With their diligence, dedication, hard work and especially originality of thought and intelligence, this group has made great contributions to the application and theory of adhesives and adhesion, as well as to the chemistry of polycondensation, and has gained a very high worldwide reputation in science fields.

Amino resins, mainly including urea-formaldehyde and melamine-formaldehyde resins, are the most important adhesives for the wood composite industry, and face the challenges of lowering the emission of formaldehyde and poor water resistance as well. The attempt for improving the performance of these resins is ongoing and will never stop. The co-condensation was introduced in recent decade years and Prof. Du and his group are pioneers in this field, mainly focusing on the mechanism of co-condensation competitive reactions, the implementation methods of co-condensation, the relationship between synthesis, structure and performances of the co-condensed resins, thus in the field of the polymer chemistry of polycondensation.

In this book, the authors discussed several typical amino co-condensed resins including melamine-urea-formaldehyde resin, phenol-urea-formaldehyde resin, glyoxal-urea-formaldehyde resin, biomass co-condensed resin and highly branched amino co-condensed resin. The mechanism of addition and condensation of the resin was studied and explained by using quantum chemical calculations, and then by the competitive reaction route of molecular dynamic. In addition, in this book, various modern analysis methods of resin structure and performance characterization are summarized including NMR, MALDI-TOF-MS and TMA et al, which endows the book with great practical reference value for the chemical structure research and for the structure regulation of wood adhesive resins.

This is the first book which specially introduces co-condensed resin wood adhesives. I trust their excellent work will have important academic value and impact, and extensive applicability and practical significance to the wood composites industry.

Emeritus Professor

ENSTIB-LERMAB

University of Lorraine

France

前　言

现代人造板工业以合成树脂的应用为分水岭。合成树脂的应用使人造板工业的生产效率和产品质量均得到大幅度的提高，特别是脲醛树脂、酚醛树脂和三聚氰胺-甲醛树脂等甲醛系列树脂的应用，推动了人造板工业的高速发展。其中，脲醛树脂是最重要的人造板胶黏剂，在人造板工业中占据统治地位，占比高达90%左右，在可以预见的未来，这一现状不会发生本质改变。

20世纪后期，脲醛树脂胶合制品甲醛释放开始引起广泛关注，为了降低甲醛释放，科学家提供了降低甲醛与尿素摩尔比的技术方案并获得广泛应用，但低摩尔比脲醛树脂的应用导致人造板物理力学性能下降和生产线生产效率降低。我们的研究进一步证实，这一现象的本质原因在于脲醛树脂结构的改变：经典合成工艺中后期添加的大量尿素，一方面有效地降低了树脂中的游离甲醛，但同时导致脲醛树脂初期聚合物结构降解和去支化，随后固化的脲醛树脂难以形成足够的网状交联。大量的探索研究表明，通过脲醛树脂合成配方的改进难以实现甲醛释放指标与力学性能指标的兼顾。正是基于这些前期研究，我们认为多组分共缩聚技术方案是当前实现甲醛系列树脂成本与性能平衡最有效的技术方案，共缩聚既可在树脂合成制备阶段，也可在树脂固化交联阶段。

当合成体系由两个组分改变为三组分或多组分后，多种竞争反应并存使体系变得更加复杂，控制难度也明显增加。系统研究共缩聚树脂合成-结构-性能相关性，了解合成条件对结构、结构对性能的影响机制，可为配方设计提供理论指导，这正是作者近年来的研究重点，也是本书的主要内容。

本书是国家自然科学基金重点项目"木材胶黏剂用共缩聚树脂应用基础研究"（30930074）、国家自然科学基金地区科学基金"基于分子模拟的苯酚-尿素-乙二醛共缩聚树脂的结构调控与反应机理研究"（31860188）、云南省科技厅应用基础研究基金重点项目"羟甲基脲起始合成GUF共缩聚树脂的结构、性能及反应机理研究"（2018FA014）等项目研究成果的汇集，是项目组全体成员和云南省木材胶黏剂创新团队成员共同努力的结果。以章节为序，前期研究和后期撰写过程中，完成人员还包括：李涛洪教授（合成化学与反应机理），邓书端教授（树脂结构表征与热性能分析以及乙二醛-尿素-甲醛共缩聚树脂），王辉副教授（三聚氰胺-尿素-甲醛共缩聚树脂），雷洪教授、吴志刚博士和曹明博士（苯酚-尿素-甲醛共缩聚树脂以及生物质多组分共缩聚树脂），周晓剑研究员和廖晶晶博士[高(超)支化氨基共缩聚树脂]等。

共缩聚树脂的合成与应用仍然有大量科学和技术问题有待解决，我们的研究和本书内容的充实仍有很大空间，疏漏、不足之处敬请同行和读者批评指正。

感谢国家自然科学基金委员会、教育部、国家林业和草原局、云南省等项目经费支持，感谢前期研究和本书出版过程中给予关心支持的所有人。

杜官本

2021 年 2 月

目　　录

序
Preface
前言
第 1 章　合成化学与反应机理 ·· 1
　1.1　缩聚反应基础 ····································· 1
　　1.1.1　缩聚反应单体 ····························· 1
　　1.1.2　缩聚反应基本特征 ························ 5
　　1.1.3　缩聚反应分类 ····························· 7
　　1.1.4　加成缩聚反应 ····························· 8
　1.2　量子化学基本理论和方法 ··················· 10
　　1.2.1　概述 ··································· 14
　　1.2.2　哈特里-福克理论和从头算方法 ·········· 15
　　1.2.3　Møller-Plesset(MP)微扰理论 ·········· 21
　　1.2.4　密度泛函理论简介 ····················· 22
　　1.2.5　基组与溶剂效应 ······················· 30
　1.3　合成反应机理 ··························· 32
　　1.3.1　脲醛树脂合成机理 ····················· 32
　　1.3.2　碱性条件下的三聚氰胺-甲醛树脂反应体系 · 72
　　1.3.3　酚醛树脂合成机理 ····················· 78
　　1.3.4　普适性原理 ··························· 93
　参考文献 ··································· 96
第 2 章　树脂结构表征与热性能分析 ·················· 104
　2.1　核磁共振波谱 ··························· 104
　　2.1.1　^{1}H 的核磁共振波谱 ················· 105
　　2.1.2　^{13}C 的核磁共振波谱 ·············· 107
　2.2　质谱 ································· 117
　　2.2.1　有机质谱 ····························· 118
　　2.2.2　MALDI-TOF-MS ····················· 120
　　2.2.3　电喷雾离子化质谱 ····················· 133
　2.3　红外光谱 ······························· 140
　　2.3.1　基本概念 ····························· 140

　　　2.3.2　红外光谱仪 ···141
　　　2.3.3　红外光谱在氨基树脂结构分析中的应用 ···········143
　2.4　热分析及其应用 ··149
　　　2.4.1　热分析概论 ··149
　　　2.4.2　差热分析和差示扫描量热分析 ·······················150
　　　2.4.3　热重分析与微分热重 ·······································153
　　　2.4.4　热机械分析和动态热机械分析 ·······················154
　　　2.4.5　热分析方法在氨基树脂结构分析中的应用 ·········156
　参考文献 ··165
第3章　三聚氰胺-尿素-甲醛共缩聚树脂 ·····························168
　3.1　氨基树脂 ··168
　　　3.1.1　脲醛树脂 ··168
　　　3.1.2　三聚氰胺-甲醛树脂 ······································174
　3.2　三聚氰胺-尿素-甲醛共缩聚树脂合成反应机理 ···········177
　　　3.2.1　竞争反应机制 ··177
　　　3.2.2　分子组分、结构形成与控制 ···························181
　3.3　三聚氰胺-尿素-甲醛共缩聚树脂合成、结构与性能 ······189
　　　3.3.1　合成路线及影响因素 ·····································189
　　　3.3.2　树脂结构与性能 ···193
　3.4　三聚氰胺-尿素-甲醛共缩聚树脂合成配方与应用 ········203
　　　3.4.1　MUF 共缩聚树脂合成配方 ····························203
　　　3.4.2　MUF 共缩聚树脂应用 ···································206
　参考文献 ··209
第4章　苯酚-尿素-甲醛共缩聚树脂 ···································213
　4.1　酚醛树脂 ··213
　4.2　苯酚-尿素-甲醛共缩聚树脂合成反应机理 ················215
　　　4.2.1　苯酚-羟甲基脲树脂合成反应机理 ··················216
　　　4.2.2　不同介质环境下苯酚-尿素-甲醛树脂的合成反应机理 ···222
　4.3　苯酚-尿素-甲醛共缩聚树脂合成、结构与性能 ···········228
　　　4.3.1　苯酚-尿素-甲醛共缩聚树脂结构研究进展 ·········228
　　　4.3.2　合成路线及其对树脂结构与性能的影响 ···········234
　　　4.3.3　原料加入量对树脂结构与性能的影响 ·············239
　　　4.3.4　介质环境对树脂结构与性能的影响 ·················244
　　　4.3.5　分次加料对树脂结构与性能的影响 ·················248
　　　4.3.6　反应时间对 PUF 树脂性能的影响 ··················251
　　　4.3.7　反应温度对 PUF 树脂性能的影响 ··················251

4.4　苯酚-尿素-甲醛共缩聚树脂合成配方与应用 ·················· 252
　　4.4.1　苯酚-尿素-甲醛共缩聚树脂合成配方 ·················· 252
　　4.4.2　苯酚-尿素-甲醛共缩聚树脂应用 ······················ 254
4.5　苯酚-三聚氰胺-尿素-甲醛共缩聚树脂 ······················ 254
参考文献 ·· 257

第5章　乙二醛-尿素-甲醛共缩聚树脂 ···························· 262
5.1　概述 ·· 262
5.2　乙二醛-尿素树脂 ··· 266
　　5.2.1　乙二醛-尿素树脂的合成条件优化 ······················ 267
　　5.2.2　分子组分、结构与性能 ······························ 271
　　5.2.3　合成反应机理 ···································· 278
5.3　乙二醛-尿素-甲醛共缩聚树脂合成 ·························· 284
　　5.3.1　乙二醛-单羟甲基脲树脂的合成反应 ···················· 285
　　5.3.2　乙二醛-双羟甲基脲树脂的合成反应 ···················· 291
5.4　乙二醛-尿素-甲醛共缩聚树脂合成反应 ······················ 298
　　5.4.1　甲醛与乙二醛的亲核反应活性比较 ···················· 299
　　5.4.2　甲醛与尿素的反应 ································ 301
　　5.4.3　乙二醛-尿素-甲醛共缩聚树脂的合成条件优化 ············ 308
5.5　乙二醛-尿素-甲醛共缩聚树脂的结构与性能 ·················· 310
　　5.5.1　乙二醛-尿素-甲醛共缩聚树脂的结构 ···················· 310
　　5.5.2　乙二醛-尿素-甲醛共缩聚树脂的性能 ···················· 314
参考文献 ·· 321

第6章　生物质多组分共缩聚树脂 ······························ 325
6.1　蛋白质基共缩聚树脂 ····································· 326
　　6.1.1　蛋白质化学与蛋白质胶黏剂 ·························· 326
　　6.1.2　蛋白质基多组分共缩聚树脂 ·························· 335
6.2　单宁基共缩聚树脂 ······································· 338
　　6.2.1　单宁化学与单宁胶黏剂 ······························ 338
　　6.2.2　单宁-糠醇-甲醛共缩聚树脂 ·························· 344
6.3　木素基共缩聚树脂 ······································· 347
　　6.3.1　木素结构特征 ···································· 347
　　6.3.2　木素基多组分共缩聚树脂 ···························· 348
6.4　糖基共缩聚树脂 ··· 352
　　6.4.1　淀粉与多糖化学 ·································· 352
　　6.4.2　糖基多组分共缩聚树脂 ······························ 354
参考文献 ·· 355

第 7 章　高(超)支化氨基共缩聚树脂 ·· 365

　7.1　高(超)支化聚合物 ··· 365

　　7.1.1　概述 ··· 365

　　7.1.2　合成方法 ··· 366

　　7.1.3　性能与应用 ··· 370

　7.2　高(超)支化氨基共缩聚树脂合成、改性及应用 ··· 373

　　7.2.1　脲醛树脂胶黏剂缺陷 ·· 373

　　7.2.2　超支化聚合物共缩聚改造 ·· 377

　　7.2.3　类尿素高(超)支化聚合物合成与应用 ·· 381

　参考文献 ··· 399

第 1 章　合成化学与反应机理

用作木材胶黏剂的合成树脂主要包括氨基树脂和酚类树脂。氨基树脂是指带有氨基的化合物与醛类化合物在催化剂作用下通过加成缩聚反应生成的高分子化合物的统称。传统氨基树脂通常指脲醛树脂及三聚氰胺-甲醛树脂。类似的，酚类树脂是指酚类化合物与醛类化合物在催化剂作用下通过加成缩聚反应生成的高分子化合物的统称。传统酚类树脂主要指苯酚-甲醛树脂、间苯二酚-甲醛树脂。通过氨基树脂与酚类树脂的共缩聚反应可得到共缩聚树脂。氨基共缩聚树脂通常由三个及以上组分合成，其中至少一个组分为带有氨基的化合物，如三聚氰胺-尿素-甲醛共缩聚树脂、苯酚-尿素-甲醛共缩聚树脂、乙二醛-尿素-甲醛树脂共缩聚树脂等。

由较简单的原料分子形成合成树脂的化学反应主要可分两种：加聚反应与缩聚反应，其中缩聚反应是合成高分子化合物的基本反应之一，在有机高分子化工领域中占有重要地位，合成了大量有工业价值的聚合物。

氨基及氨基共缩聚树脂是典型的通过缩聚反应合成的聚合物。

1.1　缩聚反应基础

缩聚反应是缩合聚合反应的简称，是指许多相同的或不相同的低分子物质相互作用生成高分子物质，同时消除小分子物质如水、醇、氨、卤化物等的反应。缩聚反应通常是官能团间的聚合反应，按反应条件可分为熔融缩聚、溶液缩聚、界面缩聚和固相缩聚四类，按产物的结构可分为线型缩聚反应与体型缩聚反应两类。

1.1.1　缩聚反应单体

单体分子在发生缩聚反应时，参加反应的官能团数目称作官能度，也就是在反应体系中实际起反应的单体官能团数量，而缩聚反应体系中，单体混合物每一分子平均带有的官能团数量称作平均官能度，即能起反应的官能团总当量数（潘祖仁，2011）。个别单体，反应条件不同，官能度不同，苯酚是最典型的代表：

进行酰化反应，官能度为1
与醛缩合，官能度为3

体系的平均官能度对缩聚产物的结构影响很大。平均官能度等于 1 时，仅能形成低分子物质而不能形成聚合物，平均官能度等于 2 时，原则上仅能形成线型聚合物，当平均官能度大于 2 时，则可能形成支链型或体型聚合物。因此，大分子链的交联程度随平均官能度的增加而增加。

用于氨基及氨基共缩聚树脂合成的单体包括醛类化合物、氨基化合物、酚类化合物等。其中，甲醛在水溶液中可以看作甲二醇：

$$CH_2O + H_2O \Longrightarrow HOCH_2OH$$

因此，甲醛官能度为 2；苯酚由于—OH 基团能使苯环上的两个邻位和一个对位活化，所以苯酚官能度为 3；苯酚取代物的官能度取决于取代基的位置，如间苯二酚，官能度仍为 3；三聚氰胺的官能度为 6，因为其氨基的全部氢原子都显活性；而对于尿素的官能度则争议较大，从理论上讲，尿素官能度为 4，但由于尿素分子中氨基剩余的氢原子的反应能力随引入羟甲基而依次降低，因此尿素的官能度通常表现为 3。图 1-1 表示了上述三种反应物的结构，星号代表活性位置。

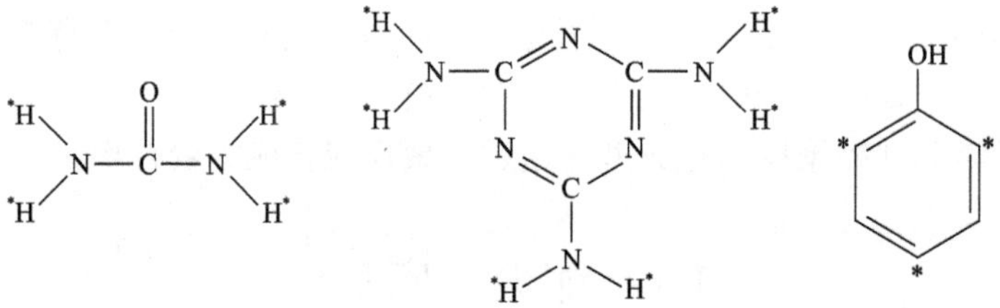

图 1-1　尿素、三聚氰胺、苯酚的结构

1.1.1.1　醛类化合物

1) 甲醛

甲醛 (formaldehyde)，分子式 CH_2O，分子量 30.03。甲醛是最简单的醛，它的分子含有两个氢原子、一个碳原子和一个氧原子。甲醛是活泼的化合物，与酚、尿素、三聚氰胺等可制成合成树脂胶黏剂。

纯甲醛在常温常压下为无色，是具明显气味且易溶于水的气体。冷却时为液体，沸点为−19℃。甲醛被水吸收形成的溶液称为甲醛水 (福尔马林)。甲醛的溶液和蒸气有毒，表现为对黏膜和皮肤有强烈的刺激作用。生产环境的空气中甲醛蒸气含量不得超过 0.005 mg/L。

合成树脂中使用的甲醛水，甲醛含量为 37%±0.5%。添加稳定剂 (阻聚剂) 的，含甲醇 5%～11%，不添加的含甲醇小于 1%。以甲酸计的含酸量不得大于 0.04%，含铁量不大于 0.0005 g/100 mL。

甲醛水应在 0℃以上保存在铝质槽罐中，或内部有化学保护层的钢制槽罐和不锈钢储罐中。用铁桶储存时将被铁离子污染，制得的树脂质量下降。

低温下和不搅动的情况下保存甲醛水，甚至含多量甲醇的甲醛水将有甲醛聚合成白色稠密沉淀的聚甲醛。随着时间的延续，聚甲醛随其容积增大而变得坚硬。大容量储存时，定期搅拌或用泵使之循环，可以有效避免甲醛聚合沉淀。

2) 乙二醛

乙二醛(glyoxal)，俗称草酸醛，分子式 $C_2H_2O_2$ 或 OHCCHO，分子量 58.04，熔点 15℃，沸点 51℃。其相对密度 1.14(水=1)、2.0(空气=1)，外观呈黄色微有臭味的液体，其稳定性较低，易溶于水、醇、醚。蒸气为绿色，燃烧时具紫色火焰。

乙二醛单体极不稳定，放置、遇水(猛烈反应)或溶于含水溶剂时迅速聚合，生成聚乙二醛水合物。将聚合物与对丙烯基茴香醚、苯乙醚、黄樟脑、甲基壬基甲酮或苯甲醛共热，可得单体溶液。乙二醛水溶液单分子乙二醛，呈弱酸性，经过真空蒸发可得到聚乙二醛或三聚乙二醛，市场上销售的产品多是含量为 30%～40%的乙二醛水溶液，以四醇型的形式存在。

乙二醛与甲醛相比，常温下无挥发性，反应活性较低，具备一些特殊的化学性质。它具有两个共轭的羰基，在有机合成中用作增溶剂和交联剂。但它与其他小分子醛类似，可以形成水合物，而且水合物缩合生成一系列的"寡聚体"，其具体结构尚不清楚，同时易构建杂环。相对于甲醛毒性所表现出来的刺激作用、致敏作用、致突变作用等，乙二醛给人体健康带来的危害要小很多。基于此，乙二醛被认为基本是无毒的。

乙二醛具有脂肪醛的通性，化学性质活泼，氧化可得到乙醛酸或草酸，并且能与胺、醛、氢氰酸、羟胺以及含羰基的化合物进行加成或缩合反应，根据反应物的不同，可以生成线型分子、环状化合物，特别是容易形成杂环化合物。它主要用于轻工业、造纸业、纺织工业，具有十分广阔的市场应用前景。

1.1.1.2　氨基化合物

1) 尿素

尿素(urea)，是碳酸的酰胺，也称碳酰胺；分子量 60.06，密度 1.323～1.335 g/cm³，熔点 130～135℃，白色结晶物质，能很好地溶于水、醇、甲醛水和氨水中。尿素分子氨基上的氢是有化学活性的，因此有四个活性基，但从反应中的行为来看，像是三个活性基。

尿素中含有过量的缩二脲、氨、硫酸铵和水不溶物，对于作为胶黏剂用树脂的原料而言是有不良影响的。缩二脲水溶性不好，具有两性的特性，会降低树脂的质量；氨数量增多，树脂 pH 高，转变为糊状的能力也增大；硫酸铵也会促进反应物形成糊状凝胶；水不溶物越多，成品树脂中残留的未反应的甲醛也就越多。所以它们的含量应当有一定的限制：如缩二脲不超过 0.8%，游离氨不超过 0.015%，以 SO_4^{2-} 计的硫酸铵不超过 0.02%，水不溶物不超过 0.02%。

2）三聚氰胺

三聚氰胺（melamine），分子式 $C_3H_6N_6$ 或 $C_3N_3(NH_2)_3$，分子量 126.13，具有三氨基三吖嗪的结构，白色柱状结晶体，密度 1.573 g/cm^3，熔点 354℃，微溶于水，可溶于一般有机溶剂，能溶于氨水和氢氧化钠溶液。其水溶液是比尿素稍强的弱碱性溶液，与酸作用可生成盐。三聚氰胺具有 3～6 个功能基。

1.1.1.3　酚类化合物

苯环上的氢原子有一个或几个为羟基取代的化合物称为酚。根据羟基的数目，可以分为一元酚和多元酚。甲酚、二甲酚属于一元酚，间苯二酚为二元酚。

1）酚

酚（phenol），也称石炭酸、苯酚，分子式 C_6H_5OH，分子量 94.11，是合成树脂的重要原料。纯酚为无色结晶，熔点 42.5～43℃。熔融的酚在 40.5～40.9℃时结晶，沸点 182.1℃。长期与空气接触，氧化而变为红色。酚具有气味、毒性，落在皮肤上会灼伤皮肤。酚稍溶于水，与水混合其熔点降低，每含 1%水，其熔点降低 4.2℃。常温下与水混合分成两层液体，上层为水溶于酚，下层为酚溶于水。酚能很好地溶于醇、醚、甲醛水溶液和碱的水溶液。酚呈酸性，可与碱液作用形成酚盐；在酸的作用下酚盐很容易分解而析出酚。酚能与很多化合物反应，与醛进行缩合反应乃是制备胶黏剂用树脂的基础。

工业对酚的基本要求：酚的凝结温度，合成酚在 40.5～40.0℃，煤焦油酚不低于 37℃。非挥发性物质的含量在 0.010%～0.016%；用 5～8 g 酚做实验时应当没有水不溶物。

2）甲酚

甲酚（cresol），分子式 C_7H_8O，分子量 108.4，有三种同分异构体，彼此以甲基和羟基的位置来区分：

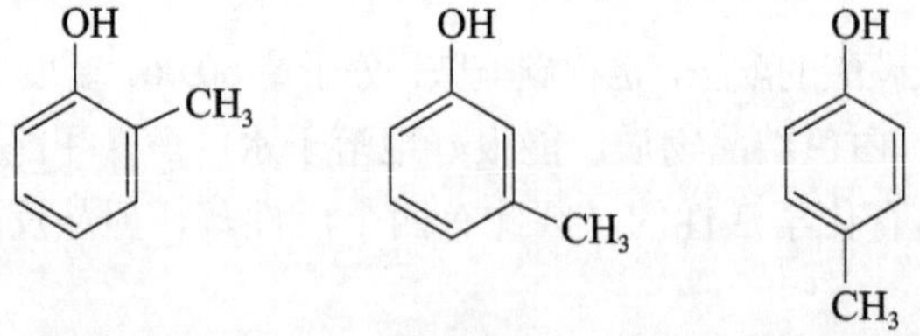

邻甲酚　　　　　　间甲酚　　　　　　对甲酚

常温下，邻甲酚和对甲酚是无色结晶物质，间甲酚是有气味的液体。所有的甲酚均溶于醇、醚和碱的水溶液。

工业上的甲酚是由三种同分异构体的混合物组成,称为混甲酚(或三混甲酚)。混甲酚沸点185~205℃,溶于醇、醚和碱的水溶液,在水中的溶解性不好、有毒。如果是间甲酚和对甲酚的混合物,称为二混甲酚。

3)二甲酚

二甲酚(xylenol),分子式 $C_6H_3(CH_3)_2OH$,分子量122.16。有六种同分异构体:

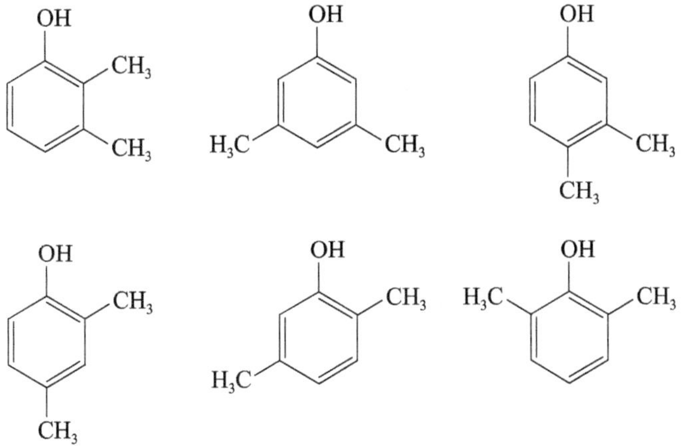

工业上的二甲酚是六种同分异构体的混合物,是黏滞的油状液体,相对密度1.035~1.040(15℃),沸点200~220℃;可完全溶于10%的氢氧化钠溶液中;有毒。

4)间苯二酚

间苯二酚(resorcinol),分子式 $C_6H_4(OH)_2$,分子量110.1,沸点280℃,熔点110℃,是合成树脂中最常用的二元酚。它是无色或略带色的针状或粒状结晶,具微弱特殊气味,不纯者在空气中渐渐变红色。具有弱酸性,可溶于水、醇、醚中。

1.1.2　缩聚反应基本特征

缩聚反应通常是官能团间的聚合反应,因此缩聚物中往往留有官能团的结构特征,如—OCO—、—NHCO—,大部分缩聚物都是杂链聚合物,缩聚物的结构单元比其单体少若干原子,故分子量不再是单体分子量的整数倍,所获得的高分子化合物性质不仅不相似于而且有时根本不同于参与反应的原料组成。

尽管反应物质的特性和它具有的官能团是多种多样的,但绝大多数缩聚反应为逐步反应和可逆反应,分子量随反应时间的延长而逐渐增大,单体的转化率却几乎与时间无关。

了解缩聚反应的共同特点是研究氨基及氨基共缩聚树脂的出发点,缩聚反应一般有如下几个特征。

1) 缩聚反应是逐步反应

以二元醇和二元酸合成聚酯的反应为例，二元醇和二元酸第一步反应形成二聚体：

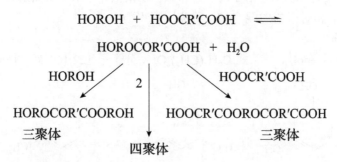

三聚体和四聚体可以相互反应，也可自身反应或与单体、二聚体反应。如此进行下去，分子量随时间延长而增加，显示出逐步反应的特征。

脲醛树脂等氨基树脂的缩聚反应也是逐步进行的，与合成聚酯反应的不同之处在于，尿素与甲醛先发生加成反应生产羟甲基脲，羟甲基脲与尿素或羟甲基脲之间逐步缩聚脱水形成高分子化合物。

2) 缩聚过程是可逆的、动态平衡的

缩聚反应形成高分子化合物的反应不能进行到终点，原料物质不能完全转变为树脂状产物，即在生成树脂正反应的同时，高分子产物与低分子产物(树脂与水)之间进行着逆反应，逆反应的结果为产物降解。正、逆反应速率达到相等时，体系达到动态平衡，缩聚反应终止。有的合成树脂(如聚酯树脂)逆反应的影响是很大的，为了取得优质树脂，通常应将形成的水不断从反应系统中排除出来，这样反应才能按要求的方向进行下去。氨基树脂逆反应的影响不大，但平衡体系中残留一部分游离状态的原料组分，这一反应特征决定了脲醛树脂中始终存在一部分游离的甲醛，同时反应过程中，形成的脲醛树脂初期聚合物存在结构降解的可逆反应。

对所有缩聚反应来说，逐步特性是共有的，而可逆平衡的程度可以有很大的差别，可逆程度可由平衡常数来衡量，如聚酯化反应中的平衡常数：

$$—OH + —COOH \underset{k_{-1}}{\overset{k_1}{\rightleftharpoons}} —OCO— + H_2O$$

$$K = \frac{k_1}{k_{-1}} = \frac{[—OCO][H_2O]}{[—OH][—COOH]}$$

根据平衡常数(K)的大小，可将线型缩聚大致分为三类：①K 值小，如聚酯化反应，$K \approx 4$，副产物水对分子量影响很大；②K 值中等，如聚酰胺化反应，300<

K<500，水对分子量有所影响；③K 值很大，K>1000，如聚碳酸酯、聚砜，可看成不可逆缩聚。

3）缩聚反应可以在任何一个阶段上中止下来，以后又可继续进行

这一特点为氨基树脂的工业运输与储存提供了便利。树脂制备过程中，当氨基树脂初期聚合物达到目标要求的分子量以后，便通过降低体系温度中止反应，完成运输与储存过程后，在一定的条件使缩聚过程恢复并进行到底，如人造板生产过程中的热压工艺环节。

4）缩聚反应具有阶段性

随着缩聚反应的进行，原料物质浓度和所含的活性官能团降低，同时系统的黏度增长降低了分子间碰撞的概率，体系反应速率降低，分子链增长逐渐终止，因此通过缩聚反应合成的聚合物，分子量有一定的限度。

凝胶化是缩聚反应进行过程中的重要现象，所谓凝胶化是指反应体系黏度突然急剧增加，流动性下降，体系转变为具有弹性的凝胶状的现象。氨基及氨基共缩聚树脂的合成反应是典型体型缩聚反应，反应体系进行到一定程度时都会出现凝胶化现象，开始出现凝胶化时的反应程度（临界反应程度）称为凝胶点，是高度支化的缩聚物过渡到体型缩聚物的转折点。

1.1.3　缩聚反应分类

缩聚反应体系中，根据反应条件可分为熔融缩聚反应、溶液缩聚反应、界面缩聚反应和固相缩聚反应四种，氨基及氨基共缩聚树脂的合成反应以水为载体，通过溶液缩聚实施。所谓溶液缩聚是单体在溶剂中进行的一种聚合反应，溶剂可以是纯溶剂，也可以是混合溶剂，溶液缩聚是工业生产的重要方法，其规模仅次于熔融缩聚，与其他缩聚反应相比，溶液缩聚的优点如下：

（1）聚合温度低，氨基及氨基共缩聚树脂的合成反应一般在 100℃ 以下完成；

（2）反应和缓平稳，有利于热交换，避免了局部过热；

（3）反应不需要高真空，通常可在常压下进行，生产设备简单；

（4）制得的聚合物溶液，可直接使用。

1.1.3.1　根据所用原料分类

缩聚反应根据所用原料可分为均缩聚反应、混缩聚反应和共缩聚反应三种。

（1）均缩聚：只有一种单体进行的缩聚反应。同一单体带有两个不同且能相互反应的官能团，得到线型聚合物，典型的均缩聚反应：

$$n \text{ HORCOOH} \rightleftharpoons \text{H} \overset{}{\underset{n}{+}} \text{ORCO} \overset{}{+} \text{OH} + (n-1) \text{ H}_2\text{O}$$

（2）混缩聚：也称为杂缩聚，指两种单体进行的缩聚反应，其中每个单体都有

两个或以上相同的官能团, 传统的脲醛树脂、酚醛树脂和三聚氰胺-甲醛树脂属于混缩聚, 如

$$n\ HOOC(CH_2)_4COOH + n\ HOCH_2CH_2OH$$

$$\rightleftharpoons HO \left[CO(CH_2)_4COOCH_2CH_2O \right]_n H + (2n-1)\ H_2O$$

(3)共缩聚: 在均缩聚中加入第二种单体进行的缩聚反应, 在混缩聚中加入第三或第四种单体进行的缩聚反应。

1.1.3.2　根据树脂加热时的行为分类

根据树脂加热时的行为, 可将其分为热塑性树脂和热固性树脂。

热塑性树脂: 体现出加热时软化而冷却时硬化的特征, 可重复任意次数。热塑性树脂形成的胶层有好的柔软性和弹性, 但强度性能较热固性树脂低, 因此不宜作为结构胶黏剂使用。聚乙烯、聚丙烯、聚氯乙烯等均属于典型的热塑性树脂, 家具制造、人造板贴面中广泛使用的聚乙酸乙烯酯乳胶等也属于热塑性树脂。

热固性树脂: 是指树脂加热后产生化学变化, 逐渐硬化成型, 再受热也不软化、也不能溶解的一种树脂。热固性树脂分子结构为体型, 由线型或支链型初期聚合物进一步缩聚交联形成。热固性树脂胶层有很高的强度和硬度, 可用于结构胶黏剂, 如酚醛树脂、间苯二酚甲醛树脂、脲醛树脂、三聚氰胺-甲醛树脂等, 均属于典型的热固性树脂。

1.1.4　加成缩聚反应

从 1844 年首次合成至今, 脲醛树脂和其他氨基树脂的研究和生产实践经历了一百余年的历史, 对氨基及氨基共缩聚树脂的合成化学也进行了较为系统全面的研究。氨基及氨基共缩聚树脂合成反应是典型的缩聚反应, 树脂形成反应是逐步进行的, 反应单体的平均官能度大于 2, 所以该缩聚过程为体型缩聚, 完全遵循体型缩聚反应的规律, 即通过反应条件控制可以把反应"终止"在某一适宜的阶段, 改变条件可促进反应继续进行而固化。

甲醛系列树脂的加成缩聚反应一般遵循如下规律:

(1)反应初始阶段, 尿素、苯酚、三聚氰胺等与甲醛树脂反应, 生产具有缩合反应官能团的羟甲基化合物, 分别是羟甲基脲、羟甲基酚、羟甲基三聚氰胺, 传统合成工艺的加成反应通常在碱性条件下进行, 但近年来, 各种酸性条件下的合成工艺开始流行;

(2)羟甲基与尿素、苯酚、三聚氰胺及相关羟甲基化合物之间的缩聚脱水, 生成亚甲基桥键大分子链;

（3）通过反应条件的控制，缩聚程度即树脂的分子量可根据需要控制；

（4）用作胶黏剂的甲醛系列树脂一般为分子量在 200～1000 范围内的线型和支链型高分子化合物，流动性良好，大分子链具有游离的羟甲基，因此在一定条件下能继续发生缩聚脱水反应得到网状结构的体型高分子化合物。

加成和缩聚反应的化学方程式简列如下：

$$R—H+CH_2O \longrightarrow R—CH_2OH \qquad \text{加成反应}$$

$$R—CH_2OH+R—H \longrightarrow R—CH_2—R+H_2O \qquad \text{缩聚反应}$$

$$R—CH_2OH+R—CH_2OH \longrightarrow R—CH_2—R+H_2O+CH_2O \qquad \text{缩聚反应}$$

杜官本研究发现，羟甲基化可迅速完成（杜官本，1999）。加成缩聚反应可在广泛的酸或碱催化剂的作用下发生，根据使用场合不同，合成配方和工艺千差万别，合成路线总体变化不大，以脲醛树脂为例，典型的合成路线如图 1-2 所示（Kim，1999，2000，2001）。

同时，胶黏剂配方往往具有较高的商业价值，这正是配方设计的魅力所在。

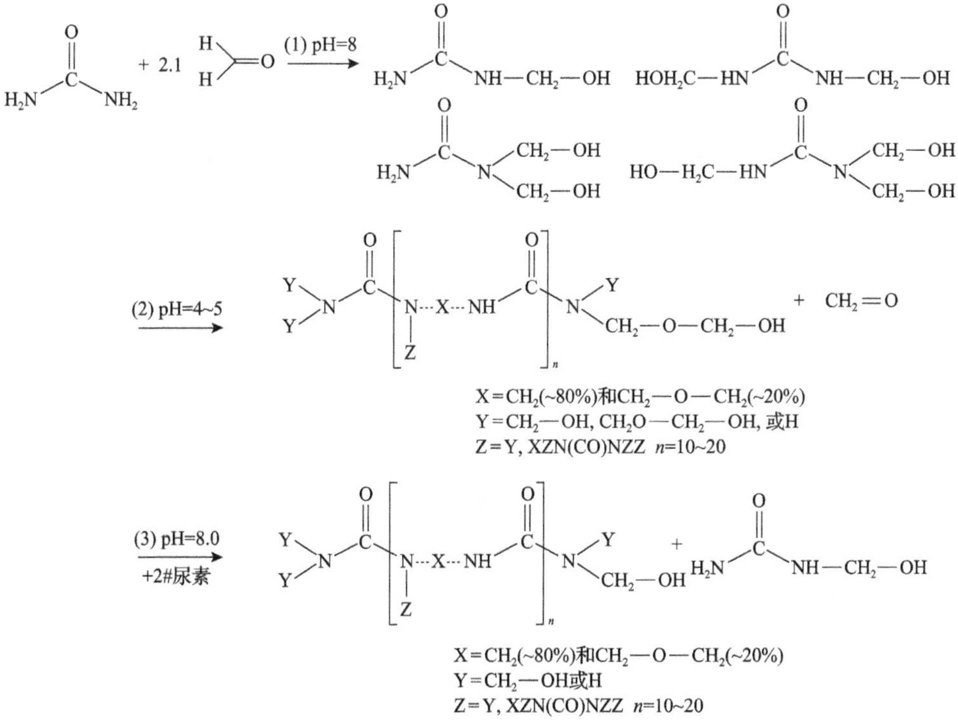

图 1-2　脲醛树脂典型合成路线

1.2　量子化学基本理论和方法

氨基及氨基共缩聚树脂合成机理研究以脲醛树脂研究为代表，经典理论框架建立于 20 世纪 50 年代(de Jong et al.，1952a，1952b，1953)，为传统脲醛树脂合成与应用提供了指导，并奠定了脲醛树脂在人造板工业中的统治地位。

受研究手段的限制，经典合成理论对树脂合成反应机理的探讨不够全面和深刻，或者说，合成理论的研究滞后于应用技术的研发。造成这一局面主要有以下两方面的原因：首先，由于树脂合成工艺相对简单，其诞生后很快就能得到广泛应用，于是世界各国将大量的人力、物力和财力投入到应用研究当中，而忽略了研究合成反应本身的基础理论问题。其次，甲醛属羰基类化合物而尿素具备双亲核中心(两个氨基)，人们理所当然地认为这两者间应该发生经典的亲核加成反应，反应产物随后发生缩聚反应，于是在大量的科研论文中千篇一律地使用加成和缩聚这两个简单的反应式来描述树脂合成的机理。事实上，在对大量文献进行查阅后，作者发现很少有文献对催化剂在反应中的催化机理作过详细讨论，而直接对催化机理进行研究的报道更是罕见。可以说，树脂合成反应中酸或碱在反应历程中扮演的角色都还没有明确。

催化剂作用下的尿素和甲醛以及中间产物之间发生的反应十分复杂，并不是简单的"加成-缩聚"可以描述的。大量的实验表明，加料方法、反应物物质的量比、催化剂、反应温度等条件的变化直接导致树脂结构和性能的变化。但这些反应条件对树脂结构和性能的决定机制并不完全清楚。树脂分子形成的过程是一个结构不断变化，分子量不断增大的过程，在这个过程中初始反应物及初期缩聚产物间可能以多种形式、在多个反应位点进一步缩聚，于是各种可能的基元反应的选择性和竞争性决定了树脂分子最终结构的形成。深入了解反应条件对各种基元反应的微观历程、反应动力学和热力学的影响无疑是阐明树脂结构形成机理的核心问题。

目前，合成脲醛树脂的工艺主要有两种：弱碱—弱酸—弱碱和强酸—弱酸—弱碱。在这两种工艺中都要使用酸或碱作催化剂，并且体系的酸碱度是影响树脂结构和性能的重要因素。脲醛树脂合成的经典理论指出，在初始条件为碱性的反应阶段，甲醛与尿素反应主要生成羟甲基脲，缩聚反应在这一阶段很难进行。不同的是，酸能同时催化羟甲基化和缩聚反应，并且缩聚反应同时会生成亚甲基醚键($—CH_2—O—CH_2—$，以下简称醚键)和亚甲基桥键($—NH—CH_2—NH—$，以下简称桥键)。这两种结构的相对含量与反应体系的 pH 和反应时间等因素有关。因此，酸性条件下树脂分子结构的形成过程更复杂、更难以控制(杜官本，1999)。那么 H^+ 和 OH^- 如何催化反应？它们对羟甲基化和缩聚反应的活化程度和活化机理有何异同？从反应结果看，桥键由氨基和羟基脱水形成，醚键由羟基之间脱水形成。按照经典有机化学理论，这两种键的形成都可以用酸催化下醇分子间脱水生成醚键的反应历程来解释。但醚键的形成一般有两种机理，即双分子亲核取代（S_N2）和单分子亲核取代（S_N1）。在 S_N2 机理中，旧键的断裂和新键的生成只经历一个过渡态，为一步反应。S_N1 机理为两步反应，即羟基质子化后直接脱水生成活性中间体碳正离子，然后碳正离子与另一分子醇碰撞生成中间体并去质子生成醚。其中，碳正离子的生成一般是决速步。醇分子间脱水经历何种机理主要是取决于碳正离子是否容易生成。那么羟甲基脲间以及氨基与羟甲基之间的缩合是通过何种反应历程实现的？S_N2 和 S_N1 反应在动力学和热力学上的特征是不同的，因此探究缩合反应机理至关重要。研究还发现，酸性条件下一部分醚键会重排为桥键，这说明桥键比醚键稳定，但至今为止，尚未有研究阐明这种重排机理及其驱动因素。目前，普遍认为醚键结构不稳定，分解后容易释放甲醛，因此希望尽可能减少树脂结构中醚键的含量并同时增加较为稳定的桥键的含量。显然，只有深入了解这两种结构的形成机理和竞争关系后才能通过控制反应条件实现结构的优化。

　　早期的研究发现，在强酸条件下羟甲基脲（二羟甲基脲和三羟甲基脲）发生分子内脱水可生成环状醚键结构（Gu et al.，1995）。这种结构被称之为 uron（氧杂-3,5-二氮环己基-4-酮）结构。后来的研究表明，这种结构在碱性条件下也能形成（Soulard et al.，1999）。一部分学者认为合成中应避免这种结构的生成，但也有研究指出，将含大量 uron 结构的树脂按一定比例与传统脲醛树脂混合可以改善树脂的胶合强度。除强酸或强碱条件外，uron 结构的大量形成和稳定存在是以高物质的量比为前提的（Sun et al.，2014）。如何解释反应条件对这种结构形成的决定作用？显然，二羟甲基脲间的缩合和其自身的成环缩合反应形成竞争，但竞争机制如何？目前，并没有系统的理论研究对这些问题做出解释。

　　酚醛树脂和三聚氰胺-甲醛树脂的合成可以自始至终在碱性条件下完成。这说明，缩聚反应确实可以在碱性条件下生成，并且反应速率可以被工业应用所接受。对于脲醛树脂，大量研究表明（Kim，1999；Despres et al.，2007），在碱性条件下除羟甲基化反应外，羟甲基脲间还可以发生初步缩合，但这种缩合只能生成主要含亚甲基醚键结构的初聚物。这说明两个问题：其一，碱性条件下的缩合反应很慢，在可以接受的时间内并不能形成一般意义上的树脂分子；其二，碱性条件下只能选择性地生成醚键，而难以形成亚甲基桥键结构。同样的，尚未有研究对这两个问题做出理论解释。尿素、苯酚和三聚氰胺的共同点是都有共轭电子结构，但不同于尿素，苯酚和三聚氰胺有刚性的六元环结构。那么，它们之间的活性差异是电子效应还是空间结构效应导致的？化学反应发生的前提是反应物分子间能否发生有效碰撞。因此，除活化能外，有效碰撞概率成了某些反应的决定因素，而反应物溶解度、空间几何结构等因素与反应物间的碰撞取向和概率有直接关系。理论上讲，尿素与甲醛反应应该可以生成四羟甲基脲，但为什么实验上从来没有观测到?要解决这些看似最基本的问题，需要对其中每一个基元反应的微观历程进行深入的研究。

三聚氰胺分子中有三个氨基，从这一点上看，它与尿素类似，并且也能和甲醛反应合成三聚氰胺-甲醛树脂。这种树脂具有甲醛释放量低、胶合强度高、耐水性好等优点，但同时也存在储存稳定性差、固化慢、成本高等缺点(Jahromi, 1999)。近几年的研究发现，在脲醛树脂合成过程中添加一定量的三聚氰胺可以提高脲醛树脂的性能，同时也能一定程度上降低甲醛释放量(杜官本等，2002)。于是，将脲醛树脂低成本与三聚氰胺-甲醛树脂高性能相结合，研发新一代高性能三聚氰胺-尿素-甲醛(MUF)共缩聚树脂成为目前木材胶黏剂研究领域的热点。显然，在尿素-甲醛体系中引入第三种反应物将使得反应体系变得更为复杂。目前，有关这三种反应物是否真的能发生共缩聚反应或者说能多大程度上发生共缩聚反应还存在歧义。通过树脂结构分析，No 等(2004)认为由于脲醛(UF)树脂和三聚氰胺-甲醛(MF)树脂自缩聚产物和三聚氰胺-尿素-甲醛共缩聚产物给出的 ^{13}C-NMR 化学位移十分接近，难以判断共缩聚反应是否发生，并认为在缩聚反应中以三聚氰胺和尿素各自的缩聚反应为主的可能性较共缩聚反应的可能性更大。一部分学者认为 UF 和 MF 组分间确实存在共缩聚反应，部分研究者还提出了三聚氰胺-尿素-甲醛树脂的可能结构。对于共缩聚反应存在这些争议是正常的，因为尿素和三聚氰胺虽然都有氨基这一活性官能团，但这两种反应物毕竟有着不同的化学结构，氨基对甲醛的反应活性也可能不一样。三聚氰胺-尿素-甲醛树脂合成的方法不尽相同。一种工艺是加入三聚氰胺的同时再补加一定量甲醛。在这种情况下，三聚氰胺和甲醛可发生羟甲基化反应，羟甲基化产物可以自缩合，也可以与 UF 共缩聚，至于哪一种是主要的反应取决于两者的竞争关系。另一种工艺是将尿素、三聚氰胺、甲醛一起反应(No et al., 2004)。这是最复杂的情况，因为没有理由认为先发生羟甲基化再缩合，众多反应可能同时进行。无论哪种工艺，真正意义上的共缩聚反应物应该是树脂分子中同时包含以共价键结合的三种反应物单元。问题在于，不同的合成工艺中，各起始反应物和中间产物间到底可以发生哪些反应?这些反应在不同条件下的竞争关系如何?哪些反应是有利于树脂性能提高的?如何让有利的反应在竞争中占优势地位?由于这些问题没有得到解决，合成路线的设计因缺乏理论依据而显得盲目。共缩聚反应至今仍处于初期的探索阶段，解决基础理论问题对将来共缩聚树脂的合成和应用显得尤为重要。

合成反应中可能发生的多种反应看似随机性比较大，然而不同反应物间的反应由于反应活性和结构的差异必然导致反应热力学和动力学上的差异。因此，理论上讲，只要分别研究清楚每一个基元反应，就可以明确这些反应的竞争关系。

在此基础上对反应进行干预,并最终做到树脂结构控制才是可能的。近年来,这一领域的学者开始认识到,现有的理论对氨基树脂合成研究的指导作用十分有限,理论上的发展已远远滞后。于是,一部分学者开始关注这一领域的基础研究,其中树脂结构的形成机理是核心问题。

目前,实验上研究树脂结构形成机理主要依赖于仪器方法解析树脂结构和产物分子量分布情况。如采用凝胶渗透色谱(GPC)、傅里叶变换红外光谱(FTIR)、核磁共振(^{1}H-NMR、^{13}C-NMR、^{15}N-NMR)、质谱仪(MS)等研究不同合成工艺条件下产物分布和树脂结构的差异来推测树脂结构的形成受反应条件影响的机制。应该说,这些技术的应用能为树脂结构的认识提供一些信息,但也有很大的局限性。首先,仪器分析只能说明树脂中“可能存在”的化学键类型或结构片段,但对结构的精细解析存在困难。因为树脂分子中一些反映结构特点的化学键合方式虽然所处环境不同,但往往会释放出相同或极其相似的物理信号,导致仪器分析无法给出准确的结构。其次,考察反应机理的关键在于了解反应中生成的各种活性中间体。然而,这一直是实验研究反应机理的最大瓶颈。因为活性中间体的存在时间极短($<10^{-10}$ s)、浓度极低。对于凝聚相反应,活性中间体的捕捉几乎是不可能的。因此,将其他方法引入树脂合成研究领域是亟待解决的问题,基于这一指导思想,西南林业大学研究团队开展了基于量子化学计算的合成理论研究。

理论化学,特别是量子化学方法的引入可以克服实验上研究反应的困难,因为量子化学研究是基于严格可靠的理论方法在计算机上实现的,因此可以不受实验条件的限制,在分子水平上重现化学反应微观过程,特别是可以确定反应的过渡态和活性中间体并找出所有可能的反应途径,获取这些反应的动力学和热力学数据。这样,对树脂合成反应中各种可能基元反应的逐一研究就得以实现。阐明它们的选择性和竞争关系就可以解决上述基础理论问题、完善能够指导实验合成的基础理论体系。这种方法对于探索树脂合成反应的微观历程以及树脂结构形成的机理无疑是有力的工具。

量子化学自诞生至今已有近百年的历史。这一学科的发展使人们能够在电子、原子和分子水平上认识物质的微观结构和运动规律。量子化学理论和计算方法发展至今,已经使其能够准确描述的体系由几个原子扩大到上百个甚至上千个原子。量子化学软件 Gaussian 的开发和密度泛函理论(density functional theory,DFT)的提出(1998 年诺贝尔化学奖)以及计算机技术的飞速发展更是加速了量子化学在各个学科领域的渗透。如今,量子力学和分子力学(基于牛顿力学)的结合正在形成一门新的学科——现代理论化学,其研究手段已经广泛应用于化学学科、材料科学、能源领域和生命科学。

1.2.1　概述

　　量子化学是以量子力学和统计力学基本原理为基础建立起来的研究原子、分子和晶体的电子结构、化学键性质、化学反应(化学键生成与断裂)、分子间作用力(氢键和范德瓦耳斯力)、各种光谱和波谱性质的理论。从 1927 年海特勒和伦敦利用量子力学理论研究氢分子的结构开始，历经近百年的发展，量子化学已成为一门独立的，同时也与化学各分支学科以及数学、物理、生物、计算机科学等互相渗透、交叉的学科。如今量子化学方法已在化学、生物、材料、能源、环境等多个领域中得到广泛应用并做出重要贡献。

　　至 20 世纪初，化学仍是一门实验性科学。虽然化学家对化学过程前后能量关系和物质浓度的变化都已经有了深刻认识，但是对组成物质的基本单元——原子、分子这样的微观粒子的认识还很模糊。1926 年奥地利物理学家薛定谔给出描述微观粒子运动规律的薛定谔方程，并在 1927 年被海特勒和伦敦正式用来处理化学问题，求解了氢分子的薛定谔方程，标志着量子化学这一用物理学中的量子力学原理来解释化学现象的新学科正式诞生。此后的几十年里，鲍林的化学键理论(Pauling，1960)、马利肯-洪特的分子轨道理论(Mulliken，1949；Mulliken et al.，1949)、伍德沃德-霍夫曼的分子轨道对称守恒理论(Woodward et al.，1969)和福井谦一的前线轨道理论(Fukui，1965；1971)相继提出，并成为量子化学发展史上重要的里程碑。

　　20 世纪 50 年代末，物理学家、量子力学奠基人之一的海森伯说，实际上通过量子论，物理和化学这两门科学已经完全融合了。海森伯明确指出，量子力学将把化学带进严密科学。1998 年诺贝尔化学奖颁发给理论化学家 W. Kohn 和 John A. Pople，并向全世界公告"化学不再是纯实验科学了"。计算化学作为一门新兴起的交叉学科已被美国化学会划为与物理化学等并列的二级学科，并定名为 Computational Chemistry。

　　利用量子化学方法可以进行的研究内容包括：①原子、分子的电子结构和光谱以及波谱性质；②各电子态下分子的稳定性及空间几何结构；③化学键性质；④描述化学反应中化学键的断裂和生成，包括获得反应势能面上的中间体和过渡态，进而获得关于反应机理和动力学信息；⑤化学反应的热力学性质等。

　　量子化学经过近百年的发展，已经发展成一套完整的研究体系，其中包括较为精确的从头算法和密度泛函理论方法；引入经验参数简化数学积分的半经验方法。量子化学中应用的近似法大概分为由斯莱特(Slater)、鲍林等发展的原子轨道近似理论以及由马利肯等发展的分子轨道近似理论。

　　从头算法有严格的数学理论和量子力学基础，理论上可以达到所需要的任意精度，但是实际操作计算量过于巨大，而半经验方法虽然简化了方程计算，但精度较低。密度泛函理论的产生，使得计算量大幅度减少并且一定程度上保证了计算的精度。

1.2.2　哈特里-福克理论和从头算方法

哈特里-福克(Hartree-Fock)模型是建立在四个近似基础上的，即非相对论近似、玻恩-奥本海默(Born-Oppenheimer)近似、单电子近似以及原子轨道线性组合成分子轨道近似(LCAO-MO)。在这些近似的基础上，分子体系的薛定谔方程演变为罗特汉方程。求解该方程时，如果不再引入新的简化或近似严格进行数学积分来求解，则这种计算方法称为从头算方法(*ab initio* method)。从头算方法不借助任何经验参数，在理论和方法上都比较严格。

哈特里-福克方程又简称为 HF 方程，是一个应用变分法计算多电子体系波函数的方程，是量子化学中最重要的方程之一。基于分子轨道理论的所有量子化学计算方法都是以 HF 方程为基础的。鉴于分子轨道理论在现代量子化学中的广泛应用，HF 方程可以被称作现代量子化学的基石。HF 方程的基本思路为：多电子体系波函数是由体系分子轨道波函数为基础构造的斯莱特行列式，而体系分子轨道波函数是由体系中所有原子轨道波函数经过线性组合构成的，那么不改变方程中的算符和波函数形式，仅仅改变构成分子轨道的原子轨道波函数系数，便能使体系能量达到最低点，这一最低能量便是体系电子总能量的近似，而在这一点上获得的多电子体系波函数便是体系波函数的近似。为了解决多电子体系薛定谔方程近似求解的问题，量子化学家哈特里在 1928 年提出了哈特里假设(Hartree, 1928)，他将每个电子看作是在其他所有电子构成的平均势场中运动的粒子，并且首先提出了迭代法的思路。哈特里根据其假设，将体系电子哈密顿算符分解为若干个单电子哈密顿算符的简单加和，每个单电子哈密顿算符中只包含一个电子的坐标，因而体系多电子波函数可以表示为单电子波函数的简单乘积，这就是哈特里方程。但是由于哈特里没有考虑电子波函数的反对称要求，他的哈特里方程实际上是非常不成功的。1930 年，哈特里的学生福克和斯莱特分别提出了考虑泡利原理的自洽场迭代方程和单行列式型多电子体系波函数(Fock, 1930；Slater, 1930)，这就是今天的 HF 方程。但是由于计算上的困难，HF 方程诞生后整整沉寂了二十年，直至 1950 年，量子化学家罗特汉想到将分子轨道用原子轨道的线性组合来近似展开，而得到了闭壳层结构的罗特汉方程(Roothaan, 1951)，1953 年 Pople 等耗费两年时间使用手摇计算器分别独立地实现了对氮气分子的 RHF 自洽场计算，这是人类首次通过求解 HF 方程获得对化学结构的量子力学解释，也是量子化学计算方法第一次实际完成。在第一次成功之后，伴随着计算机技术的迅猛发展，HF 方程与量子化学一道获得长足发展。在 HF 方程的基础上，人们发展出了高级量子化学计算方法，使得计算精度进一步提高，通过对 HF 方程电子积分的简化和参数化，人们大大缩减了量子化学的计算量，使得对超过 1000 个原子的中等大小分子的计算成为可能。

分子是由原子核和电子组成的多粒子体系。在这些粒子间具有形式很复杂的相互作用，包括原子核与原子核、电子与电子、电子与原子核之间的库仑相互作用，电子的自旋-自旋相互作用、自旋-轨道相互作用等。这些相互作用决定了原子核和电子的运动方式，也决定了分子的性质。如果要用量子力学去研究一个分子的稳定结构，就需要求解分子的薛定谔方程：

$$\hat{H}\Psi = E\Psi \tag{1-1}$$

式中，$\hat{H}$ 为分子体系的哈密顿算符。

通过求解方程式 (1-1) 可以得到分子体系的一系列能量本征值 E_n 和相对应的本征函数 Ψ_n（$n = 0, 1, 2, \cdots$）。从这些能量本征值和本征函数上，通过计算可以得到分子体系的许多信息，如能级、电荷分布、成键信息等。分子体系的哈密顿算符应当包括分子中所有电子和原子核的动能和势能，对于一个有 A 个原子核和 N 个电子的分子体系来说，哈密顿算符可以写成如下的形式：

$$\hat{H} = -\sum_{i=1}^{N}\frac{\hbar^2}{2m}\nabla_i^2 - \sum_{P=1}^{A}\frac{\hbar^2}{2M_P}\nabla_P^2 - \sum_{i=1}^{N}\sum_{P=1}^{A}\frac{Z_P e^2}{r_{iP}} + \frac{1}{2}\sum_{i\neq j=1}^{N}\frac{e^2}{r_{ij}} + \frac{1}{2}\sum_{P\neq q=1}^{A}\frac{Z_P Z_q e^2}{r_{Pq}} \tag{1-2}$$

式中，m 为电子质量；M_P 是第 P 个原子核的质量；Z_P 是第 P 个原子核的原子序数。

式 (1-2) 第一项是电子的动能算符，第二项是原子核的动能算符，第三项是电子与原子核的吸引能，第四项是电子的相互排斥能，第五项是原子核的相互排斥能。这并不是严格的分子体系的哈密顿算符，分子体系严格的哈密顿算符还应当包括电荷间一般的电磁相互作用，自旋与自旋、自旋与轨道之间的相互作用，电子运动的相对论效应。但是由于一般情况下分子内的其他相互作用要远远小于库仑相互作用，如不考虑重元素时相对论效应基本可以忽略不计。因此用式 (1-1) 给出的哈密顿算符来研究分子结构就已经能得到较好的结果了。

以原子单位制表示的分子体系的哈密顿算符为

$$\hat{H} = -\frac{1}{2}\sum_{i=1}^{N}\nabla_i^2 - \frac{1}{2}\sum_{P=1}^{A}\frac{1}{u_P}\nabla_P^2 - \sum_{i=1}^{N}\sum_{P=1}^{A}\frac{Z_P}{r_{iP}} + \frac{1}{2}\sum_{i\neq j=1}^{N}\frac{1}{r_{ij}} + \frac{1}{2}\sum_{P\neq q=1}^{A}\frac{Z_P Z_q}{r_{Pq}} \tag{1-3}$$

由于原子核的质量（u_P）要比电子大很多，一般要大 3~4 个数量级，在同样的相互作用下，核的运动要比电子的运动慢得多，其动能也很小，可以认为是 0，忽略不计。因此出现在各粒子相互作用势能中的原子核坐标就可视为常数，特别

是核与核之间的排斥能应看作是常数，以 I 表示，若令

$$\hat{H}_{el} = -\frac{1}{2}\sum_{i=1}^{N}\nabla_i^2 - \sum_{i=1}^{N}\sum_{P=1}^{A}\frac{Z_P}{r_{iP}} + \frac{1}{2}\sum_{i\neq j=1}^{N}\frac{1}{r_{ij}} \tag{1-4}$$

则

$$\hat{H} = \hat{H}_{el} + I \tag{1-5}$$

将上式代入式(1-1)：

$$(\hat{H}_{el} + I)\Psi = E\Psi \tag{1-6}$$

在玻恩-奥本海默近似下，求解方程式(1-1)的问题就归结为求解式(1-6)，而在式(1-6)中哈密顿 $\hat{H}_{el}$ 以及波函数 Ψ 都只是电子坐标 r_i 的函数。这样，研究一个分子内部核与电子运动的问题，就变为 N 个电子在固定的原子核电场中运动的问题。而电子又都是电荷、质量、自旋等特征完全相同的粒子，因此分子结构问题的研究就化为 N 个全同粒子体系的研究。这就大大简化了原来多粒子体系的复杂度。

　　然而式(1-6)仍然很难求解，因为在 $\hat{H}_{el}$ 中出现的 $r_{ij} = \left|\vec{r}_i - \vec{r}_j\right|$ 包含着不能分离变量的两个电子的坐标 $\vec{r}_i$ 和 $\vec{r}_j$。为了解决这个问题，引入平均场近似。平均场近似的具体描述为：每个电子都是在一个平均场中独立运动，平均场是稳定不变的，每个电子在平均场中具有的势能为

$$V(\vec{r}_i) = -\sum_{P=1}^{A}\frac{Z_P}{r_{iP}} + U(\vec{r}_i) \tag{1-7}$$

$U(\vec{r}_i)$ 是除去第 i 个电子其他电子在 $\vec{r}_i$ 处产生的静电势。对于闭壳层组态的分子，其能量是自旋非简并的，用 Φ_0 来表示这种分子基态的零级近似波函数，在单电子近似下满足反对称要求(泡利原理)的波函数可以用一个斯莱特行列式来表示：

$$\Phi_0 = \frac{1}{\sqrt{N!}}\begin{vmatrix} \varphi_1(q_1)\alpha(q_1) & \varphi_1(q_2)\alpha(q_2) & \cdots & \varphi_1(q_N)\alpha(q_N) \\ \varphi_2(q_1)\alpha(q_1) & \varphi_2(q_2)\alpha(q_2) & \cdots & \varphi_2(q_N)\alpha(q_N) \\ \vdots & \vdots & \ddots & \vdots \\ \varphi_p(q_1)\alpha(q_1) & \varphi_p(q_2)\alpha(q_2) & \cdots & \varphi_p(q_N)\alpha(q_N) \\ \varphi_{p+1}(q_1)\beta(q_1) & \varphi_{p+1}(q_2)\beta(q_2) & \cdots & \varphi_{p+1}(q_N)\beta(q_N) \\ \vdots & \vdots & \ddots & \vdots \\ \varphi_N(q_1)\beta(q_1) & \varphi_N(q_2)\beta(q_2) & \cdots & \varphi_N(q_N)\beta(q_N) \end{vmatrix} \tag{1-8}$$

式 (1-4) 中的 $\hat{H}_{\mathrm{el}}$ 按照单粒子算符和双粒子算符可分为两部分

$$\hat{H}_{\mathrm{el}} = \sum_{i=1}^{N} \hat{h}(\vec{r}_i) + \frac{1}{2} \sum_{i \neq j=1}^{N} \frac{1}{r_{ij}} \tag{1-9}$$

其中

$$\hat{h}(\vec{r}_i) = -\frac{1}{2} \nabla_i^2 - \sum_{P=1}^{A} \frac{Z_P}{r_{iP}} \tag{1-10}$$

准确到一级微扰近似的总能量可表示为

$$\overline{E}_0 = \sum_{K=1}^{N} \int \varphi_K^*(q_1) \hat{h}(\vec{r}_1) \varphi_K(q_1) \mathrm{d}q_1 + \frac{1}{2} \left[\sum_{K,K'=1}^{N} \iint \varphi_K^*(q_1) \varphi_{K'}^*(q_2) \frac{1}{r_{12}} \varphi_K(q_1) \varphi_{K'}(q_2) \mathrm{d}q_1 \mathrm{d}q_2 \right]$$
$$- \frac{1}{2} \left[\sum_{K,K'=1}^{N} \iint \varphi_K^*(q_1) \varphi_{K'}^*(q_2) \frac{1}{r_{12}} \varphi_{K'}(q_1) \varphi_K(q_2) \mathrm{d}q_1 \mathrm{d}q_2 \right] \tag{1-11}$$

定义：

$$f_K = \int \varphi_K^*(q_1) \hat{h}(\vec{r}_1) \varphi_K(q_1) \mathrm{d}q_1 \tag{1-12}$$

$$J_{KK'} = \iint \varphi_K^*(q_1) \varphi_{K'}^*(q_2) \frac{1}{r_{12}} \varphi_K(q_1) \varphi_{K'}(q_2) \mathrm{d}q_1 \mathrm{d}q_2 \tag{1-13}$$

$$K_{KK'} = \iint \varphi_K^*(q_1) \varphi_{K'}^*(q_2) \frac{1}{r_{12}} \varphi_{K'}(q_1) \varphi_K(q_2) \mathrm{d}q_1 \mathrm{d}q_2 \tag{1-14}$$

则

$$\overline{E}_0 = \sum_{K=1}^{N} f_K + \frac{1}{2} \left[\sum_{K,K'=1}^{N} J_{KK'} \right] - \frac{1}{2} \left[\sum_{K,K'=1}^{N} K_{KK'} \right] \tag{1-15}$$

式 (1-11) 即为总能量的表达式，其中第一项为所有电子在核势场中的能量，包括电子的动能和与核的吸引能；第二项表示所有电子间的库仑排斥能；第三项为交换作用能，反映了自旋平行的电子间的一种相互作用，这种作用会使分子体系更稳定。

上述得到了总能量的表示式 $\overline{E}_0(\varphi_1 \cdots \varphi_N, \varphi_1^* \cdots \varphi_N^*)$，根据求泛函条件极值的拉格朗日 (Lagrange) 不定乘子法，构成下列泛函

$$F(\varphi_1 \cdots \varphi_N, \varphi_1 \cdots \varphi_N) = \overline{E}_0(\varphi_1 \cdots \varphi_N, \varphi_1^* \cdots \varphi_N^*) - \sum_{KK'} \varepsilon_{KK'} \int \varphi_K^*(q_1) \varphi_K(q_1) \mathrm{d}q_1 \quad (1\text{-}16)$$

泛函变分求极值并通过酉变换得

$$\hat{h}(\vec{r}_1)\varphi_K(q_1) + \sum_{K'} \int \frac{\varphi_{K'}^*(q_2)\varphi_{K'}(q_2)\mathrm{d}q_2}{r_{12}}\varphi_K(q_1) - \sum_{K'} \int \frac{\varphi_{K'}^*(q_2)\varphi_K(q_2)\mathrm{d}q_2}{r_{12}}\varphi_{K'}(q_1) = \varepsilon_K \varphi_K(q_1)$$

$$(1\text{-}17)$$

令

$$\hat{F}(\vec{r}_1) = \hat{h}(\vec{r}_1) + \sum_{K'} \int \frac{\varphi_{K'}^*(q_2)\varphi_{K'}(q_2)}{r_{12}}\mathrm{d}q_2 - \sum_{K'} \int \frac{\varphi_{K'}^*(q_2)\varphi_K(q_2)\varphi_K^*(q_1)\varphi_{K'}(q_1)}{r_{12}\varphi_K^*(q_1)\varphi_K(q_1)}\mathrm{d}q_2 \quad (1\text{-}18)$$

得

$$\hat{F}(\vec{r}_1)\varphi_K(q_1) = \varepsilon_K \varphi_K(q_1) \quad (1\text{-}19)$$

式(1-18)即为 HF 方程。$\hat{F}(\vec{r}_1)$ 的第二项为电子的库仑势，第三项为电子的交换势。

自洽求解 HF 方程需要提供初始的猜测波函数，在这个波函数的基础上进行迭代，最终取得自洽的结果，如何描述这个波函数也是一个很困难的问题，因为分子的结构各不相同，分子轨道函数的形式差别也很大，原子轨道线性组合法(linear combination of atomic orbitals，LCAO)是解决这个问题的一个近似方法。

LCAO 是用原子轨道的线性组合去拟合分子轨道。如果用 $\varphi_K(q)$ (K=1, 2, $\cdots$, N)表示分子轨道，用 $\{\chi_\mu | \mu = 1, 2, \cdots, n\}$ 表示原子轨道，那么：

$$\varphi_i = \sum_{\mu=1}^{n} C_{\mu i} \chi_\mu \quad (1\text{-}20)$$

为了能从后面的代数方程求出足够数目的分子轨道，必须有 $n \geqslant N$。

由于 HF 方程是一个非线性微分方程，无法直接求解，通常采用自洽的方法求得波函数。其过程为：首先选取一组试探波函数，代入式(1-18)中，得到 $\hat{F}(\vec{r}_1)$ 的具体形式，这样就可以求解式(1-19)了；根据式(1-19)可以解得 ε_K 和 φ_K，即为单电子的能量和轨道函数。但是，第一次求得的解往往与实际符合得不好。这时，可以用第一次求得的解再计算 $\hat{F}(\vec{r}_1)$，再一次解式(1-19)，如此迭代下去，最后直到解得的结果与前一次用来计算 $\hat{F}(\vec{r}_1)$ 的波函数一致为止。这时就说最后所得的轨道与它们所产生的势场自洽了，所以称这种方法为自洽场方法。最后求得的 ε_K 和 φ_K 就可以解释为单电子能量和波函数，也就是分子轨道及其能量。

定义：

(1)单电子积分

$$h_{\mu\nu} = \int \chi_\mu(1)\hat{h}(1)\chi_\nu(1)\mathrm{d}\tau_1 \tag{1-21}$$

(2)双电子积分

$$(\mu\nu \mid \lambda\sigma) = \iint \chi_\mu(1)\chi_\nu(1)\hat{g}_{12}\chi_\lambda(1)\chi_\sigma(1)\mathrm{d}\tau_1\mathrm{d}\tau_2 \tag{1-22}$$

(3)重叠积分

$$S_{\mu\nu} = \int \chi_\mu(1)\chi_\nu(1)\mathrm{d}\tau_1 \tag{1-23}$$

(4)电子排斥矩阵

$$\boldsymbol{G}_{\mu\nu} = \sum_\lambda \sum_\sigma \left[(\mu\nu \mid \lambda\sigma) - \frac{1}{2}(\mu\sigma \mid \lambda\nu) \right] P_{\sigma\lambda} \tag{1-24}$$

(5)密度矩阵

$$\boldsymbol{P}_{\sigma\lambda} = 2\sum_j^{occ} C_{\sigma j}C_{\lambda j}^* \tag{1-25}$$

(6)福克(Fock)矩阵

$$\boldsymbol{F}_{\mu\nu} = h_{\mu\nu} + G_{\mu\nu} \tag{1-26}$$

将式(1-20)代入式(1-16)，变分并做适当的酉变换得到：

$$\boldsymbol{Fc} = \boldsymbol{Sc}\varepsilon \tag{1-27}$$

式(1-27)称为哈特里-福克-罗特汉方程，只在形式上是本征方程，福克矩阵本身是分子轨道组合系数的二次函数，只能用迭代法求解。

其求解过程如下：

(1)选择基函数。

(2)计算单电子积分式(1-21)、双电子积分式(1-22)和重叠积分式(1-23)。

(3)构造初始猜测密度矩阵 $\boldsymbol{P}_{\sigma\lambda}$，由式(1-25)、式(1-22)计算式(1-24)，由式(1-24)、式(1-21)得到福克矩阵式(1-26)。

(4) 解广义本征方程式 (1-27) 得到轨道系数矩阵 c，由 c 通过式 (1-25) 计算密度矩阵 $\boldsymbol{P}_{\sigma\lambda}$，再回到第 (3) 步。

(5) 反复迭代直到收敛为止 $\|\varepsilon^{(k)} - \varepsilon^{(k-1)}\| < e$。

1.2.3 Møller-Plesset (MP) 微扰理论

1934 年 Møller 和 Plesset 提出了一种以 HF 方程为未微扰波函数的微扰方法，这种形式的多体微扰 (MBPT) 方法被称为 Møller-Plesset (MP) 微扰理论 (Møller et al.，1934)。Pople 和 Bartlett 等在 1975 年把 MP 微扰理论实际应用到分子的计算中 (Bartlett，1981)。

这里主要针对分子是基态闭壳层的情况。式 (1-18) HF 方程中的 $\hat{F}(\vec{r}_1)$ 可以表示为

$$\hat{F}(\vec{r}_1) = -\frac{1}{2}\nabla_1^2 - \sum_{P=1}^{A}\frac{Z_P}{\vec{r}_{1P}} + \sum_{K=1}^{N}[\hat{J}_K(\vec{r}_1) - \hat{K}_K(\vec{r}_1)] \tag{1-28}$$

其中，$\hat{J}_j(\vec{r}_1)$ 和 $\hat{K}_j(\vec{r}_1)$ 分别为库仑和交换算符。在 MP 微扰理论中未微扰的哈密顿算符取为单电子福克算符 $\hat{F}(\vec{r}_1)$ 之和。

$$\hat{H}^0 \equiv \sum_{m=1}^{N}\hat{F}(\vec{r}_m) \tag{1-29}$$

Φ_0 是 $\hat{H}^0$ 的本征函数：

$$\hat{H}^0\Phi_0 \equiv \left(\sum_{K=1}^{N}\varepsilon_K\right)\Phi_0 \tag{1-30}$$

微扰项为电子排斥能和 HF 电子排斥能之差：

$$\hat{H}' = \hat{H} - \hat{H}^0 = \sum_{l}\sum_{m>l}\frac{1}{r_{lm}} - \sum_{m=1}^{N}\sum_{K=1}^{N}[\hat{J}_K(\vec{r}_m) - \hat{K}_K(\vec{r}_m)] \tag{1-31}$$

MP 一级校正能为 $E_0^{(1)} = \left\langle \psi_0^{(0)} | \hat{H}' | \psi_0^{(0)} \right\rangle = \left\langle \Phi_0 | \hat{H}' | \Phi_0 \right\rangle$，有

$$E_0^{(0)} + E_0^{(1)} = \left\langle \psi_0^{(0)} | \hat{H}^0 | \psi_0^{(0)} \right\rangle + \left\langle \Phi_0 | \hat{H}' | \Phi_0 \right\rangle = \left\langle \Phi_0 | \hat{H}^0 + \hat{H}' | \Phi_0 \right\rangle = \left\langle \Phi_0 | \hat{H} | \Phi_0 \right\rangle \tag{1-32}$$

即 $E_0^{(0)} + E_0^{(1)} = E_{HF}$，因此 HF 方程的能量准确近似到一级，要在 HF 方程的基础上提高必须找出二级校正能。

$$E_0^{(2)} = \sum_{s \neq 0} \frac{\left| \left\langle \psi_s^{(0)} | \hat{H}' | \Phi_0 \right\rangle \right|^2}{E_0^{(0)} - E_s^{(0)}} \tag{1-33}$$

未微扰波函数 $\psi_s^{(0)}$ 是所有可能的从 n 个轨道选出的斯莱特行列式的集合。用 i、j、k 和 l 表示占据轨道而 a、b、c 和 d 表示虚轨道。Φ_i^a 表示 Φ_0 中用第 a 个虚轨道代替第 i 个占据轨道，以此类推 Φ_{ij}^{ab} 表示双重激发。考虑矩阵元 $\left\langle \psi_s^{(0)} | \hat{H}' | \Phi_0 \right\rangle$，根据康顿-斯莱特(Condon-Slater)规则只有双重激发的矩阵元才不为零，有

$$E_0^{(2)} = \sum_{b=a+1}^{\infty} \sum_{a=n+1}^{\infty} \sum_{i=j+1}^{n} \sum_{j=1}^{n-1} \frac{\left| \left\langle ab | r_{12}^{-1} | ij \right\rangle - \left\langle ab | r_{12}^{-1} | ji \right\rangle \right|^2}{\varepsilon_i + \varepsilon_j - \varepsilon_a - \varepsilon_b} \tag{1-34}$$

其中

$$\left\langle ab | r_{12}^{-1} | ij \right\rangle \equiv \iint \varphi_a^*(1) \varphi_b^*(1) r_{12}^{-1} \varphi_i(2) \varphi_j(2) \mathrm{d}\tau_1 \mathrm{d}\tau_2 \tag{1-35}$$

要做 MP2 计算首先选择基函数进行自洽场(SCF)计算得到 Φ_0、E_{HF} 和虚轨道，然后计算二级微扰能 $E_0^{(2)}$。MP 要比组态相互作用(configuration interaction, CI)快得多；除了计算效率，MP 任意一级的截断都有大小一致性；MP2 的分析能量梯度很容易得到，因此可以进行结构优化。MP2 并不是基于变分方法，有时候得到的能量会比真实的能量低。MP2 的另一个缺点是，虽然在平衡位置能很好地计算相关能，但在远离平衡位置尤其是有键断裂的情况，MP2 的表现并不是很好。此外，MP2 不适合激发态计算。但是这些局限并不妨碍 MP2 成为最流行的计算方法之一。对于范德瓦耳斯力和氢键等弱相互作用 MP2 尤为重要，因为其他的后自洽场方法如 CCSD(T)计算量过于庞大，而 DFT 方法难以准确描述色散能。

1.2.4　密度泛函理论简介

在过去的十多年中，DFT 方法被成功地用于获取热化学数据，预测分子结构、场和频率，指认光谱，探讨过渡态结构和活化能，确定偶极矩以及其他的分子性质。DFT 使得复杂的 N 电子波函数 $\Psi(x_1, \cdots, x_N)$ 及其对应的薛定谔方程转化为简单的电子密度函数 $\rho(r)$ 及其对应的计算体系。它为化学和固体物理中的电子结构计算提供了一种新的途径，在玻恩-奥本海默近似下，原则上这个理论可以准确地预言原子、分子和固体基态的能量和电子自旋密度、键长、键角等。DFT 最大的优点是在相同的水平下，它计算一个体系所需的机时较 HF 方程的要少，而且它考虑了电子相关，得到的能量更为准确，所以 DFT 方法可用于计算较大的分子体

系。如今，包含 DFT 计算功能的主流商业软件有 Amsterdan 的 ADF、Gaussian 公司的 Gaussian 程序包等。由于实现了计算量和计算精度的平衡，DFT 方法目前已成为量子化学计算方法中最重要也是最为流行的方法之一（林梦海，2005）。

DFT 已有长久的历史。1927 年托马斯(Thomas)和费米(Fermi)首先提出了适用于原子的理论，得到一个以电子密度表示的能量表达式。但是，这一模型对电子密度采用了球对称处理，并假设电子密度是均匀分布的，而实际电子密度的分布是呈梯度状变化的，因此这种方法被认为是一种过于简单的模型，对原子、分子和固体的定量预测意义不大。然而，这种状况随着 1964 年霍恩格伯(Hohenberg)和科恩(Kohn)里程碑式论文的发表而改变了。他们提出了严格的 DFT，对于基态，托马斯-费米模型是该严格理论的一个近似。

此后，许多科学家，如 Kohn-Sham、Parr、Perdew、Yang、Ellis、Levy、Becke、Langreth 等做了大量工作，发展并建立了局域自旋-密度近似(LSDA)、广义梯度近似(GGA)、加权密度近似(WDA)、轨道函数近似和杂化近似等方法。这些方法在化学和固体物质的电子结构计算中得到了普遍的应用，并给出了很好的结果。20 世纪 80 年代起 DFT 得到了迅速发展和广泛应用（林梦海，2005）。

1.2.4.1　托马斯-费米理论

1927 年托马斯和费米(Thomas，1927；Fermi，1928)将统计方法运用于近似地表示原子中的电子分布，提出了一个假设：在电子运动的六维相空间中，每个体积单元中都均匀分布着 2 种电子，并且由原子核电荷和电子分布确定一个有效势场。由此可推出电子密度的托马斯-费米方程。

将空间分为许多小的立方体(单胞)，其边长为 l，体积 $(\Delta V) = l^3$，每一个单胞都会有一定数目 (ΔN) 的电子(对不同单胞这个数目可以不同)，并且假设每一个单胞中电子的行为如同 0 K(绝对零度)时独立的费米子，这些单胞也是相互独立无关的。

按统计热力学原理，能级 ε 被电子占据的概率，记为 $f(\varepsilon)$，服从费米-狄拉克(Fermi-Dirac)分布。

$$f(\varepsilon) = \frac{1}{1 + e\beta^{(\varepsilon - \varepsilon_F)}} \tag{1-36}$$

0 K 时，上式变为阶梯函数：

$$f(\varepsilon) = \begin{cases} 1, & \varepsilon < \varepsilon_F \\ 0, & \varepsilon > \varepsilon_F \end{cases} \quad (当 \beta \to \infty) \tag{1-37}$$

这里 ε_F 为费米能级，所有能量低于 ε_F 的状态都被占据，而能量高于 ε_F 的状态都未被占据。费米能级 ε_F 是化学势 μ 在绝对零度时的极限值。对来自不同能量状态的贡献求和，可以求得一个单胞中的电子总能量。

$$\Delta E = 2\int \varepsilon f(\varepsilon)g(\varepsilon)\mathrm{d}\varepsilon = 4\pi\left(\frac{2m}{h^2}\right)^{3/2}l^3\int_0^{\varepsilon_F}\varepsilon^{3/2}\mathrm{d}\varepsilon = \frac{8\pi}{5}\left(\frac{2m}{h^2}\right)^{3/2}l^3\varepsilon_F^{5/2} \quad (1\text{-}38)$$

这里引入因子 2 是因为每个能级都是双占据的，即一个 α 自旋电子，一个 β 自旋电子。费米能级通过下式与该单胞中的电子数目相联系。

$$\Delta N = 2\int f(\varepsilon)g(\varepsilon)\,\mathrm{d}\varepsilon = \frac{8\pi}{3}\left(\frac{2m}{h^2}\right)^{3/2}l^3\varepsilon_F^{5/2} \quad (1\text{-}39)$$

消去 ε_F，得到

$$\Delta E = \frac{3}{5}\Delta N\varepsilon_F = \frac{3h^2}{10m}\left(\frac{3}{8\pi}\right)^{2/3}l^3\left(\frac{\Delta N}{l^3}\right)^{5/3} \quad (1\text{-}40)$$

式(1-40)是总动能和电子密度（$\rho=\Delta N/l^3=\Delta N/\Delta V$）关系式（注意对不同的单胞会有不同的 ρ 值）。对所有单胞的贡献求和，得到总的动能（原子单位）为

$$T_F[\rho] = C_F\int \rho^{5/3}(r)\mathrm{d}r$$

$$C_F = \frac{3}{10}(3\pi^2)^{2/3} = 2.871 \quad (1\text{-}41)$$

这里，令 $\Delta V \to 0$，$\rho=\Delta N/\Delta V=\rho(r)$ 取有限值，求和变为求积分就得式(1-41)。这就是著名的托马斯-费米动能泛函，是以电子密度 $\rho(r)$ 表示的电子动能近似表达式。如果仅考虑电子-核吸引和电子-电子排斥的经典静电作用能，可以得到一个以电子密度表示的原子能量表达式。

$$E_{TF}[\rho(r)] = C_F\int \rho^{5/3}(r)\mathrm{d}r - Z\int\frac{\rho(r)}{r}\mathrm{d}r + \frac{1}{2}\iint\frac{\rho(r_1)\rho(r_2)}{|r_1-r_2|}\mathrm{d}r_1\mathrm{d}r_2 \quad (1\text{-}42)$$

这就是原子的托马斯-费米理论中的能量泛函，对于分子，第二项要作适当修改。

当原子基态电子密度能量函数 $E_{TF}[\rho(r)]$ 取最小值，并满足如下限制条件时：

$$N = N[\rho(r)] = \int \rho(r)\mathrm{d}r \quad (1\text{-}43)$$

这里 N 是原子中的总电子数，可以通过拉格朗日乘子法来引入这一限制，则基态

电子密度必定满足变分原理。

$$\delta\left\{E_{\mathrm{TF}}\left[\rho\right] - \mu_{\mathrm{TF}}\left(\int \rho(r)\mathrm{d}r - N\right)\right\} = 0 \tag{1-44}$$

由此得到欧拉-拉格朗日方程：

$$\mu_{\mathrm{TF}} = \frac{\delta E_{\mathrm{TF}}\left[\rho\right]}{\delta \rho(r)} = \frac{5}{3}C_{\mathrm{F}}\rho^{\frac{2}{3}}(r) - \varphi(r) \tag{1-45}$$

这里 $\varphi(r)$ 是由原子核和整个分布在 r 处的电子产生的静电势：

$$\varphi(r) = \frac{Z}{r} - \int \frac{\rho(r_2)}{|r - r_2|} \mathrm{d}r_2 \tag{1-46}$$

结合限制条件式(1-43)，可以对式(1-42)求解，得到电子密度可以代入式(1-45)得到总能量。这就是原子的托马斯-费米理论。

1.2.4.2　霍恩伯格-科恩定理

提出托马斯-费米理论的随后几十年里，虽然有不少科学家对托马斯和费米的理论作了很多的修正和改进，但用于分子时仍然失败。因此，这种方法当时被认为是一种过于简单的模型，对分子和固体的定量预测并没有多大实际的重要性。然而，随着 1964 年霍恩伯格和科恩里程碑式论文的发表，这种状况得到了改变 (Hohenberg et al., 1964)。

由哈密顿 $\hat{H}$ 描述的电子体系基态能量和基态波函数都可由能量泛函 $E[\psi] = \left\langle \varPhi | \hat{H} | \varPhi \right\rangle$ 取最小值来决定，而对于 N 电子体系，外部势能 $V(r)$ 完全确定了哈密顿 $\hat{H}$，因此 N 和 $V(r)$ 决定了体系基态的所有性质。

霍恩伯格和科恩提出两个定理，表明可用电子密度 $\rho(r)$ 代替 N 和 $V(r)$ 作为基本变量确定体系基态的性质(这里只考虑非简并态)。霍恩伯格-科恩第一定理的表述为：外部势能 $V(r)$ 可由基态电子密度 $\rho(r)$ 加上一个无关紧要的常数确定。因为 $\rho(r)$ 确定了电子数，因此 $\rho(r)$ 决定了体系的基态波函数 φ 进而确定体系所有其他性质。考虑 N 电子体系非简并基态的电子密度 $\rho(r)$，通过简单的积分式：

$$\int \rho(r)\mathrm{d}\tau = N \tag{1-47}$$

它确定了 N，也确定了 $V(r)$ 从而确定所有其他的性质。所以通过 ρ 就确定了 N 和 V 及基态的所有性质，例如动能 $T[\rho]$、势能 $V[\rho]$ 及总能量 $E[\rho]$。在式(1-42)中，将 E 用 E_V 代替以明确表示能量依赖于 V：

$$E_V[\rho] = T[\rho] + V_{ne}[\rho] + V_{ee}[\rho] = \int \rho(r)V(r)\mathrm{d}r + F_{HK}[\rho] \tag{1-48}$$

其中

$$F_{HK}[\rho] = T[\rho] + V_{ne}[\rho] \tag{1-49}$$

$$V_{ee}[\rho] = J[\rho] + 非经典项 \tag{1-50}$$

$$J[\rho] = \frac{1}{2}\iint \frac{1}{r_{12}}\rho(r_1)\rho(r_2)\mathrm{d}r_1\mathrm{d}r_2 \tag{1-51}$$

这里 $J[\rho]$ 是经典电子排斥能，非经典项主要解决交换相关能量的问题。

霍恩伯格-科恩第二定理提供了能量变分原理，即对一个尝试密度 $\tilde{\rho}(r)$，$\tilde{\rho}(r) \geqslant 0$ 且 $\int \tilde{\rho}(r)\mathrm{d}\tau = N$。

$$E_0 \leqslant E_V[\tilde{\rho}] \tag{1-52}$$

$E_V[\rho]$ 是式(1-48)的能量泛函。类似于波函数的变分原理，$E_0 \leqslant E[\psi]$。它提供了托马斯-费米理论中变分原理的判据，其中的 $E_{TF}[\rho]$ 是 $E_V[\rho]$ 的一个近似。

假设 $E_V[\rho]$ 可微，变分原理要求基态密度满足稳态原理。

$$\delta\{E_V[\rho] - \mu[\rho(r)\,\mathrm{d}r - N]\} = 0 \tag{1-53}$$

它给出欧拉-拉格朗日方程：

$$\mu = \frac{\delta E_V[\rho]}{\delta \rho(r)} = V(r) + \frac{\delta F_{HK}[\rho]}{\delta[\rho]} \tag{1-54}$$

式中，μ 是化学势。

如果我们知道精确的 $F_{HK}[\rho]$，那么式(1-50)就给出基态电子密度的精确方程。注意 $F_{HK}[\rho]$ 按式(1-49)的定义与外部势能无关，这就意味 $F_{HK}[\rho]$ 是 $\rho(r)$ 的一个普适性泛函。一旦 $F_{HK}[\rho]$ 有了明确形式（近似的或准确的），就可以将这种方法应用于任何体系。因此式(1-54)就是 DFT 的基本方程。

因为难以得到 $F_{HK}[\rho]$ 的明确形式，所以实施精确 DFT 计算远非易事。

1.2.4.3　科恩-沈方程

霍恩伯格-科恩定理告诉我们由 $\tilde{\rho}(r)$ 计算基态分子性质的基本原理，但没有告诉我们在不知道波函数的情况下怎样由 $\tilde{\rho}(r)$ 计算 E_0，这一问题由科恩和沈(Sham)

解决。1965 年科恩和沈抛弃了动能函数的直接近似，提出了科恩-沈方程，使得 DFT 方法成为精确计算的工具 (Kohn et al., 1965)。

将式 (1-49) 和式 (1-50) 代入式 (1-48) 得

$$E(\rho) = \int \rho(r)V(r)\, dr + T(\rho) + J(\rho) + E_{XC}[\rho] \tag{1-55}$$

与 HF 方法类似，科恩和沈提出用下式代替式 (1-55)：

$$E(\rho) = -\frac{1}{2}\sum < \varphi_i(1)|\nabla_i^2|\varphi_i(1) > - \sum\int \frac{Z_A\rho(1)}{r_{1A}}\, dr_{1A} + \frac{1}{2}\iint \frac{\rho(1)\rho(2)}{r_{12}}\, dr_1 dr_2 + E_{XC}[\rho] \tag{1-56}$$

其中 $\varphi_i(1)$ (i=1, 2, ···, n) 为科恩轨道。同时他们还指出：

$$\rho = \sum_i^n |\varphi_i|^2 \tag{1-57}$$

运用变分方法得到科恩-沈方程：

$$\hat{F}_{KS}(1)\varphi(1) = \varepsilon_{iKS}\varphi(1) \tag{1-58}$$

其中，$\hat{F}_{KS}$ 为科恩-沈算符：

$$\hat{F}_{KS} = -\frac{1}{2}\nabla_i^2 - \sum_A \frac{Z_A}{r_{1A}} + \hat{J}(1) + \hat{V}_{XC} \tag{1-59}$$

$$\hat{J}(1) = \sum_j \int |\varphi_j(2)|^2 \frac{1}{r_{12}}\, dr \tag{1-60}$$

$$\hat{V}_{XC} = \frac{\delta E_{XC}[\rho]}{\delta\rho} \tag{1-61}$$

式中，$\hat{V}_{XC}$ 为交换相关势。$\hat{F}_{KS}$ 与福克算符类似，只是其中的交换算符被 $\hat{V}_{XC}$ 代替。

1.2.4.4　局域密度近似

局域密度近似 (local density approximation, LDA) (Jones et al., 1989) 是最粗糙的近似处理交换相关能的方法。定义空间每一点的交换相关能只取决于该点的电子密度，表达式为

$$E_{XC}^{LDA}[\rho] = \int \varepsilon_{XC}^{LDA}(\rho)\, dr \tag{1-62}$$

式中，ε_{XC}^{LDA} 是密度为 ρ 的均匀电子气的交换相关能。

相应的交换相关势为

$$V_{XC}^{LDA}(r) = \frac{\delta E_{XC}^{LDA}}{\delta \rho(r)} = \varepsilon_{XC}^{LDA}[\rho(r)] + \rho(r)\frac{\partial \varepsilon_{XC}(\rho)}{\partial \rho} \tag{1-63}$$

科恩-沈轨道方程为

$$\left[-\frac{1}{2}\nabla^2 + V(r) + \int \frac{\rho(r')}{|r-r'|} + V_{XC}^{LDA}(r) \right] \varphi_i = \varepsilon_i \varphi_i \tag{1-64}$$

以上方程为著名的科恩-沈定域密度泛函方法。

ε_{XC} 函数可分为交换与相关两部分：

$$\varepsilon_{XC}(\rho) = \varepsilon_X(\rho) + \varepsilon_C(\rho) \tag{1-65}$$

交换能部分已知，为狄拉克(Dirac)给出的交换能：

$$\varepsilon_X(\rho) = -C_X \rho(r)^{1/3} \qquad C_X = \frac{3}{4}\left(\frac{3}{\pi}\right)^{1/3} \tag{1-66}$$

$\varepsilon_C(\rho)$ 的精确值也是可求的，Ceperley 和 Alder(1980)用量子蒙特卡罗(Monte Carlo)方法获得

$$\varepsilon_C(\rho) = E(\rho) - T_s(\rho) - E_X(\rho) \tag{1-67}$$

在开壳层的计算中，使用的近似泛函并不是以电子密度 $\rho(r)$ 为变量，而是以自旋密度 $\rho_\alpha(r)$ 和 $\rho_\beta(r)$ 为变量。它们之间的关系为 $\rho(r) = \rho_\alpha(r) + \rho_\beta(r)$。从理论的角度上讲，尽管泛函真正的形式并不依赖于自旋密度，但是从计算的角度上讲，引入双变量的近似形式是有利的，特别是对开壳层体系的计算，空间微小体积元中 α 和 β 电子密度是不一样的，以自旋密度 $\rho_\alpha(r)$ 和 $\rho_\beta(r)$ 为变量的泛函形式进行计算可以得到更为精确的计算结果。因此，把 LDA 推广到非限制的体系，就得到了局域自旋-密度近似(local spin-density approximation)，简称 LSDA。局域自旋-密度近似的能量表达为

$$V_{XC}^{LSDA}[\rho_\alpha, \rho_\beta] = \int \rho(r)\varepsilon_{XC}(\rho_\alpha, \rho_\beta)\mathrm{d}r \tag{1-68}$$

LDA 方法用的是均匀电子气模型，对于真实体系非均匀电子气的情况则通过把空间分割成无穷个小区域，并认为这些区域内电子密度都是均匀的来进行处理。

由于该方法取消了包含于哈特里项的自相互作用而引入误差,所以 LDA 比较适用于均匀体系或密度变换缓慢的体系,对一些有强束缚键的体系能得到较好的几何结构,而对于密度变化较大的原子、分子计算结果不太好。

1.2.4.5 广义梯度近似(generalized gradient approximation,GGA)

由于原子、分子体系的电子密度都是非均匀的,需要引入电子密度的梯度来校正均匀电子气模型,以提高模型的合理性。Perdew 等(1992;1996)提出包含电子密度梯度的交换相关泛函,其形式为

$$E_{XC}^{GGA}[\rho] = \int [\rho(r)] \, \varepsilon_{XC}[\rho(r)] dr + \int F_{XC}[\rho(r), \nabla\rho(r)] dr \tag{1-69}$$

目前文献中已经提出了大量的 GGA 形式的泛函,比较常见的几种有 PW91 (Adamo et al.,1998)、B88(Becke,1988)、LYP(Lee et al.,1988)等。

Lee-Yang-Parr(1988)定义性功能泛函:

$$E_C^{LYP} = \int v_C^{LYP}(\rho)\rho(r) \, dr \tag{1-70}$$

$$v_C^{LYP}(\rho) = -\frac{4a}{1 + d\rho^{-1/3}} \cdot \frac{\rho_\alpha \rho_\beta}{\rho} - 2^{11/3} \frac{3}{10} (3\pi^2)^{2/3} ab\omega(\rho)(\rho_\alpha \rho_\beta)(\rho_\alpha^{3/8} + \rho_\beta^{3/8})$$
$$+ \frac{\partial_{LYP}}{\partial \gamma_{\alpha\alpha}} \gamma_{\alpha\alpha} + \frac{\partial_{LYP}}{\partial \gamma_{\alpha\beta}} \gamma_{\alpha\beta} + \frac{\partial_{LYP}}{\partial \gamma_{\beta\beta}} \gamma_{\beta\beta} \tag{1-71}$$

1.2.4.6 杂化泛函

Becke 通过绝热连接方法提供了另一种准确计算交换能的途径(Becke,1988,1993)。其交换相关能表现为积分形式:

$$E_{XC} = \int_0^1 E_{ncl}^\lambda d\lambda \tag{1-72}$$

式中,λ 为耦合强度。

当 λ 为 0 时,对应于无相互作用的参考体系;当 λ 为 1 时,对应于完全相互作用的真实体系;当 λ 取 0~1 时,相当于一个中间过渡体系,存在有部分相互作用。当 λ 为 0 时,可以准确求出 E_{XC} 的值,而对于 λ 为 1 时,对于 E_{XC} 也可以作适当近似,但当 λ 取 0~1 时,E_{XC} 是未知的,需要作适当的近似处理,一种最简单的处理方法是假设非经典的能量部分 E_{XC}^λ 是 λ 的线性函数,将 $E_{XC}^{\lambda=1}$ 和 $E_{XC}^{\lambda=0}$ 线性组合起来可以得到。

$$E_{XC}^{HH} = \frac{1}{2}E_{XC}^{\lambda=0} + \frac{1}{2}E_{XC}^{\lambda=1} \tag{1-73}$$

这就是所谓的 half-and-half 方案。在此方程的基础上，Becke 引入了半经验的参数来决定方程中各个泛函组分的权重，即得到了以下形式：

$$E_{XC}^{B3} = E_{XC}^{LSD} + a(E_{XC}^{\lambda=0} - E_X^{LSD}) + bE_X^B + cE_C^{PW91} \tag{1-74}$$

式中三个经验参数的取值为 $a=0.20$，$b=0.72$，$c=0.81$，能使 G2 理论中各种原子化能、离子化能及质子亲和能等数据得到很好的重现。这三个参数的选取，使 G2 中各种原子化能的平均绝对误差降至 3 kcal[①]/mol 左右，目前最常用的 B3LYP 杂化泛函形式为

$$E_{XC}^{B3LYP} = 0.20E_X^{exact} + 0.80E_X^{Slater} + 0.72E_X^{B88} + 0.81E_C^{LYP} + 0.19E_C^{VWN} \tag{1-75}$$

1.2.5　基组与溶剂效应

1.2.5.1　基组

　　量子化学中的基组是用来描述体系波函数若干性质的函数，基组是量子化学从头计算的基础，在量子化学中具有重要的意义，Gaussian 内置的基组有很多种，计算中根据体系大小，分子所含的元素种类，计算所需要的精度来确定所需要的基组。总的来说，基组包括全电子基组和价电子基组（赝势基组）两大类（Binkley，1980；Gordon et al.，1982；Hehre，1972；Hariharan et al.，1973；Petersson et al.，1988）。全电子基组中又有 STO-3G 和劈裂价键基组。STO 基组由于计算精度难以满足需求，应用较少。赝势基组主要用于重元素和金属元素。对于主要含 C、H、N、O 等元素的有机分子体系，劈裂价键基组是目前使用最为广泛的基组。

　　在量子化学计算中，计算的精度随着基组规模的提高而提高，理论上当基组规模趋近于无限大时，计算所得的结果也无限趋近于真实值。由此可见，增大基组规模可以提高计算精度。劈裂价键基组将价层电子的原子轨道用两个或两个以上的基函数来表示，这也是劈裂价键名字的由来。目前常见的劈裂价键基组有3-21G、4-21G、4-31G、6-31G、6-311G 等，在这些表示中前一个数字用来表示构成内层电子原子轨道的高斯型函数数目，"-"以后的数字表示构成价层电子原子轨道的高斯型函数数目。如 6-31G 所代表的基组，每个内层电子原子轨道是由 6个高斯型函数线性组合而成，每个价层电子原子轨道则会被劈裂成两个基函数，分别由 3 个和 1 个高斯型函数线性组合而成。

---

① cal 为非法定单位，1 cal=4.184 J。

劈裂价键基组对于电子云的变形等性质不能较好地描述，为了解决这一问题，方便强共轭体系的计算，量子化学家在劈裂价键基组的基础上引入新的函数，构成了极化基组。所谓极化基组就是在劈裂价键基组的基础上添加更高能级原子轨道所对应的基函数，如在第一周期的氢原子上添加 p 轨道波函数，在第二周期的碳原子上添加 d 轨道波函数，在过渡金属原子上添加 f 轨道波函数等。这些新引入的基函数虽然经过计算没有电子分布，但是实际上会对内层电子构成影响，因而考虑了极化基函数的极化基组能够比劈裂价键基组更好地描述体系。极化基组的表示方法基本沿用劈裂价键基组，所不同的是需要在劈裂价键基组符号的后面添加*号以示区别，如 6-31G** 就是在 6-31G 基组基础上增加了极化函数，构成了极化基组。两个*符号表示基组中不仅对重原子添加了极化基函数，而且对氢等轻原子也添加了极化基函数。

弥散基组是对劈裂价键基组的另一种扩大。在高斯函数中，变量 α 对函数形态有极大的作用，当 α 的取值很大时，函数图像会向原点附近聚集，而当 α 取值很小时，函数的图像会向着远离原点的方向弥散，这种 α 很小的高斯函数被称为弥散函数。所谓弥散基组就是在劈裂价键基组的基础上添加了弥散函数的基组（在高斯的标准基组中用"+"表示，如 6-31+G*）。根据情况的不同还可以为劈裂价键基组添加两组弥散函数。弥散函数主要应用于含有氢键等弱相互作用或其他非键相互作用体系以及含阴离子体系的计算。

劈裂价键基组能够比 STO-3G 基组更好地描述体系波函数，同时计算量也比最小基组有显著的上升。对于只含有第一、第二周期元素（如 H、C、O、N）的体系，劈裂价键基组的计算结果与实验结果能很好地吻合，是目前应用较多的基组。

1.2.5.2　溶剂效应

很多化学反应都是在溶剂中进行的，而溶剂在反应中往往对反应体系的电子结构、分子几何构型、反应势垒甚至反应机理都会产生影响，这些影响被统称为溶剂效应。实验中，溶剂效应主要体现为两种形式：一种是溶剂分子与反应物发生络合或者以氢键等弱相互作用，即"短程作用"，二是溶剂通过静电作用对溶质分子的电荷分布产生影响，也被称为"远程作用"。

为了更好地模拟实际的反应环境，理论计算中需要考虑到溶剂效应的影响，在计算中，对于短程作用，通常需要"真实溶剂模型"（explicit solvation model）的使用，将数个溶剂分子考虑到反应体系中，与反应物络合后再发生化学反应过程；对于远程作用，则需要在计算中加入虚拟溶剂模型（implicit solvation model），比较流行的处理方法是将溶质分子看作分布在具有相同性质的连续介质中，也就是采用"反应场"（reaction field）的概念进行处理。这种方法包括很多分支，其中最常用的是极化连续介质模型（polarizable continuum model，PCM）。PCM 模型最早由 Tomasi 于 1981 年提出并不断发展完善(Tomasi et al., 2005; Tomasi et al., 1994; Tomasi et al., 2002)。这种模型将溶液中的自由能看作由三部分组成:在溶剂分子中建立一个被溶质分子占据的空穴所导致的能量升高部分的空穴能;溶质占据空穴后,与溶剂间的范德瓦耳斯力作用和一些不包括静电排斥的弱排斥作用,这部分能量被称为分散-排斥能;最后一部分为溶质分子的电荷不均衡导致溶剂产生极化,溶剂的极化作用对溶质分子的电荷分布产生影响,最终导致体系能量降低,这部分能量被称为静电能。PCM 根据空穴模型的不同有许多分支,包括等密度表面极化连续介质模型(IPCM)、自洽等密度极化连续介质模型(Sci-PCM)以及针对各向异性介质(如液晶)、非绝缘溶液(离子溶液)等的 IEF-PCM 模型(Tomasi et al., 1999)等。

1.3 合成反应机理

1.3.1 脲醛树脂合成机理

量子化学方法是基于严格可靠的理论方法在计算机上实现的,因此可以不受实验条件的限制,在分子水平上重现化学反应微观过程。

在氨基及氨基共缩聚树脂机理研究过程中,通过量子化学计算,研究各基元反应的势能面和中间产物的反应活性,探索竞争反应的可能途径及微观历程,获得反应物、中间体、过渡态和产物的几何结构、电子结构和稳定性等信息。结合理论计算结果,开展反应动力学实验研究,获得反应级数、活化能、速率常数和产物分布等数据。基于理论计算和动力学实验结果建立树脂合成反应动力学模型,评价溶剂、反应物物质的量比、催化剂、温度、反应时间等条件对反应选择性和竞争性的影响,阐明树脂结构的形成机理,完善树脂合成的理论体系。

具体计算过程中,采用 B3LYP 方法和标准基组 6-31+G** 对所有驻点(势能面上的反应物、中间体、过渡态和产物统称为驻点)结构进行全优化。在同一水平上进行振动频率分析以获得零点振动能(zero-point energy, ZPE)并确定各驻点的性质。若驻点结构存在唯一振动虚频(imaginary frequency, IMG),则该驻点为势能面上的一级鞍点(first-order saddle point)或能量局部极大点(local maximum),即过渡态。若不存在虚频,则该驻点为势能面上的局部极小点(local minimum)。对所有反应路径均进行内禀反应坐标(intrinsic reaction coordinate, IRC)解析以确认过渡态与反应物和产物间的连接关系,并获得反应势能随反应坐标的变化关系。对以上所有计算均采用自洽反应场方法(self-consistent reaction field, SCRF)和 PCM 模拟溶剂效应,并定义溶剂为水($\varepsilon = 78.3553$)。由于反应中涉及氢键作用,而一般认为 MP2 方法对弱相互作用的处理要比 DFT 方法准确,因此上述所有结构优化和频率计算均在 MP2/6-31+G** 水平上进行重新计算以比较两种方法的计算结果。所有计算使用 Gaussian 03 程序包(Frisch et al.，2003)在浪潮英信 NF5240 服务器上完成。

反应物、过渡态和中间体间的相对能量计算方法如下：

$$E_a=[(E(\text{过渡态})+\text{ZPE}(\text{过渡态})]-\sum[E(\text{反应物})+\text{ZPE}(\text{反应物})]$$

$$\Delta E=\sum[(E(\text{产物})+\text{ZPE}(\text{产物})]-\sum[(E(\text{反应物})+\text{ZPE}(\text{反应物})]$$

其中，E_a 表示 0 K 时势能面上过渡态与反应物间的相对能量(能量差)，即反应在势能面上的能垒，以下均简称为能垒。如忽略温度对活化能的影响，对于基元反应，理论计算能垒可以和实验活化能进行比较。ΔE 为反应产物与反应物间的能量差。同样，如忽略温度的影响，该数据可与实验反应热进行比较。以下所有理论计算得到的 E_a 和 ΔE 均表示相同含义。

反应能量 E_a 和 ΔE 的计算方法同上。热力学数据(包括 $\Delta_r H$、$\Delta_r S$、$\Delta_r G$)也以类似方法计算得出。例如：

$$\Delta_r G = \sum G(\text{反应物})-\sum G(\text{产物})$$

1.3.1.1　中性条件下尿素和三聚氰胺羟甲基化反应机理

脲醛树脂合成中主要涉及两种反应类型，即羟甲基化以及羟甲基化产物间的缩聚反应。早期的动力学研究指出羟甲基化反应在中性、碱性及酸性条件下都可进行，但在酸或碱的催化下反应较快(de Jong et al.，1952b；Nair et al.，1983)。由于尿素有四个活性氢，因此理论上讲，尿素与甲醛反应可生成一羟甲基脲、二羟甲基脲、三羟甲基脲和四羟甲基脲。其产物分布取决于甲醛与尿素的物质的量比(n_F/n_U)。然而，至今尚未有分离得到四羟甲基脲的研究报道。一种观点是认为四羟甲基脲在反应中可以生成，但由于浓度极低，难以检测和分离(Minopoulou et al.，2003)。缩聚反应主要在酸性介质中进行(Dunky，1998，2004)。在这类反应中，羟甲基脲间通过脱水生成直链或支链型的亚甲基桥键和醚键。初聚物可进一步缩聚生成分子量更大、结构更为复杂的聚合物。

虽然氨基化合物与羰基化合物的亲核加成反应在有机化学教科书中早已有详细的描述，但是，随着理论化学方法的应用，人们逐渐发现，一些有机化学经典反应的微观历程并不像教科书中描述的那样简单。一些用实验方法无法观测的反应细节正在不断被揭示。既然加成反应是脲醛树脂合成的第一步，那么对合成反应的深入研究就应从此开始。

甲醛在水溶液中有多种存在形式，包括醛式结构(CH_2O)、甲二醇[$CH_2(OH)_2$]以及聚甲醛[$HOCH_2\text{—}(O\text{—}CH_2\text{—}O)_n\text{—}CH_2OH$]。在较稀的溶液中甲二醇是主要存在形式。研究中性条件下的羟甲基化反应主要考虑以下两个反应：

$$CH_2(OH)_2 \rightleftharpoons CH_2O + H_2O$$

$$H_2NCONH_2 + CH_2O \rightleftharpoons H_2NCONHCH_2OH$$

尿素与甲醛的反应属亲核试剂与羰基类化合物的加成反应。由于尿素中氮原子与羰基间的 p-π 共轭效应导致氮上电子离域，从而降低了氨基的亲核性。因此，尿素属弱亲核试剂。虽然这类反应的"亲核加成"属性早已明确，但由于实验无法直接观测反应历程，反应机理中的一些细节并不清楚。因此，近年来一些学者对上述反应中的 H_2O、NH_3、CH_3NH_2 等这类较强亲核试剂与甲醛的反应进行了深入的理论研究（Williams et al.，1980；Wolfe et al.，1995；Mugnai et al.，2007；Zhang et al.，2008；Böhm et al.，1996；Arroyo et al.，2007；Hall et al.，1998；Sato et al.，2010；Woon et al.，1999）。结果表明 H_2O 与甲醛的加成反应为一步反应或"协同反应（concerted）"，即水分子中氧原子进攻羰基碳和质子转移一步完成，只经历一个过渡态（transition state，TS）。不同的是 NH_3 和 CH_3NH_2 与甲醛的加成为分步反应（stepwise），即氮原子先进攻羰基碳，生成一个类似两性离子的中间体（zwitterionic-like intermediate，ZW），随后氨基上的质子转移到羰基氧上，反应经历了两个过渡态（Hall et al.，1998；Sato et al.，2010）。这表明亲核进攻和质子转移是不同步的（asynchronous）。这些研究还有一个共同的发现，即反应中溶剂水分子可以催化质子转移过程，并大幅度降低反应能垒。

$$CH_2O + (H_2O)_n \xrightleftharpoons{\text{协同反应}} CH_2(OH)_2 + (n-1)H_2O$$

尿素为弱亲核试剂，它与甲醛的加成机理属协同反应还是分步反应尚不清楚。另外这一反应中的质子转移过程是否能被溶剂水分子催化也尚未有研究报道。三聚氰胺也能在中性条件下与甲醛发生羟甲基化反应（Gordon et al.，1966），并且三聚氰胺与尿素在结构上有相似的地方，即氨基与三嗪环也存在共轭作用，亲核性也较弱。因此采用量子化学方法对这两种氨基化合物的羟甲基化反应进行了深入研究，以比较它们在反应机理和活性上的异同。

动力学研究表明，中性条件下的羟甲基化反应的活化能十分接近，分别为 55.6 kJ/mol

(Kramer et al.，2012)和 54.3 kJ/mol(de Jong et al.，1952b)。理论计算表明，甲二醇与尿素并不反应。由于水溶液中甲二醇的存在形式比甲醛在热力学上更为有利。因此，中性条件下羟甲基脲的生成依赖于高温下大量甲二醇转化为甲醛。

　　与 CH₃NH₂ 和 NH₃ 等相比，尿素的亲核性明显较弱，它与甲醛的加成在反应机理和活性上可能会表现出不同的特点。由于甲醛-尿素反应同样涉及质子转移，因此在反应中也应考虑水分子的催化作用。无水催化(0 W)、一分子水(1 W)和两分子水(2 W)催化反应机理中的各反应物、过渡态和产物结构示于图 1-3 中。ΔE 为包含零点振动能校正的相对能量。图中每对数据的上方数据为 B3LYP 计算结果，下划线数据为 MP2 的计算结果。比较图中的数据可发现，B3LYP 与 MP2 方

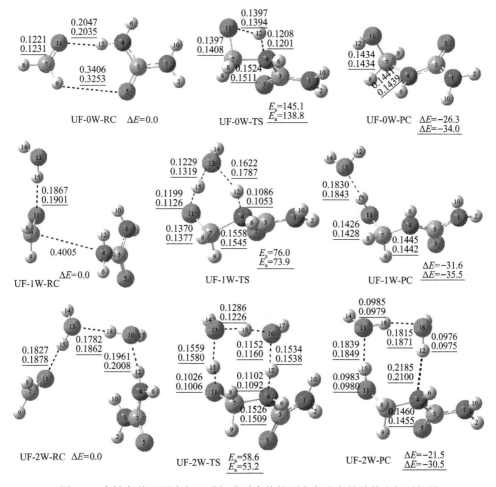

图 1-3　中性条件下尿素与甲醛加成反应势能面上各驻点的结构和相对能量

(键长单位 nm；能量单位 kJ/mol)

法得到的驻点几何结构存在差异。对于没有参与反应(不涉及断裂或生成)的共价键，两者的结果接近，对于涉及断裂或生成的 N—H 和 O—H 键两种方法得到的结果表现出差异，但并没有一致性规律。表现在能量上，MP2 方法给出的能垒比 B3LYP 方法低 2～7 kJ/mol，反应热的差异稍大，为 3.9～9 kJ/mol。上述差异正是来源于两种方法对弱相互作用描述的区别。但就定性而言，可以认为这两种方法得到的结果是接近的。

如图 1-3 所示，在 0W 模型中，甲醛与尿素首先形成氢键络合物 0W-RC，经历四元环过渡态 0W-TS 后生成产物 0W-PC，即一羟甲基脲。在 0W-TS 中，N7—C4 键为 0.1524 nm，已接近正常的 N—C σ 键，表明在该过渡态中 N—C 键已基本形成。虚频振动对应于质子 H12 从 N4 到 O11 的转移。

图 1-4(a) 中给出该反应的势能随反应坐标的变化趋势。其中区间 1 对应于 —NH$_2$ 与 C=O 的加成作用。随着两基团逐渐靠近，能量逐渐上升，但上升较慢。当 C—N 键开始形成时，能量在区间 2 开始快速上升。至区间 3，C—N 键基本形成，随后发生从 N 原子到 O 原子的质子转移，此时能量急剧上升并到达过渡态 TS。在过渡态之后体系能量又快速下降。两种方法得到的反应能垒分别为 145.1 kJ/mol 和 138.8 kJ/mol 左右。产物 0W-PC 的生成为放热反应。其中 B3LYP 水平上的放热值为 26.3 kJ/mol，与实验值 25.2 kJ/mol(de Jong et al.，1952b)十分接近。MP2 水平上得到的放热值偏大，为 34.0 kJ/mol。但不能据此认为 MP2 方法不如 B3LYP 准确，因为实验也存在误差。因此，不同理论方法得到的结果在一定范围内存在偏差都是可以接受的。de Jong 等(1952b)和 Nair 等(1983)的动力学研究分别测得该反应的活化能为 43 kJ/mol 和 54 kJ/mol 左右，均远低于理论计算值。因此，在该反应中同样需要考虑水分子的催化作用。在一分子水(1 W)催化模型中，反应经历六元环过渡态 1W-TS。该过渡态相对于弱相互作用络合物 1W-RC 的能垒在两种理论水平上分别为 76.0 kJ/mol 和 73.9 kJ/mol。此能垒相对于无水催化反应降低了近 50%。因此，水分子对该反应的催化作用十分明显。两种理论方法计算得到的该反应的放热值与无水催化反应的反应热接近。图 1-4(b) 显示该反应势能随反应坐标的变化趋势与无水催化反应相比发生了一些变化。该图中，区域 1、2 和区域 3 的大部分区间对应于 —NH$_2$ 与 C=O 的加成，并且区域 3 表现为一个很长的平台，说明该区域内能量上升平缓。在区域 3 靠近过渡态的部分开始发生质子转移，此时能量快速上升。另外，区域 4 对应于两个质子的转移过程。IRC 计算显示，从 O13 到 O11 的质子转移要先于 N4 到 O13。说明水分子先将质子传递给羰基氧，然后再从氨基上抽取一个质子，完成质子传递。这一点类似于 NH$_3$ 和甲醛的反应(Hall et al.，1998；Sato et al.，2010)。

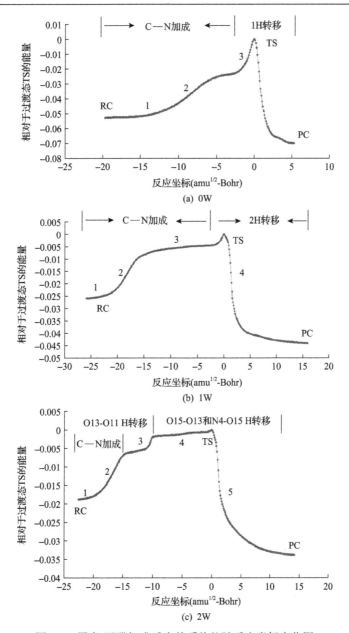

图 1-4 尿素-甲醛加成反应体系势能随反应坐标变化图

在两分子水(2 W)催化反应中，反应经历八元环过渡态 2W-TS。在两分子水参与质子传递的机理下反应的能垒进一步降低至 60 kJ/mol 以下。此能垒已接近实验活化能。同样的，反应的热效应变化不大。如图 1-4(c)所示，由于反应中多了一分子水参与，反应势能曲线在过渡态之前呈现出多个平台的特征。这些平台对应于反应的不同阶段。类似的，IRC 计算表明，水分子上的质子向羰基氧转移要优先于水分子从氮原子上抽取质子。

　　上述三种反应机理都表现出同一特征及 C—N 加成明显先于质子转移。而在水参与的反应中水分子提供质子和抽取质子并不同步。这些特征被称之为"不同步"。由于反应中没有发现势能面上存在上述 ZW 两性离子中间体，因此可认为反应仍然是一步完成的。这类反应可描述为具有不同步特征的协同反应。

　　如前所述，在 NH_3 和 CH_3NH_2 与甲醛的反应中都找到了 ZW 中间体(Hall et al., 1998；Sato et al., 2010)，而且反应经历两个过渡态，为两步反应。因此，作为弱亲核试剂，尿素确实表现出自身特点。对照计算结果和文献中的结果发现，尿素-甲醛反应体系的能垒与氨(胺)-甲醛反应体系能垒接近。这说明，在亲核加成反应中，弱亲核试剂并不一定表现出低反应活性。这与这类反应的特点有关。在这类反应中，不仅涉及亲核进攻，还涉及质子转移。从图 1-4 中可看出，体系能量最高点所对应的反应阶段并不是 N—C 亲核进攻而是质子转移。—NH_2 与 C=O 间的 p-π 共轭效应导致尿素的氨基亲核性较弱的同时却加强了 N—H 键的极性，或者说增强了氨基上质子的酸性。这一点有利于降低质子传递过程中的能垒。因此，综合两方面因素的影响，可以理解尿素在以水为溶剂的亲核加成中反应活性与较强亲核试剂相当。

　　图 1-5～图 1-7 为三聚氰胺与甲醛反应机理的计算结果。显然，在反应机理上，这一体系与尿素-甲醛体系类似。从反应能量上看，三聚氰胺的羟甲基化反应能垒较低，反应放热值较大。虽然差别不大，但一定程度上反映出三聚氰胺在亲核加成反应活性上高于尿素。

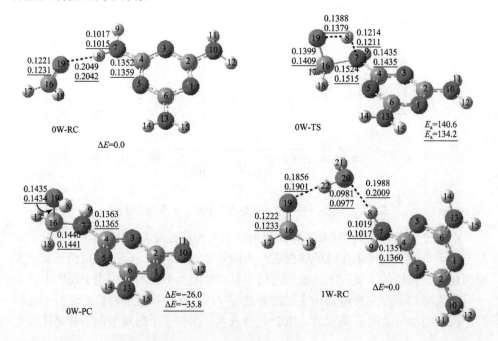

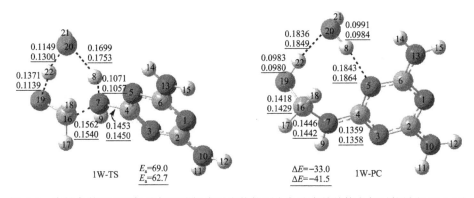

图 1-5　中性条件下三聚氰胺与甲醛加成反应势能面上各驻点的结构和相对能量(0 W-1 W)
（键长单位 nm；能量单位 kJ/mol）

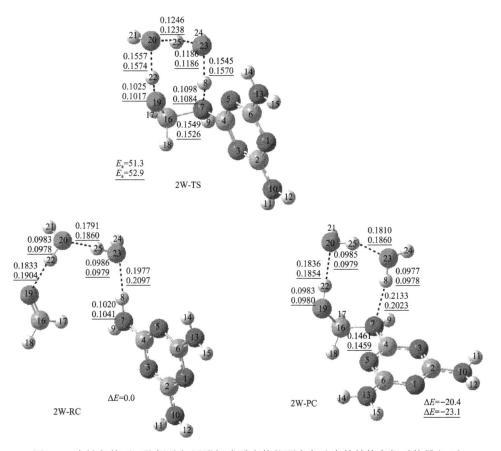

图 1-6　中性条件下三聚氰胺与甲醛加成反应势能面上各驻点的结构和相对能量(2W)
（键长单位 nm；能量单位 kJ/mol）

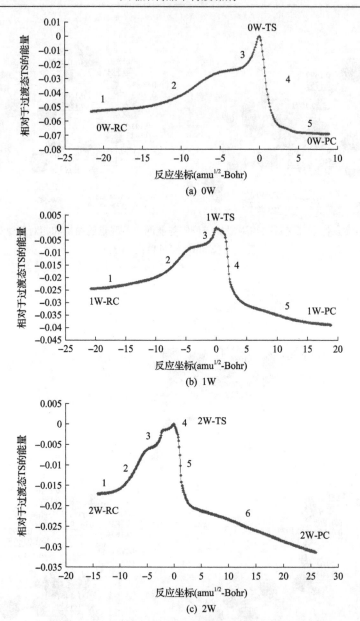

图 1-7　三聚氰胺-甲醛加成反应体系势能随反应坐标变化图

根据量子化学计算结果，可以得出如下结论：理论计算表明溶剂水分子可催化尿素与甲醛的反应。在反应中水分子起到质子传递"媒介"的作用，大大降低了反应能垒。在无水催化、一分子水和两分子水催化的理论反应模型中，亲核加成分别经历四元环、六元环和八元环过渡态。在 MP2/6-31+G** 理论水平上的能垒分别为 138.8 kJ/mol、73.9 kJ/mol、53.3 kJ/mol。

IRC 计算表明，反应势能面上不存在类似两性离子的中间体，亲核加成只经历一个过渡态，为协同反应机理。IRC 反应路径解析还表明，氨基对羰基的亲核进攻要早于质子从氮原子向羰基氧的转移。因此，虽然为协同反应，但表现出亲核进攻与质子转移过程不同步的特征。

三聚氰胺与甲醛的加成反应类似于尿素和甲醛的加成，水分子也可对其进行催化。理论计算的反应能量表明三聚氰胺的反应活性稍高于尿素。

1.3.1.2　碱性条件下脲醛树脂反应体系

经典理论指出，在碱性条件下尿素与甲醛主要发生羟甲基化反应，缩聚反应在这一阶段很慢，且主要生成含亚甲基醚键（—CH₂—O—CH₂—）（以下简称醚键）的低聚物，这是脲醛树脂合成必须经历酸性反应阶段的主要原因。但很多基础理论问题经典理论实际上至今尚未阐明。首先，碱性条件下碱是如何催化加成反应的？以 NaOH 为例，OH⁻的催化机理虽然在早期的动力学研究中已经提出(de Jong et al.，1952b；Nair et al.，1983)，但反应中关键中间体的生成以及反应决速步都是基于一系列假设之上的，其正确性至今尚未得到验证。其次，碱性条件下脲醛树脂组分间的缩聚反应虽然很慢，但毕竟可以发生，那么缩聚反应的机理又如何？亚甲基桥键[—N(R)—CH₂—N(R)—]（以下简称桥键）和醚键的生成应为竞争反应，但碱性条件下为何只生成醚键？早期的理论认为碱性反应阶段的缩聚反应产物对于脲醛树脂合成并无实际意义(Dunky，1998)，但一些针对脲醛树脂合成过程中结构变化的研究指出，碱性阶段生成醚键结构只有一小部分会重排为桥键，大部分含醚键的低聚物会参与酸性阶段的缩聚反应(Kim，1999，2000，2001；Siimer et al.，1999)。显然，这会导致树脂最终结构醚键含量的升高。这一阶段的缩聚反应不应该被忽略。另外，自 20 世纪 50 年代 uron 环被合成后(Kadowaki，1936；Beachem et al.，1963)，便引起了脲醛树脂领域学者的广泛关注，但以往的研究主要集中于合成条件对其含量的影响以及这种结构的存在对树脂性能的影响(Gu et al.，1995；Gu et al.，1996a，1996b；Soulard et al.，1999；Sun et al.，2014)。对于这种结构的生成机理、稳定性及其与其他反应的竞争关系实际上也并不完全清楚。

虽然大量研究指出碱性阶段的缩聚反应主要生成醚键结构，但也有学者认为醚键是否真的生成尚存在疑问(Kibrik et al.，2013a)。产生这种疑问主要有两方面的原因。其一，有机化学经典理论指出，醇羟基间脱水成醚的反应一般是在酸催化下进行的，碱性条件下成醚的反应十分罕见。其二，至今未有分离出含醚键结构的羟甲基脲缩聚产物的研究报道，对醚键结构生成的判断主要基于 ¹³C-NMR 化学位移。但由于碱性阶段的反应会生成羟甲基脲半缩醛结构[—N(R)—CH₂—O—CH₂—OH]，这种结构中显然也有醚键亚甲基碳，其 ¹³C-NMR 信号与亚甲基醚键的信号会发生重叠。因此，醚键的生成实际上仍然受到质疑。即便生成，由于半缩醛结构的存在，其含量也很难准确测定。由于这些问题的存在，一些研究者至今尚专注于相关研究（Kibrik et al.，2013a，2014；Steinhof et al.，2014）。

基于量子化学理论方法和实验方法相结合，对碱性条件下尿素-甲醛反应体系进行了系统研究和深入讨论，揭示了碱性条件下脲醛树脂合成反应的基本规律。

1）尿素负离子的生成

在脲醛树脂合成中的羟甲基化反应阶段，通常使用无机碱（如 NaOH）作催化剂。de Jong 等（1952b）和 Nair 等（1983）在其早期的动力学研究中提出，在 OH⁻ 的存在下，尿素可生成亲核性更强的负离子。以此为前提推测碱性条件下的羟甲基化反应包括图 1-8 中给出的一系列基元反应。有机化学经典理论认为，像尿素这样的酰胺类化合物基本上是中性的，或者说酰胺只表现出极弱的酸性或碱性。这意味着酰胺一般不与无机碱溶液发生酸碱中和反应。但是，酰胺与强碱不发生一般意义的酸碱反应，并不意味着酰胺不表现出任何酸性。否则，尿素-甲醛反应可被碱催化这一事实将无法理解。一种合理的解释是，尿素可与无机碱反应生成一定数量的诸如尿素负离子中间体。这样的中间体虽然浓度极低，但活性极高，恰恰是加速反应的重要中间产物。为证实这类中间体生成的可能性，首先对图 1-8 中最后一个反应进行了理论研究。

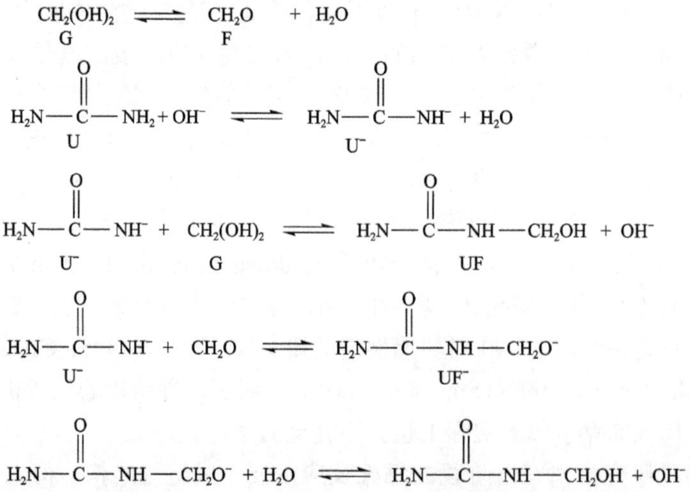

图 1-8　尿素羟甲基化反应的碱催化机理

由于反应涉及的物质都含有 N 和 O 这样的电负性较强的元素，这些元素以及与其相连的氢往往会与溶剂水分子形成较强的氢键相互作用。最重要的是在图 1-8 最后一个反应中同样存在质子转移。因此，计算中同样考察了"显性"水分子对反应的影响。对于该体系，在 B3LYP/6-31+G** 和 MP2/6-31+G** 理论水平上对反应物、过渡态和产物的结构进行全优化，结果见图 1-9，其中 MP2 方法的计算结果用斜体字表示。以上计算得到的相对能量(ΔE)和热力学数据($\Delta_r H_m^{\ominus}$，$\Delta_r G_m^{\ominus}$，298.15 K)列于表 1-1 中，此表中过渡态的 ΔE 与 E_a 具有相同的含义。0 W、1 W、2 W 和 3 W 分别代表无水、一分子水、两分子水和三分子水参与反应的模型。RC、TS 和 PC 分别代表反应物络合物、过渡态和产物络合物。

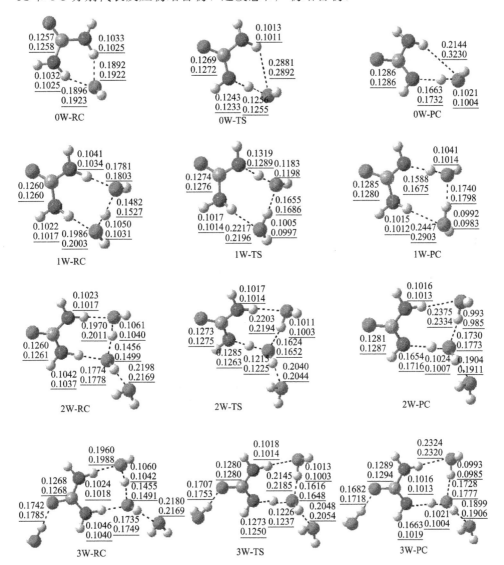

图 1-9　尿素与 OH⁻生成尿素负离子反应势能面上各驻点的结构(键长单位 nm)

　　与 B3LYP/6-31+G**相比，MP2/6-31+G**水平上得到的各络合物和过渡态结构中的氢键较长。所有的理论模型都显示 OH 能从氨基上抽取一个质子。随着水分子的增加，各驻点的几何结构呈现有规律的变化。在所有水分子参与形成的反应物络合物中，最强的氢键形成于 OH⁻ 与 H_2O-1 之间，其键长只有 0.15 nm 左右，较典型的氢键（0.18~0.20 nm）短得多。这说明该氢键已具备部分共价键特征，并不能看作一般意义上的氢键。随着质子从氨基—NH_2 转移到 OH⁻上，这一氢键在过渡态和产物中逐渐增长。被活化的 N—H 键键长也呈现一定的变化规律，其键长次序为 1 W>2 W>3 W>0 W。

在 3W 模型中，H_2O-3 与尿素羰基氧键形成了一个氢键，其键长为 0.17 nm 左右。该氢键的形成导致 C=O 键（0.1268 nm）长于 0W-2W 模型中的 C=O 键长（0.1260 nm 左右）。3W-TS 对应的能垒低于 1W-TS 和 2W-TS，与该氢键对过渡态的稳定作用有关。

表 1-1 中 ΔE_1 为不包含 ZPE 校正的相对能量，ΔE_2 为 ZPE 校正后的相对能量。对于过渡态 TS，频率计算得到的唯一虚频（IMG）证实它们是势能面上的一级鞍点。ΔE_1 中，过渡态的能量高于 RC 和 PC 也说明这一点。但对于 ΔE_2，ZPE 校正使得一部分 PC 的能量稍高于 TS。MP2 水平上计算得到的相对能量稍低于 B3LYP。

表 1-1　理论计算所得过渡态虚频、相对能量（ΔE）和热力学数据　　　（单位：kJ/mol）

| 种类 | B3LYP/6-31+G** | | | | | | MP2/6-31+G** | | | | | |
	IMG /cm⁻¹	ΔE_1	ΔE_2	$\Delta_r H_m^{\ominus}$	$\Delta_r S_m^{\ominus}$ (×10⁻³)	$\Delta_r G_m^{\ominus}$	IMG /cm⁻¹	ΔE_1	ΔE_2	$\Delta_r H_m^{\ominus}$	$\Delta_r S_m^{\ominus}$ (×10⁻³)	$\Delta_r G_m^{\ominus}$
0W-RC		0	0	0	0	0		0	0	0	0	0
0W-TS	1082i	7.2	−2.9				1175i	12.4	0.9			
0W-PC		−3.4	−2.2	−3	−1.7	−2.5		−3.4	−3.3	−3.2	8.4	−5.7
1W-RC		0	0	0	0	0		0	0	0	0	0
1W-TS	968i	17.8	10				1140i	18.6	9			
1W-PC		14.8	17.1	17.5	2.8	14		11.3	12.5	13.4	24.9	5.9
2W-RC		0	0	0	0	0		0	0	0	0	0
2W-TS	1084i	14.7	8.8				1185i	14.9	6.7			
2W-PC		7.7	13.5	12.6	−1.1	13.9		3.6	7.9	7.7	5.8	6
3W-RC		0	0	0	0	0		0	0	0	0	0
3W-TS	1091i	12.6	5.4				1171i	12.1	3.4			
3W-PC		3.9	9.2	8.2	−6.4	10.1		−1.1	3	0.2	−23.5	7.2

在 MP2 和 B3LYP 水平上的计算都表明 0 W 反应的 $\Delta_r G_m^{\ominus}$ 为负值。这表明该反应在热力学上是有利的。但当模型中有显性水分子存在时，$\Delta_r G_m^{\ominus}$ 变为正值，且 ΔE 也有所升高。例如，在两种理论水平上，ΔE_1 和 ΔE_2 都呈现出相同的变化趋势，即 1 W>2 W>3 W>0 W。$\Delta_r G_m^{\ominus}$ 也有类似的变化趋势。反应能垒的升高主

要是因为水分子与 OH⁻ 中的氧形成了很强的氢键，从而导致 OH⁻ 的碱性降低。因此，水分子在这里表现出一定的反催化效应。但随着更多水分子的参与，反应能垒又有所降低。这是因为，体系中形成了更多的氢键，这些氢键对体系又反过来产生一定的稳定作用。很显然，在真实的溶液反应中，反应物可能被更多的水分子包围，从而影响反应的热力学和动力学性质。因此，理论上讲，在计算模型中尽可能多地引入水分子，计算结果将更为可靠。但是，在 3W 模型中，3 个水分子被置于最有可能形成强氢键的位点。因此，更多水分子的引入对计算结果的影响是有限的。另外，反应模型中随着水分子的增加，原子运动的自由度大幅度增加，搜索过渡态的难度也随之增大。这也是理论上难以完全模拟真实溶液环境的原因之一。

根据热力学理论，标准摩尔反应吉布斯自由能 $\Delta_r G_m^{\ominus}$ 的值可作为反应是否能自发正向进行的经验性判据。当 $-40\ \text{kJ/mol} < \Delta_r G_m^{\ominus} < 40\ \text{kJ/mol}$ 时，反应是否能自发进行需要根据反应的具体条件判断。即需要通过吉布斯-亥姆霍兹方程（$\Delta_r G_m = \Delta_r H_m - T\Delta_r S_m$）或化学反应等温方程 $[\Delta_r G_m(T) = \Delta_r G_m^{\ominus} + RT\ln Q]$ 计算反应的 $\Delta_r G_m$ 来判断反应是否自发。表 1-1 中的数据显示，在所有的理论模型中，反应能垒（ΔE_1 和 ΔE_2）最高的也不超过 20 kJ/mol。这说明 OH⁻ 从尿素上抽取质子的反应即便是在室温下也可以进行，并快速建立平衡。但是，在有水分子参与的反应模型中 $\Delta_r G_m^{\ominus}$ 变为正值，说明水分子与反应物间形成氢键络合物对反应在热力学上是不利的。假设温度对 ΔH 和 ΔS 的影响可忽略，则吉布斯-亥姆霍兹方程可写为

$$\Delta_r G_m(T) = \Delta_r H_m^{\ominus}(298\text{K}) - T\Delta_r S_m^{\ominus}(298\text{K})$$

根据表 1-1 中 MP2 水平上所得数据，0 W 模型的 $\Delta_r H_m^{\ominus} < 0$，$\Delta_r S_m^{\ominus} > 0$，则 $\Delta_r G_m(T)$ 必定小于零，反应可自发进行，并且温度升高 $\Delta_r G_m(T)$ 变小；1 W 和 2 W 模型中，$\Delta_r H_m^{\ominus} > 0$，$\Delta_r S_m^{\ominus} > 0$，温度升高，$\Delta_r G_m(T)$ 可小于零；3W 模型中，$\Delta_r H_m^{\ominus} > 0$，$\Delta_r S_m^{\ominus} < 0$，$\Delta_r G_m(T)$ 在 0 K 以上均大于零，反应不能自发进行。在脲醛树脂合成中，反应多在 90～100℃ 范围内进行，而在高温下，水分子与尿素间形成的氢键难以稳定存在，特别是较弱的氢键难以形成。就上述理论模型而言，2W 和 3W 模型中 H₂O-2 与 OH⁻ 以及 H₂O-3 与羰基间的氢键在高温下可能难以形成。也就是说，0W 和 1W 模型反应可能是尿素负离子的主要来源。然而，需要指出，由于在真实溶液环境中，水分子与尿素作用的数量和氢键模式多种多样，理论计算难以考虑所有可能的作用模式，因此目前的研究结果只能说明尿素负离子的形成在热力学和动力学上都是有可能的，但就其具体浓度以及与反应条件间的关系还难以得出定量结论，需要进一步深入研究溶剂水分子与反应物相互作用的数量和模式以及受反应条件的影响机理。

2)羟甲基化反应机理

如果尿素负离子的生成是可能的,那么表 1-2 中的反应即可解释碱性条件下羟甲基化反应比中性条件下快的实验结果。在 1.3.1 节的讨论中已指出,中性条件下尿素与甲二醇不发生反应。尿素负离子既可以与甲醛反应也可与甲二醇反应,但两者在反应机理和反应活性上截然不同。为比较甲醛和甲二醇与尿素负离子的反应活性,对表1-2中的反应进行了理论计算,各反应过渡态的几何结构见图1-10。

表 1-2　氨基负离子与甲醛的反应

反应	E_a	ΔE
$U^- + G \rightleftharpoons UF + OH^-$	163.9	−31.2
$U^- + F \rightleftharpoons UF$	11.5	−51.5
$FU^- + F \rightleftharpoons FUF^-$	10.3	−48.0
$F_2U^- + F \rightleftharpoons F_2UF^-$	4.7	−46.6
$F_3U^- + F \rightleftharpoons F_3UF^-$	3.1	−73.6

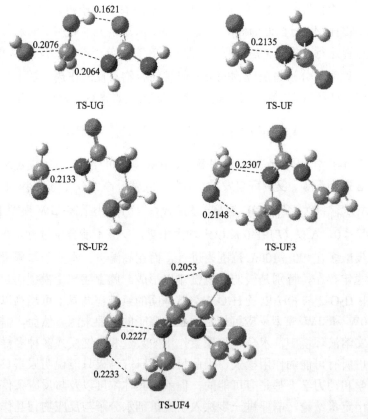

TS-UG　　　　　　　　TS-UF

TS-UF2　　　　　　　　TS-UF3

TS-UF4

图 1-10　表 1-2 反应的过渡态结构(键长单位 nm)

图 1-10 中的过渡态结构 TS-1UG 显示尿素负离子(U^-)与甲二醇(G)间的反应为典型的 S_N2 机理。该反应为放热反应，但能垒很高，为 163.9 kJ/mol，说明甲二醇虽然是甲醛在水溶液中的主要存在形式，但在碱性条件下对羟甲基化产物的贡献很小。与之相比，表 1-2 中 U^- 与甲醛(F)的反应为亲核加成，反应能垒只有 11.5 kJ/mol。以类似的机理，FU^- 和 F_2U^- 与甲醛反应可进一步生成二羟甲基脲及三羟甲基脲。这两个反应的能垒分别为 10.3 kJ/mol 和 4.7 kJ/mol。这些反应的能垒甚至低于水溶液中酸碱中和反应的能垒(一般为 13～25 kJ/mol)，这样的反应即便在室温下也会非常快，其速率常数会很大。但是需要指出，即便中间体生成速率和亲核加成速率都很快，在甲醛溶液中，醛式结构 CH_2O 的浓度很低，羟甲基化的反应速率实际上取决于甲二醇$[CH_2(OH)_2]$转化为甲醛的速率，而该反应的活化能超过 50 kJ/mol(Kramer et al.，2012)。因此，实验测定的反应速率常数在碱性和中性条件下基本在一个数量级上(de Jong et al.，1952b；Christjanson et al.，2006a)。另外，由于催化剂的浓度相对于反应物是非常低的，而没有生成负离子的大量中性尿素分子也参与反应，因此实验得到的动力学数据是一个总的结果。

　　理论上讲，尿素与甲醛反应可生成四羟甲基脲，但实验上从未分离得到这种产物。一种观点认为这种产物是存在的，但因浓度极低，难以分离和检测。其反应的能垒仅为 3.1 kJ/mol，显示该反应也容易进行。从反应热来看，从一羟甲基脲到四羟甲基脲呈现放热值逐渐增大的趋势。那么，是不是取代程度越高的产物越容易生成？又如何解释实验中未发现四羟甲基脲的事实呢？早期的动力学研究表明，尿素、一羟甲基脲和二羟甲基脲与甲醛的加成反应活性是逐渐降低的。从计算结果看，反应能垒并不是高取代度羟甲基脲生成的障碍，那么另一影响因素就应该是空间位阻效应。当尿素分子上取代基增多时，取代基将对甲醛与剩余活性位点的碰撞产生空间位阻，同时活性位点数量减少导致有效碰撞概率降低。因此，像四羟甲基脲这样的产物从理论上讲完全有可能生成，但受上述两个因素抑制，产物浓度极低，导致分离和检测困难。

　　为后面讨论方便起见，将尿素分子上的四个氢原子的构型进行标记，如下：

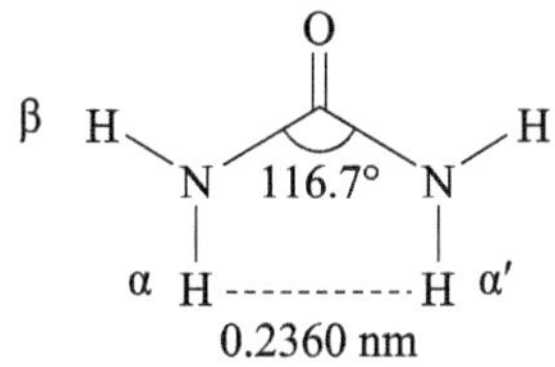

对于 N,N'-二羟甲基脲，文献中只根据两个羟甲基是否在羰基的同一侧将其划分为对称型和反对称型(Steinhof et al.，2014)。根据构型中的标记方法，N,N'-二羟甲基脲可能有三种类型，分别是 α-α'、β-β'以及 α-β 型。就反应活性而言，生成这三种构型的能垒差别不大，但如图中尿素结构所示，两个 α-α'型的氢原子之间的

距离仅为 0.2360 nm，远小于两个正常共价键(如 C—C、C—N、C—O 键)键长的加和，因此 α-α′型二羟甲基脲或同类型取代产物的生成可能会由于空间位阻效应难以形成。即便形成，C—N 键须发生旋转以降低基团间的排斥作用能，但这会导致尿素共轭体系平面结构遭到破坏而使产物不稳定。因此，在实际反应中，β-β′和 α-β 型可能占主要地位。

3) 碱性条件下的缩聚反应机理

大量的树脂结构研究表明，在所谓的"羟甲基化"反应阶段，有将近 30% 的甲醛参与缩聚反应并生成了亚甲基醚键。研究表明，在树脂合成过程中的碱性反应阶段生成的醚键在后期酸性反应阶段会部分重排为亚甲基桥键并伴随甲醛的释放，但一部分仍未残留于树脂的最终结构中(Kim，1999；Siimer et al.，1999；Christjanson et al.，2006b；Sun et al.，2014)。固化后的树脂中仍然含有能释放质子的固化剂，在人造板使用过程中若遇到潮湿环境，则上述重排和甲醛释放过程仍有可能发生。这可能是脲醛树脂甲醛释放的来源之一。另外，即便不发生重排反应，而仅发生醚键水解，那么水解的醚键将释放出羟甲基，进而通过去羟甲基化反应(即加成反应的逆反应)导致甲醛释放。事实上，已有研究表明树脂中醚键的水解稳定性确实与甲醛释放有关(Siimer et al.，1999；Chuang et al.，1994)。因此，虽然至今未有研究报道醚键含量与树脂使用过程中甲醛释放量的定量关系，在合成过程中应尽量避免醚键的生成几乎已成共识(Dunky，1998)。然而，大量的研究表明，醚键的生成，尤其是碱性反应阶段醚键的生成是无法避免的。那么，醚键生成的机理是什么？是否可以改变合成工艺降低醚键含量？为何实验中没有在碱性条件下观测到桥键的生成？它与醚键的竞争关系怎样？一种可能的原因是生成醚键的反应在能量上比生成桥键的反应更为有利。另外，既然分子内醚键结构 uron 也能在碱性条件下生成，那么这种结构与链状醚键和桥键生成间的竞争关系又如何？

为阐明碱性条件下各种缩聚结构形成的竞争关系，作者课题组于 2015 年(Li et al.，2015)对弱碱性条件下(pH 为 9.0)的脲醛树脂(UF)反应产物进行了 ^{13}C-NMR 定量分析，发现如下主要结果：

(1) 当 n_F/n_U 物质的量比为 2.0，温度为 80℃ 或 90℃ 时，约有 20% 的甲醛转化为线型(不带支链)亚甲基醚键(—NH—CH$_2$—O—CH—NH—)，而亚甲基桥键(—NR—CH$_2$—NR—)几乎没有生成，同时在 80℃ 时，约有 7% 的尿素在羟甲基化后发生自缩聚生成环状醚键结构，即 uron 及其衍生物。当温度升高至 90℃，uron 产物的量增加到 14%。

(2) 当 n_F/n_U 物质的量比为 1.0，温度为 80℃ 时，有少量线型亚甲基桥键(—NH—CH$_2$—NH—)生成，但醚键仍占优势。当温度升高至 90℃ 时，亚甲基桥键和醚键的生成形成明显的竞争。

上述结果直观地说明，醚键与桥键的竞争关系受物质的量比和反应温度的影响。为揭示这两种因素影响产物结构的内在机制，作者课题组采用量子化学方法对碱催化 UF 缩聚反应进行了理论计算。

基于上述尿素负离子在碱性条件下可能生成的前提，首先推测以下的缩聚反应机理：

$$\overset{|}{-}NH+OH^- \rightleftharpoons \overset{|}{-}N^-+H_2O \tag{1-76}$$

$$\overset{|}{-}N^-+CH_2O \rightleftharpoons \overset{|}{-}N-CH_2-O^- \tag{1-77}$$

$$\overset{|}{-}N-CH_2-OH+OH^- \rightleftharpoons \overset{|}{-}N-CH_2-O^-+H_2O \tag{1-78}$$

$$\overset{|}{-}N^-+HO-H_2C-NH- \rightleftharpoons \overset{|}{-}N-CH_2-NH-+OH^- \tag{1-79}$$

$$\overset{|}{-}N-CH_2-O^-+HO-H_2C-NH- \rightleftharpoons \overset{|}{-}N-CH_2-O-CH_2-NH-+OH^- \tag{1-80}$$

为方便讨论，将由反应(1-76)生成的负离子统称为氨基负离子，包括尿素负离子和由羟甲基化合物氨基上进一步失去质子生成的负离子。将由反应(1-77)和反应(1-78)生成的负离子统称为羟甲基负离子。经典有机化学理论认为醇羟基的酸性是很微弱的，只有在与活泼金属的反应中才表现出来。这样，反应(1-78)看似值得怀疑。然而，有两方面的原因可以支持反应(1-78)的合理性。首先，这一反应并非一般意义上的酸碱中和反应，羟甲基负离子存在的浓度可能极低；其次，—CH₂O⁻部分与尿素的酰胺结构存在一定程度上的共轭作用，这使得 C═O 上的负电荷得以分散，从而使整个负离子相对一般的醇所生成的烷氧基负离子 RO⁻ 更为稳定。

图 1-11(a)给出了 α-β 型二羟甲基脲形成的羟甲基负离子的几何结构及原子极化张量(atomic polar tensors，APT)电荷分布。从图中—CH₂O 部分的原子电荷可计算出这个基团所带的负电荷为 0.428，所以负电荷分散是比较明显的。从几何结构上看，甲醛部分，C—O 键键长为 0.1377 nm，比正常羟甲基中的 C—O 键(0.1439 nm)明显短，说明该 C—O 键尚有部分双键的性质。因此该键可与 N 原子和尿素 C═O 部分的 p-π 共轭发生共轭作用，如图 1-11(b)所示。另外，分子内氢键也对这种负离子的稳定性起一定作用。综上所述，由于羟甲基在结构上的特殊性，其活性与一般醇羟基的活性应当有所差异。需要指出，这种负离子的稳定性依然是相对而言的。与正常分子或强酸电离后形成的负离子相比仍然是极其不稳定的中间体。

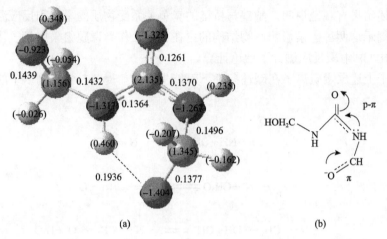

图 1-11　二羟甲基脲负离子的几何结构、APT 电荷分布(a)和共轭效应(b)

在羟甲基负离子和氨基负离子存在的前提下，推测单体间的缩聚反应可能通过典型的双分子亲核取代(S_N2)反应进行。

为从理论上阐明这些反应的机理及竞争关系，对图 1-12 和图 1-13 所示的一些典型缩聚反应的决速步进行了理论计算。

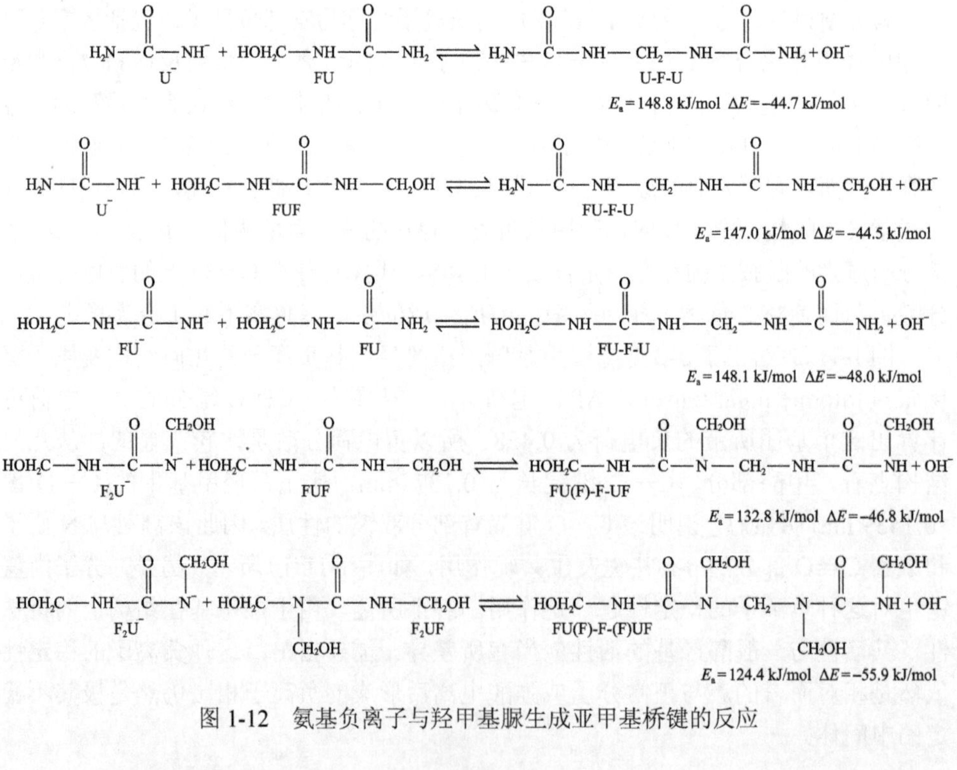

$$H_2N-\overset{\overset{\displaystyle O}{\|}}{C}-\overset{-}{NH} + HOH_2C-NH-\overset{\overset{\displaystyle O}{\|}}{C}-NH_2 \rightleftharpoons H_2N-\overset{\overset{\displaystyle O}{\|}}{C}-NH-CH_2-NH-\overset{\overset{\displaystyle O}{\|}}{C}-NH_2 + OH^-$$

U⁻ 　　　　FU 　　　　　　　　　　　U-F-U

E_a = 148.8 kJ/mol　ΔE = -44.7 kJ/mol

$$H_2N-\overset{\overset{\displaystyle O}{\|}}{C}-\overset{-}{NH} + HOH_2C-NH-\overset{\overset{\displaystyle O}{\|}}{C}-NH-CH_2OH \rightleftharpoons H_2N-\overset{\overset{\displaystyle O}{\|}}{C}-NH-CH_2-NH-\overset{\overset{\displaystyle O}{\|}}{C}-NH-CH_2OH + OH^-$$

U⁻ 　　　　FUF 　　　　　　　　　　FU-F-U

E_a = 147.0 kJ/mol　ΔE = -44.5 kJ/mol

$$HOH_2C-NH-\overset{\overset{\displaystyle O}{\|}}{C}-\overset{-}{NH} + HOH_2C-NH-\overset{\overset{\displaystyle O}{\|}}{C}-NH_2 \rightleftharpoons HOH_2C-NH-\overset{\overset{\displaystyle O}{\|}}{C}-NH-CH_2-NH-\overset{\overset{\displaystyle O}{\|}}{C}-NH_2 + OH^-$$

FU⁻ 　　　　FU 　　　　　　　　　　FU-F-U

E_a = 148.1 kJ/mol　ΔE = -48.0 kJ/mol

$$HOH_2C-NH-\overset{\overset{\displaystyle O}{\|}}{C}-\overset{\overset{\displaystyle CH_2OH}{|}}{\overset{+}{N}} + HOH_2C-NH-\overset{\overset{\displaystyle O}{\|}}{C}-NH-CH_2OH \rightleftharpoons HOH_2C-NH-\overset{\overset{\displaystyle O}{\|}}{C}-\overset{\overset{\displaystyle CH_2OH}{|}}{N}-CH_2-NH-\overset{\overset{\displaystyle O}{\|}}{C}-NH + OH^-$$

F₂U⁻ 　　　　FUF 　　　　　　　　　FU(F)-F-UF

E_a = 132.8 kJ/mol　ΔE = -46.8 kJ/mol

$$HOH_2C-NH-\overset{\overset{\displaystyle O}{\|}}{C}-\overset{\overset{\displaystyle CH_2OH}{|}}{\overset{+}{N}} + HOH_2C-\overset{\overset{\displaystyle |}{N}}{\underset{\displaystyle CH_2OH}{}}-\overset{\overset{\displaystyle O}{\|}}{C}-NH-CH_2OH \rightleftharpoons HOH_2C-NH-\overset{\overset{\displaystyle O}{\|}}{C}-\overset{\overset{\displaystyle CH_2OH}{|}}{N}-CH_2-\overset{\overset{\displaystyle |}{N}}{\underset{\displaystyle CH_2OH}{}}-\overset{\overset{\displaystyle O}{\|}}{C}-NH + OH^-$$

F₂U⁻ 　　　　F₂UF 　　　　　　　　FU(F)-F-(F)UF

E_a = 124.4 kJ/mol　ΔE = -55.9 kJ/mol

图 1-12　氨基负离子与羟甲基脲生成亚甲基桥键的反应

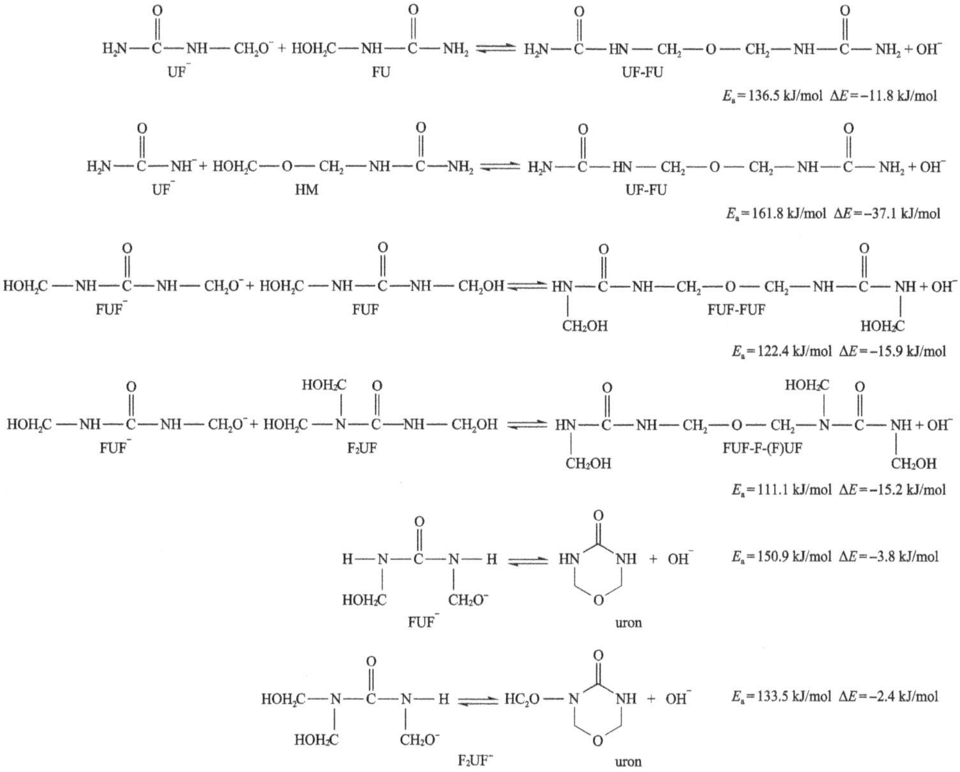

图 1-13　羟甲基负离子与羟甲基脲生成亚甲基醚键和 uron 的反应

由于实验合成中，所有这些反应都可能发生，而动力学实验无法孤立地研究这些反应，因此至今未有关于这些反应的活化能等动力学数据报道。由于缺乏实验数据对照，因此难以对理论计算结果是否达到定量精度做出定量评估，但其定性结果是可靠的。依据计算所得反应机理和反应能量可判断反应的相对难易程度，从而获知有关反应竞争性的相关信息。

从过渡态结构和虚频(IMG)振动模式判断，这些反应都属于典型的双分子亲核取代反应(S_N2)。从计算结果看，由一羟甲基脲生成线型桥键的能垒比生成线型醚键的能垒高 12 kJ/mol 左右。由二羟甲基脲缩合生成支链型桥键的能垒比其生成线型醚键的能垒也要高 10 kJ/mol 左右。因此，生成醚键在能量上确实是有优势的。但 10～12 kJ/mol 的差别似乎并不足以解释高物质的量比条件下醚键的绝对优势。因此，应该还有其他影响因素。结合物质的量比对缩聚结构竞争关系的影响，我们推测，空间位阻很可能是另一个关键因素。当物质的量比在 2.0 左右时，二羟甲基脲是加成反应主产物。二羟甲基脲之间缩聚生成醚键不受空间位阻影响，同时反应能垒较低，因此较容易生成。不同的是，二羟甲基脲之间缩聚生成桥键时，N 上的羟甲基会对亲核进攻形成位阻，加之其反应能垒较高，因此受到抑制。

当物质的量比降低至 1.0 时，一羟甲基脲是主要产物，还有部分游离脲。此时，一羟甲基脲间或游离脲均含游离氨基（未取代氨基），而游离氨基与羟甲基反应生成桥键不受空间位阻影响，在较高温度下就可与醚键的生成形成明显竞争。生成 uron 的反应能垒稍高于生成线型桥键的能垒，但由于分子内基团的碰撞概率更高，因此较容易生成。

上述 S_N2 机理虽然可以从理论计算能垒和空间位阻效应解释不同缩聚结构间的竞争关系，但不能排除还有其他可能的反应机理。为此，李涛洪等在 2018 年提出了另一种新的机理(Li et al.，2018)，如图 1-14 所示。

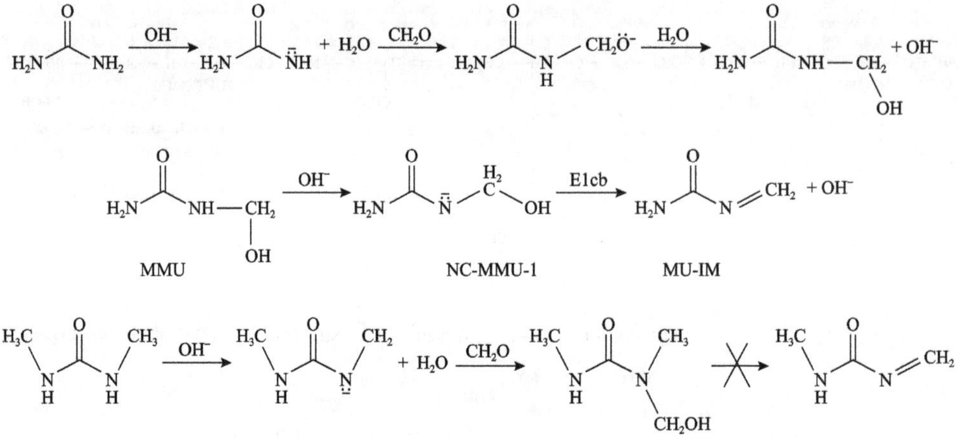

图 1-14 亚甲基脲中间体的形成机理

这种机理的前提仍然是氨基负离子的形成。羟甲基脲氨基负离子经过单分子共轭碱消除历程(E1cb)后生成一种类似席夫碱的中间体，我们将其称为亚甲基脲中间体(MU-IM)。由于活性中间体的存在时间非常短暂，用实验方法捕捉以证明其存在十分困难。因此，我们用二甲基脲与甲醛的反应进行了间接的实验验证。二甲基脲 N 原子上已经有取代基，而根据所提出的机理，二甲基脲在发生羟甲基化反应后将不具备形成类似亚甲基脲中间体的能力。也就是 N,N-二取代脲不可能生成中间体。这样，羟甲基化的二甲基脲将不可能生成缩聚产物。实验结果表明，反应产物中没有任何缩聚产物生成，证明我们的推测是完全正确的。

这类中间体中由于存在 C=O 双键和 C=N 的共轭，又类似于 α,β-不饱和酮。典型的 α,β-不饱和酮可以和负离子发生迈克尔(Michael)加成。通过量子化学计算，找到了生成亚甲基脲中间体的过渡态，如图 1-15 所示。

计算表明，由一羟甲基脲氨基负离子生成亚甲基脲中间体的能垒在 60 kJ/mol 左右。如果这一步是整个缩聚反应的决速步，那么通过这种机理缩合比通过上述 S_N2 历程缩合就要快得多，也更符合在 80～90℃就有 20%～30%甲醛转化为缩聚结构的实验结果。基于这类中间体，进一步计算了图 1-16 所示的缩聚反应。

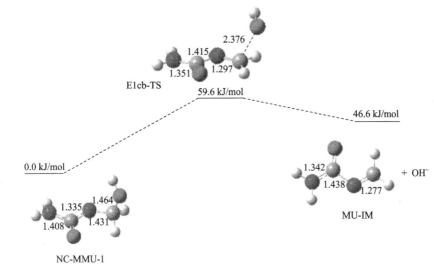

图 1-15　亚甲基脲中间体生成的反应能垒(键长单位 Å)

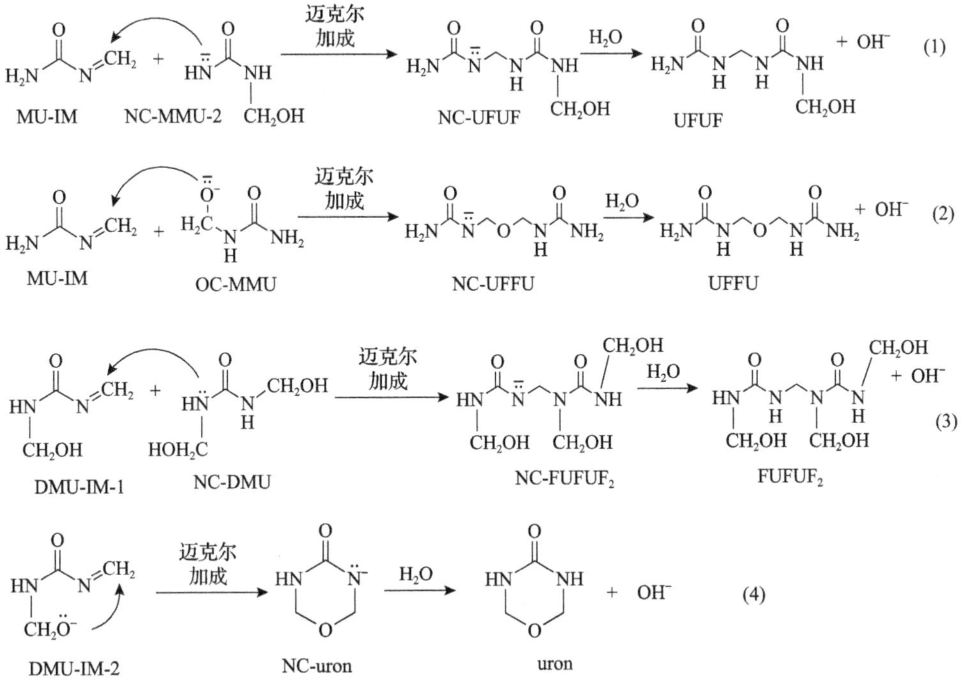

图 1-16　基于亚甲基脲中间体的脲醛树脂缩聚反应

通过羟甲基脲氨基负离子和羟基负离子与亚甲基脲中间体的迈克尔加成反应，可以形成亚甲基桥键和醚键。图 1-17 和图 1-18 是理论计算得到的由一羟甲基脲生成亚甲基桥键和醚键的反应能垒和过渡态结构。

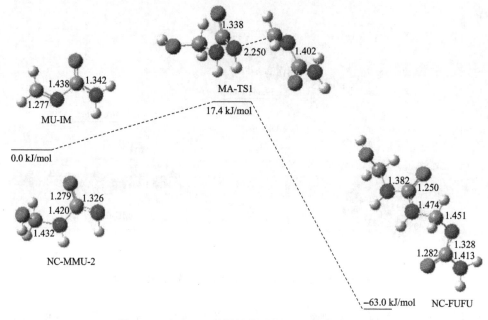

图 1-17 生成亚甲基桥键的反应能垒(键长单位 Å)

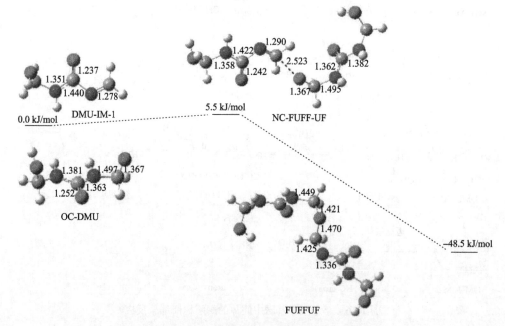

图 1-18 生成亚甲基醚键的反应能垒(键长单位 Å)

显然,无论是亚甲基桥键还是醚键,通过迈克尔加成生成缩聚结构的反应能垒显著低于亚甲基脲中间体形成的能垒，因此亚甲基脲的生成确实是整个反应的决速步。虽然，醚键生成的能垒明显低于桥键，但由于是快速反应步骤，两者应该是竞争关系。因此上述碱性条件下的实验结果，仍然要通过空间位阻效应来解释。基于量子化学计算结果，S_N2 和 E1cb 两种机理中，后者由于能垒显著较低，因此对产物的贡献应该是主要的。但无论何种机理，要引入空间位阻才能合理地解释实验结果。这一事实提示，尿素的取代程度对产物结构影响最为显著，而尿素的取代程度由合成时采用的物质的量比来决定。

上述主要通过不同缩聚反应的动力学性质来解释反应条件对树脂结构的影响。这显然还不全面。化学平衡原理已经规定，无论是酸催化还是碱催化，反应的最终产物分布应该由热力学性质决定。然而，对于缩聚反应，随着产物分子量的增大，黏度也随之增大，并最终失去流动性。用于木材胶黏剂的树脂要求黏度不能太大，否则影响施胶。在合成过程中，往往在反应液达到一定黏度时就要终止反应。因此，反应不可能达到平衡状态。但是，即便如此，不同反应的热力学性质仍然会是反应终点产物的重要因素。通过实验方法是无法对各个竞争反应进行独立研究的，而这正是理论计算的优势所在。为理解不同缩聚产物在实验中的分布，对几种典型的缩聚反应的热力学性质进行了独立计算。计算结果见图 1-19。

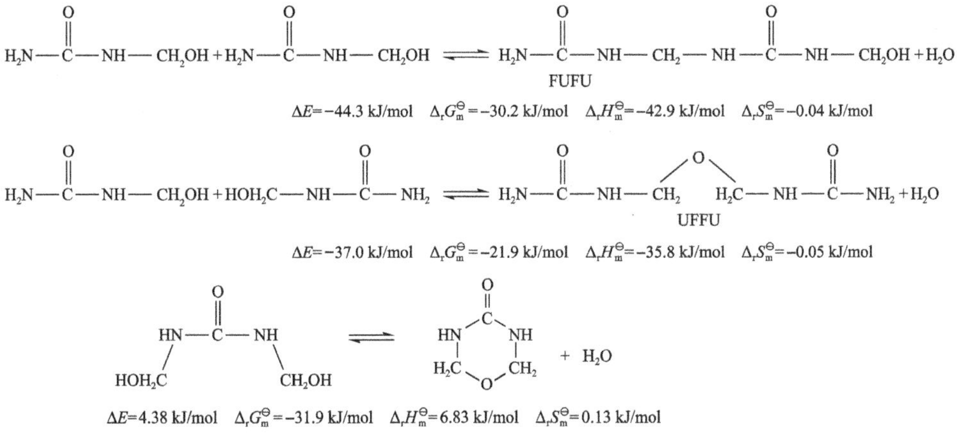

$\Delta E = -44.3$ kJ/mol　$\Delta_r G_m^{\ominus} = -30.2$ kJ/mol　$\Delta_r H_m^{\ominus} = -42.9$ kJ/mol　$\Delta_r S_m^{\ominus} = -0.04$ kJ/mol

$\Delta E = -37.0$ kJ/mol　$\Delta_r G_m^{\ominus} = -21.9$ kJ/mol　$\Delta_r H_m^{\ominus} = -35.8$ kJ/mol　$\Delta_r S_m^{\ominus} = -0.05$ kJ/mol

$\Delta E = 4.38$ kJ/mol　$\Delta_r G_m^{\ominus} = -31.9$ kJ/mol　$\Delta_r H_m^{\ominus} = 6.83$ kJ/mol　$\Delta_r S_m^{\ominus} = 0.13$ kJ/mol

图 1-19　典型缩聚反应的热力学性质

从计算得到的反应吉布斯自由能变可以看出，亚甲基桥键、醚键和 uron 三种结构中，亚甲基桥键结构在热力学上最为稳定，其次是 uron 环。这一结果表明，桥键应该是主要的缩聚结构。然而，合成实验表明，只有经历酸性条件下的反应才能看到这一结果。显然，这是因为酸性条件下的反应更快，在较短时间内产物分布更接近平衡状态。可以推测，如果给弱碱性条件下的反应足够时间或者让反应在强碱性条件下进行，应该可以得到类似酸性条件下形成的树脂。为证实这一推测，杜官本等尝试了在强碱性条件下(pH 为 12.0)进行树脂合成(Liang et al.,

2018)，并用定量 ^{13}C-NMR 分析技术跟踪了反应过程中产物结构的变化。结果表明，反应初期仍然是醚键占优势，但随反应进行，大量亚甲基桥键开始形成，并且一部分醚键转化为了桥键。到终点时，亚甲基桥键的含量显著超过链状醚键的含量。这一过程非常类似于酸性条件下的树脂结构变化过程。此外，大量 uron 结构形成，含量仅次于桥键。这些实验结果都能用上述理论计算得到的各反应的热力学性质来解释。然而，这并不意味着脲醛树脂可以在强碱性条件下进行。因为长时间在强碱条件下进行反应，甲醛的坎尼扎罗(Cannizzaro)反应剧烈，一方面导致甲醛的大量消耗，另一方面产生大量的甲醇，而甲醇会造成羟甲基被甲氧基(—OCH$_3$)封端，阻碍树脂的固化。

　　碱性条件下无法制备具有正常胶合性能的脲醛树脂，这一点早已被认识到。然而，一直没有从理论上得到很好的阐释。基于上述理论和实验研究，已经可以做出合理的解释。首先，弱碱条件下，反应太慢，在数小时的时间内难以形成大分子量聚合物，即便能生成一部分聚合物，这些聚合物也是以线型醚键结构为主，不会固化。其次，强碱条件下的反应虽然较快，也能形成各种亚甲基桥键结构，但坎尼扎罗反应的负面影响以及大量 uron 结构形成(消耗大量羟甲基)使最终树脂不具备优异的胶合性能。需要指出，虽然碱性条件下无法获得正常的树脂，但并不意味着碱性条件下的缩聚反应可以被忽略。事实上，有的研究早已指出在传统碱-酸-碱工艺中，第一碱性阶段生成的醚键几乎代表了整个树脂合成过程中的最高含量(郭晓申，2015)，但遗憾的是，这似乎并没有引起大多数学者的注意，仍然将碱-酸-碱合成工艺中的第一阶段反应理解为"羟甲基化"反应。本书的研究结果表明，这一阶段的反应条件应该被进一步优化。例如，n_F/n_U 物质的量比不宜过高，反应时间不宜过长，温度也应该合理控制，目的在于抑制醚键在合成过程中的生成，优化最终树脂结构。

1.3.1.3　酸性条件下的脲醛树脂反应体系

　　脲醛树脂合成中，酸性条件下既能发生羟甲基化反应又能发生缩聚反应，而且 pH 对树脂结构的影响很大(Dunky，2004，1998；Gu et al.，1995，1996b；杜官本，1999；Christjanson et al.，2006a)。以往的研究表明，弱酸条件下缩聚反应倾向于生成醚键结构，而强酸条件下桥键的含量较高，树脂分子的分支度也较高(Gu et al.，1995，1996b；杜官本，1999；Christjanson et al.，2006a)。按照催化理论，催化剂只改变反应机理和活化能，而不改变化学平衡。这意味着酸性强弱只会改变反应速率的快慢而不应该改变反应产物的分布。那么如何理解 pH 对树脂分子结构和组分结构的影响？这是树脂合成理论中最为核心的问题。要阐明这一点，显然需要对质子(H^+)催化反应的机理进行深入研究。既然 H^+ 可同时催化羟甲基化反应和缩聚反应，那么只要获得两种反应的能垒即可判断反应的相对快慢。

de Jong 等(1953)在其早期动力学研究中指出,缩聚反应主要发生在游离氨基(—NH$_2$)与羟甲基之间,这种反应生成线型(无支链)桥键结构。N,N'-二羟甲基脲(UF$_2$)自身缩合反应的速率非常慢,其速率常数仅为 UF$_2$ 与尿素(U)或一羟甲基脲(UF)缩合速率常数的 1/50~1/20,而醚键的生成更是几乎可以忽略。这些结果与后期采用 ^{13}C-NMR 技术对脲醛树脂结构形成过程进行跟踪研究的结果存在矛盾的地方。首先,脲醛树脂合成中,以酸性为起始条件的反应会在初期形成大量醚键结构,其含量甚至超过桥键。其次,酸性条件下生成的桥键以含支链的结构[—N(—CH$_2$)—CH$_2$—NH]居多,而这种结构最有可能直接由 UF$_2$ 自身缩合得到。de Jong 等的动力学研究几乎是脲醛树脂合成研究中引用率最高的文献,然而很少有研究指出这些矛盾并予以阐明。另外,酸性条件下一部分醚键会在反应后期重排(或转化)为桥键,并且这一过程伴随着游离甲醛含量的升高(Siimer et al.,1999;Christjanson et al.,2006a;Sun et al.,2014)。这一现象早已被发现,但绝大多数文献只用"重排"二字描述,而对具体的反应机理只简单用醚键结构脱去一分子甲醛这一反应式来描述,并没有真正触及反应的核心细节。

uron 结构最初就是在强酸条件下合成得到的(Kadowaki,1936;Beachem et al.,1963)。后期的一些研究也表明强酸条件下 uron 结构含量高于弱酸条件(Gu et al.,1995,1996b;杜官本,1999)。那么 uron 与链状醚键或桥键间的竞争关系如何?pH 是否真是决定其含量的关键因素?这些问题至今尚未有理论解释。

针对酸性条件下脲醛树脂合成反应体系的核心问题,首先采用量子化学方法对其中的代表性反应进行理论计算,并对这些反应间的竞争关系进行讨论。在此基础上设计相关实验,并用 ^{13}C-NMR 技术对反应产物进行定量分析,从中找到支持理论计算结果的证据,最终阐明相关反应机理。

1)酸催化羟甲基化反应机理

早期的动力学研究(de Jong et al.,1952b;Nair et al.,1983)已经指出,在酸性条件下,酸的作用在于使甲醛质子化,从而更有利于亲核试剂的进攻。如前所述,甲二醇是水溶液中甲醛的主要存在形式。在中性条件下,甲二醇转化为甲醛的实验活化能为 55.6 kJ/mol(Kramer et al.,2012)。在酸的存在下,甲二醇也可发生质子化,脱水后转化为质子化的甲醛。

理论计算表明甲二醇质子化脱水反应的能垒仅为 26.1 kJ/mol,表明这一反应即便在室温条件下也可进行。

$$\text{H}-\overset{\overset{\displaystyle O}{\|}}{\text{C}}-\text{H} \quad \underset{}{\overset{\text{H}^+}{\rightleftharpoons}} \quad \text{H}-\overset{\overset{\displaystyle O-H}{\|}}{\overset{+}{\text{C}}}-\text{H}$$

F　　　　　　　　pF

质子化甲二醇的碳原子由于带有较高的正电荷,也容易受亲核试剂的进攻,因此也可能直接与尿素发生反应生成羟甲基脲。为考察两种中间体的相对反应活性，对质子化甲醛和质子化甲二醇参与生成一羟甲基脲和二羟甲基脲的反应均进行了理论计算。反应如下：

$$
\begin{array}{ccccc}
\underset{G}{H-O\underset{|}{\overset{|}{\underset{H}{C}}}O-H} & \xrightarrow{H^+} & \underset{pG}{HO\overset{H}{\underset{|}{\overset{|}{\underset{H}{C}}}\overset{+}{O}-H}} & \xrightarrow{-H_2O} & \underset{pF}{\overset{O-H}{H-\overset{+}{C}-H}}
\end{array}
$$

$$
\underset{U}{H_2N-\overset{O}{\overset{\|}{C}}-\overset{\cdot\cdot}{N}H_2} + \underset{pF}{\overset{O-H}{H-\overset{+}{C}-H}} \xrightarrow{\text{加成}} \underset{p\text{-}UF}{H_2N-\overset{O}{\overset{\|}{C}}-\overset{+}{N}H_2-CH_2OH} \xrightarrow{-H^+} \underset{UF}{H_2N-\overset{O}{\overset{\|}{C}}-NH-CH_2OH}
$$

$$
\underset{UF}{HOH_2C-NH-\overset{O}{\overset{\|}{C}}-\overset{\cdot\cdot}{N}H_2} + \underset{pF}{\overset{O-H}{H-\overset{+}{C}-H}} \xrightarrow{\text{加成}} HOH_2C-NH-\overset{O}{\overset{\|}{C}}-\overset{+}{N}H_2-CH_2OH \xrightarrow{-H^+} \underset{FUF}{HOH_2C-NH-\overset{O}{\overset{\|}{C}}-NH-CH_2OH}
$$

$$
\underset{U}{H_2N-\overset{O}{\overset{\|}{C}}-\overset{\cdot\cdot}{N}H_2} + \underset{pG}{HO\overset{H}{\underset{H}{\overset{|}{C}}}\overset{+}{O}-H} \xrightarrow[S_N2]{-H_2O} HOH_2C-NH-\overset{O}{\overset{\|}{C}}-\overset{+}{N}H_2-CH_2OH \xrightarrow{-H^+} \underset{UF}{H_2N-\overset{O}{\overset{\|}{C}}-NH-CH_2OH}
$$

$$
\underset{UF}{HOH_2C-NH-\overset{O}{\overset{\|}{C}}-\overset{\cdot\cdot}{N}H_2} + \underset{pG}{HO\overset{H}{\underset{H}{\overset{|}{C}}}\overset{+}{O}-H} \xrightarrow[S_N2]{-H_2O} HOH_2C-NH-\overset{O}{\overset{\|}{C}}-\overset{+}{N}H_2-CH_2OH \xrightarrow{-H^+} \underset{FUF}{HOH_2C-NH-\overset{O}{\overset{\|}{C}}-NH-CH_2OH}
$$

由于在水溶液中的去质子化过程多为快速反应，因此仅对这些反应的第一步进行了理论研究。计算所得反应物、中间体、产物和过渡态的几何结构以及反应能量见图 1-20。

图 1-20 中，TS-U-pF 为质子化甲醛(protonated formaldehyde，pF)与尿素反应的过渡态。从过渡态的结构看，反应物一侧应存在一个图 1-21 所示的氢键络合物 A。但 IRC 反应路径解析显示络合物 A 并不存在，与过渡态相连的是络合物 B。

此络合物的结构为图 1-20 中 U-pF。在此结构中，质子连在尿素羰基氧上并与甲醛羰基氧形成强氢键。对此络合物的形成有两种理解：一种是质子化甲醛与尿素形成氢键络合物时由于尿素羰基氧结合质子的能力更强而将质子传递给尿素；另一种是尿素的羰基在酸溶液中同样会被质子化，质子化的尿素与未质子化的甲醛碰撞形成络合物 U-pF。IRC 计算显示，在达到过渡态的过程中，尿素又将质子传递给甲醛。过渡态 TS-U-pF 相对于 U-pF 有一较高能垒，为 92.0 kJ/mol。TS-U-pF 结构中，C—O 键很长(0.2648 nm)，表明 C 和 O 间的相互作用很弱，因此该能垒主要对应上述质子传递过程。不难理解，由于氨基上有孤对电子而质子化甲醛带正电荷，为缺电子体系，二者的结合对体系能量上升贡献很小。反应产

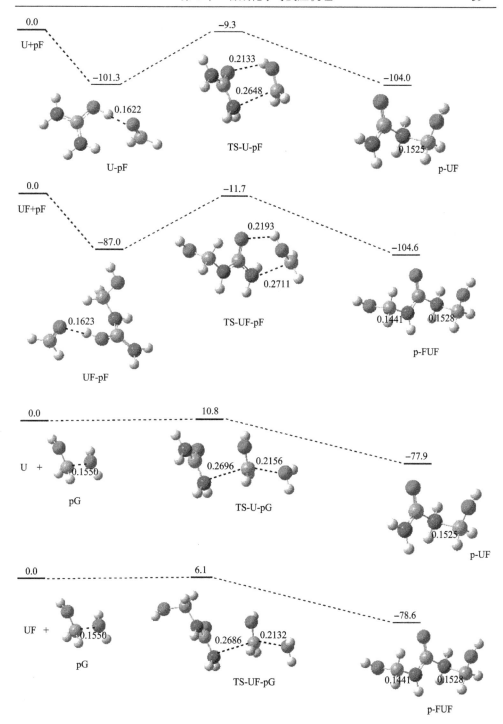

图 1-20　势能面上各驻点的结构及相对能量(键长单位 nm；能量单位 kJ/mol)

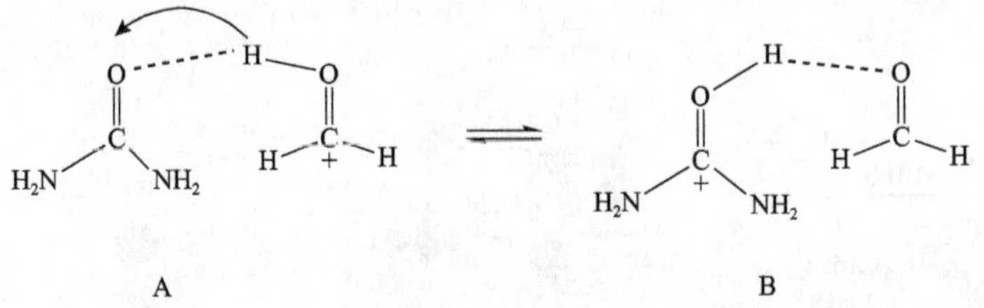

图 1-21 质子化甲醛和尿素形成的两种氢键络合物

物 p-UF 的生成相对于初始反应物的放热值为 104.0 kJ/mol，说明该产物相对于反应物稳定性很高。p-UF 去质子化后便形成一羟甲基脲，此过程应为快速反应。但在 pH 较低的溶液中，由于质子浓度较高，因此一部分羟甲基脲实际上以 N 原子质子化的状态存在。以类似的机理，一羟甲基脲与质子化甲醛进一步反应生成二羟甲基脲。该反应中，过渡态 TS-UF-pF 相对于氢键络合物 UF-pF 的能垒为 75.3 kJ/mol，较一羟甲基脲的生成能垒降低了 16.7 kJ/mol，说明一羟甲基脲的反应活性比尿素高，这一点与碱性条件下的反应类似。同样地，如果在实验中，以一羟甲基脲为起始反应物来测定甲醛的消耗速率，会得到其反应活性较尿素低的结果。原因仍然是一羟甲基脲的反应活性位点少于尿素，导致有效碰撞概率降低，从而在统计结果上显示出较低的反应活性。

图 1-20 中，TS-U-pG 为尿素与质子化甲二醇（protonated methylene glycol，pG）发生双分子亲核取代反应（S_N2）的过渡态。IRC 计算显示在该势能面上没有类似上述 U-pF 的中间体。在 S_N2 反应中亲核基团只能从底物背面进攻碳原子的特性，决定了该反应中作为离去基团的水分子不能与尿素间形成氢键。由于甲二醇中的一个羟基质子化后，相应的 C—O 键明显削弱，因此该反应的能垒很低，仅为 10.8 kJ/mol。一羟甲基脲与质子化甲二醇的反应能垒进一步降低至 6.1 kJ/mol。虽然反应能垒很低，但质子浓度远低于甲二醇浓度，因此质子化甲二醇的浓度也很低。这样，反应的宏观速率实际上并不会非常快。在动力学实验中（de Jong et al.，1952b；Nair et al.，1983），质子浓度越高，则速率常数越大，正是因为质子浓度与质子化的甲醛和甲二醇浓度直接相关。

在实际反应中，质子化甲醛和质子化甲二醇都会参与反应，但根据上述反应机理和反应能垒，后者参与反应的能垒明显较低，而且其浓度更高，因此对产物生成的贡献应是主要的。需要指出，在实际的反应中，尿素的氨基（—NH₂）也会被质子化，但理论计算结果表明这种质子化产物散失了亲核性，既不参与羟甲基化反应也不参与缩聚反应。

2）酸催化缩聚反应机理

在酸催化下，尿素-甲醛的缩聚反应机理可能是单分子反应或双分子反应（S_N1 或 S_N2）两种。这两种机理示于图 1-22 中。

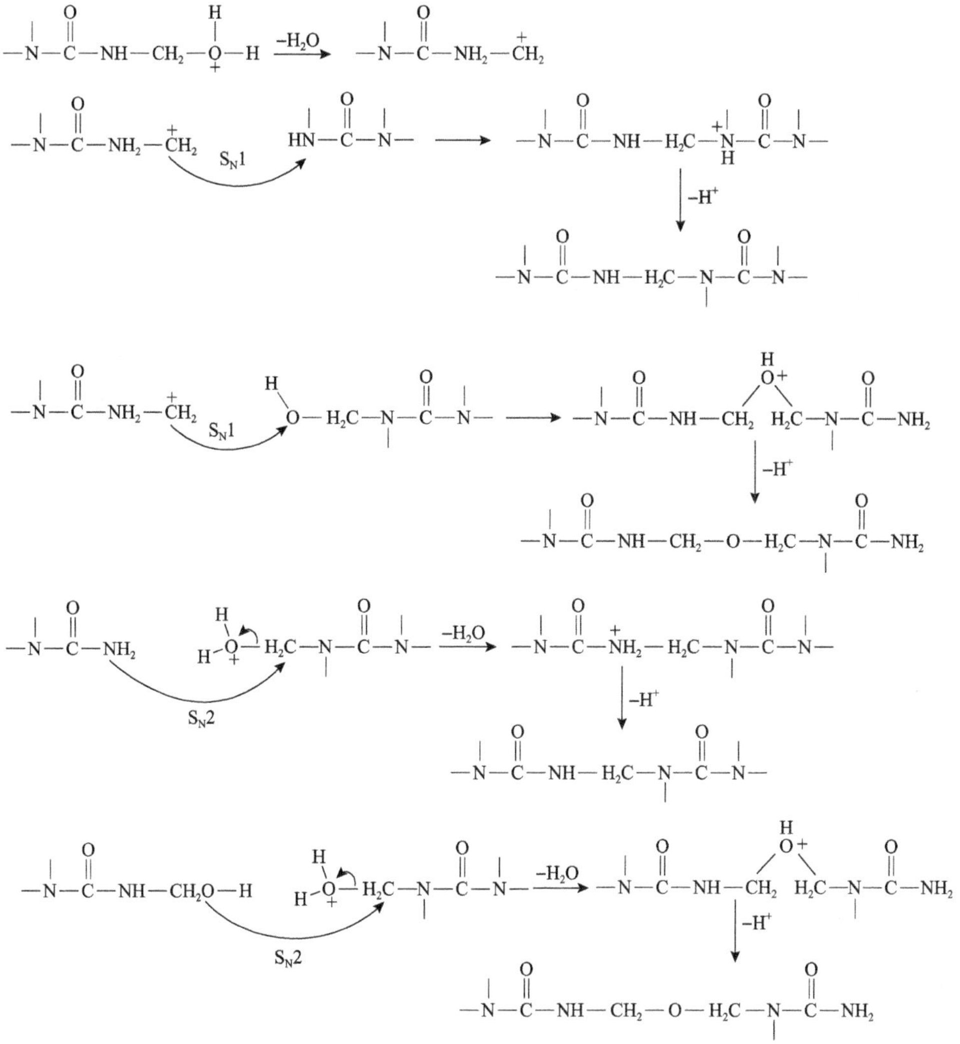

图 1-22　酸催化下亚甲基桥键和醚键的生成机理

　　de Jong 等早在 1953 年就考察了一羟甲基脲与亚甲基二脲(H_2N-CO-NH-CH_2-NH-CO-NH_2)的反应动力学(de Jong et al.，1952a)，并认为此反应为双分子反应。最近，Sun 等(2014)在其最近对不同酸催化脲醛树脂合成反应的实验研究中也推测缩聚反应为 S_N2 机理。前者的结论来自于动力学实验，而后者的推测可能来源于有机化学理论常识。然而，至今没有具体深入的理论研究来证实这些推测。实际上，de Jong 等的动力学实验中存在许多干扰因素。首先，反应速率是通过羟甲基含量的变化来确定的。如果羟甲基含量的降低仅是由于一羟甲基脲与亚甲基二脲发生缩合，那么结果可能是可靠的。然而，事实是一羟甲基脲本身会发生自缩合，同时还会发生水解释放甲醛。另外，亚甲基二脲本身会水解生成尿素和一羟甲基脲。这些因素都会影响羟甲基含量与目标缩聚反应间的对应关系，从而影响结论的可靠性。事实上，酸性条件下，脲醛树脂反应体系自身的复杂性决定了通过实验方法研究某一单一反应是不可能的。实验上通过动力学方程的确定可以知晓反应级数，然而反应级数并不直接对应于基元反应的微观历程。因此，很有必要通过理论计算来明确反应的微观机理。

在 S_N2 反应中，羟甲基脲的羟基发生质子化，在氨基或羟基的进攻下脱水生成亚甲基桥键或醚键。但羟甲基质子化后其自身容易直接脱水生成碳正离子中间体。由于这种中间体中存在 π-π 共轭作用，有利于正电荷的分散和体系稳定，因此很容易生成。这种碳正离子中间体非常类似于烯丙型和苄基型碳正离子。这些碳正离子引起的亲核取代反应为单分子反应，即 S_N1。为证实这种机理，首先对碳正离子的生成机理进行理论计算。

如图 1-23 所示，尿素与质子化甲醛或甲二醇反应生成 N-p-UF 后有两种可能的后续反应。一种是水分子将 N 上的质子夺取生成一羟甲基脲。另一种是 N 上的质子直接转移到羟基氧上形成质子化羟基，该结构脱水后即形成碳正离子(carbon cation，CBC)。对于 N 上质子转移过程，还有一种机理是水分子参与反应将质子传递给羟基。按照前面提到的水分子催化作用，这种机理在能量上应该更为有利。

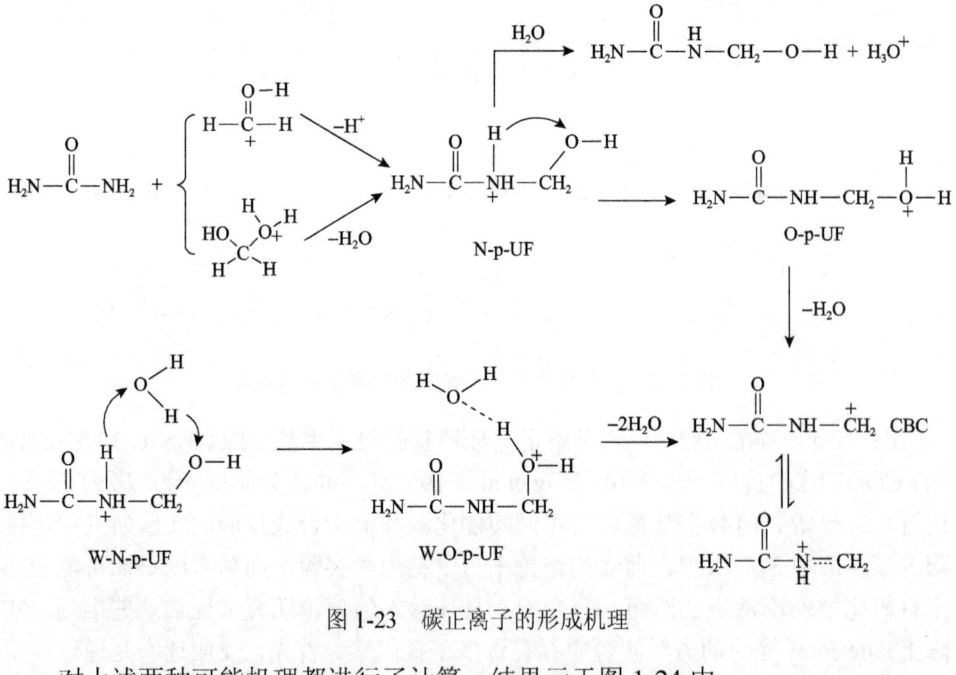

图 1-23　碳正离子的形成机理

对上述两种可能机理都进行了计算，结果示于图 1-24 中。

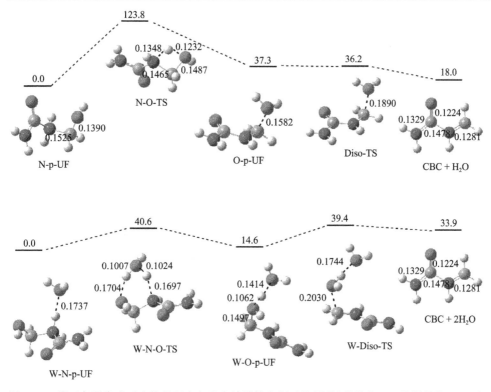

图 1-24　碳正离子生成反应势能面上各驻点的结构和相对能量(键长单位 nm;能量单位 kJ/mol)

　　过渡态 N-O-TS 为 N 上质子直接转移到 O 上的四元环结构。该过渡态相对于 N-p-UF 的能垒为 123.8 kJ/mol。生成的产物为 O 上质子化的羟甲基脲 O-p-UF。该产物相对于 N-p-UF 的能量为 37.3 kJ/mol,说明 O 质子化的结构不如 N 质子化的结构稳定。羟基质子化后,C—O 键长变为 0.1582 nm,远长于未质子化的 C—O 键长 0.1390 nm。这说明 C—O 键已被严重削弱,其解离(dissociation)所需能量会很低。如图所示,水分子解离过渡态 Diso-TS 在考虑零点振动能(ZPE)校正后其能量甚至比 O-p-UF 低 1.1 kJ/mol。这说明该解离过程基本上是无能垒的过程。解离为碳正离子 CBC 和 H_3O^+ 后体系能量进一步降低 18.2 kJ/mol,反映出生成的碳正离子中间体 CBC 稳定性很高。

　　在水分子参与质子传递的反应中,N-p-UF 首先与一分子水生成氢键络合物 W-N-p-UF,经过六元环过渡态 W-N-O-TS,水分子将 N 上质子传递给 O,生成中间产物 W-O-p-UF。该过渡态相对于反应物 W-N-p-UF 的能垒为 40.6 kJ/mol,比上述质子直接转移的机理降低了 83.2 kJ/mol。在 W-O-p-UF 中,羟基质子化后 C—O 键为 0.1497 nm,仍然明显长于未质子化羟基的 C—O 键,但比 O-p-UF 中的 C—O 键明显缩短。这主要是由于水分子与羟基上的质子形成了较强的氢键(0.1744 nm),一定程度上降低了羟基质子化的程度,同时也使体系更为稳定。如前所述 O-p-UF 的解离几乎无能垒，但由于 C—O 键相对缩短，W-O-p-UF 的解离能垒应较高。如图 1-24 所示，W-Diso-TS 相对于 W-O-p-UF 的能垒为 24.8 kJ/mol。在这一反应机理中，质子传递一步的能垒较高，为决速步。但 40 kJ/mol 的能垒表明该反应在较低的温度下就能进行。需要指出，碳正离子的生成还有一种可能的途径，质子化水分子直接将质子传递给羟甲基脲的羟基形成 W-O-p-UF，再由该中间产物解离，即反应不通过 W-N-O-TS，则该反应的能垒更低。在真实的反应中，上述两种途径都可能存在。

从图 1-24 中给出的碳正离子 CBC 的几何结构可以理解这种中间体稳定性高的原因。在 CBC 中，左侧未取代氨基(—NH₂)与羰基(C=O)间存在 p-π 共轭作用，这可以从其较短的 C—N 键(0.1329 nm)看出。右侧连接亚甲基的亚氨基(—NH)N 原子与羰基碳间的键长为 0.1478 nm，可见该亚氨基与羰基间的 p-π 共轭被削弱。然而，该亚氨基与亚甲基间的 C—N 键很短(0.1281 nm)，已经接近正常 C=N 键键长，说明 C—N 间几乎形成双键。由于水分子解离时带走一个电子，亚甲基碳的杂化形式由 sp^3 杂化变为 sp^2 杂化。由于缺电子，亚甲基碳的 p 轨道为空轨道，与 N 原子成键时，N 原子可提供其 p 轨道中的孤对电子与之共享，形成 π 键。此 π 键与 C=O 中的 π 键形成 π-π 共轭，从而使体系更为稳定。但需要指出，CBC 的稳定性是相对的，与正常分子相比同样是一种反应性很高的活性中间体。这种中间体的存在时间极短，通过实验仍然难以捕捉。

对于 S_N2 机理，在 MP2/6-31++G** 水平上并没有找到相应的过渡态。从理论上讲，当一个反应的势能面十分平缓或者说反应能垒极低(如低于 2 kJ/mol)时，在过渡态搜索中该能垒会因为能量起伏太小而被忽略。由于羟甲基质子化后，C—O 键自身就很容易断裂，即便考虑水分子的作用，其解离能垒也只有 24.8 kJ/mol，这样的反应几乎在室温下就可进行，即质子化羟甲基脲形成后容易脱水生成碳正离子，C—O 键并不需要在—NH₂ 进攻下断裂。因此可以认为，在缩聚反应中 S_N1 反应占主导地位。

在 S_N1 反应中，碳正离子的生成通常是决速步。后续反应由于是活性中间体与另一反应物的反应，因此能垒通常较低。为进一步考察后续反应，首先对代表性反应进行了理论计算。

下式为碳正离子中间体 CBC 进攻尿素的氨基形成亚甲基桥键的反应：

$$H_2N-\overset{\overset{O}{\|}}{C}-NH-\overset{+}{CH_2} + H_2\ddot{N}-\overset{\overset{O}{\|}}{C}-NH_2 \rightleftharpoons H_2N-\overset{\overset{O}{\|}}{C}-NH-CH_2-\overset{+}{NH_2}-\overset{\overset{O}{\|}}{C}-NH_2 \qquad (1\text{-}81)$$

　　CBC　　　　　　　　　　U　　　　　　　　　　　　　　　　p-MDU

但此反应中 N 原子上的质子还未离去，应将其表示为质子化产物(protonated methylene diurea, p-MDU)。类似的反应式为生成亚甲基醚键结构的反应，产物为醚键氧原子上带质子的结构（protonated methylene ether diurea，p-MeDU）：

$$H_2N-\overset{\overset{\displaystyle O}{\|}}{C}-NH-CH_2^+ + H\ddot{O}H_2C-NH-\overset{\overset{\displaystyle O}{\|}}{C}-NH_2 \rightleftharpoons H_2N-\overset{\overset{\displaystyle O}{\|}}{C}-NH-CH_2\quad \overset{\overset{\displaystyle H}{\underset{\displaystyle +}{O}}}{\quad}\quad H_2C-HN-\overset{\overset{\displaystyle O}{\|}}{C}-NH_2$$

CBC　　　　　　　　　UF　　　　　　　　　　　　　　　p-MeDU

$$(1\text{-}82)$$

图 1-25 为反应(1-81)和(1-82)的计算结果。

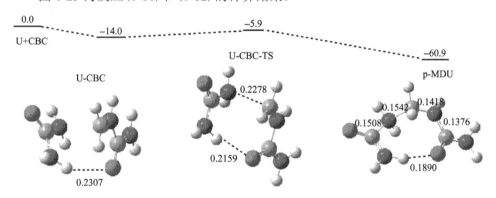

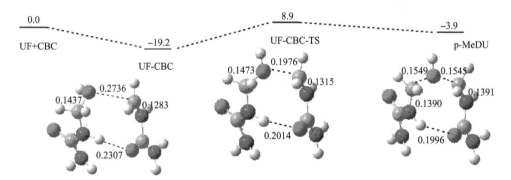

图 1-25　反应(1-81)、(1-82)势能面上各驻点的结构和相对能量(键长单位 nm；能量单位 kJ/mol)

在反应(1-81)中，尿素与碳正离子 CBC 先形成氢键络合物 U-CBC，该络合物的能量只比反应物低 14.0 kJ/mol，表明相互作用较弱。经历亲核进攻过渡态 U-CBC-TS 后二者结合为 N 上质子化的亚甲基二脲 p-MDU，该产物能量比反应物能量低 60.9 kJ/mol。在这一步反应中，过渡态 U-CBC-TS 相对于 U-CBC 的能垒仅为 8.1 kJ/mol，低于上一步 CBC 生成中质子传递(40.6 kJ/mol)以及 C—O 键断裂的能垒(24.8 kJ/mol)。因此从能垒差异上讲，CBC 的生成为决速步，反应为 S_N1 机理。然而，动力学中的决速步近似要求决速步的能垒要远高于其他步骤，而这里缩聚反应中碳正离子的生成和后面的亲核进攻步骤的能垒相差不大，并不能严格划分决速步与非决速步。因此，除上面提到的干扰因素外，两步反应的能垒差别不足够大是 de Jong 等的动力学实验中反应表现出双分子特征的另一主要原因。与羟甲基脲间的缩合反应类似的是羟甲基三聚氰胺间的缩合。Berge 等在其早期的动力学研究中也认为羟甲基三聚氰胺间的缩合为 S_N2 机理（Holmberg, 1980；Paul, 1996），但在他们后来的研究中又纠正为 S_N1 机理（Berge et al., 2006）。实际上，动力学实验中的干扰因素很多，对一些复杂反应仅根据反应物浓度变化与反应速率间的关系很难对反应机理做出准确判断。

反应(1-82)为 CBC 进攻羟基生成亚甲基醚键的反应。类似的 CBC 进攻羟基生成亚甲基醚键的反应，碳正离子 CBC 与 UF 先生成氢键络合物，经历过渡态 UF-CBC-TS 后生成醚键氧上质子化的产物 p-MeDU。这一步的能垒为 28.1 kJ/mol，明显高于反应(1-81)的能垒，而且 p-MeDU 的能量只比反应物能量低 3.9 kJ/mol。其逆反应能垒仅为 12.8 kJ/mol，而反应(1-81)的逆反应能垒为 55.0 kJ/mol。这些特征都说明 CBC 在与氨基或羟基碰撞时，选择前者在能量上更为有利，生成速率更大，产物也更稳定。上述两个反应的产物 p-MDU 和 p-MeDU 在水的作用下去质子，生成最终桥键和醚键产物。这一步在水溶液中应为快速反应。

de Jong 等(1953)的动力学实验研究表明，尿素(U)或一羟甲基脲(UF)参与的反应，其缩聚反应速率是 UF_2 自缩合反应速率的 20～50 倍。由此得出两个结论：①游离氨基(—NH$_2$)对羟甲基(—CH$_2$OH)的反应活性远远大于取代氨基(—NH—)；②生成醚键的反应速率远小于生成桥键的反应速率，甚至认为在 50℃时醚键都没有生成。显然，上述理论计算结果解释了他们的第二个结论。对于第一个结论则需要对 UF_2 的自缩合反应[反应式(1-83)、(1-84)]进行理论计算，结果示于图 1-26 中。

$$\text{HOH}_2\text{C—NH—C(=O)—NH—CH}_2^+ \ + \ \text{HN(CH}_2\text{OH)—C(=O)—NH—CH}_2\text{OH} \ \rightleftharpoons \ \text{HN(CH}_2\text{OH)—C(=O)—NH—CH}_2\text{—NH}_2^+\text{—C(=O)—NH(CH}_2\text{OH)}$$

FUF-CBC　　　　　　　FUF　　　　　　　p-FU-F-UF$_2$

$$(1\text{-}83)$$

$$\text{HOH}_2\text{C—NH—C(=O)—NH—CH}_2^+ \ + \ \text{HOH}_2\text{C—N(H)—C(=O)—NH—CH}_2\text{OH} \ \rightleftharpoons \ \text{HN(CH}_2\text{OH)—C(=O)—NH—CH}_2\text{—O}^+\text{(H)—CH}_2\text{—C(=O)—NH—C(=O)—NH(CH}_2\text{OH)}$$

FUF-CBC　　　　　　　FUF　　　　　　　p-FUF-FUF

$$(1\text{-}84)$$

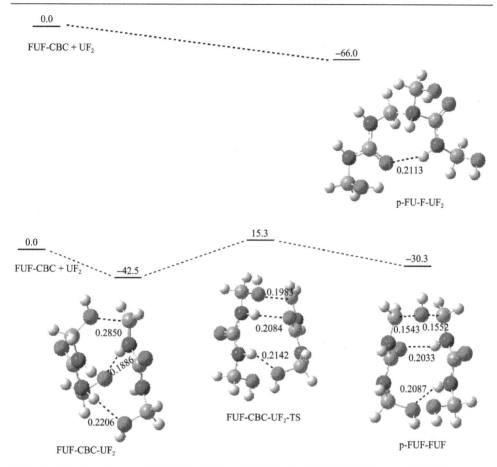

图 1-26　反应(1-83)、(1-84)势能面上各驻点的结构和相对能量(键长单位 nm；能量单位 kJ/mol)

反应(1-83)为 UF$_2$ 生成的碳正离子进攻另一 UF$_2$ 的仲氮生成带支链桥键的反应。经过反复搜索，并未找到类似反应(1-81)的过渡态 U-CBC-TS。这主要是因为该反应在过渡态附近的势能面十分平缓，而并非该反应不存在。可以认为在该反应中 FUF-CBC 和 UF$_2$ 的碰撞直接生成产物。为证实这一点对产物 p-FU-F-UF$_2$ 直接进行结构优化。结果表明该产物是可以稳定存在的，反应(1-83)放热 66.0 kJ/mol，p-FU-F-UF$_2$ 的结构也与 p-MDU 类似。这说明从反应性上看，二羟甲基脲与一羟甲基脲并无本质区别。反应(1-84)为 UF$_2$ 缩合生成醚键的反应，其机理与反应(1-82)类似。碳正离子中间体 FUF-CBC 与二羟甲基脲 UF$_2$ 碰撞生成络合物 FUF-CBC-UF$_2$ 后体系能量降低了 42.5 kJ/mol，而图 1-25 中 UF-CBC 相应的能量降低值为 19.2 kJ/mol，说明前者更稳定。这种稳定性提升来源于羟甲基增加后形成了更多的分子内氢键。由于中间体更为稳定，因此过渡态 FUF-CBC-UF$_2$-TS 的相对能垒更高，为 57.8 kJ/mol，明显高于反应(1-83)的能垒(28.1 kJ/mol)。说明

UF₂ 间缩合生成醚键确实比 UF 缩合生成桥键的能垒高。相比之下，生成桥键在能量上要有利得多。然而，反应能量仅是决定反应效率的因素之一。对于一些反应，反应物的有效碰撞还与空间位阻有关。对于 UF₂ 间缩合生成桥键的反应，碳正离子在进攻另一 UF₂ 的仲氮时，会受到氨基上已有羟甲基的阻碍而导致有效碰撞概率降低。相反，碳正离子碰撞羟基的概率更高。因此从概率上讲，在反应初期生成醚键的速率更大。但由于反应活化能较高，而 de Jong 等（1953）采用的动力学实验反应温度最高仅为 50℃，加之反应物浓度仅为 0.4 mol/L，最终导致缩聚反应速率太低。如果在高温和高浓度下反应，醚键的生成完全可以观测到。这一点在大量的树脂结构跟踪研究中可以清楚地看到。

　　一些研究发现一部分醚键在酸性缩聚阶段转化为桥键，同时伴随着游离甲醛含量的增加。据此，在几乎所有文献中，醚键重排为桥键的过程都用图 1-27（a）中

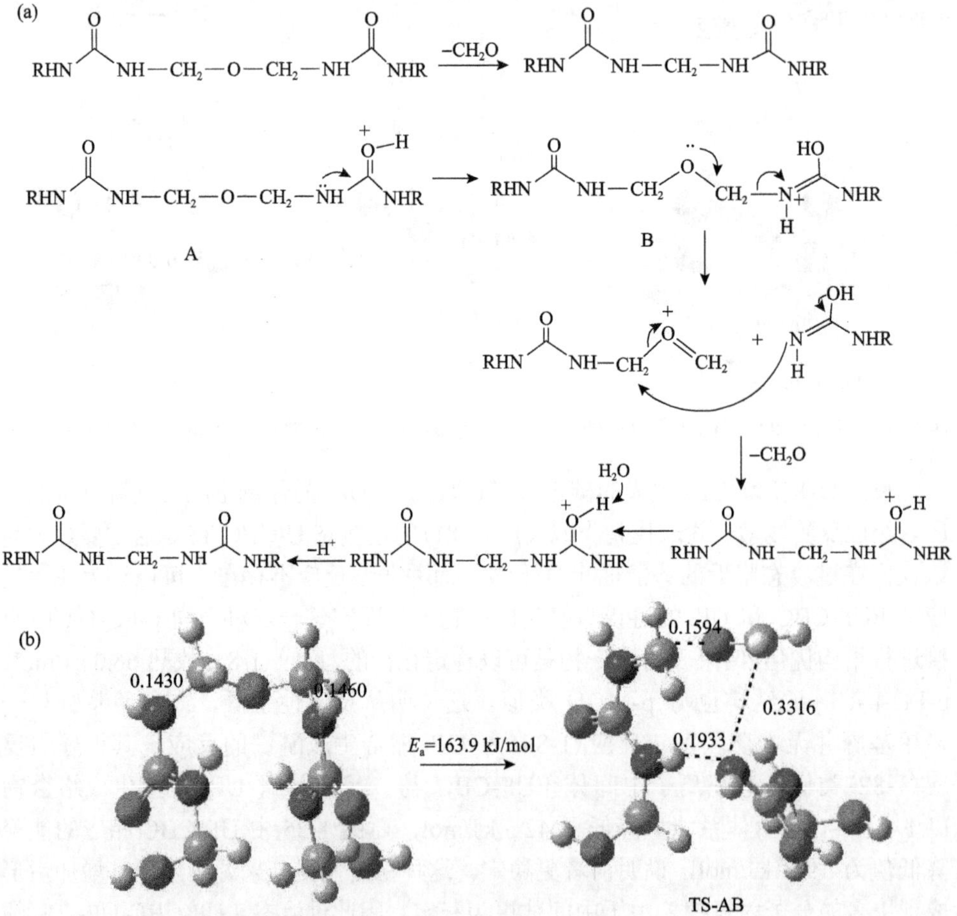

图 1-27　亚甲基醚键重排为亚甲基桥键的反应机理（键长单位 nm）

第一个简单的反应式表示。这显然不能描述真正的反应机理。Sun 等(2014)最近提出了该反应式下面的反应机理。这一机理显然是受上面的反应式影响，认为重排过程必须包括从亚甲基醚键上脱去一分子甲醛。针对该反应机理也进行了理论计算，结果如图 1-27(b)所示。在结构 A 中，右边尿素羰基的质子化造成 C—N 键相对于左边 C—N 键拉长，但幅度不大，说明质子化对这一共价键的削弱作用很弱。因此，对应于 C—N 键断裂的过渡态 TS-AB 的能垒高达 163.9 kJ/mol。这样的反应显然效率很低。因此，亚甲基醚键转化为桥键应该存在其他机理。

实验研究表明，在弱酸条件下 uron 结构难以形成，含量很低，但强酸条件下，当 $n_F/n_U \geqslant 2.0$ 时，有 20%～30%的尿素转化为 uron 及其衍生物。那么，uron 形成的机理和动力学性质如何？基于上述碳正离子中间体的形成，推测 uron 的形成可能经历图 1-28 机理。

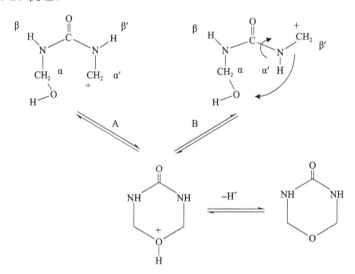

图 1-28　uron 形成的可能机理

以亚甲基的构型来划分，碳正离子可能存在顺式和反式两种。但量子化学计算表明，顺式结构能量显著高于反式结构，在势能面上对应于能量极大点，也就是顺式结构实际上不存在，或者会瞬间转化为反式结构。然而，uron 环的形成又必须由反式结构形成。为揭示反应机理，进行了进一步计算，找到了 uron 形成的过渡态，如图 1-29 所示。

uron 形成的能垒在 60 kJ/mol 左右，远高于亚甲基桥键和醚键的能垒，其至超过了碳正离子形成的能垒。因此，成环这一步成了决速步。过渡态虚频振动模式和反应坐标解析显示，过渡态对应的反应物一侧结构确实是反式碳正离子，体系能量上升主要对应于从反式到顺式的变化。较高的反应能垒恰好可以揭示弱酸性条件下 uron 产物含量很低。

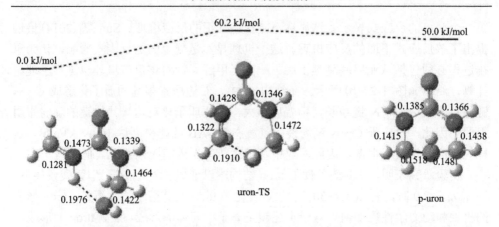

图 1-29　uron 形成的反应能垒和驻点结构(键长单位 nm)

　　上述针对酸催化下各种 UF 缩聚反应的理论计算从细节上阐释了反应的微观历程和动力学特征。那么在真实的体系中，各种反应的竞争关系如何？反应条件如何影响树脂结构的形成？为此，设计了实验，在弱酸条件下(pH 为 6.0)研究了物质的量比对树脂结构的影响，采用 ^{13}C-NMR 定量分析技术跟踪了树脂结构的变化过程。为便于捕捉中间细节，反应在 75℃条件下进行。以下结合主要实验发现和理论计算结果对反应条件与树脂结构之间的关系进行更为充分的阐述。

　　第一，实验结果表明，当 n_F/n_U=2.0 时，在反应初期(60 min)亚甲基醚键的生成速率快于亚甲基桥键。理论计算已经揭示，从反应能垒看，桥键的生成速率应该快于醚键。显然，还有其他因素影响两者的竞争关系。根据碱性条件下的研究结果，我们推测，空间位阻仍然是重要影响因素。为证实这一推测，将 n_F/n_U 降低至 1.0。结果发现，在反应初期(30 min)就有大量桥键生成，而醚键含量仅为桥键含量的 1/4。这一结果完全证实了有关空间位阻效应(即尿素的取代程度)对缩聚结构竞争关系的影响。

　　第二，实验表明，随着反应进行一部分亚甲基醚键转化为了桥键，同时游离甲醛含量明显上升。这与以往的研究结果一致。但是，分析各类型桥键的变化过程发现，线型醚键含量降低对应的并不是线型桥键含量的增加，而是对应于支链型桥键的显著增加。因此，上述直接从线型醚键中脱去甲醛转化为桥键的机理并不成立。正如理论计算所揭示的，桥键在热力学上比醚键稳定，热力学稳定性的驱动才是主要原因。据此，我们重新提出了新的转化机理，如图 1-30 所示。

　　以两分子二羟甲基脲(UF$_2$)缩聚生成的醚键连接二聚体(FU-F-F-UF)的分解-重排过程为例，如果该二聚体分解时完全按缩聚反应的逆反应进行，即按 A 途径分解为两分子 UF$_2$，那么根据化学平衡原理，UF$_2$ 可再次缩聚生成醚键。如果体系中只存在这一平衡，那么在醚键含量达到最大值(平衡浓度)后就趋于稳定。但由于 UF$_2$ 还可按 B 途径反应生成支链型桥键，虽然这一反应存在空间位阻，速率较小，但由于桥键的生成在热力学上占优势，因此随着时间推移，生成桥键的反应会不断促进醚键的分解。UF$_2$另一种可能的分解途径是经过反应 C 释放末端甲醛，生成 FUF-FU，这一产物经过反应 D 进一步分解为 FUF 和 UF。由于 UF 含游离氨基，它与 FUF 或体系中其他产物的羟甲基反应即生成线型桥键产物。线型桥键的仲氨基(—NH—CH$_2$—)可与游离甲醛发生二次加成得到带支链的 II 型桥键。无论是按哪一种途径进行，这些过程都是受到"桥键比醚键稳定"这一热力学性质所驱动。

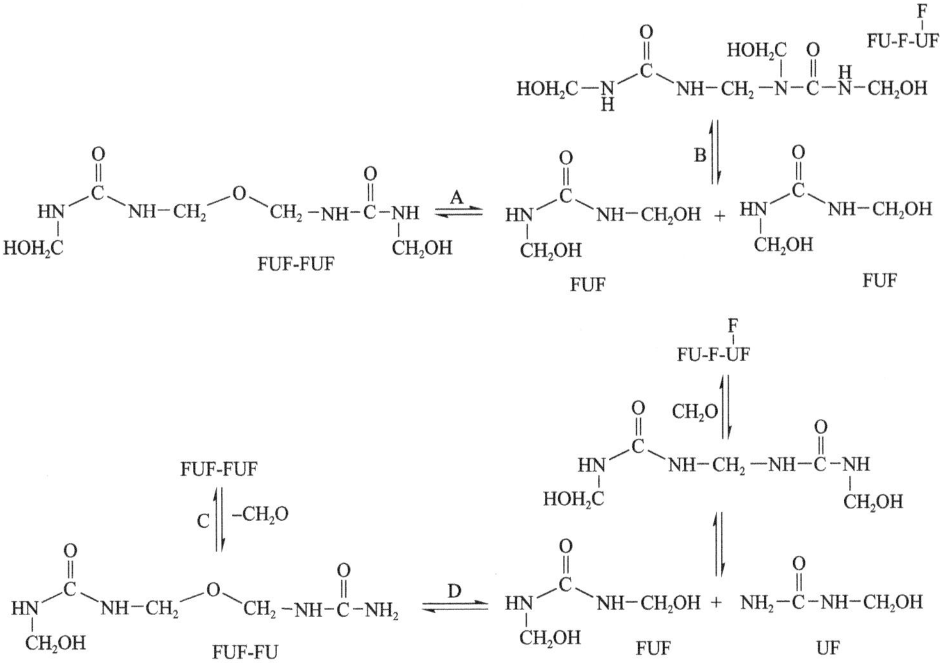

图 1-30　热力学驱动的亚甲基醚键转化为亚甲基桥键的机理

　　实验研究的结果证实，缩聚反应导致羟甲基含量减少，同时一部分羟甲基还发生了水解，释放了甲醛。从平衡角度讲，桥键的不断生成促进了醚键的分解，醚键分解产生的羟甲基，一部分重新参与缩聚形成桥键，而有一部分则发生分解。这是醚键-桥键重排过程中游离甲醛含量升高的主要原因。

　　第三，实验研究的结果显示，uron 的含量在整个反应过程中都很低，以尿素总量计算，最高含量仅为 0.28%，在相同的物质的量比条件下，碱性条件下的反应体系中 uron 含量最高可达到 14.75%。这主要是酸性和碱性条件下反应的动力学性质发生了变化，导致反应间的竞争关系也发生了变化。首先，碱性条件下所有的缩聚反应都很慢，尤其是生成桥键的反应，于是体系中始终有较高含量的二羟甲基脲和三羟甲基脲，除发生分子间缩聚生成醚键外，一部分羟甲基化合物发生分子内反应生成 uron。但如果是以酸性为起始条件，酸性条件下分子间缩聚反应很快，并且这些反应的能垒远低于 uron 的生成能垒。因此，在反应初期，大部分羟甲基化合物参与分子间的缩聚，尤其是生成桥键的缩聚反应造成羟甲基化合物浓度迅速降低，难以生成 uron 结构。当物质的量比为 1/1 时，uron 结构根本没有生成。毋庸置疑，即便物质的量比为 1/1 也会有部分二羟甲基脲甚至三羟甲基脲生成，但因为浓度太低，加之 uron 的生成对反应能量要求较高，因此难以形成。大量 uron 的形成依赖于两个条件：其一，较高的物质的量比以保证大量二羟甲基脲、三羟甲基脲的生成；其二，强碱或强酸条件。虽然 uron 形成的动力学能垒较高，但由于 uron 的热力学稳定性仅次于桥键，强酸或强碱条件下加速反应可以让其热力学优势在较短时间内显现。

通过上述理论计算和实验研究，我们对反应条件对树脂结构的影响机制有了更为本质的认识。树脂的结构和组成本质上由体系的热力学性质决定。在相同物质的量比条件下，酸性强弱(或催化剂浓度)或加料方法不同，只是改变了反应速率或暂时改变了一些反应的竞争关系。只要反应时间足够，树脂组分和树脂结构应趋于一致。但由于受黏度限制，反应终点时所获得的树脂只是中间产物而非最终产物。这是 pH、物质的量比和加料方式不同导致的树脂结构产生差异的主要原因。立足于这一点可以实现树脂结构的控制和优化，但前提是要明确优异的胶合性能对应于什么样的树脂结构，也就是结构-性能关系。

1.3.2　碱性条件下的三聚氰胺-甲醛树脂反应体系

从尿素(U)与三聚氰胺(M)的化学结构看，两者有明显相似的地方。首先，两者的主要官能团都是氨基(—NH_2)；其次，U 中—NH_2 与 C=O 有共轭作用，而 M 中—NH_2 与三嗪环有共轭作用。上述两个特点决定了两者有相似的化学性质。U 和 M 的主要差异在于 M 有较多的官能团、较大的分子量以及刚性的环状结构。从合成条件看，脲醛树脂合成反应的 pH 在 4～5 区间时反应速率适中，容易控制，而对于三聚氰胺-甲醛树脂合成，pH<6 时成胶速率很快，难以控制，一般在碱性条件下合成(No et al.，2004)。从反应的 pH 差别上看，似乎可以简单地理解为 M 的反应活性比 U 高，致使其树脂化反应更快。然而，这可能只是表面原因，其深层次的原因还值得探究。

据文献查阅的情况看，针对三聚氰胺-甲醛树脂的基础研究主要集中于早期的反应动力学研究(Okano et al.，1952；Gordon et al.，1966；Sato et al.，1981，1982；Kumar et al.，1990；Berge et al.，2006)和结构表征(Braun et al.，1974；Tomita et al.，1979；Panangama et al.，1996)以及后期针对固化过程(Merline et al.，2013)和树脂储存稳定性的研究(Jahromi，1999)。相对于脲醛树脂，针对反应条件对三聚氰胺-甲醛树脂结构和性能影响的相关报道要少得多，这可能是由于三聚氰胺-甲醛树脂的合成工艺较为简单，树脂结构与反应条件间的关系也不复杂。然而，三聚氰胺-尿素-甲醛共缩聚树脂将 UF 和 MF 联系在一起，因此要阐明三聚氰胺-尿素-甲醛树脂结构形成机理并最终实现合成工艺的优化就必须分别阐明脲醛树脂和三聚氰胺-甲醛树脂结构的形成机理和受反应条件影响的机制。

1.3.2.1　碱催化羟甲基化反应机理

M 羟甲基化的碱催化机理与 U 类似，即 M 与 OH⁻反应生成负离子 M⁻，该负离子亲核性很强，迅速与甲醛(F)加成，得到中间体 MF⁻，然后该中间体再快速获取质子得到最终产物(MF)。这一机理是 Ogata 等在 1952 年提出的(Okano et al.，1952)。然而，1982 年 Sato 等(1982)对这种机理提出质疑，认为 M 酸性极弱，与碱反应生成的负离子不稳定，其浓度基本可以忽略，除非这种负离子与 F 的反应速率常数比扩散控制反应(如酸碱中和反应)的速率常数还大才可以解释他们所测定的并不算很快的反应速率。至今为止，对碱催化下，M 的羟甲基化反应机理实际上并无定论。如图 1-31 所示，理论计算所得 M⁻与 F 的反应能垒仅为 6.4 kJ/mol。这一能垒明显低于一般酸碱中和反应的能垒(13～25 kJ/mol)，因此这种反应的速率常数确实会很大。但由于 M⁻浓度极低，最终表现出正常的反应速率。

$$M^- + F \rightleftharpoons MF^- \qquad E_a=6.4 \text{ kJ/mol} \qquad \Delta E=-45.4 \text{ kJ/mol}$$

$$M^- + G \rightleftharpoons MF + OH^- \qquad E_a=160.2 \text{ kJ/mol} \qquad \Delta E=-29.7 \text{ kJ/mol}$$

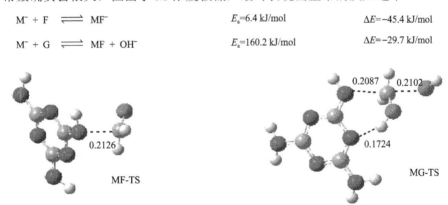

图 1-31　三聚氰胺负离子与甲醛和甲二醇的反应(键长单位 nm)

另外，前面已指出，当只考虑碱催化反应时，反应的决速步其实是甲二醇转化为甲醛的反应。如前所述，此反应的能垒超过 50 kJ/mol。因此，Sato 等实际上忽略了这一反应。由于三聚氰胺中氨基与三嗪环存在 p-π 共轭，这种共轭作用一方面加强了 N—H 键的极性，另一方面可使生成的负离子电荷得到分散，从而使负离子相对稳定。这一点，类似于尿素和其他酰胺类化合物。因此，Ogata 等提出的机理是可能的。

与尿素相比，三聚氰胺羟甲基化能垒稍低。这种活性上的差异可能导致两者同时与甲醛反应时，三聚氰胺的羟甲基化速率更快。这种情形在三聚氰胺-尿素-

甲醛共缩聚树脂合成反应中便会出现。

1.3.2.2　碱催化缩聚反应机理

基于对 UF 反应体系的研究以及尿素和三聚氰胺在化学性质上的类似之处，我们可以推测 MF 缩聚反应机理与 UF 缩聚反应机理应该是类似的，即在 UF 体系中发现的 S_N2 机理和共轭碱消除理论（E1cb）同样也适用于 MF 体系。基于 S_N2 机理，对图 1-32 MF 体系的代表性缩聚反应进行了理论计算。反应式（1）为 M^- 与 MF 生成桥键连接产物 MFM 的反应。该反应的能垒为 112.8 kJ/mol，明显低于脲醛树脂体系中相应反应的能垒（148.8 kJ/mol）。类似的，反应式（1）和式（2）比脲醛树脂体系对应的反应能垒分别低 40.8 kJ/mol 和 30.5 kJ/mol。

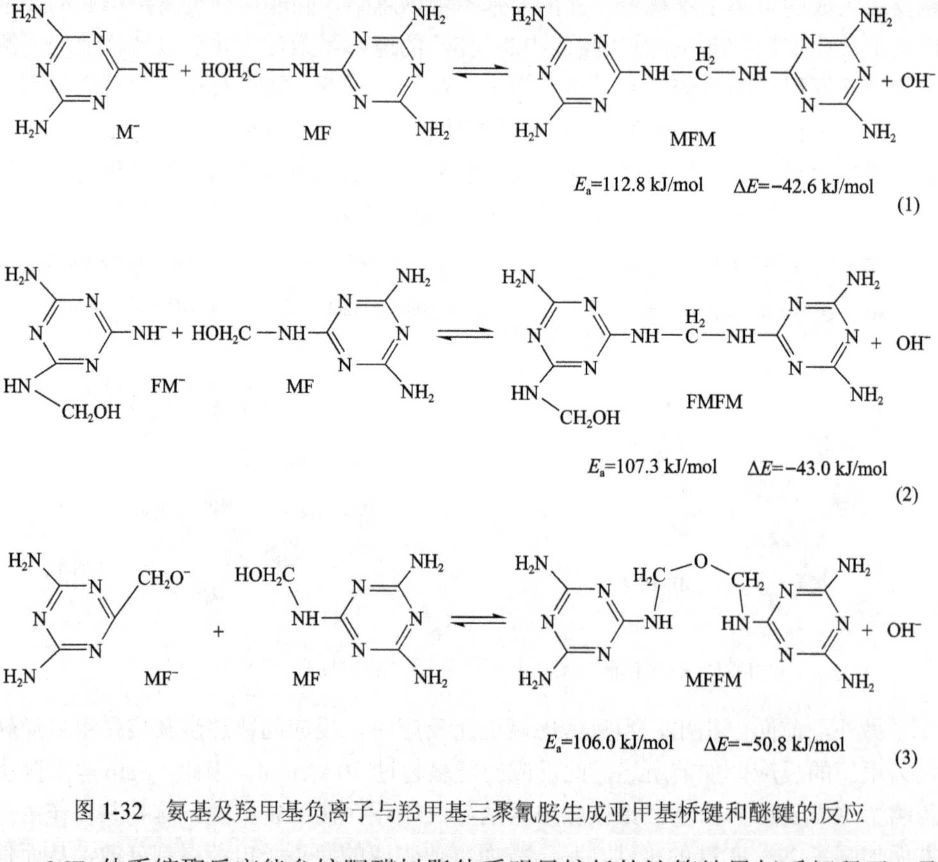

$$E_a=112.8 \text{ kJ/mol} \qquad \Delta E=-42.6 \text{ kJ/mol} \tag{1}$$

$$E_a=107.3 \text{ kJ/mol} \qquad \Delta E=-43.0 \text{ kJ/mol} \tag{2}$$

$$E_a=106.0 \text{ kJ/mol} \qquad \Delta E=-50.8 \text{ kJ/mol} \tag{3}$$

图 1-32　氨基及羟甲基负离子与羟甲基三聚氰胺生成亚甲基桥键和醚键的反应

MF 体系缩聚反应能垒较脲醛树脂体系明显较低的计算结果似乎解释了三聚氰胺-甲醛树脂可以在碱性条件下及可接受的反应时间内合成而脲醛树脂无法在碱性条件下直接合成的事实。然而，从相关报道的数据看（Jahromi，1999；Li et al.，2018），三聚氰胺-甲醛树脂在成胶后的羟甲基含量高达 70%～85%。也就是说，只有 15%～30%的甲醛转化为醚键、桥键以及其他形式的缩聚结构。比较脲醛树脂碱性条件下的相关数据，可以看出，在 pH 为 9.0～10.0，80～90℃的条件下以 2∶1 的物质的量比反应 60 min 左右就有 30%～40%的甲醛参与缩聚。因此与三聚氰胺-甲醛树脂相比，碱性条件脲醛树脂体系下也有较高的缩聚度，但根据 ^{13}C-NMR 测定，这种缩聚主要生成线型醚键结构，树脂分子的分支度非常低，这样的结构在固化过程中难以形成交联网状结构，不具有胶合性能。只有经历酸性阶段的缩聚产生支化程度较高的桥键结构才具备胶合性能。M 与 U 最大的差异就在于 M 有较为刚性的环状结构和较多的官能团，并且三个—NH₂ 处于间位，因此无论是醚键还是桥键连接，聚合物都可以形成较为伸展的分支结构，即便树脂分子聚合度较低仍能在固化过程中形成较多的交联点和致密的网络结构，从而具备胶黏剂的功能。因此，碱性条件下脲醛树脂不能成胶而三聚氰胺-甲醛树脂能成胶的根本原因在于 U 和 M 结构上的差异，而非反应活性。然而，问题在于，三聚氰胺-甲醛树脂合成反应较快以至于要在 pH>6.0 的条件下进行才能控制(No et al.，2004)，这几乎已是多数研究者的共识，但这与三聚氰胺-甲醛树脂合成中数小时后只有少量羟甲基参与缩合这一结果显然是矛盾的。矛盾还在于，三聚氰胺-甲醛树脂的固化温度比脲醛树脂高，固化时间长，甚至需要较强的酸作为固化剂，有学者指出这是因为 M 上的羟甲基活性较低导致的(No et al.，2004)。实际上，反应活性高或反应快与"成胶快"是两个不同的概念，或许这里存在语义上的歧义。根据上述理论计算结果，三聚氰胺-甲醛树脂组分间的缩合反应活性确实高于脲醛树脂组分间缩合反应的活性。但是，Jahromi(1999)在研究三聚氰胺-甲醛树脂不稳定性机理时指出，三聚氰胺-甲醛树脂合成和储存过程中出现的沉淀、物理凝胶、液-液两相分离现象可能与两方面的因素有关。首先是 M 本身的水溶性较差，一些低聚物(如二聚体、三聚体)在反应开始时就会出现沉淀。随着反应进行，初聚物和分子量更大的聚合物间有可能形成氢键超分子结构，最终导致凝胶和两相分离。虽然在 Jahromi 的研究中没有将这些物理因素与缩聚反应速率联系在一起，但这些物理作用在反应过程中会大大降低缩聚反应效率。结合这些研究结果，可以这样理解上述矛盾：三聚氰胺-甲醛树脂缩合反应活性相对于脲醛树脂确实较高，但由于上述物理因素导致缩合反应效率实际上并不高。其次，由于 M 的分子量本身是 U 的两倍多，聚合过程分子量增加要快得多，加之初聚物的水溶性较差，超分子结构的存在等因素导致三聚氰胺-甲醛树脂合成中黏度增加较快，表现出在较短时间内就成胶的特点。实际上，成胶后三聚氰胺-甲醛树脂的缩聚度并不比脲醛树脂大。由于缩聚度不大，树脂分子中残留有大量的羟甲基，要让这些羟甲基固化得较为彻底自然需要更高的热压温度和更长的时间。

　　脲醛树脂体系碱性条件下缩聚反应的理论计算结果表明，生成醚键的反应放热值明显小于生成桥键的放热值，而直接比较含醚键和桥键的同分异构体也发现

　　含桥键的二聚体比含醚键的二聚体更稳定。然而，对三聚氰胺-甲醛树脂体系，这一点发生了变化(图 1-32)。这种变化可能来源于两方面的原因。一种是化学键本身的稳定性发生了变化，另一种是聚合物结构上的特点不一样。

　　图 1-33 给出了 FMFM 的两种可能结构。FMFM-1 中，两个三嗪环间呈现出一定角度，并且距离较远。原因可能与其一个三嗪环上有羟甲基导致两个环难以靠近有关。但是，将这一羟甲基旋转至外侧并重新优化结构后(FMFM-2)发现，两个环的距离也并没有靠近。从稳定性看，两者的能量十分接近。相比之下，醚键连接的二聚体 MFFM-1 的空间结构与上述两种同分异构体表现出较大差异。很明显，MFFM-1 中两个三嗪环接近平行状态，两个环离得较近，中心间的距离约为 0.35 nm。其实，用"折叠"结构来描述两个三嗪环在空间的关系似乎更恰当。由于两个三嗪环均为共轭大 π 键结构，再加上"折叠"结构，两个环间便产生著名的 π-π 堆积作用，使得体系更为稳定。根据计算，MFFM-1 比 FMFM-1 的能量低 14.5 kJ/mol。如果 C—O 键发生旋转，得到 MFFM-2，两个环不再重叠，体系能量上升 30.2 kJ/mol，这个能量变化值可近似理解为分子内两个三嗪环的 π-π 堆积

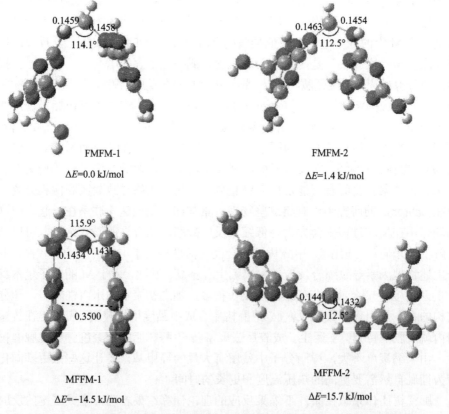

FMFM-1

ΔE=0.0 kJ/mol

FMFM-2

ΔE=1.4 kJ/mol

MFFM-1

ΔE=−14.5 kJ/mol

MFFM-2

ΔE=15.7 kJ/mol

图 1-33　以亚甲基桥键和醚键连接的二聚体的结构和相对能量(键长单位 nm)

能，这种堆积作用比范德瓦耳斯力强，甚至强于氢键作用，表明"折叠"结构确实更为稳定。如果聚合度增大，这种折叠结构仍能形成，那么整个树脂分子就会像一根"弹簧"一样。这种"弹簧"结构可能与三聚氰胺-甲醛树脂的宏观力学性能、固化性能等有关系。如果聚合物分子间也存在 π-π 堆积作用，加之分子间的氢键作用，那么超分子结构形成的可能性就很大。迄今为止，没有一项研究真正揭示树脂分子的空间结构和性能的关系，因此相关的研究十分值得深入。

尽管桥键和醚键结构在稳定性上存在一定差异，但从反应能垒上看，两者很接近。因此，在实际合成过程中同样应表现出竞争关系。有研究指出(Jahromi, 1999；Li et al., 2018)，pH 是影响两种结构相对含量的关键因素，并给出经验性的规律：pH>9 时主要生成醚键，pH 为 7～8 时有利于桥键的生成。显然，这一"规律"令人费解。当 pH 在碱性范围内时，反应为碱催化反应，以 NaOH 为例，pH 的高低反映的是 OH^- 的浓度，而 OH^- 浓度的高低按催化理论理解仅影响反应速率，而不改变反应机理和产物间的竞争关系。

结合脲醛树脂体系的理论和实验研究，认为三聚氰胺-甲醛树脂反应体系中，物质的量比是决定产物分布的主要因素，决定了桥键和醚键含量的分布。实验研究结果表明，当物质的量比高时，羟甲基含量高而游离氨基含量较低，因此羟甲基间碰撞生成醚键的概率大于游离氨基与羟甲基碰撞生成桥键的概率；当物质的量比低时，游离氨基含量高，反应有利于生成桥键。在实际的三聚氰胺-甲醛树脂合成过程中，甲醛的浓度很高，而反应过程中一般不会随时对 pH 进行监控和调节，如果起始 pH 是弱碱性(7.0～8.0)，反应中产生的甲酸没有被及时中和从而对反应造成影响。

与脲醛树脂相比，三聚氰胺-甲醛树脂用作木材胶黏剂时的最大优势莫过于更优良的耐水性能。反应机理的研究结果表明，虽然三聚氰胺-甲醛树脂的合成反应活性较高、速率较快，但从形成的化学键(如 C—N、C—O、O—H、C—N 键)和化学结构看(如羟甲基、醚键和桥键)，二者并无本质区别。这也是诸如 NMR 一类的仪器分析难以区分两种树脂主要化学结构的原因。对于三聚氰胺-甲醛树脂具有较好的耐水性能，过去的理论一直认为是由于三聚氰胺-甲醛树脂的亚甲基键更稳定(Dunky, 2004)，这种观点实际上缺乏理论依据。结合反应机理的研究结果，三方面的因素值得考虑。其一，三聚氰胺含较多的氮原子，特别是三嗪环上的氮有弱碱性，可以有效结合质子而大幅降低氨基(—NH—)和醚键氧原子的质子化程度，避免其发生逆反应解聚；其二，三聚氰胺本身的疏水作用导致固化后的树脂不容易与水结合；其三，三聚氰胺分子中三个氨基处于间位，同时由于三嗪环的刚性结构，分子显得更伸展，反应的空间位阻小，树脂分子更容易形成高支化结构，固化后容易形成更致密的网络结构，决定了树脂本身具有更优异的性能，这应该是决定因素。

根据量子化学计算和实验研究结果,可以得出如下结论:

(1) 碱性条件下,三聚氰胺的羟甲基化反应与尿素类似,但反应能垒稍低。

(2) 缩聚反应以 S_N2 机理进行。三聚氰胺与羟甲基三聚氰胺之间缩合生成桥键或醚键的能垒比脲醛树脂体系相应的反应能垒低 $30 \sim 40$ kJ/mol。说明碱性条件下,三聚氰胺-甲醛树脂缩合反应更容易进行。

(3) 碱性条件下(pH>9.0),羟甲基三聚氰胺间缩合生成醚键或桥键的主要影响因素是物质的量比而非 pH。$n_F : n_M$ 物质的量比大于 $2:1$ 时,基本上只生成醚键。当物质的量比降低至 $1:1$ 时,桥键的生成表现出明显的竞争性。

传统理论认为三聚氰胺-甲醛树脂缩合反应要快于脲醛树脂,理论计算结果也表明三聚氰胺-甲醛树脂缩合反应活性高于脲醛树脂。但是,比较相同条件下甲醛参与缩聚的比例后发现,三聚氰胺-甲醛树脂成胶时的甲醛缩聚率甚至低于脲醛树脂碱性条件下的缩聚率。通过分析可知,虽然三聚氰胺-甲醛树脂缩合反应活性较高,但由于其组分(单体或低聚物)的水溶性较差、反应中出现沉淀、两相分离和凝胶作用等物理因素导致其缩聚反应效率降低。由于三聚氰胺本身分子量较大、官能团较多、容易形成支链结构、可能形成超分子结构等因素导致三聚氰胺-甲醛树脂合成中黏度增加较快。

1.3.3　酚醛树脂合成机理

酚醛(PF)树脂由酚类化合物(主要是苯酚和间苯二酚)和甲醛发生加成、缩聚反应形成。热固性酚醛树脂在碱性条件下合成,而热塑性酚醛树脂在强酸性条件下合成。一般认为,热固性酚醛树脂除了碱催化外,甲醛对苯酚过量也是必要条件。此时,苯酚羟基上的两个邻位和对位全部或部分发生羟甲基化反应,具备生成支链结构的能力,因此预聚体分子量较小但可以固化形成交联网络结构。相反,热塑性酚醛树脂,除要求强酸条件外,还要求甲醛对苯酚不足量。一般认为,此条件下缩聚反应快于羟甲基化反应,产物主要是线型聚合物,分子量较大。用于木材胶黏剂的是热固性酚醛树脂。酚醛树脂胶黏剂的优点在于耐水性能优异,甲醛释放量低。但是也存在显著的缺陷。例如,固化温度显著高于脲醛树脂,颜色较深,成本较高。类似于三聚氰胺-尿素-甲醛共缩聚树脂,为将酚醛树脂优异的耐水性能"嫁接"于脲醛树脂,在脲醛树脂合成过程中加入苯酚制备苯酚-尿素-甲醛(PUF)共缩聚树脂也是平衡性能与成本的有效途径。但是,酚醛树脂与脲醛树脂的合成条件存在矛盾也是不可回避的问题。因此,要有效实现 PUF 共缩聚反应,深入研究酚醛树脂的自缩聚反应是必需的。

1.3.3.1　碱性条件下的 PF 缩聚反应机理

固化温度高是 PF 树脂最为突出的问题。因此针对降低其固化温度的研究几十年来从未间断。现在的理论认为，苯酚的对位活性高于邻位。如果在羟甲基化阶段尽可能让邻位参与反应，留下对位，那么在固化阶段，反应活性较高的对位参与反应，可以有效降低固化温度。基于这一理论，一些学者尝试寻找催化剂(Inagaki et al.，1999；Nomoto et al.，2010)，以实现在羟甲基化阶段让邻位定向参与反应。虽然这一领域的基础研究取得了一些进展，但尚未在实际生产中得以应用。

　　苯酚邻位和对位在缩聚反应中的活性差异可能来源于两个方面。其一，对位中间体的生成较为容易。其二，对位中间体在缩聚反应中活性较高。如果中间体的生成在整个缩聚反应中是决速步，那么第一方面的原因就是主要的。相反，如果第二方面是主要的，那么中间体产生后的缩聚反应就是决速步，决定邻位和对位在缩聚反应中的竞争关系。无论哪个方面的因素是主要的，中间体的形成机理都是不可回避的问题。不同的反应历程可能会经历不同的活性中间体，PF 系统中各种反应的动力学和机理显然是关键问题，也是理解 PF 化学理论的基础。然而，20 世纪中叶到近几年的文献资料中，一些学者对羟甲基苯酚(HMP)之间的碱催化缩合反应机理进行了动力学研究，但是研究结果存在明显的分歧。早期的研究认为碱催化下 HMP 之间的缩聚反应为一级反应(Freeman et al.，1954；Yeddanapalli et al.，1962；Francis et al.，1969)、假一级反应或二级反应(Freeman，1967；Sekhar et al.，1971)，并且猜测反应机理为双分子亲核取代反应(S_N2)，即反应发生在未解离和解离(离子化)的 HMP 之间，解离的 HMP 之间，以及未解离的 HMP 之间。后来在 1983 年，Jones 的研究提出三羟甲基苯酚(THMP)的自缩聚反应为一级反应，并提出亚甲基醌(QM)中间体假说来解释动力学实验结果(Jones，1983)。2001年，Higuchi 等证实 2-羟甲基苯酚(2-HMP)的自缩合在动力学上是真一级反应，否定了二级反应的可能性，并且也用亚甲基醌的生成来解释其实验结果(Higuchi et al.，2001a)。但是，4-羟甲基苯酚(4-HMP)(Higuchi et al.，2001b)、2,4-二羟甲基苯酚(2,4-DHMP)(Kamo et al.，2002)和 2,4,6-三羟甲基苯酚(2,4,6-THMP)(Kamo et al.，2004)之间的缩聚反应为分数级，反应级数在 1.1~2.0。此外，反应级数随 NaOH/HMP 物质的量比的变化和 HMP 浓度的变化而变化。基于这些结果，Higuchi 等提出，除亚甲基醌代表的单分子历程外，还有其他未知的双分子反应历程。最近的一项研究(Strzemiecka et al.，2014)也指出亚甲基醌和 S_N2 机制都在缩合反应中起作用。显然，有关 PF 树脂合成机理还存在分歧，有关化学反应的基本问题没有得到解决。分歧的存在一方面是反应体系包含的竞争反应较多，经典的动力学方程难以确切描述复杂反应，另一方面源于活性中间体难以用实验方法捕捉。为此，我们采用 Gaussian 03 程序包在 B3LYP/6-31++G** 水平上对各种可能的机理进行理论计算，并回答有关反应微观历程的基本问题。

　　由于经历亚甲基醌的机理是目前普遍认可的机理。我们首先对这种中间体形成的过程和动力学特征进行深入研究。

　　图 1-34 给出了邻位亚甲基醌(o-QM)中间体形成的可能机理。图 1-35 是经历该中间体可能的缩聚反应机理。生成 o-QM 的第一个路径是 A→o-B→o-C→o-QM。另一个路径是 A→o-B→o-D→o-C→o-QM。两个途径必须通过中间体 o-C。在单分子共轭碱历程(E1cb)中，反应通过 OH 离去，可以形成 o-QM，这一步为决速步。在一些文献(Higuchi et al.，2001a；Kamo et al.，2002，2004；Strzemiecka et al.，

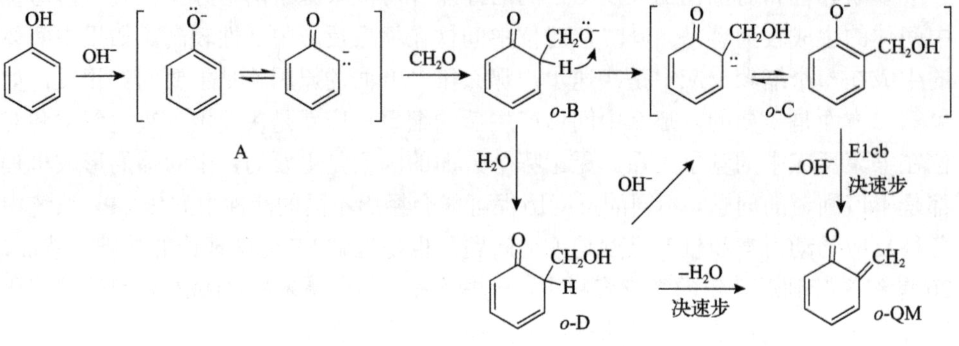

图 1-34　亚甲基醌结构形成机理

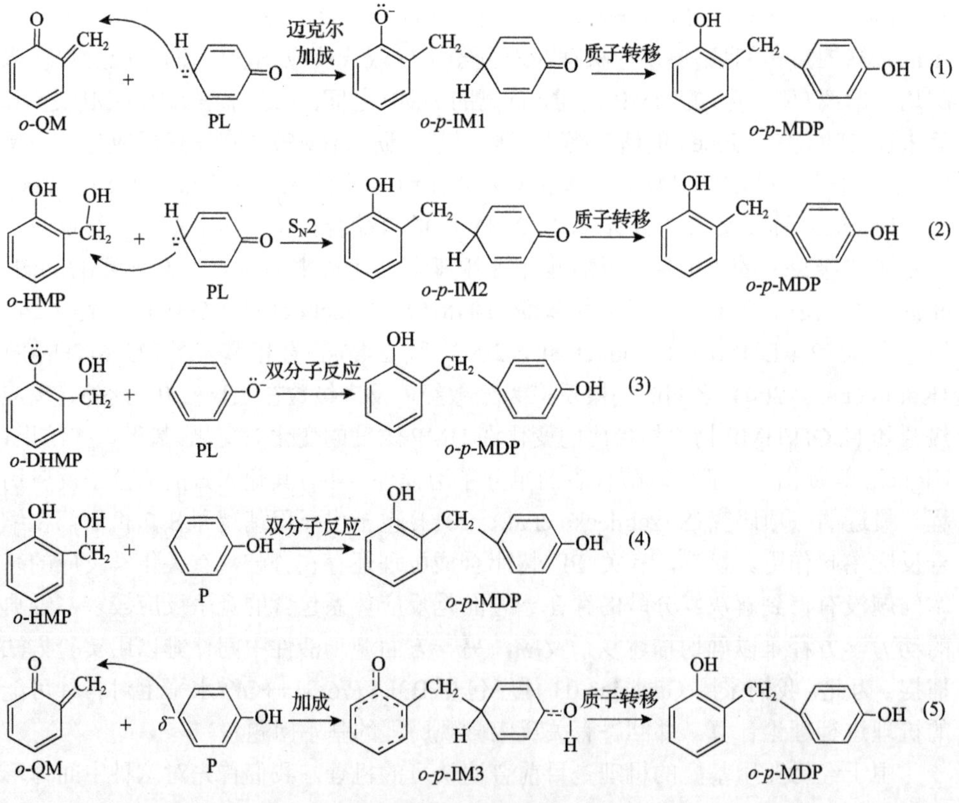

图 1-35　基于亚甲基醌缩聚反应的可能机理(IM 代表中间体)

2014)中曾提出过这种反应机理。然而，考虑另一种可能的反应机理，即中间体 *o*-D 分子内脱水也可以形成 *o*-QM。对位亚甲基醌(*p*-QM)也可以通过类似的机理形成。Higuchi 等也提出了水消除机理(Higuchi et al.，2001a)。但是，他们认为初始物为中性的 HMP。本研究对这种机理进行了计算，但并没有找到这样的路径。

通过对 E1cb 反应和水消除反应的决速步进行计算，计算所得结构如图 1-36 所示。计算得到的势能面曲线如图 1-37 所示。*o*-C1 和 *o*-C2 为中间体 C 的两个不同结构。*o*-C1 的相对能量比 *o*-C2 低 9.5 kJ/mol，说明 *o*-C1 结构更稳定，这是由于在邻羟甲基和羧基氧之间形成了分子内氢键(1.782 Å)的原因。通过过渡态 *o*-TS-E1cb，OH⁻ 被消除并形成 *o*-QM。该步的能垒为 120.1 kJ/mol。而计算得到形成 *p*-QM 的

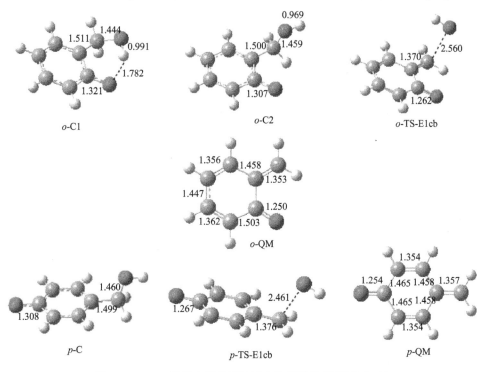

图 1-36　E1cb 机理中间体和过渡态计算结构(键长单位 Å)

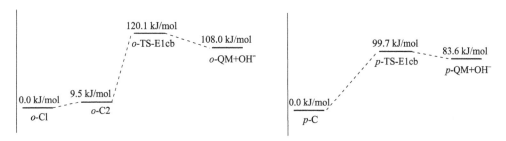

图 1-37　E1cb 机理邻位和对位亚甲基醌形成的势能面曲线

能垒降低至 99.7 kJ/mol。o-QM 和 p-QM 是异构体，从理论计算结果可以看出后者较前者能垒降低了 20.4 kJ/mol，说明 p-QM 更稳定。

如果初始反应物是苯酚和甲醛，则 QM 的形成仅经历中间 o-C 或 p-C。通过 o-D 或 p-D 水消除的反应机理也是可能发生的。该机理的计算结果见图 1-38 和图 1-39。邻位中间体 o-D 也形成了分子内氢键，通过四元过渡态 o-TS-E 直接消除

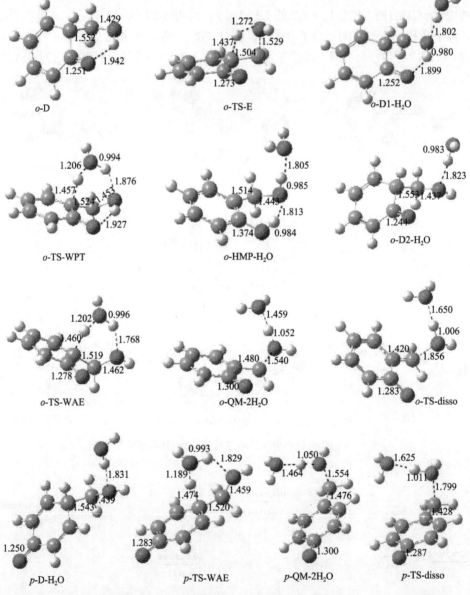

图 1-38　水消除机理邻位和对位亚甲基醌形成的中间体和过渡态计算结构（键长单位 Å）

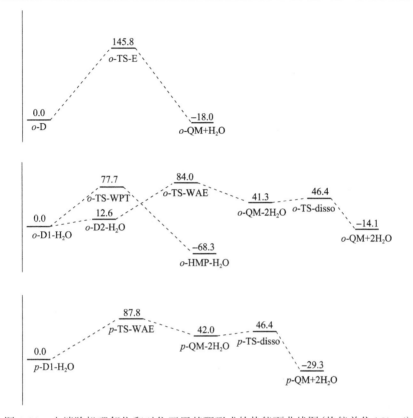

图 1-39 水消除机理邻位和对位亚甲基醌形成的势能面曲线图(势能单位 kJ/mol)

水分子形成 o-QM。计算得到该反应的能垒为 145.8 kJ/mol。显然，这种高能垒与动力学实验得到的结果不一致。在水溶液中，水分子可能起到催化剂的作用。因此，在理论模型中加入水分子来模拟催化效应。o-D1-H$_2$O 是通过 o-D1 和 H$_2$O 之间的分子间氢键相互作用形成的中间体络合物。基于该络合物，得到六元环的质子转移过渡态 o-TS-WPT。它的虚频振动模式清楚地表明质子从碳原子转移到水中的氧原子，以及水分子上的质子转移到羟基的氧原子上。这一状态与预期的过渡状态一致。

但是，内禀反应坐标(IRC)解析计算表明，一旦质子移动到羟基氧，羟基上的另一个质子由于强的分子内氢键作用而同时移动到羰基氧，生成 o-HMP-H$_2$O，可视其为 o-HMP 和 H$_2$O 的复合物。因此，o-TS-WPT 不是对应于水的消除和 o-QM 的形成，而是对应于三个质子的同时转移和 o-HMP 的形成。与 o-TS-E 相反，水催化质子转移的能垒显著降低，能垒为 77.7 kJ/mol。

显然，从羟基到羰基的质子转移是由于强的分子内氢键作用。如果这种作用被破坏，水消除机理可能会发生。通过旋转羟基消除氢键作用，得到络合物

o-D2-H$_2$O，其相对能量比 o-D1-H$_2$O 高 12.6 kJ/mol，说明其稳定性有所降低。在该络合物形成之后，反应经历水消除的过渡态 o-TS-WAE。IRC 计算表明，碳上的质子通过水的媒介作用转移到羟基上，从而消除两个水分子。o-QM-2H$_2$O 为计算所得到的中间体。进一步的计算确认，两个水分子可以通过解离过渡态 o-TS-disso 而消除，形成 o-QM。如图 1-39 所示，过渡态 o-TS-WAE 为决速步，相对于 o-D1-H$_2$O 的能垒为 84.0 kJ/mol，这一能垒明显低于 o-TS-E 的能垒，表明水起到了催化作用。与 E1cb 机理相比，这种反应机理也更为有利。然而，由于分子内氢键效应，在 o-D1 和 H$_2$O 之间形成的大部分络合物主要以 o-D1-H$_2$O 形式存在而不是 o-D2-H$_2$O。如上所述，前者转化为 o-HMP，而不是 o-QM 结构。因此，这就体现了氢键对 o-QM 形成的抑制作用。尽管对位 QM（p-QM）形成不受氢键效应的影响，但 p-QM 的形成在动力学上并不优于 o-QM。如图 1-38 和图 1-39 所示，p-TS-WAE 是确定的对位水消除机理的过渡态。这种过渡态的能垒为 87.8 kJ/mol，略高于 o-TS-WAE 的能垒。然而，在对位的苯酚和甲醛之间的加成通常比在邻位的加成快。因此，p-QM 在溶液中具有较高的浓度，并且后续的缩聚反应主要在酚环未反应的邻位和 p-QM 之间发生，形成 o-p 缩聚结构。这解释了实验观察到的结果，即 o-p 缩聚结构占优势。

在 Higuchi 等（2001a，2001b）的动力学研究中，起始反应物是 2-羟甲基苯酚（2-HMP）或 4-羟甲基苯酚（4-HMP），他们估计形成 o-QM 和 p-QM 的活化能垒分别为（103±5）kJ/mol 和（78±5）kJ/mol。这似乎与本节对 E1cb 反应机理的计算结果一致，o-QM 的形成在能量上不太有利。但是，由于可以看作解离的 HMP 产生的 o-C 或 p-C 中间体转化为中间体 o-D 或 p-D，o-QM 或 p-QM 可能不能通过 E1cb 机理直接产生。如上所述，o-TS-WAE 和 p-TS-WAE 具有相近的能垒，分别为 84.0 kJ/mol 和 87.8 kJ/mol，但是由于分子内氢键作用，一部分 o-D-H$_2$O 将形成 o-HMP 而不是 o-QM。这一结果就导致较低的反应速率和较高的活化能，也表明 2-HMP 中的氢键对 o-QM 形成具有抑制作用，这与 Higuchi 等的猜想是一致的。

在文献中假设酚盐离子（PL）或解离的 HMP 与 QM 的缩聚反应比 QM 的形成快得多（Jahromi，1999；Møller et al.，1934；Bartlett，1981；Ditchfield et al.，1971；Petersson et al.，1988；Clark et al.，1983）。为了证实这一点，对图 1-35 中的反应（1）进行了计算。图 1-40 所示为加成反应过渡态 o-p-TS-add。事实上，这是典型的 Micheal 加成。如图 1-41 中的势能曲线所示，该步的能垒仅为 26.6 kJ/mol，表明该反应确实比 QM 形成快得多。中间 o-p-IM1 之后的质子转移形成邻-对-亚甲基二苯酚（o-p-MDP）过程，也被认为是一个快速反应，因此不对其进行进一步的理论计算。

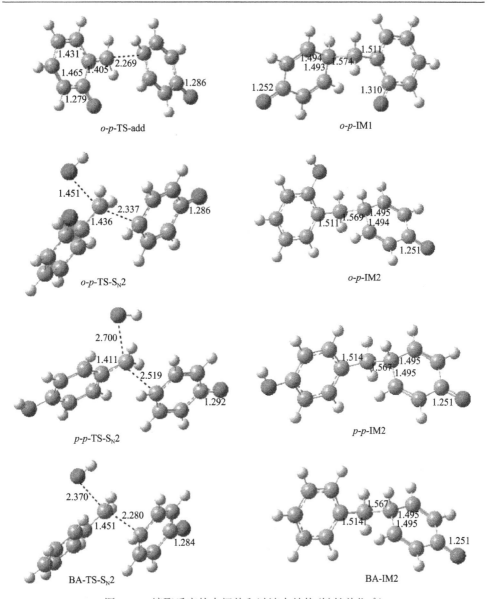

图 1-40　缩聚反应的中间体和过渡态结构(键长单位 Å)

一些早期报道(Freeman et al.，1954；Yeddanapalli et al.，1962；Francis et al.，1969；Freeman，1967；Sekhar et al.，1971)提出了图 1-35 中反应(2)显示的 S_N2 机理。但是，在 Higuchi 等(2001b)对 2-HMP(o-HMP)的自缩合反应的研究中得出结论，认为反应是真一级反应，应排除任何双分子机理。为了阐明 QM 和 S_N2 机理间的竞争关系，本节对 S_N2 反应进行计算。在图 1-40 中，S_N2 过渡态 o-p-TS-S_N2 表明 o-HMP 与解离的酚(酚盐离子)的对位之间的碰撞可导致 OH$^-$ 的消去，形成中

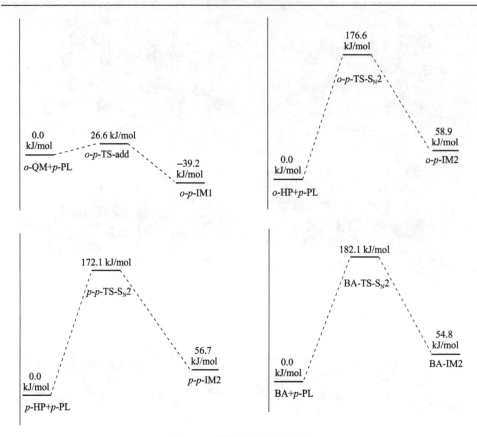

图 1-41　缩聚反应势能曲线

间体 o-p-IM2。该反应的能垒为 176.6 kJ/mol，比两种 QM 机理的能垒分别高约 70 kJ/mol 和 90 kJ/mol。显然，与 QM 机理相比，这种机理不具有竞争性。这一结果解释了 Higuchi 等对 2-HMP 的自缩聚动力学实验结果。但是，在他们对 4-HMP（p-HMP）(Higuchi et al., 2001a) 的自缩聚反应的研究中，发现此反应的反应级数为 1.3，认为可能有双分子反应发生。随后，再次提出 S_N2 机理。为了证实 4-HMP 在 S_N2 反应中是否比 2-HMP 更具反应性，本节还计算了对-对位反应，其过渡态为图 1-40 中 p-p-TS-S_N2，其能垒为 172.1 kJ/mol。因此，对于 4-HMP 来说 S_N2 机理与 QM 机理相比也不具有竞争性。为了解释他们的实验结果，他们认为两个解离的 4-HMP 之间或两个未解离的 4-HMP 之间是可能发生双分子反应的，即图 1-35 中的反应(3)和(4)。但是，他们也怀疑在这两种类型的反应中 S_N2 反应机理的合理性，最后他们得出结论，可能存在某些未知的反应机理。本节也对反应(3)和(4)进行了计算，但并未得到确认。

　　为了进一步验证 S_N2 机理的作用，我们进行了一个简单的模型反应实验，其中苯酚与苄醇(BA)在 pH 为 10、90℃的条件下反应，并对反应产物进行 ^{13}C-NMR

测定分析。BA 酚环羟甲基在结构上类似于 HMP，但是其不能形成 QM 中间体。如果可以形成缩聚结构，则说明 S_N2 机理起作用。然而，在 180 min 的反应产物的 ^{13}C-NMR 检测中没有发现任何缩聚结构或其他产物的信号。为了理论上比较 BA 与 HMP 的反应活性，我们计算了 BA 和酚盐离子之间的 S_N2 反应。图 1-40 和图 1-41 分别给出了过渡态的结构和反应势能曲线。该反应的计算能垒为 182.1 kJ/mol，接近 HMP 和酚盐离子之间反应的能垒。该结果表明 S_N2 反应不可能发生。值得注意的是，本研究中的亲核试剂选择的是未取代的酚盐离子，而不是解离的(离子化的)HMP。理论上来说，由于羟甲基的吸电子效应，解离的 HMP 应该是较弱的亲核体。因此，解离的 HMP 和未解离的 HMP 之间的 S_N2 反应更不可能。

如何解释实验观察的双分子特征呢？我们考虑了另一种可能的机理，即 QM 和中性苯酚或 HMP 之间的反应。在这种反应中，中性苯酚或 HMP 是比解离产物还要弱的亲核体。此外，苯酚是弱酸，并且即使在碱(如 NaOH)的存在下，一部分苯酚或 HMP 仍然是以中性形式存在。Higuchi 等(2001a)发现双分子反应速率随 NaOH/4-HMP 物质的量比的变化而变化。特别是当物质的量比高于 0.5 时，反应速率开始降低。这意味着可能发生涉及中性物质的某种反应。基于以上内容，本节提出了一种新的机理，即 QM 中间体与中性苯酚反应。计算结果见图 1-42 和图 1-43。

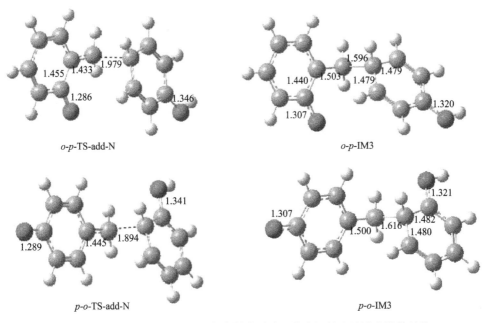

图 1-42　邻位和对位亚甲基醌与中性苯酚缩聚的中间体和过渡态计算结构

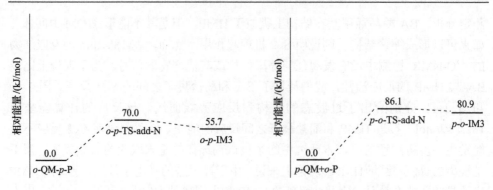

图 1-43　邻位和对位亚甲基醌与中性苯酚缩聚反应势能面曲线

o-QM 和中性苯酚的对位之间的反应能垒为 70.0 kJ/mol，其仍然低于 o-TS-WAE 的能垒，决速步仍然是 o-QM 的形成。对于 p-QM 和中性苯酚的邻位之间的反应能垒为 86.1 kJ/mol，其更接近于 p-QM 形成的 87.8 kJ/mol 的势垒。将中性苯酚替换为 4-HMP 时，该计算能垒为 87.6 kJ/mol（由于两者计算相似，图 1-43 中未给出结果），表明这个反应中的取代效应非常弱。由于理论溶剂化模型模拟真实的溶剂效应存在一定的困难，因此理论计算可能在一定程度上低估了该反应的反应能垒。如果该反应为决速步，则整个反应将表现为双分子特征。至少，加成反应的能垒真的略低，两者能垒确实非常接近。因此，通过实验直接认定为单分子反应是不确切的。

通过使用密度泛函理论方法研究酚醛树脂合成中碱催化缩聚反应的机理，并得出如下主要结论：

（1）理论计算证实了 QM 假说。除了 E1cb 机理外，还可能发生水催化的分子内消除历程。这种新机理在能量上更有利。

（2）酚盐离子和 QM 之间的缩聚比 QM 形成快得多，与实验观察到的整个反应的单分子特征相一致。

（3）由于与 QM 机理相比，S_N2 机理的能垒高得多，因此排除了先前提出的 S_N2 缩聚机理。

（4）中性苯酚或羟甲基苯酚与 QM 的缩聚也是可能的。这种反应的计算能垒非常接近 QM 形成的能垒。在缩聚中中性物质参与反应可能使反应在动力学上具有双分子特征。

1.3.3.2　酸催化 PF 缩聚反应机理

热塑性 PF 树脂的合成依赖于两个条件。一个是强酸催化，一个是甲醛相对于苯酚不足量。那么这两个条件谁是关键因素？强酸条件下缩聚反应快于羟甲基化反应是目前普遍接受的观点，因为只有这样才能解释线型聚合物的形成。如果缩聚反应更快, 那么即便甲醛是过量的, 在苯酚充分羟甲基化之前就已经发生聚合, 也就不会生成带支链结构的热固性树脂。事实上, 相关实验也证实了这一点 (曹明, 2017)。

酸催化质子化的甲醛和甲二醇都有可能与苯酚发生反应。图 1-44～图 1-47 为苯酚对位和邻位与质子化甲醛和甲二醇发生反应的势能曲线。可以看出, 质子化甲醛和苯酚对位的反应为无能垒过程, 两者碰撞生成的中间产物 p-pMMP1 能量比反应物低 70.1 kJ/mol, 表明两者的结合非常容易, 这与苯酚是较强的亲核试剂有关。但是, 羟甲基化反应至此并没有完成。苯环上的质子还没有去除, 而这一步很可能就是反应的决速步, 具有较高的能垒, 因为质子从苯环上直接去除涉及 C—H 键的断裂, 在溶剂条件下此类反应较为困难。苯酚对位与质子化甲二醇的反应为 S_N2 机理, 能垒为 16.5 kJ/mol。甲二醇的反应活性低于甲醛, 但该反应仍然可以在室温下进行, 因此二者对羟甲基化产物均有贡献。

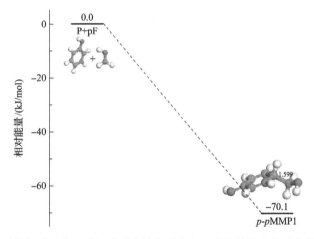

图 1-44 苯酚对位与质子化甲醛加成反应势能面上各驻点的结构和相对能量(键长单位 Å)

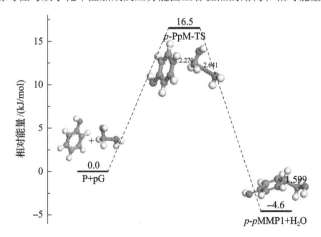

图 1-45 苯酚对位与质子化甲二醇加成反应势能面上各驻点的结构和相对能量(键长单位 Å)

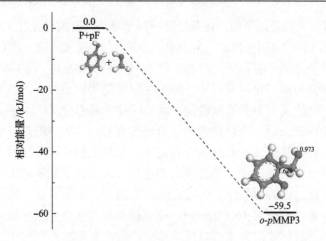

图 1-46　苯酚邻位与质子化甲醛加成反应势能面上各驻点的结构和相对能量(键长单位 Å)

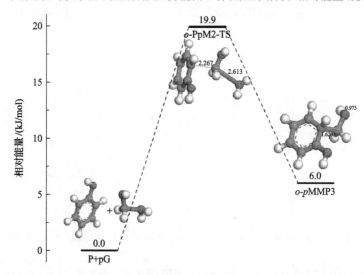

图 1-47　苯酚邻位与质子化甲二醇加成反应势能面上各驻点的结构和相对能量(键长单位 Å)

　　苯酚邻位与质子化甲醛的碰撞产物不如对位碰撞产物稳定，与质子化甲二醇反应的能垒也较高。说明对位的亲和性较强，这与经典理论相符。

　　经典有机化学理论指出，苄醇(苯甲醇)在酸作用下发生羟基质子化并容易消去水分子生成苄基碳正离子。主要原因是苄基碳正离子中存在较强的共轭效应可以导致电子离域，从而使体系稳定。羟甲基酚存在苄醇结构，如果发生类似过程应该更容易生成类似的苄基碳正离子，因为酚羟基氧参与共轭，有效缓解了体系的缺电子状态。据此，考察了羟甲基酚生成苄基碳正离子的形成机理。以邻位和对位碳正离子形成机理进行阐述。

　　计算表明，上述苯酚与质子化甲醛或甲二醇反应生成的中间产物可发生分子内质子转移，即酚环上的质子转移至羟基上。这一过程会导致分子内脱水生成苄基碳正离子。图 1-48 的计算结果表明该过程的能垒高达 75.1 kJ/mol。如果考虑溶剂水分子参与反应，在体系中加入一个水分子作为质子传递媒介（图 1-49），发现质子传递几乎是无能垒过程。这再次体现了在有质子转移的反应中水分子的强烈催化作用。但是中间产物 1Wp-pMMP2 要发生水分子解离才能生成碳正离子，而这一步的能垒为 49.4 kJ/mol。如果在体系中引入更多的水分子，这一能垒会进一步下降。

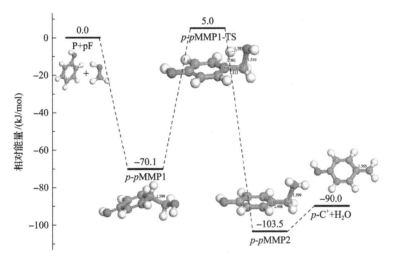

图 1-48　无水催化下对位碳正离子生成势能面上各驻点的结构和相对能量（键长单位 Å）

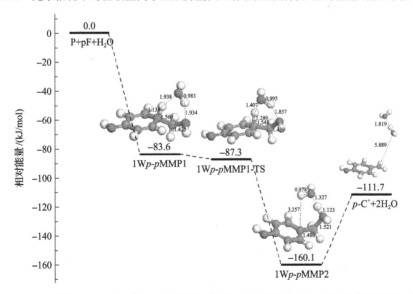

图 1-49　水催化下对位碳正离子生成势能面上各驻点的结构和相对能量（键长单位 Å）

图 1-50 和图 1-51 是针对邻位反应的计算结果，大体与对位反应类似。但是由邻位水分子络合物 1pWo-pMMP3 解离为邻位碳正离子的能垒为 75.5 kJ/mol，显著高于对位络合物的解离能垒。因此，对位碳正离子较邻位更容易形成。进一步计算表明，在碳正离子参与的 o-o、p-p 和 o-p 缩聚反应基本上都是没有能垒或能垒非常小（<5 kJ/mol）的反应。因此，缩聚反应中，碳正离子的形成是决速步，机理为单分子亲核取代反应（S$_N$1）。虽然不同正离子与苯酚不同位点的碰撞产物在稳

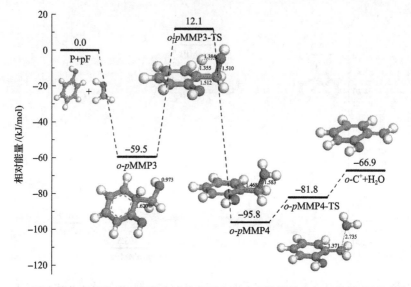

图 1-50　无水催化下邻位碳正离子生成势能面上各驻点的结构和相对能量(键长单位 Å)

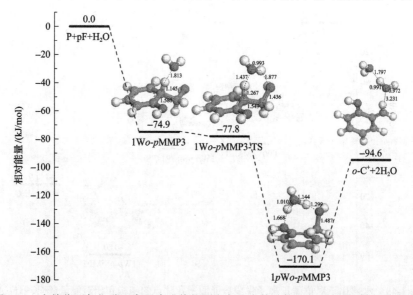

图 1-51　水催化下邻位碳正离子生成势能面上各驻点的结构和相对能量(键长单位 Å)

定性上有一定差别，但并不足以让某一产物占据绝对优势。对位碳正离子在形成
能垒上较为有利，而邻位在位点数量上占据优势。综合两个因素，对位碳正离子
与苯酚邻位发生反应兼顾了反应能垒和位点数量上的优势。这与实验中发现 *o-p*
亚甲基碳含量在三种缩聚结构中最高这一结果吻合。

曹明（2017）的实验研究发现，在强酸条件下，当 n_F/n_P=0.85 时，甲醛几乎全
部参与反应，亚甲基桥键碳含量占 95%，羟甲基含量低于 1.5%。而当 n_F/n_P=3.0
时，有将近 50%的甲醛没有参与反应，羟甲基含量也不到 5%。这说明，甲醛是
否过量并不决定热塑性树脂的生成。那么，羟甲基化反应与缩聚反应的相对速率
就是最关键的因素。在上面的阐述中已经指出，苯酚与质子化甲醛的碰撞虽然是
无能垒的，但酚环去质子化的能垒可能很高，而碳正离子的形成能垒在水分子的
催化下大幅降低。因此理论计算仍然支持缩聚反应快于羟甲基化反应的观点。

除 PF 外，李涛洪等还对间苯二酚-甲醛（RF）树脂的合成机理进行了理论研究，
结果表明亚甲基醌中间体形成仍然是缩聚反应的关键步骤，并且不同取代位形成
的中间体在活性上存在差异，这些差异成功地解释了 RF 的结构（Li et al.，2017）。

1.3.4 普适性原理

脲醛树脂、三聚氰胺-甲醛树脂、酚醛树脂的合成条件要求表面上看存在显著
不同。然而，上述对于反应机理的深入研究已经反映出这些树脂的合成实际上存
在共通的普适性原理。这种普适性原理可以从合成单体（即尿素、三聚氰胺和苯酚）
和关键中间体结构上的共同之处来理解，而合成条件的差异则可以从单体及中间
体和活性差异来解释。在过去几十年的研究中，虽然也把这几种树脂放在一起比
较，但主要从结构和宏观性能上进行讨论。

图 1-52 给出了尿素、三聚氰胺和苯酚的结构。分析它们的电子结构可以看出
相似性。三种单体中都存在共轭效应，即 p-π 共轭。其中，尿素氨基 N 原子上的
孤对电子所在 p 轨道可与碳基 π 轨道发生共轭，导致孤对电子离域，同时造成氨
基 N—H 键极性增强，H 原子产生一定酸性。尽管酸性极弱，但前面的理论计算
也表明在碱催化下氨基负离子是可以生成的，这解释了碱对脲醛（UF）树脂反应的
催化作用。类似的，三聚氰胺也存在氨基和三嗪环大 π 键的共轭。苯酚羟基氢本

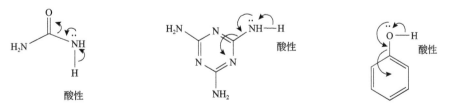

图 1-52 尿素、三聚氰胺和苯酚中的 p-π 共轭及其导致的质子的酸性

身就具备酸性，p-π 共轭效应更是加强了酸性，因此苯酚直接可以和 NaOH 这样的强碱发生反应生成酚盐，而酚盐电离后形成的负离子就是较强的亲核试剂。

根据前面对反应机理的计算，三种单体羟甲基化后在碱的催化作用下其实也生成了电子结构类似的活性中间体。从图 1-53 可以看出这些中间体都可以经过 E1cb 历程形成，在电子结构上也是类似的。亚甲基脲、亚甲基三聚氰胺和亚甲基醌结构中都存在 π-π 共轭作用，由于碳基和三嗪环具有吸电子作用而导致末端亚甲基碳电子密度降低，容易受到亲核试剂的进攻而发生加成反应。这类反应非常类似经典的迈克尔加成，即负离子与 α,β-不饱和酮之间的加成反应。因此三种树脂的碱催化缩聚机理是共同的。

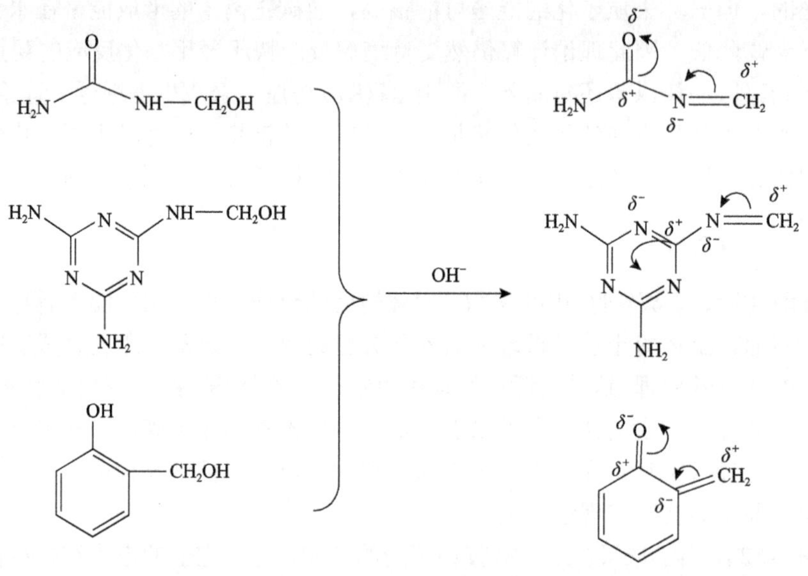

图 1-53　碱催化羟甲基化合物生成的中间体

同样的，在酸催化下，三种单体的羟甲基化合物都可以形成碳正离子中间体（图 1-54）。这类中间体之所以容易形成也是因为结构中存在 p-π 共轭。由于体系缺电子，共轭作用是电子发生离域而分散正电荷，从而降低体系能量，反映在动力学上就是活化能降低。因此，碳正离子的形成可以解释酸对缩聚反应的催化作用。

那么如何理解三种树脂合成对于 pH 的要求存在明显差异?从化学结构看，尿素有两个氨基，理论上有四个活泼氢，但实验结果早已指出尿素在反应中的官能度仅为 2.3。如果从羟甲基化角度讲，无论 n_F/n_U 物质的量比有多高，三羟甲基的量也是很有限的，而四羟甲基几乎不生成，这决定了脲醛树脂的支化程度较低。对于三聚氰胺，理论官能度为 6，由于三个氨基处于间位，不存在空间位阻，因

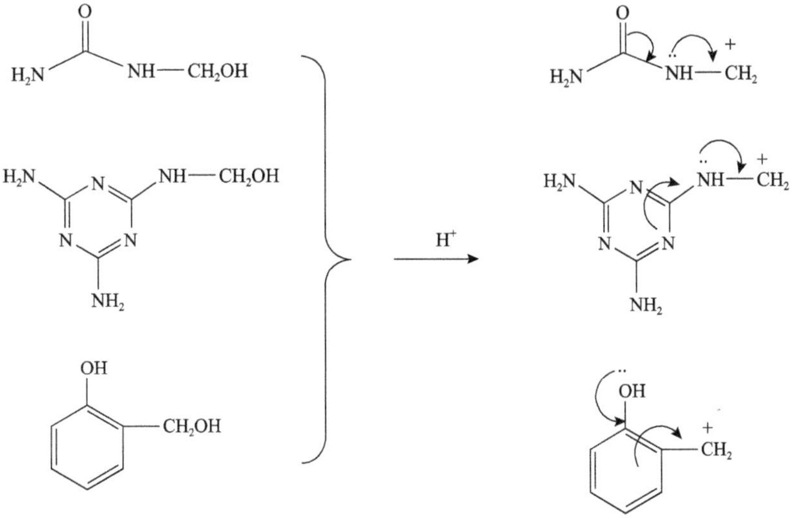

图 1-54　酸催化羟甲基化合物生成碳正离子中间体

此即便只有三个位点参与反应也能形成较高的支化结构。苯酚的情况也是类似。三聚氰胺和苯酚这种结构上的优势就直接决定了三聚氰胺-甲醛树脂和酚醛树脂在性能上优于脲醛树脂。在弱碱条件下(pH 为 9.0 左右)，脲醛树脂缩聚较慢，并且主要生成不含支链的醚键结构，这些产物无法形成交联网络结构而固化。但在酸催化下，反应较快，可以生成带有支链的亚甲基桥键而发生固化。三聚氰胺-甲醛树脂在弱碱条件下缩聚反应并不显著快于脲醛树脂，并且也主要生成不带支链的醚键结构，但由于三聚氰胺官能度本身较高，加之处于间位的三个氨基一旦参与反应就能形成支链结构而发生固化，因此具有胶合性能的三聚氰胺-甲醛树脂可以在碱性条件下获得。在酸性条件下，三聚氰胺的高官能度会导致反应过快而难以控制，这解释了三聚氰胺-甲醛树脂缩聚反应在 pH 为 6～10 时相对容易控制。对于酚醛树脂的支链结构也可用同样的思路理解。但是苯酚本身有一定酸性，在弱酸条件下苯酚及羟甲基苯酚主要以中性分子存在，反应活性低，因此要加入强碱与之反应成盐，进而解离出具有较强亲核性的苯酚负离子。或者要在强酸条件下羟甲基苯酚才可能发生质子化而生成碳正离子中间体，参与缩聚反应。因此酚醛树脂的形成要求强酸或强碱作用。

　　虽然三种树脂的高分子结构形成机理是类似的，但由于合成条件的差异是客观存在的，那么共缩聚反应在何种条件下可以有效发生，并且是可控的？这取决于脲醛树脂、三聚氰胺-甲醛树脂和酚醛树脂三种组分在同一 pH 条件下的自缩聚和共缩聚的竞争关系。本质上这又取决于三种组分的活性中间体形成效率对 pH 条件的要求以及这些中间体在自缩聚和共缩聚反应中的相对活性。可以肯定，在较为极端的条件下，例如强碱性，三种树脂的组分都会生成活性中间体，此时共缩聚反应可以发生，但问题是反应是否可控，这又对反应温度、加料方式提出了要求。再如，制备 PUF 树脂时，在弱酸条件下，酚醛树脂组分活性非常低，自缩聚反应都难以发生，那么即便脲醛树脂组分生成了活性中间体，但这类中间体对酚醛树脂组分的活性如何？如果活性太低则共缩聚反应无法进行。关于 MUF、PUF 和苯酚-三聚氰胺-尿素-甲醛（PMUF）共缩聚树脂的合成本书将在后面的内容中加以阐述。

参 考 文 献

曹明. 2017. 酚醛树脂及苯酚-尿素-甲醛共缩聚树脂合成反应机理研究[D]. 南京：南京林业大学.

杜官本. 1999. 酸性环境下脲醛树脂结构形成特征[J]. 西南林学院学报, 19(2)：126-130, 138.

杜官本, 杨忠, 廖兆明, 等. 2002. 尿素-三聚氰胺-甲醛共缩聚树脂应用进展[J]. 林产工业, 29(4)：13-15, 18.

郭晓申. 2015. 初始碱性和酸性反应阶段摩尔比对脲醛树脂结构和性能的影响[D]. 昆明：西南林业大学.

林梦海. 2005. 量子化学简明教程[M]. 北京：化学工业出版社.

潘祖仁. 2011. 高分子化学[M]. 5 版. 北京：化学工业出版社.

Adamo C, Barone V. 1998. Exchange functionals with improved long-range behavior and adiabatic connection methods without adjustable parameters: The mPW and mPW1PW models[J]. Journal of Chemical Physics, 108(2)：664.

Arroyo S T, Martín J A S, García A H. 2007. Molecular dynamics simulation of the reaction of hydration of formaldehyde using a potential based on solute? Solvent interaction energy components[J]. Journal of Physical Chemistry A, 111(2)：339-344.

Bartlett J R. 1981. Many-body perturbation theory and coupled cluster theory for electron correlation in molecules[J]. Annual Review of Physical Chemistry, 32(1)：359-401.

Beachem M T, Oppelt J C, Cowen F M, et al. 1963. Urea-formaldehyde condensation products[J]. Journal of Organic Chemistry, 28: 1876-1877.

Becke A D. 1988. Density-functional exchange-energy approximation with correct asymptotic behavior[J]. Physical Review A, 38(6)：3098-3100.

Becke A D. 1993. Density-functional thermochemistry. III. The role of exact exchange[J]. Journal of Chemical Physics, 98(7)：5648-5652.

Berge A, Mejdell T. 2006. Melamine formaldehyde compounds. The active species in acid catalyzed reactions[J]. Polymer, 47(9)：3249-3256.

Binkley J S, Pople J A, Hehre W J. 1980. Self-consistent molecular orbital methods. 21. Small split-valence basis setss for first-row elements[J]. Journal of the American Chemical Society, 102: 939-947.

Böhm S, Antipova D, Kuthan J. 1996. Methanediol decomposition mechanisms: A study considering various *ab initio* approaches[J]. International Journal of Quantum Chemistry, 58(1): 47-55.

Braun V D, Legradic V. 1974. Untersuchungen über die basisch katalysierte reaktion von melamin mit formaldehyde[J]. Angewandte Makromolekulare Chemie, 35(1): 101-114.

Ceperley D, Alder B. 1980. Exchange-correlation potential and energy for density-functional calculation[J]. Physical Review Letters, 45: 567-581.

Christjanson P, Pehk T, Siimer K, et al. 2006a. Hydroxymethylation and polycondensation reactions in urea-formaldehyde resin synthesis[J]. Journal of Applied Polymer Science, 100(2): 1673-1680.

Christjanson P, Pehk T, Siimer K. 2006b. Structure formation in urea-formaldehyde resin synthesis[J]. Proceeding of Estonian Academy Science of Chemistry, 55(4): 212-225.

Chuang I S, Maciel G E. 1994. NMR-study of the stabilities of urea-formaldehyde resin components toward hydrolytic treatments[J]. Journal of Applied Polymer Science, 52(11): 1637-1651.

Clark T, Chandrasekhar J, Spitznagel G W, et al. 1983. Efficient diffuse function-augmented basis-sets for anion calculations. 3. The 3-21+G basis set for 1st-row elements, Li-F[J]. Journal of Computational Chemistry, 4: 294-301.

Courmier D, Gardebien F, Minot C, et al. 2005. A computational study of the water-catalyzed formation of NH_2CH_2OH[J]. Chemical Physics Letters, 405(4-6): 357-363.

de Jong J I, de Jonge J. 1952a. The formation and decomposition of dimethylolurea[J]. Journal of the Royal Netherlands Chemical Society, 71(7): 661-667.

de Jong J I, de Jonge J. 1952b. The reaction of urea with formaldehyde[J]. Recueil Des Travaux Chimiques Des Pays Bas, 71(7): 643-660.

de Jong J I, de Jonge J. 1953. Kinetics of the reaction between mono-methylolurea and methylene diurea[J]. Recueil Des Travaux Chimiques Des Pays Bas, 72(3): 207-212.

de Jong J I, de Jonge J. 2010a. The reaction between urea and formaldehyde in concentrated solutions[J]. Recueil Des Travaux Chimiques Des Pays Bas, 71(9): 890-898.

de Jong J I, de Jonge J. 2010b. Kinetics of the formation of methylene linkages in solutions of urea and formaldehyde[J]. Recueil Des Travaux Chimiques Des Pays Bas, 72(2): 139-156.

Despres A, Pizzi A, Pasch H, et al. 2007. Comparative ^{13}C-NMR and matrix-assisted laser desorption/ionization time-of-flight analyses of species variation and structure maintenance during melamine-urea-formaldehyde resin preparation[J]. Journal of Applied Polymer Science, 106(2): 1106-1128.

Ditchfield R, Hehre W J, Pople J A. 1971. Self-consistent molecular orbital methods. 9. Extended Gaussian-type basis for molecular-orbital studies of organic molecules[J]. Journal of Chemical Physics, 54: 724.

Dunky M. 1998. Urea-formaldehyde (UF) adhesive resins for wood[J]. International Journal of Adhesion & Adhesives, 18(2): 95-107.

Dunky M. 2004. Adhesives based on formaldehyde condensation resins[J]. Macromolecular Symposia, 217(1): 417-430.

Fermi E. 1928. A statistical method for the determination of some properties of atoms II. Application to the periodic system of the elements[J]. Zeitschrift fuer Physik, 48: 73-81.

Fock V. 1930. Naherungsmethode zur Losung des quantenmechanischen Mehrkorperproblems[J]. Zeitschrift fur Physik a Hadrons & Nuclei, 61: 126-148.

Francis D J, Yeddanapalli L M. 1969. Kinetics and mechanism of the alkali-catalysed condensations of di-and tri-methylol phenols by themselves and with phenol[J]. Macromolecular Chemistry & Physics, 125(1): 119-125.

Freeman J H. 1967. Kinetics of the formation of hydroxylphenol-methanes from trimethylolphenol in alkali[J]. Journal of the American Chemical Society, 27: 84-89.

Freeman J H, Lewis C W. 1954. Alkaline-catalyzed reaction of formaldehyde and the methylols of phenol: A kinetic study1[J]. Journal of the American Chemical Society, 76(8): 2080-2087.

Frisch M J, Trucks G W, Schlegel H B, et al. 2003. Gaussian 03, Revision B.03[CP]. Pittsburgh, PA: Gaussian Inc.

Fukui K. 1965. Stereospecificity with reference to some cyclic reactions[J]. Tetrahedron Letters, 6(24): 2009-2015.

Fukui K. 1971. Recognition of stereochemical paths by orbital interaction[J]. Accounts of Chemical Research, 4(2): 57-64.

Gordon M S, Binkley J S, Pople J A, et al. 1982. Self-consistent molecular-orbital methods. 22. Small split-valence basis sets for second-row elements[J]. Journal of the American Chemical Society, 104(10): 2797-2803.

Gordon M, Halliwell A, Wilson T. 1966. Kinetics of the addition stage in the melamine-formaldehyde reaction[J]. Journal of Applied Polymer Science, 10(8): 1153-1170.

Gu J Y, Chung-Yun H. 1996a. Synthetic conditions and chemical structures of urea-formaldehyde resins III. Molecular structure of resin synthesized by condensation under strongly acidic conditions[J]. Journal of the Japan Wood Research Society, 42(5): 483-488.

Gu J Y, Higuchi M, Morita M, et al. 1995. Synthetic conditions and chemical structures of urea-formaldehyde resins 1. Properties of the resins synthesized by three different produces[J]. Journal of the Japan Wood Research Society, 41(12): 1151-1121.

Gu J Y, Higuchi M, Morita M, et al. 1996b. Synthetic conditions and chemical structures of urea-formaldehyde resins II. Synthetic procedures involving a condensation step under strongly acidic conditions and the properties of the resins obtained[J]. Journal of the Japan Wood Research Society, 42(2): 149-156.

Hall N E, Smith B J. 1998. Solvation effects on zwitterion formation[J]. Journal of Physical Chemistry A, 102(22): 3985-3990.

Hariharan P C P, Pople J A. 1973. The influence of polarization functions on molecular orbital hydrogenation energies[J]. Theoretica Chimica Acta, 28: 213-222.

Hartree D R. 1928. The wave mechanics of an atom with a non-coulomb central field. Part I. Theory and methods[J]. Mathematical Proceedings of the Cambridge Philosophical Society, 24(1): 89-110.

Higuchi M, Urakawa T, Morita M. 2001a. Kinetics and mechanisms of the condensation reactions of phenolic resins II. Base-catalyzed self-condensation of 4-hydroxymethylphenol[J]. Polymer Journal, 42(10): 4563-4567.

Higuchi M, Urakawa T, Morita M, et al. 2001b. Condensation reactions of phenolic resins. 1. Kinetics and mechanisms of the base-catalyzed self-condensation of 2-hydroxymethylphenol[J]. Polymer, 33: 799-806.

Hohenberg P C, Kohn W. 1964. Inhomogeneous electron gas[J]. Physical Review: 864-871.

Holmberg K. 1980. Studies on the mechanism of the acid catalysed curing of alkyd-melamine resin systems[C]. USA: Proceedings of the fourth International Conference in Organic Coatings Science and Technology, 76-82.

Inagaki M, Tomita S. 1999. High-Molecular Weight High-Ortho Novolak Type Phenolic Resin[P]. USA Patent: 5986035.

Jahromi S. 1999. The storage stability of melamine formaldehyde resin solutions: III. Storage at elevated temperatures[J]. Polymer, 40(18): 5103-5109.

Jones R O, Gunnarsson O. 1989. The density functional formalism, its applications and prospects[J]. Review of Modern Physics, 61(3): 689-746.

Jones R T. 1983. The condensation of trimethylolphenol[J]. Journal of Polymer Science Part A, 21(6): 1801-1817.

Kadowaki H. 1936. New compounds of urea-formaldehyde condensation products[J]. Bulletin of the Chemical Society of Japan, 11(3): 248-261.

Kamo N, Higuchi M, Yoshimatsu T, et al. 2002. Condensation reactions of phenolic resins III: Self-condensations of 2,4-dihydroxymethylphenol and 2,4,6-trihydroxymethylphenol(1)[J]. Journal of Wood Science, 48(6): 491-496.

Kamo N, Higuchi M, Yoshimatsu T, et al. 2004. Condensation reactions of phenolic resins IV: Self-condensation of 2,4-dihydroxymethylphenol and 2,4,6-trihydroxymethylphenol(2)[J]. Journal of Wood Science, 50(1): 68-76.

Kibrik É J, Steinhof O, Scherr G, et al. 2013a. ^{13}C-NMR, ^{13}C-^{13}C gCOSY, and ESI-MS characterization of ether-bridged condensation products in N,N'-dimethylurea-formaldehyde systems[J]. Journal of Applied Polymer Science, 128(6): 3957-3963.

Kibrik É J, Steinhof O, Scherr G, et al. 2014. On-line NMR spectroscopic reaction kinetic study of urea-formaldehyde resin synthesis[J]. Industrial & Engineering Chemistry Research, 53(32): 12602-12613.

Kibrik É J, Steinhof O, Scherr G, et al. 2013b. Proof of ether-bridged condensation products in UF resins by 2D NMR spectroscopy[J]. Journal of Polymer Research, 20(4): 79.

Kim M G. 1999. Examination of selected synthesis parameters for typical wood adhesive-type urea-formaldehyde resins by ^{13}C NMR spectroscopy. I[J]. Journal of Polymer Science Part A: Polymer Chemistry, 37: 995-1007.

Kim M G. 2000. Examination of selected synthesis parameters for typical wood adhesive-type urea-formaldehyde resins by ^{13}C-NMR spectroscopy. II [J]. Journal of Applied Polymer Science, 75(10): 1243-1254.

Kim M G. 2001. Examination of selected synthesis parameters for wood adhesive-type urea-formaldehyde resins by ^{13}C NMR spectroscopy. III [J]. Journal of Applied Polymer Science, 80: 2800-2814

Kohn W, Sham L J. 1965. Self-consistent equations including exchange and correlation effects[J]. Physical Review, 140(4): 1133-1142.

Kramer Z C, Takahashi K, Vaida V, et al. 2012. Will water act as a photocatalyst for cluster phase chemical reactions? Vibrational overtone-induced dehydration reaction of methanediol[J]. Journal of Chemical Physics, 136(16): 164302-164310.

Kumar A, Katiyar V. 1990. Modeling and experimental investigation of melamine-formaldehyde polymerization[J]. Macromolecules, 23(16): 3729-3736.

Lee C, Yang W, Parr R G, et al. 1988. Development of the Colle-Salvetti correlation-energy formula into a functional of the electron density[J]. Physical Review B, 37(2): 785-789.

Li T, Cao M, Liang J K, et al. 2017. New mechanism proposed for the base-catalyzed urea-formaldehyde condensation reactions: A theoretical study[J]. Polymers, 9(6): 203.

Li T H, Cao M, Zhang B, et al. 2018. Effects of molar ratio and pH on the condensed structures of melamine-formaldehyde polymers[J]. Materials, 11(12): 2571.

Li T H, Guo X S, Liang J K, et al. 2015. Competitive formation of the methylene and methylene ether bridges in the urea-formaldehyde reaction in alkaline solution: A combined experimental and theoretical study[J]. Wood Science and Technology, 49(3): 475-493.

Liang J, Li T, Cao M, et al. 2018. Urea-formaldehyde resin structure formation under alkaline condition: A quantitative ^{13}C-NMR study[J]. Journal of Adhesion Science and Technology, 32(4): 439-447.

Merline D J, Vukusic S, Abdala A A. 2013. Melamine formaldehyde: Curing studies and reaction mechanism[J]. Polymer Journal, 45: 413-419.

Minopoulou E, Dessipri E, Chryssikos G D, et al. 2003. Use of NIR for structural characterization of urea-formaldehyde resins[J]. International Journal of Adhesion and Adhesives, 23(6): 473-484.

Møller C, Plesset M S. 1934. Perturbation theory of order for electron correlation[J]. Physical Review, 46: 618-622.

Mugnai M, Cardini G, Schettino V, et al. 2007. *Ab initio* molecular dynamics study of aqueous formaldehyde and methanediol[J]. Molecular Physics, 105: 2203-2210.

Mulliken R S. 1949. The future of the quantum mechanical theory of chemical binding[J]. Science, 109: 435-435.

Mulliken R S, Rieke C A, Orloff D, et al. 1949. Overlap integrals and chemical binding[J]. Journal of Chemical Physics, 17(5): 510.

Nair B R, Francis D J. 1983. Kinetics and mechanism of urea-formaldehyde reaction[J]. Polymer, 24(5): 626-630.

No B Y, Kim M G. 2004. Syntheses and properties of low-level melamine-modified urea-melamine-formaldehyde resins[J]. Journal of Applied Polymer Science, 93(6): 2559-2569.

Nomoto M, Fujikawa Y, Komoto T, et al. 2010. Structure and curing mechanism of high-ortho and random novolac resins as studied by NMR[J]. Journal of Molecular Structure, 976(1): 419-426.

Okano M, Ogata Y. 1952. Kinetics of the condensation of melamine with formaldehyde[J]. Journal of the American Chemical Society, 74(22): 5728-5731.

Panangama L A, Pizzi A. 1996. A ^{13}C-NMR analysis method for MUF and MF resin strength and formaldehyde emission[J]. Journal of Applied Polymer Science, 59(13): 2055-2068.

Paul S. 1996. Industrial resins//Surface Coatings: Science and Technology[M]. 2nd Edition. Chichester: Wiley.

Pauling L.1960. The Nature of the Chemical Bond and the Structure of Molecules and Crystals: An Introduction to Modern Structural Chemistry[M]. Third edition. New York: Cornell University Press.

Perdew J P, Burke K, Wang Y, et al. 1996. Generalized gradient approximation for the exchange-correlation hole of a many-electron system[J]. Physical Review B, 54(23): 16533-16539.

Perdew J P, Chevary J A, Vosko S H, et al. 1992. Atoms, molecules, solids, and surfaces: Applications of the generalized gradient approximation for exchange and correlation[J]. Physical Review B, 46(11): 6671-6687.

Petersson G A, Bennett A, Tensfeldt T G, et al. 1988. A complete basis set model chemistry. I. The total energies of closed-shell atoms and hydrides of the first-row elements[J]. Journal of Chemical Physics, 89(4): 2193.

Roothaan C C. 1951. New developments in molecular orbital theory[J]. Reviews of Modern Physics, 23(2): 69-89.

Sato K, Konakahara T, Kawashima M, et al. 1982. Studies on formaldehyde resins, 19. General base catalysis in hydroxymethylation of melamine with formaldehyde[J]. Macromolecular Chemistry and Physics, 183(4): 875-881.

Sato K, Maruyama K. 1981. Studies on formaldehyde resins, 18. Kinetics of acid-catalyzed hydrolysis of bis(hydroxymethyl)melamine[J]. Die Makromolekulare Chemie, 182(8): 2233-2243.

Sato M, Yamataka H, Komeiji Y, et al. 2010. Does amination of formaldehyde proceed through a zwitterionic intermediate in water? Fragment molecular orbital molecular dynamics simulations by using constraint dynamics[J]. Chemistry: A European Journal, 16(22): 6430-6433.

Sekhar N, Kuchrska H, Vasishth R C. 1971. Kinetics of the self-condensation of trimethylolohenol in alkaline medium[J]. Am. Chem. Soc. Div. Polym. Chem. Polym. Prepr. 12: 585-592.

Siimer K, Pehk T, Christjanson P, et al. 1999. Study of the structural changes in urea-formaldehyde condensates during synthesis[J]. Macromolecular Symposia, 148(1): 149-156.

Slater J C. 1930. A note on Hartree's method[J]. Physical Review, 35(2): 210-211.

Soulard C, Kamoun C, Pizzi A, et al. 1999. Uron and uron-urea-formaldehyde resins[J]. Journal of Applied Polymer Science, 72(2): 277-289.

Steinhof O, Kibrik E J, Scherr G, et al. 2014. Quantitative and qualitative ^{1}H, ^{13}C, and ^{15}N NMR spectroscopic investigation of the urea-formaldehyde resin synthesis[J]. Magnetic Resonance in Chemistry, 52(4): 138-162.

Strzemiecka B, Voelkel A, Zieba-Palus J, et al. 2014. Assessment of the chemical changes during storage of phenol-formaldehyde resins pyrolysis gas chromatography mass spectrometry, inverse gas chromatography and Fourier transform infra red methods[J]. Journal of Chromatography A, 1359: 255-261.

Sun Q N, Hse C Y, Shupe T F. 2014. Effect of different catalysis on urea-formaldehyde resin synthesis[J]. Journal of Applied Polymer Science，131(16): 40644-40650.

Thomas L H. 1927. The calculation of atomic fields[J]. Mathematical Proceedings of the Cambridge Philosophical Society, 23: 542-548.

Tomasi J, Cammi R, Mennucci B, et al. 2002. Molecular properties in solution described with a continuum solvation model[J]. Physical Chemistry Chemical Physics, 4(23): 5697-5712.

Tomasi J, Mennucci B, Cammi R, et al. 2005. Quantum mechanical continuum solvation models[J]. Chemical Reviews, 105(8): 2999-3093.

Tomasi J, Mennucci B, Cancès E. 1999. The IEF version of the PCM solvation method: An overview of a new method addressed to study molecules: Solutes at the QM *ab initio* level[J]. Journal of Molecular Structure (Theochem), 464(1-3): 211-226.

Tomasi J, Persico M. 1994. Molecular-interactions in solution: An overview of methods based on continuous distribution of the solvent[J]. Chemical Review, 94(7): 2027-2094.

Tomita B, Ono H. 1979. Melamine-formaldehyde resins: Constitutional characterization by fourier transform ^{13}C-NMR spectroscopy[J]. Journal of Polymer Science Part A, 17(10): 3205-3215.

Williams I H, Maggiora G M, Schowen R L, et al. 1980. Theoretical models for mechanism and catalysis in carbonyl addition[J]. Journal of the American Chemical Society, 102(27): 7831-7839.

Wolfe S, Kim C, Yang K, et al. 1995. Hydration of the carbonyl group. A theoretical study of the cooperative mechanism[J]. Journal of the American Chemical Society, 117(15): 4240-4260.

Woodward R B, Hoffmann R. 1969. The conservation of orbital symmetry[J]. Angewandte Chemie, 8(11): 781-853.

Woon D E. 1999. *Ab initio* quantum chemical studies of reactions in astrophysical ices: 1. Aminolysis, hydrolysis, and polymerization in $H_2CO/NH_3/H_2O$ ices[J]. Icarus, 142(2): 550-556.

Yeddanapalli L M, Francis D J. 1962. Kinetics and mechanism of the alkali ctatalyzed condensation of *o*- and *p*-methylol phenols by themselves and with phenol[J]. Macromolecular Chemistry and Physics, 55: 74-86.

Zhang H, Kim C K. 2008. Hydration of formaldehyde in water: Insight from ONIOM study[J]. Bulletin of the Korean Chemical Society, 29(12): 2528-2530.

第 2 章 树脂结构表征与热性能分析

树脂的化学结构决定其最终物理力学性能，配方优化的实质在于优化最终树脂的化学结构，研究结构形成过程旨在发现影响结构的关键因素，为分子水平的结构控制与性能优化提供依据，因此树脂结构形成与控制一直是化学家的研究热点，特别是近代仪器分析的进步为这一研究提供了强有力的技术保障。其中傅里叶变换红外光谱(FTIR)、氢核磁共振波谱法(^{1}H-NMR)、碳核磁共振波谱法(^{13}C-NMR)、紫外可见-吸收光谱法(UV-vis)、色谱法及各种质谱联用技术(如GC-MS、LC-MS)、凝胶渗透色谱(GPC)、电喷雾离子化质谱(ESI-MS)、基质辅助激光解吸电离飞行时间质谱(MALDI-TOF-MS)在聚合物的结构表征中均有应用。除此以外，热分析法(thermal analysis，TA)已广泛用于树脂的固化机理研究。在此仅对使用较多的 ^{13}C-NMR、FTIR 以及热分析方法中的差示扫描量热法(DSC)、热机械分析(TMA)、热重法(TG)等方法以及最近发展起来的MALDI-TOF-MS 做重点介绍。

2.1 核磁共振波谱

核磁共振(NMR)的方法与技术作为分析物质的手段，由于其可深入物质内部而不破坏样品，并具有迅速、准确、分辨率高等优点而得以迅速发展和广泛应用，已经从物理学渗透到化学、生物、地质、医疗以及材料等学科，在科研和生产中发挥了巨大作用。NMR 是 1946 年由美国斯坦福大学布洛赫(Bloch)和哈佛大学珀赛尔(Purcell)各自独立发现的。70 多年来，NMR 技术在不断的发展中已成为一门有完整理论的新学科。

NMR 在高聚物研究中已得到广泛的应用，它可用于鉴别高分子材料、测定共聚物的组成、研究支化结构、研究键接方式和高分子动力学过程等。特别是在研究共聚物序列分布和高聚物的立构规整性方面有其突出的优点。只要 NMR 有足够的分辨率，就可以不用已知标样，直接从谱峰面积得出定量计算结果。

NMR 谱不仅给出基团的种类，而且能提供基团在分子中的位置，在定量上也相当可靠。在高分子化合物的结构分析中，高分辨 ^{1}H-NMR 能根据磁耦合规律确定原子核及核外电子所处环境的细小差别，从而成为研究高分子构型和共聚序列分布等结构问题的有力手段。而 ^{13}C-NMR 则主要提供高分子碳-碳骨架的结构信息，此外 ^{15}N-NMR 在聚合物结构分析中也有应用。相比之下，^{13}C-NMR 被认为是当前结构研究最有效的方法之一。

具有核磁性质的原子核(或称磁性核或自旋核),在高强磁场的作用下,吸收射频辐射,引起核自旋能级(或称磁能级)跃迁所产生的波谱,称为 NMR 波谱。利用 NMR 波谱进行分析的方法,称为 NMR 波谱法。NMR 波谱常按测定的核分类:测定氢核的称为氢谱(^{1}H-NMR),测定碳核(^{13}C)的称为碳谱(^{13}C-NMR),除了 ^{1}H 和 ^{13}C 外,自然界中还存在许多元素如 ^{13}P、^{15}N、^{14}F、^{2}D、^{11}B、^{23}Na 等也能产生 NMR 信号。

2.1.1　^{1}H 的核磁共振波谱

^{1}H 的核磁共振波谱(^{1}H-NMR)是研究化合物中 ^{1}H 原子核的核磁共振。可提供化合物分子中氢原子所处的不同化学环境和它们之间相互关联的信息,依据这些信息可确定分子的组成、连接方式及其空间结构等。

2.1.1.1　化学位移

在不同分子或同一分子的不同基团中,氢核所处的化学环境不同,产生核磁共振所吸收的频率也不一样。这种由于核所处化学环境不同引起共振吸收频率位移的现象,称为化学位移。产生这一现象的主要原因是不同的 ^{1}H 核周围的电子云密度不同,当原子核处于外磁场(H_0)中时,其核外电子运动要产生感应磁场,使外磁场对原子核的作用减弱,这种对抗外磁场的作用称为电子的屏蔽效应。实际作用在原子核上的磁场为 $H_0(1-\sigma)$ 而不是 H_0,σ 为屏蔽常数,它反映了核所处的化学环境。因此在外磁场的作用下核的实际共振频率为

$$\nu = \frac{2\mu_{\mathrm{H}}\beta H_0}{h} = \frac{2\mu_{\mathrm{H}}\beta H_0(1-\sigma)}{h} \qquad (2\text{-}1)$$

式中:μ_{H} 为 H 核的磁矩,β 为核磁子,H_0 为外磁场强度,h 为普朗克常数。

由于 σ 很小,σH_0 也很小,即由于屏蔽效应使所需外磁场变化 ΔH 或共振吸收频率的变化 $\Delta\nu$ 也很小,一般也仅为 10^{-5} 数量级。但正是这一微小的变化,却为研究化合物的结构提供了非常重要的现象和依据。由于 ΔH(或 $\Delta\nu$)非常小,所以要准确测量其绝对值非常困难,且其绝对值也随磁场源(或频率源)的不同而异,为了提高化学位移数值的测量准确度和确立化学位移数据的统一标度,采用与标准物质相对照的百万分相对值(ppm)来标度。从理论上说,标准物质应该是氢原子的完全裸核,但这是办不到的,实际上是以一定的参考物质作为标准。NMR 中常用四甲基硅烷$[(CH_3)_4Si,TMS]$作为标准。

2.1.1.2　自旋耦合与自旋裂分

如前所述,乙醇分子在低分辨率仪器上测得的 NMR 谱有三个峰,在高分辨

率的 NMR 仪上测量，可以观察到—CH_3 峰分裂为 3 重小峰，—CH_2—峰分裂为 4 重小峰，如图 2-1 所示。产生这种现象的原因是 ^1H 核之间的自旋相互作用。这种自旋核之间的相互作用，称为自旋-自旋耦合(spin-spin-coupling)，简称自旋耦合；由自旋耦合引起的共振吸收峰增多的现象，称为自旋-自旋裂分(spin-spin-splitting)，简称自旋裂分。

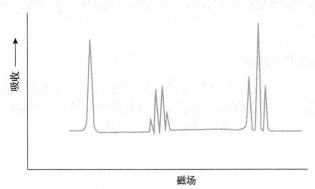

图 2-1　高分辨率仪器测得的乙醇 NMR 谱

自旋耦合产生共振峰的分裂后，两裂分峰之间的距离(以 Hz 为单位)称为耦合常数，用 J 表示。J 的大小表明自旋核之间耦合程度的强弱。耦合的强弱与耦合核之间的距离有关，对于 ^1H 来说，根据耦合核之间相距的键数不同分为同碳(偕碳)耦合、邻碳耦合和远程耦合三类。

在一个分子中，同时有几组相互耦合的质子组存在时，它们就构成了自旋体系。在自旋体系中，若有一组核，其化学环境相同，也即化学位移相同，这组核称为化学等价的核，或称化学全同的核；在一组化学等价的核中，如果它们与该组外任一自旋核的耦合常数都相同，这组核称为磁等价的核或称磁全同的核。

2.1.1.3　影响化学位移的主要因素

凡能影响磁性核周围电子云密度的因素均能影响化学位移，主要有诱导效应、共轭效应、磁的各向异性效应、氢键的影响及溶剂效应等。

(1)诱导效应：如果化合物分子中含有某些具有电负性的原子或基团，如卤素原子、硝基、氰基，由于其诱导(吸电子)作用，使与其连接或邻近的磁性核周围电子云密度降低，屏蔽效应减弱，δ 变大，即共振信号移向低场或高频，如：$\delta_{CH_3F} > \delta_{CH_3OH} > \delta_{CH_3Cl} > \delta_{CH_3Br} > \delta_{CH_3I}$。

(2)共轭效应：共轭效应与诱导效应一样，也会改变磁核周围的电子云密度，使其化学位移(ppm)发生变化。

p-π 共轭   δ=5.28   π-π 共轭

(3)磁的各向异性效应:在外磁场的作用下,核外的环电子流产生次级感生磁场,由于磁力线的闭合性质,感生磁场在不同部位对外磁场的屏蔽作用不同,在一些区域中感生磁场与外磁场方向相反,起对抗外磁场的屏蔽作用,这些区域为屏蔽区,处于此区的 ^1H δ 小,共振吸收在高场(或低频);而另一些区域中感生磁场与外磁场的方向相同,起去屏蔽作用,这些区域为去屏蔽区,处于此区的 ^1H δ 变大,共振吸收在低场(高频)。这种作用称为磁的各向异性效应。磁的各向异性效应只发生在具有 π 电子的基团,它是通过空间感应磁场起作用的,涉及的范围较大,所以又称为远程屏蔽。

(4)氢键的影响:当分子形成氢键时,氢键中质子的共振信号明显地移向低场,δ 变大。一般认为这是由于形成氢键时,质子周围的电子云密度降低,屏蔽效应削弱所致。对于分子间形成的氢键,化学位移的改变与溶剂的性质及浓度有关。

2.1.1.4 各基团质子的特征化学位移

由于处于同一种基团中的氢原子具有相似的化学位移,人们在测定了大量化合物的基础上,总结出分子结构和化学位移之间的经验规律,图 2-2 给出了在高分子化合物中常见基团质子的化学位移,根据化学位移的大小可以确定分子中的基团。

2.1.2 ^{13}C 的核磁共振波谱

大多数有机分子骨架由碳原子组成,用 ^{13}C-NMR 研究有机分子的结构显然是十分理想的。从 1957 年 Lauterbur 首次观测到 ^{13}C-NMR 信号,化学工作者已认识到其重要性,但直至 20 世纪 70 年代才开始用 ^{13}C-NMR 谱直接研究有机化合物,其原因就在于无法获得足够强的 ^{13}C-NMR 信号以记录一张有实用价值的谱图。

20 世纪 70 年代脉冲傅里叶变换核磁共振(PFT-NMR)谱仪的出现及去耦技术的发展,大大提高了其灵敏度,并使 ^{13}C-NMR 测试变得简单易行。目前 PFT-^{13}C-NMR 已成为阐明有机分子结构的常规方法,广泛应用于涉及有机化学的各个领域。在结构测定、构象分析、动态过程讨论、活性中间体及反应机制的研究、聚合物立体规整性和序列分布的研究及定量分析等方面都显示了巨大的威力,成为化学、生物、医药等领域不可缺少的测试方法。

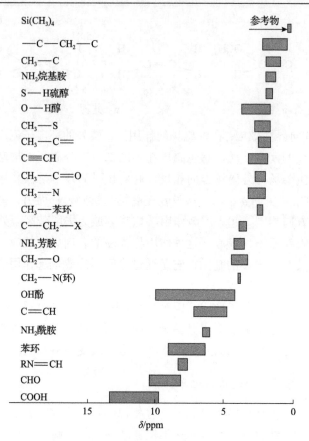

图 2-2　聚合物中常见基团质子的化学位移

合成路线不同，树脂结构与性能也不同，通过跟踪研究树脂的结构形成过程，了解不同合成路线中结构形成规律及控制因素，为分子水平的结构控制与优化提供依据。不管是氨基共缩聚树脂还是新型氨基树脂的结构分析均以脲醛 (UF) 树脂的结构研究为基础。目前，氨基树脂结构研究以合成工艺与结构、结构与性能、结构形成与衍变以及共缩聚反应是否发生为主。

^{13}C-NMR 被认为是当前结构研究最有效的方法之一，已成功用于 UF 树脂、PF 树脂、PUF 树脂、PMUF 等各种树脂的最终结构分析。

2.1.2.1　UF 树脂

UF 树脂是木材工业中应用最广泛的氨基树脂，随着人们生活质量的提高及环保意识的加强，如何提高 UF 树脂性能和解决甲醛释放问题已成为人们研究和关注的焦点，而 UF 树脂性能的改进必然源于结构的更合理和更优化，结构的研究有助于进一步认识树脂的形成机理和本质特征。由于分析技术上的困难和 UF 树脂体系本身的复杂性，用经典的化学方法精确测量 UF 树脂的化学结构几乎是不可能的。

以 20 世纪 80 年代为分界线，UF 树脂结构研究大体可分为 2 个阶段：①20世纪 80 年代以前，UF 树脂结构研究以层析和化学方法为主。②1884 年，Hölzer从尿素和甲醛的缩聚产物中分离出了亚甲基脲。从此开始，研究工作者就开展了对尿素和甲醛反应机理的研究。经过大约一个世纪的研究，确定了一羟甲基脲、二羟甲基脲、亚甲基脲和 N, N'-亚甲基脲等 UF 树脂结构，这些前期的研究工作为UF 树脂结构及合成机理的深入研究打下良好基础。但是，用经典化学分析方法不能精确测定 UF 树脂结构。

与红外光谱相比，核磁共振技术应用更为广泛。尤其是 ^{13}C-NMR 被认为是目前在分子水平描述 UF 树脂结构的最好方法。由于 UF 树脂的各种官能团信号在^{13}C-NMR 上均有很好的分辨，而且去耦技术和计算机的应用又使图谱定量方便，因此 ^{13}C-NMR 在 UF 树脂结构分析中得到了广泛应用。

使用 ^{13}C-NMR 谱测定 UF 树脂的结构时，UF 树脂中不同结合方式甲醛的碳原子的谱线能够很好地分离开，利用反转门控去耦方法测得的碳谱可以直接对 UF树脂的结构进行定量分析，而经典的化学分析方法却无法做到。特别是可以直接比较尿素羰基的碳原子数量和各种结合方式甲醛的数量，所以能够详细把握树脂结构的形成过程和结构特征，可以对树脂的形成过程进行跟踪研究。

Ebdon 等(1977)最早报道使用 ^{13}C-NMR 研究 UF 树脂结构，几乎在同期，deBeert、Slonim 和 Tomita 也发表了相似的研究报道。紧接着，Maciel 等(1983)、Ferg 等(1993)也分别报道了用 ^{13}C-NMR 进行 UF 树脂结构的研究。杜官本(1999a，1999b)用 ^{13}C-NMR 跟踪研究了酸性条件下合成 UF 树脂的结构形成过程，根据分析得出结论：该树脂在合成初期与传统合成工艺具有不同的结构形成过程，通过控制反应条件使每一反应阶段产物结构比较单一，从而使后续反应更均匀平稳。

UF 树脂实际上是一系列彼此不可分离的低分子聚合物的混合物，因其结构和组成复杂，为确定树脂结构并研究各结构构成和各组分对树脂性能的影响，广泛使用模型化合物。模型化合物通常是尿素与甲醛反应过程中的初期产物或中间体，如羟甲基脲、多亚甲基脲、各类羟甲基化的亚甲基脲、uron 环及其衍生物以及结构与上述初期产物相近的各类化合物，结构简单，性能稳定，在图谱上有固定的吸收或化学位移，研究其化学行为可推测树脂中相近结构单元对树脂性能的影响，将其结构图谱与 UF 树脂结构图谱比较，可推测 UF 树脂结构，得出 UF 树脂在^{13}C-NMR 谱图中的各谱峰归属。这是早期用 ^{13}C-NMR 谱图确定 UF 树脂结构、研究 UF 树脂性能的重要方法。

正是这些早期的研究工作奠定了 UF 树脂 ^{13}C-NMR 研究的基础，今天的许多工作仍以这些研究为参照。在此基础上，许多科研工作者对 UF 树脂制备、储存、使用等各个环节树脂的结构进行了分析。

Kim(2000)对 UF 树脂的合成过程、储存条件、后处理影响等进行了较为系统的研究，并得出一些重要的结论。通常情况下，树脂的聚合程度或者是在 ^{13}C-NMR

中(亚甲基桥键+1/2 亚甲基醚键)的含量，随着反应的进行而增加，游离甲醛及其单体化合物含量在加入第二次尿素以后大大降低。树脂的结构、分子量及单体与聚合体的比例导致经加热处理或室温储存后树脂的黏度变化。当 UF 树脂在室温条件下储存时间在 20 天以内时，发现羟甲基基团的转移反应，此时亚甲基桥键或亚甲基醚键的含量几乎不变。该结论与树脂在 60℃条件下加热处理 2 h 后的结构变化结果相似。在室温条件下储存时间超过 20 天以后，树脂的黏度开始增大，且其增长速度与物质的量比 n_F/n_U 有关。

朱丽滨等(2008)对不同介质环境下 UF 树脂的结构形成特点及树脂性能进行了研究，认为强酸性条件下合成的 UF 树脂，甲醛释放量降低，但同时树脂的胶接强度也降低。杜官本(1999a，1999b)对 UF 树脂的结构也作了大量的研究工作，发现酸性环境下 UF 树脂结构形成特征与常规"碱-酸-碱"合成工艺下的形成特征不同，强酸条件下合成的 UF 树脂结构中存在 uron 环化合物，弱酸条件下合成的 UF 树脂结构特征介于强酸和弱碱工艺之间。另外还研究了不同缩聚条件下 UF 树脂的结构，并对 UF 树脂的合成过程进行了跟踪分析。

Sulard 等的研究认为较低的反应温度和强酸条件下可能生成大量的 uron 结构。UF 中当 pH>6 或 pH<4 时，uron 与二羟甲基脲之间的平衡反应向有利于生成 uron 的方向移动。在树脂制备过程中，将 pH 慢慢地由一个利于生成 uron 的环境转移到另一个环境，化学平衡将向羟甲基脲的生成方向移动。但如果 pH 的变化速度过快，这种变化程度不大。uron 与 uron 之间或 uron 与尿素之间也可以发生反应通过亚甲基键连接。将 uron 含量较丰富的树脂与低物质的量比的 UF 混合使用，可以使树脂的强度比相对应物质的量比的 UF 树脂大，从而表明通过这种方法得到的树脂不仅具有较低的甲醛释放量，同时还可以达到一定的强度要求。

此外，关于添加剂对 UF 树脂性能的影响也做了相应的研究，Mansouri 等(2007)用 ^{13}C-NMR 对加入 0.1%(相对于 UF 树脂固含量)氟化聚醚添加剂改善 UF 树脂性能的机理进行了研究，结果表明：添加剂的加入对降低表面张力和提高润湿性是 UF 树脂具有更好胶接强度的主要原因。

常规 ^{13}C-NMR 技术只能分析液体样品，由于高分子溶液的黏度较大，给测定也带来一定的困难，实际工作中，需要选择适当的溶剂和在一定的温度下进行测定才能得到较好结果。而且采用一般的高分辨液体核磁共振研究固体聚合物时，由于分子在固体中无法快速旋转，几乎所有的各向异性相互作用均被保留而使谱线增宽，以致无法分辨谱线的精细结构，无法得到有关固化 UF 树脂的结构信息。为了得到具有精细结构的高分辨率固体样品核磁共振图谱，必须对样品实施高速旋转处理，又称魔角变换或魔角旋转(magic angle spinning，MAS)并配以交叉极化(cross polarization，CP)的方法才能得到高分辨率固体样品核磁共振图谱。由 Schaefer 等发展的 ^{13}C CP/MAS NMR 或 CP/MAS ^{13}C-NMR 技术特别适于分析不能溶解的聚合物(例如交联聚合物、固化物等)和研究高分子材料在固体状态下的结构,如高分子构象、晶体形状、形态特征等,该技术是目前研究固体聚合物结构最有效、最先进的方法。

20 世纪 80 年代初,Maceli 等首先报道使用 CP/MAS ^{13}C-NMR 研究固体 UF 树脂。研究主要涉及合成过程中尿素与甲醛物质的量比、pH、浓度等对固体树脂结构的影响,不同时间下树脂结构水解稳定性的比较。此后,有许多的学者用 CP/MAS ^{13}C-NMR 技术研究了固体 UF 树脂的结构。Park 等(2003)用 ^{13}C-NMR 和 FTIR 研究了合成时不同 pH 条件 UF 树脂的结构,并用 CP/MAS ^{13}C-NMR 研究了 UF 树脂固化后结构的影响。研究结果表明,与碱性(pH 为 7.5)条件合成的树脂相比,弱酸性条件(pH 为 4.5)合成的 UF 树脂的反应能力最强,其凝胶时间最短,这两种树脂的固体核磁共振谱图见图 2-3。

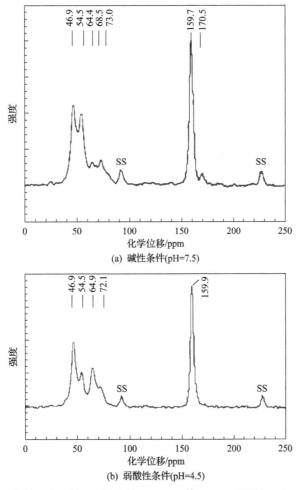

图 2-3　不同条件下合成的 UF 树脂的 CP/MAS ^{13}C-NMR 谱图(SS 表示旋转边锋)

此外，关于 UF 树脂的碳谱研究，Wieland、朱丽滨、顾继友等也发表了相关研究报道。杜官本等长期从事氨基树脂及其共缩聚树脂的制备和结构研究方面的工作，在氨基树脂 ^{13}C-NMR 谱方面积累了丰富的经验，并综合相关文献的研究结果和相关参考书后，把 UF 树脂各结构单元在 ^{13}C-NMR 谱中最有可能出现的化学位移范围列于表 2-1。

表 2-1　^{13}C-NMR 谱图中脲醛树脂结构单元的化学位移

结构式	谱峰位置/ppm	结构式	谱峰位置/ppm
CD_3—SO—CD_3	39.5	HOCH$_2$OH	82～84
—NH$\underline{C}$H$_2$NH—	44～49	HO$\underline{C}$H$_2$O$\underline{C}$H$_2$OH	85～87
$\underline{C}$H$_3$OH	49～51	—NH—$\underline{C}$H$_2$O$\underline{C}$H$_2$OH	86～87
—N(CH$_2$—)$\underline{C}$H$_2$NH—	53～55	HO(CH$_2$O)$_n$$\underline{C}H_2$OH	86～89
—$\underline{C}$H$_2$—OCH$_3$	54～56	HO$\underline{C}$H$_2$OCH$_3$	90～92
—N(CH$_2$—)$\underline{C}$H$_2$(CH$_2$—)NCH$_2$—	59～62	HOCH$_2$O$\underline{C}$H$_2$OCH$_3$	93～95
		HO(CH$_2$O)$_n$$\underline{C}H_2OCH_3$	95～96
—NH—$\underline{C}$H$_2$OH	63～65		
—NH—$\underline{C}$H$_2$OCH$_2$OH	66～70	NH$_2$—$\underline{C}$O—NH$_2$	163～164
—NH—$\underline{C}$H$_2$OCH$_2$—NH—	69～71	NH$_2$—$\underline{C}$O—NH—（单取代脲）	161～162
—N(—CH$_2$)—$\underline{C}$H$_2$OCH$_2$—NH—	74～77	—NH—$\underline{C}$O—NH—（双取代脲）	160～161
—NH(CH$_2$—)$\underline{C}$H$_2$OH	71～73	—NH—$\underline{C}$O—N═（三取代脲）	159～160
—NH—$\underline{C}$H$_2$OCH$_3$	72～74	HN—$\underline{C}$O—NH / \\ H$_2$C — O — CH$_2$	155～158
—N—CO—N—$\underline{C}$H$_2$OCH$_3$ / \\ H$_2$C — O — CH$_2$	76～78	—N—$\underline{C}$O—N— / \\ H$_2$C — O — CH$_2$	153～157
uron-CH$_2$—O—$\underline{C}$H$_2$-uron	76～77		
—N(CH$_2$—)—$\underline{C}$H$_2$OCH$_3$	78～79		
—N—$\underline{C}$O—N— / \\ H$_2$C — O — CH$_2$	78～79		

注：表中所列化学位移均为区间，均是根据相关文献和参考书进行归纳的结果，在实际测定中由于各种因素的影响，可能会有波动。

^{13}C-NMR 谱图中脲醛树脂结构单元的化学位移主要分为以下四个波段：

（1）45.0～62.0 ppm：各种亚甲基二脲中亚甲基碳的吸收区域，其中 ^{13}C-NMR 谱图测定中最常用的氘代-二甲基亚砜的碳在 39.5 ppm 处有吸收，其中甲醇碳的吸收也在此区域（49.5～51.0 ppm）。随着取代程度的增加，亚甲基碳的吸收向低场移动。其中甲氧基（—OCH$_3$）中碳在 54.0～56.0 ppm 有吸收，结构不同，其 δ 值有微小差异。此区域的吸收与亚甲基桥键相关(—CH$_2$—)，是树脂化进行的象征，随着缩聚程度的提高，其强度逐渐增强，因此可根据其吸收强度确定反应进行程度。

(2) 63.0~82.0 ppm：各种羟甲基、羟甲基单醚以及 uron 环中亚甲基碳的吸收。

(3) 83.0~95.0 ppm：甲醛的吸收区域，残留在树脂中的甲醛很容易辨认，甲醛的存在形式多样，其中 HOC$\underline{\text{H}}_2$OCH$_3$ 的吸收在 90.0~92.0 ppm 附近，而 HO(OCH$_2$)$_n$OC$\underline{\text{H}}_2$OCH$_3$ 的吸收在 95.0 ppm 附近，同时甲基—CH$_2$OC$\underline{\text{H}}_3$ 在 54.0~56.0 ppm 附近伴随出现，以甲二醇形式存在的甲醛(HOCH$_2$OH)则在 83.5 ppm 附近引起吸收。一旦甲醛与尿素反应，在 80 ppm 以下的高场区便引起吸收。

(4) 153.0~164.0 ppm：主要为脲醛树脂结构中各种羰基碳的吸收区域，随着尿素取代程度的增加，羰基碳的吸收向高场方向移动。其中尿素和甲醛只有在强酸性环境才能生成 uron 环，典型的碱-酸-碱工艺下一般不可能生成。

用 ^{13}C-NMR 对脲醛树脂结构进行定量分析时，以 C=O 含量为基准，积分强度为 1，计算各相应官能团 ^{13}C-NMR 谱峰对应的积分强度，由此可以计算出各种化学结构的含量，如总亚甲基含量、总羟甲基脲含量、总二亚甲基醚含量以及总游离甲醛含量等，在脲醛树脂中亚甲基含量可表征树脂化进行的程度。

2.1.2.2　MF 树脂

三聚氰胺-甲醛(MF)树脂性能优异，但其高成本限制了它的使用，再加上三聚氰胺与尿素的性质相似，合成机理也相似，因此有关 MF 树脂结构方面的研究比较少，主要集中在利用共缩聚方法平衡 MF 树脂的成本与性能方面。根据相关研究结果，MF 与 UF 的 ^{13}C-NMR 谱图上除三嗪环上碳的吸收与尿素中碳的吸收有差别外，二者在 δ=40~100 ppm 范围内的吸收相似。

2.1.2.3　MUF、PUF、PMUF 等共缩聚树脂

为了降低 MF 树脂的成本改善 UF 树脂的性能而发展起来的 MUF 树脂，由于其反应机理和合成理论比较简单，早已在世界范围内实现了工业化的应用，为了更好地发挥三聚氰胺的增强效果，学者们运用核磁共振技术对提高三聚氰胺与尿素之间的共缩聚进行了研究。但研究结果表明：在 40~100 ppm 范围内 MF 树脂和 UF 树脂谱峰重叠，很难区分。甚至包括以三聚氰胺、尿素、甲醛三者反应得到的 MUF 共缩聚树脂在谱图的这个范围内其谱峰也很难与它们各自的缩聚树脂加以区分。

Despres 等(2007)用 ^{13}C-NMR 和 MALDI-TOF-MS 跟踪研究了 MUF 树脂合成过程中的结构变化，并对两种方法的研究结果进行了对比，其最终 MUF 树脂的谱图和谱峰归属如图 2-4 所示。

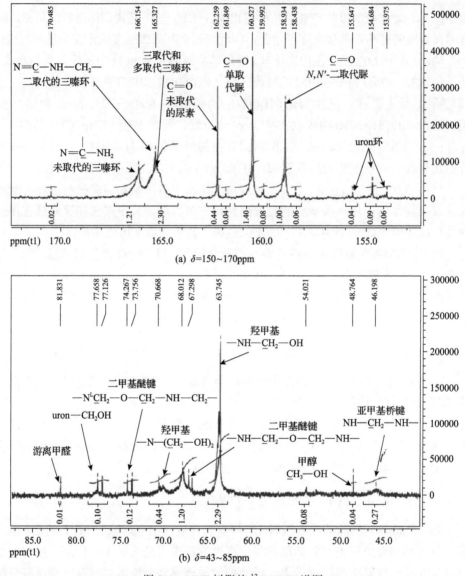

图 2-4　MUF 树脂的 ^{13}C-NMR 谱图

　　赵临五等(2011)、Panangama 等(2004)也用 ^{13}C-NMR 谱对 MUF 的结构进行了研究。根据文献的研究结果，与 UF 树脂各结构的谱峰归属相比，对 MF 和 MUF 树脂各结构在 ^{13}C-NMR 中的化学位移进行了以下归纳：

　　(1)三嗪环或者三聚氰胺环状分子上的碳原子 δ=165~169 ppm，取代情况不同稍有波动。

　　(2)三聚氰胺与尿素之间形成的二亚甲基醚键 M—CH$_2$—O—CH$_2$—U 与 UF 中二亚甲基醚键相比化学位移变化很小。

(3)羟甲基三聚氰胺中羟甲基碳的化学位移与羟甲基脲中羟甲基相比其化学位移也几乎未发生变化。

(4)三聚氰胺与尿素之间共缩聚形成的亚甲基键的吸收也与 UF 中亚甲基键的吸收相似，化学位移彼此重叠。

(5)MUF 的 ^{13}C-NMR 谱定量计算方法也与 UF 相类似，均以 C=O 含量为积分基准，通过计算其他官能团的积分值而进行相关计算。

不管是 MUF 树脂、PUF 树脂还是 PMUF 树脂，都是在 UF 树脂的基础上通过添加三聚氰胺、苯酚反应得来的，因此对 PUF 树脂、MUF 树脂或 PMUF 的结构形成及组分变化特征的研究也是以 UF 树脂为基础的。

在此基础上，雷洪等(2009)、高振忠等(2009)学者先后用 ^{13}C-NMR 对不同合成路线制备的 PUF 树脂的结构形成过程进行了研究，PUF 树脂的 ^{13}C-NMR 谱图如图 2-5 所示。

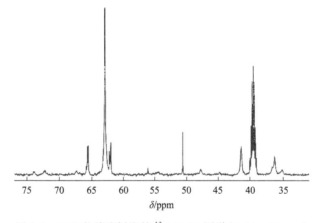

图 2-5　PUF 共缩聚树脂的 ^{13}C-NMR 图谱(δ=30～75 ppm)

2008 年杜官本等又利用 MALDI-TOF-MS 和 ^{13}C-NMR 证明了 PUF 树脂中苯酚与尿素之间确实存在共缩聚反应，消除了部分学者认为 PUF 树脂只是 PF 和 UF 各自的混合，苯酚并未与尿素进行缩聚的想法。

参见文献进行定量分析的方法如下：以酚羟基碳为积分基准，对各吸收峰进行积分并进行比较计算，其中总甲醛量指所有源于甲醛化学结构的积分面积总和，即图谱中 δ=100 ppm 以下所有吸收峰的积分面积求和(δ=50 ppm 左右甲醇除外)；缩聚程度(R)为所有亚甲基(羟甲基中的亚甲基除外)积分面积之和与苯酚(酚羟基碳)、尿素积分面积之和的比值(对于亚甲基醚键等，一个连接使用了两个亚甲基，求和过程中，该部分面积减半)；苯酚的取代程度为所有与苯环连接的亚甲基(包括—CH$_2$OH 及—CH$_2$—)积分面积之和与苯酚(酚羟基碳)积分面积之和的比值(对于亚甲基醚键等，一个连接使用了两个亚甲基，求和过程中该部分面积减半)；据此求聚合度(D)：$D=1/(1-R)$。

关于 PUF 树脂的 ^{13}C-NMR 分析，Alic 等(2011)学者也发表了相关报道，Schmidt 等(2006)采用多相催化剂合成 PUF 树脂，并用 GPC、^{13}C-NMR 和 MALDI-TOF-MS 研究了共聚物的结构，其 ^{13}C-NMR 谱图和峰的归属如图 2-6 所示。

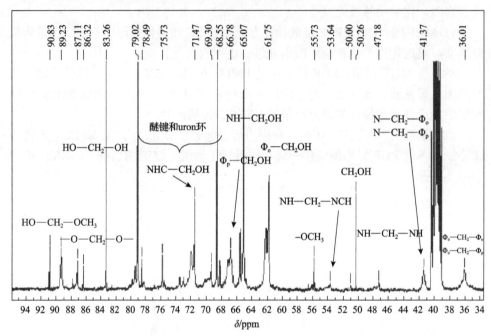

图 2-6　PUF 树脂的 ^{13}C-NMR 谱图

注：Φ_o 为苯酚的邻位取代，Φ_p 为苯酚的对位取代

综合大量参考文献并结合作者课题组的研究结果，把 PUF 树脂中常见化学结构的归属整理于表 2-2。

表 2-2　PUF 树脂 ^{13}C-NMR 谱中谱峰归属

结构式		谱峰位置/ppm	结构式		谱峰位置/ppm
羰基碳 C=O		158~166	羟甲基碳	邻位单取代	61~62
	苯酚	157~159		邻位双取代	62~63
酚羟基碳	对位取代	155~158		对位取代	64~65
	邻位取代	153~157		共缩聚 o-Ph-CH₂—NH—CO—	40~41
	对位、邻位取代	151~153	亚甲基碳	p-Ph-CH₂—NH—CO—	42~45
				o-Ph-CH₂—N(CH₂—)CO—	46~47
	邻位取代时	127~130		p-Ph-CH₂—N(CH₂—)CO—	49~50
	对位取代时	132~135	苯酚间的亚甲基碳	邻位、邻位连接	29~30
芳环碳原子	邻位未取代时	115~119		邻位、对位连接	34~38
	对位未取代时	120~124		对位、对位连接	40~41
	间位碳	129~133	亚甲基醚键	Ph-CH₂—O—CH₂-Ph	69~73

在 PUF 的碳谱分析中作如下几点说明：

（1）PUF 树脂中尿素间亚甲基键的化学位移与 UF 树脂中亚甲基键相似；

（2）PUF 树脂中尿素之间形成的亚甲基醚键的化学位移与 UF 树脂中亚甲基醚键相似；

（3）根据谱图中亚甲基碳的吸收位置可以判断聚合物的连接方式；

（4）在 PUF 树脂中，苯酚和尿素是否发生共缩聚的主要依据是有没有二者相连接的亚甲基键，主要观察 $40\sim55$ ppm 的吸收；

（5）由于苯环上的碳受其取代程度的影响，因此要精确归属这些碳的化学位移比较困难，在如今报道的相关文献中均未对此进行详细讨论，还有待进一步的研究。值得注意的是：对于某些峰的归属，不同文献给出的结果略有差异，在分析时应具体问题具体分析。

为了提高 MUF 树脂的室外耐久性、耐水性和耐候性，并降低三聚氰胺的用量从而降低 MUF 树脂的生产成本，于是产生了 PMUF 树脂或尿素-苯酚-三聚氰胺-甲醛（UPMF）树脂，在工业上 UPMF 和 PMUF 两者无明显区别，只是前者用于改性的尿素用量相对较多，而后者苯酚用量相对较多。

目前这种新型树脂已实现了工业化生产，但有关 PMUF 树脂的研究开发却起步较晚，关于其合成理论、树脂结构、树脂性能等的研究也很有限，关于苯酚是否参与共缩聚的问题曾经是其研究热点之一。碳谱除用于对树脂的结构形成过程进行定量研究外，还是目前证明单体之间是否发生共缩聚的最有效方法。

最初制备 PMUF 树脂的方法是在 MUF 树脂制备的后期加入少量苯酚，通过 ^{13}C-NMR 结构分析发现，按这种合成方法合成的 PMUF 树脂中大部分的苯酚处于游离状态，它既未与 UF 树脂或 MUF 树脂反应，也未与体系中的游离甲醛反应，因此用这种方法合成的 PMUF 树脂的性能并未得到明显的改善。Properzi 等研究了向 MUF 树脂中加入间苯二酚所得树脂的性能，结果发现只有在三聚氰胺含量很少时，间苯二酚才能对树脂性能起改进作用，反之则不利于树脂性能的提高，并分析了造成这种现象的原因，得出的结论是在 MUF 树脂制备的后期加入苯酚的做法通常不是提高 MUF 树脂性能的有用方法。

有关 PMUF 的结构与合成工艺间的关系，国内外学者也先后报道了用 ^{13}C-NMR 谱进行研究的结果。除了碳谱 ^{13}C-NMR 和氢谱 ^{1}H-NMR 广泛应用于氨基树脂结构分析外，氮核磁共振技术（^{15}N-NMR）在氨基树脂的结构分析中也有应用。

2.2　质　　谱

随着高分子化学、高分子催化系统和反应机理研究的不断进步，开发出大量的高性能高分子聚合物材料。这些材料的功能特性与它们的化学结构密切相关，因此对于高分子聚合物结构的剖析显得尤为重要。近年来，质谱已被认为是聚合物性能分析中一个重要的不可缺少的手段，特别是基质辅助激光解吸电离飞行时间质谱(matrix-assisted laser desorption/ionization time of flight mass spectrometry，MALDI-TOF-MS)，具有分析速度快、灵敏度高、分辨率高、准确度高和极高的质量上限等特点，它能够精确分析高分子聚合物分子量分布、重复单元、末端基团、重复单元连接顺序以及嵌段长度等，并且可以根据质谱得到的离子碎片信息推测反应机理。MALDI-TOF-MS 为生命科学等领域提供了一种强有力的分析测试手段，并发挥着越来越重要的作用，且近年来在高分子聚合物研究领域中也显示出强大的潜力和应用前景。

MALDI-TOF-MS 是近年来发展起来的一种新型的软电离生物质谱，其无论是在理论上还是在设计上都是十分简单和高效的。仪器主要由两部分组成：基质辅助激光解吸电离离子源和飞行时间质量分析器(TOF)。

由于高分子材料的组成与结构都比较复杂，又是多分散性的，特别是有些高分子材料不熔融，又不溶解，应用近代仪器方法对高分子材料进行研究时制样有困难，而采用热解方法就可以使一些只能用于分析低分子有机化合物的方法，也可用来研究高分子材料。本节主要介绍最近发展起来的 MALDI-TOF-MS 的基本原理及其在氨基树脂结构分析中的应用。

2.2.1　有机质谱

2.2.1.1　概述

质谱分析方法是通过对样品离子的质量和强度的测定来进行成分和结构分析的一种方法，被分析的样品首先要离子化，然后利用离子在电场或磁场中的运动性质，将离子按质荷比(m/z)分开记录并分析按质荷比大小排列的谱称为质谱。根据质谱图可实现对样品成分、结构和分子量的测定。

在质谱分析中，如果仪器刚好能把质荷比为 m 和 $m+\Delta m$ 的离子分开，则该仪器的分辨率 R 定义为

$$R = \frac{m}{\Delta m} \tag{2-2}$$

按照质谱分析的对象不同，可分为有机质谱、无机质谱和同位素质谱。在高聚物研究中，主要是用有机质谱。质谱除了可用来确定元素组成和分子式，还可以依照图谱中所提供的碎片离子的信息，进一步判断分子的结构式。

质谱分析的特点是应用范围广、灵敏度高、分析速度快，但仪器结构复杂，价格昂贵。虽然质谱对于固、气、液态的样品都能分析，但进入质谱仪后，必须使样品成为蒸气。

2.2.1.2　质谱中的离子

在有机化合物的质谱图中可以产生：分子离子、碎片离子、亚稳离子、同位素离子、多电荷离子和负离子等。对于判断结构和确定分子量最有效的离子为分子离子。

(1) 分子离子。样品分子在高能电子轰击下，丢失一个电子形成的离子为分子离子，其质量数为该化合物的分子量，用 M^+ 表示，在质谱中分子离子形成的峰即为分子离子峰，其判断方法如下：第一，分子离子峰一般位于质谱图的最高质量端，但不一定是质荷比最大的离子；第二，分子离子是样品的中性分子打掉一个外层电子而形成的，因此必定是奇电子离子，而且符合"氮律"（即不含氮或含偶数氮的化合物其分子量一定是偶数，含有奇数氮的化合物其分子量一定是奇数）；第三，要有合理的碎片离子，由于分子离子能进一步断裂成碎片离子，因此必须能够通过丢失合理的中性碎片，形成谱图中高质量区的重要碎片离子。

一般情况下，如不符合上述规则的，可认为不是分子离子峰。

(2) 同位素离子。组成有机化合物的大多数元素在自然界是以稳定的同位素混合物的形式存在的。通常轻同位素的丰度最大，如果质量数用 M 表示，则其重同位素的质量大多数为 $M+1$、$M+2$ 等。分子离子有同位素离子，碎片离子也有同位素离子。

(3) 碎片离子。一般有机分子电离只需要 10～15 eV，但在电喷雾电离(EI)离子源中，分子受到大约 70 eV 能量的电子轰击，使形成的分子离子进一步碎裂，得到碎片离子。这些碎片离子可以是简单断裂，也可以由重排或转位而形成。它们在质谱图中占有很大的比例。因为碎裂过程是遵循一般的化学反应原理的，所以由碎片离子可以推断分子离子的结构。

(4) 多电荷离子。若分子非常稳定，可以被打掉两个或更多的电子，形成 $m/2z$ 或 $m/3z$ 等质荷比的离子。当有这些离子出现时，说明化合物异常稳定。一般芳香族和含有共轭体系的分子能形成稳定的多电荷离子。

(5) 亚稳离子。在电离过程中，一个碎片离子 m_1^+ 能碎裂成一个新的离子 m_2^+ 和一个中性碎片。一般称 m_1 为母离子，m_2^+ 为子离子。当质量为 m_1 的离子的寿命为 5×10^{-6} s 时，上述碎裂过程是在离子源中完成的，因此我们测到的是质量为 m_2 的离子，测不到质量为 m_1 的离子。如果质量为 m_1 的离子的寿命为 5×10^{-6} s 时，上述反应还未能进行，离子已经到达检测器，测到的只是质量为 m_1 的离子。但如果质量 m_1 离子的寿命介于上述两种情况之间，在离子源出口处，被加速的是质量 m_1 的离子，而到达分析器时 m_1^+ 碎裂成 m_2^+，所以在分析器中，离子是以 m_2 的质量被偏转，因此在检测器中测到的离子 m/z 既不是 m_1 也不是 m_2，而是 m^*，这就是亚稳峰。它的峰形较宽（可能跨越 2～5 个质量单位），强度弱，而且质量数也不一定是整数。亚稳峰对寻找母离子和子离子以及推测碎裂过程都是很有用的。

$$m^* = \frac{m_2^2}{m_1^2} \tag{2-3}$$

2.2.1.3　有机质谱图的表示方法

在一般的有机质谱中，为了能更清楚地表示不同 m/z 离子的强度，不用质谱峰而用线谱来表示，这称为质谱棒图（通称为质谱图），如图 2-7 所示。

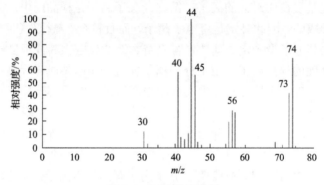

图 2-7　丙酸的质谱图

质谱图的横坐标是质荷比 m/z，表征碎片离子的质量数，与样品的分子量有关。纵坐标为离子流强度，通常称为丰度。丰度的表示方法有两种。常用的方法是把图中最高峰称为基峰，把它的强度定为 100%，其他峰以对基峰的相对百分值表示，称为相对丰度；也可用绝对丰度来表示，即把各离子峰强度总和计算为 100，再表示出各离子峰在总离子峰中所占的百分比。除用质谱图表示以外还可用质谱表表示质谱数据。

2.2.2　MALDI-TOF-MS

质谱是一种常规的有机化合物及低分子量低聚物结构表征技术，与其他方法相比，它能快速而准确地给出被测样品分子量的绝对值，普通质谱不能用于高分子量聚合物分析的主要原因是高分子的不挥发性与热不稳定性，采用软离子化技术可在一定程度上克服上述困难。

二次离子质谱与时间飞行技术相结合可测定质量数为 500~10000 的低聚物，但除了观察到完整的分子离子之外，也观察到链断裂所产生的碎片离子。测定低聚物的分子量还使用了激光解吸、场解吸、快原子轰击、等离子体解吸、电流体力学和电喷射等软离子化技术。研究人员进行了几十年的研究，但研究表明即使采用激光解吸离子化技术，仍然不能用于高分子量聚合物的结构分析。直到 1988 年，德国科学家 Karas 等(1988)提出将基质辅助激光解吸电离(MALDI)与飞行时间质谱(TOF-MS)相结合，大大提高了质谱的检测上限，从此诞生了一种新的质谱技术MALDI-TOF-MS，这一技术很快被成功应用于蛋白质、核苷酸低聚物、糖类化合物等生物大分子以及环氧树脂和芳香环状高聚物等高分子化合物的结构分析。

　　MALDI 产生的大质量离子检测较困难，这些离子质荷比很大，在离子源中离子速度不足以打出电子以便检测。大质量离子的速度常低于碰撞诱导电离临界值，使离子检测效率低，因此必须发展高效检测器。目前 MALDI 质量检测范围超过300000 Da。由于 MALDI 易产生质量很大的离子，检测大质量离子比较困难，因而 MALDI 的质量上限受检测所限。早期 MALDI-TOF 分辨率很低(低于100)，质量精度只有 0.1%。随着仪器的改进和新基质的引入其分辨率和检测范围也在不断提高。

2.2.2.1　基本原理

　　MALDI-TOF-MS 应用脉冲式激光，采用的是飞行时间质量分析器，因此是测定大分子最理想的方法。质谱仪主要由 MALDI 离子源和飞行时间质量分析器两部分组成。其基本原理是把样品分子分散在基质分子中形成共结晶，激光照射时，基质从激光中吸收能量，传递给样品分子，使其瞬间气化，并将质子转移到样品分子使其离子化，然后进入飞行时间质量分析器，根据它们各自的质荷比(m/z)进行检测，如图 2-8 所示。

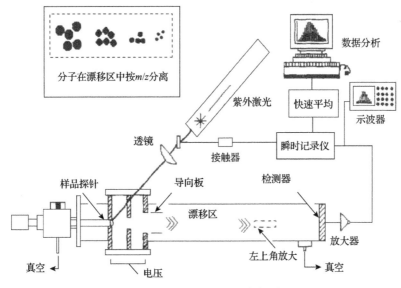

图 2-8　MALDI-TOF-MS 仪器原理

1) MALDI

MALDI 是 1988 年由德国科学家 Karas 等(1988)所发现的。随着不同质谱分析仪与 MALDI 技术的共同使用，MALDI-TOF-MS 新技术显示出其快速、准确、高灵敏度的特点，在生物大分子及聚合物结构分析中得到了广泛的应用。

MALDI 中虽然一些细节如能量如何转移、样品如何解离和离子化，尚需进一步研究，但公认的一个机制可以用图 2-9 表示。激光光束的能量首先被发色团的基体吸收，接着这些基体迅速蒸发为气相，包含的分析物分子被带入气相，而离子化的产生是由于受激的基体分子将质子转移给分析物分子。这个过程似乎是在固相中进行的，也可能是由激光诱导的粒子在尾焰中的碰撞引起的，这样离子被引入质量分析器，通过测 m/z 得到质谱图，并提供其离子同位素的分布信息。

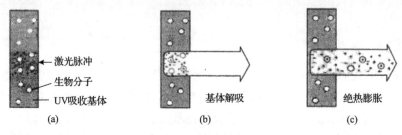

图 2-9　MALDI 技术原理

MALDI-TOF-MS 的实验参数包括：基体和基体/分析物，激光功率，波长，脉冲宽度及记录模式(正离子或负离子)。

MALDI 电离源与其他电离源相比具有以下特点：对样品要求低，能耐高浓度盐、缓冲剂和其他非挥发性成分，这是 MALDI 的显著优点，是一种软电离方法；高灵敏度；MALDI-TOF-MS 产生的离子十分稳定不易裂解，分子离子峰占主导地位，且碎片离子少，成为混合物分析的理想手段；MALDI-TOF-MS 的灵敏度与仪器的激光光源、仪器类型及基质的选择等多种因素有关。

2) TOF

这种分析器不是磁场或电场，主要结构是一个离子漂移管或称飞行管，离子受加速电压(V)加速后，其动能为 $\frac{1}{2}mv^2 = eV$，则其飞行速度为 $v = \sqrt{\dfrac{2eV}{m}}$，若分析器飞行管的长度为 L，则离子在管中的飞行时间：

$$T = \frac{L}{v} = L\sqrt{\frac{m}{2eV}} \tag{2-4}$$

对于 $\left(\dfrac{m}{e}\right)_1$ 及 $\left(\dfrac{m}{e}\right)_2$ 的两离子，在飞行管中的飞行时间差为

$$\Delta T = \frac{L\left[\sqrt{\left(\dfrac{m}{e}\right)_1} - \sqrt{\left(\dfrac{m}{e}\right)_2}\right]}{\sqrt{2V}} \tag{2-5}$$

可见 ΔT 取决于不同离子 $\dfrac{m}{e}$ 的平方根之差,各种离子按照相应的时间间隔飞行出分析器而被检测。但是,如果电离和加速以及离子通过飞行管是连续不断的话,那么将使检测器的检测信号也连续输出,记录发生重叠,无法得到可供分析的信息。所以飞行时间质谱仪采用激光脉冲电离方式、离子延迟引出技术和离子反射技术,实现了高分辨和高质量准确度,使 TOF-MS 的分辨率大大提高,最高可检测质量超过 300000 Da,并且具有很高的灵敏度。

3)MALDI-TOF-MS 的特点

MALDI-TOF-MS 具有以下优点:①不依赖于聚合物标样即可同时测得高分子的分子量及其分布;②适用范围广;③分辨率和测量精度高;④具有易操作和分析时间短等特点,包括样品的处理在内,一次分析不超过 20 min。所以它如雨后春笋般地蓬勃发展起来,成为有机质谱中发展最快和最活跃的研究领域之一。

MALDI-TOF-MS 最初在表征生物高分子结构方面运用较为广泛,近年来也逐步用于合成高分子的结构分析,如环氧树脂、芳香环状低聚体等的表征。当然 MALDI-TOF-MS 也有其不足之处,在检测带有强极性基团如—NO_2、—COOH、SO_3Na 的聚合物时,其谱峰杂乱,不能够很好地反映被分析物的结构和分子量分布,即 MALDI-TOF-MS 不能表征强极性的聚合物。而电喷雾离子化质谱(ESI-MS)与 MALDI-TOF-MS 具有明显的互补性。电喷雾电离(ESI)是一种多电荷电离技术,具有很高的灵敏度,同 MALDI 一样几乎没有碎片峰。其不足在于样品容易形成多电荷离子,造成谱峰归属上的困难。

2.2.2.2 基质选择及其应用

在 MALDI-TOF-MS 测定中基质的性质及样品的制备方法对获得理想的质谱图非常关键。MALDI 的基质较多,基质的作用是稀释样品,吸收激光能量及解离样品,保护样品分子不受激光破坏,减弱样品分子之间的相互作用。基质与样品的晶体形态、样品与基质比例对谱图质量都有影响。采用 MALDI-TOF-MS 进行分析时首先要选择适合待分析样品的基质,参考大量有关 MALDI-TOF-MS 在聚合物分析中的相关文献得知,选择基质的一般规律为:①基质对激光有较强的吸收能力,并把能量转移给被分析物使之形成分子离子;②基质与样品具有较好的相溶性,隔离被分析物分子以避免分子间的缔合从而保护样品;③具有真空稳定性;④与样品形成的晶形好;⑤较低的汽化温度,背景干扰小;⑥低反应活性。

由于芳香族化合物有良好的紫外吸收性，并易于提供质子，因此常作为基质。文献报道过的常用于 MALDI-TOF-MS 分析的基质有芥子酸(sinapinic acid，SA)、α-氰基-4-羟基肉桂酸(HCCA)、2, 5-二羟基苯甲酸(DHB)、2-(4-羟苯基)苯甲酸(HABA)、3-吲哚丙烯酸(IAA)、蒽三酚(dithranol)、维 A 酸(RA)、五氟苯甲酸、对氟肉桂酸、四氰基对醌二甲烷、咖啡酸、安息香酸、尼古丁酸等。由于不同样品中基质发挥效果不同，优化基质进而可以提高分析灵敏度、分辨率和重复性。

由于基质在改善灵敏度、精确度及重现性等方面都有着重要作用，因此目前对液态基质、固液复合基质都有一定的研究。符合上述条件的化合物并不一定是好的基质，有关基质的研究仍很活跃，以后仍将是 MALDI 研究的热点。

2.2.2.3 聚合物样品制备方法

由 MALDI-TOF-MS 分析样品时，当基质选定后就要制备样品，样品制备是聚合物分析至关重要的因素，其目的是产生准确和重复性较好的数据。聚合物样品制备方法主要有以下几种：

(1)直接点样干燥法是 MALDI-TOF-MS 分析样品的常用制备方法。该方法是将被测样品、基质和阳离子化试剂溶解混合均匀后，直接在 MALDI 样品靶上点样，样品溶液自然干燥。直接点样干燥方法做批量样品时速度过慢，不适合于不溶性或难溶性聚合物样品的制备。

(2)Meier 等通过研究，发展出一种无须溶剂的样品制备方法。该方法将聚合物样品浸入液氮中后加入干燥的基质粉末，然后将混合物用球磨机研磨均匀，压片后固定在样品靶上即可做样。这种无溶剂法已有研究用于聚醚、芳香族聚酰胺和多环芳香烃等聚合物分析。该方法成功解决了确定不溶性和难溶性聚合物结构信息的难题。其优点是样品与基质之间不需要形成很好的结晶和较高的激光能量，产生的谱图基线平滑、信噪比(S/N)高、分辨率好。但与有溶剂制样方法相比，该方法耗时且易产生交叉污染。

针对研磨方法，又提出了湿研磨法，主要是在易挥发溶剂中研磨并使溶剂挥发。Gies 等(2004)用湿研磨法研究了芳香族聚酰胺，将样品、基质和离子化试剂加入到有机溶剂中研磨，直到有机溶剂蒸发完再进行 MALDI 分析。

(3)电喷雾沉积法是一种较好的制样技术，制得的样品分布均匀、信号强、重复性好。Hanton 等应用电喷雾沉积制样技术研究了样品分子与基质及溶剂、离子化试剂之间的共结晶行为，以及与采集到的数据信息之间的关系。电喷雾沉积法更适合于热稳定的聚合物样品的分析。

综上所述，现阶段主要有溶液直接点样法、固体直接点样法、电喷雾沉积法等聚合物 MALDI-TOF-MS 分析样品制备方法供选择，随着 MALDI-TOF-MS 技术的不断发展，研究新的制样方法拓展 MALDI-TOF-MS 分析方法在聚合物分子结构和分子量测定中的应用是一个重要课题。

2.2.2.4　常用的激光源

MALDI 使用脉冲激光,脉冲宽度为 1~200 nm。常用的激光器有氮激光器(337 nm)、Nd-YAG 激光器(355 nm、266 nm),红外激光器有 Eu-YAG 激光器(494 nm)等。通常采用 N_2 激光源(发射波长 337 nm)来分析大分子物质,采用红外激光源的测定中样品的消耗量超过紫外激光源测定的两倍,而且当测定化合物分子量(M_r)大于 20000 时亚稳离子才比较少,因此只是在测定分子量大的化合物时具有较好的分辨率。

2.2.2.5　离子化试剂的选择

在 MALDI-TOF-MS 分析过程中,蛋白质样品可以在基质的作用下通过质子化作用获得电离,而聚合物样品则不易电离,一般情况下需要加入金属阳离子配合基质的作用来实现样品离子化,常用的阳离子有 Cu^{2+}、Na^+、K^+ 和 Ag^+ 等。选择合适的阳离子化试剂,既要考虑其离子化作用,又不能干扰基质与样品形成共结晶。因此,为了获得高质量的 MALDI-TOF-MS 质谱图,从而更好地分析聚合物的结构,根据聚合物的官能团及连接端基团的特性,选择合适的阳离子化试剂尤为重要。目前阳离子化试剂的选择没有明确的规律可参考,一般情况下,要求离子化试剂在发挥离子化作用的同时,不干扰基质与分析物形成共结晶。

2.2.2.6　溶剂

聚合物样品进行 MALDI-TOF-MS 分析时,溶剂的类型和品质对样品质谱结果的分析有一定的影响。在 MALDI-TOF-MS 分析蛋白质类样品时,普通溶剂(水)可以同时溶解样品和基质,然而对于聚合物样品却不同,不同的聚合物在不同溶剂中的溶解性差别较大,且还要考虑到溶剂与基质、阳离子化试剂的相容性,因此选择合适的溶剂体系对聚合物样品进行 MALDI-TOF-MS 分析就显得更加关键。从现阶段的公开报道来说,溶剂与基质和阳离子化试剂相溶的前提下,对聚合物的溶解性越好,越有利于得到准确的分子量,直接点样法常用溶剂有乙腈和丙酮。

2.2.2.7　MALDI-TOF-MS 在氨基树脂结构分析中的应用

近年来,利用质谱技术研究高分子聚合物结构的方法越来越受到重视。MALDI 和 ESI 技术的发展使得质谱能够精确分析高聚物分子量分布、重复单元、末端基团、重复单元连接顺序以及嵌段长度等,并且可以根据质谱得到的信息推测反应机理。

研究高分子聚合物分子量及其分布的常用方法是凝胶渗透色谱(GPC),GPC

是一种尺寸排斥色谱，因此对于分子量相近的线型低聚物和环状低聚物，用 GPC 很难得到满意的分辨率。而且用 GPC 对聚合物的结构进行表征，只能得到反应混合物的平均分子量和分子量分布的信息，获得的分子量是统计结果，不能得到每一聚合度物质的相对含量及对应的分子结构信息。要详细地了解树脂的分子结构及其成分为合理地利用该类树脂提供科学依据，MALDI-TOF-MS 成为继 GPC 之后一种新的有效手段。

与其他方法相比，MALDI-TOF-MS 用于高分子聚合物检测时，具有样品用量少、分析速度快、灵敏度高、分辨率高、检测质量范围宽、分离和鉴定可以同时进行、能够给出聚合物多方面信息等优点。

在氨基树脂结构研究的诸多方法中，质谱被认为是一个重要的不可缺少的手段，特别是 MALDI-TOF-MS 的出现，以其灵敏快捷、直观准确、极高的质量上限、良好的"软电离"性质、对杂质的包容性及可直接分析混合物而无须预分离的特点，广泛应用于生物化学领域。近年来其在氨基树脂结构研究中也显示出强大的潜力和应用前景。本节就近年来 MALDI-TOF-MS 在氨基树脂结构研究中的应用进行简单介绍。

高分子分子量及其分布的测定在高分子研究与发展过程中具有极端的重要性，但几十年来尚无一种单一的方法能够实现高分子科学工作者的一个梦想——迅速、准确地给出一个高分子样品所有分子链的分子量、平均分子量和分子量分布。MALDI-TOF-MS 目前正在迅速发展成为一种分子量与分子量分布测定新方法。由于检测器对被测分子的分子量没有限制，因而可直接从检测到的分子离子峰的质量数得到样品中每一根分子链的分子量，并根据谱峰强度计算平均分子量与分子量分布。

用 MALDI-TOF-MS 和 ^{13}C-NMR 对不同合成方法合成的 PUF 树脂的结构进行了表征，通过与 PF 树脂结构的对比，证明了 PUF 树脂中苯酚和尿素之间确实发生了共缩聚。实验选用 N_2 激光源，激发波长 337 nm，为了促进聚合物的电离加入了 NaCl 作离子化试剂，检测模式为正离子检测。其 PF 树脂的 MALDI-TOF-MS 的正离子谱见图 2-10。

从 PF 树脂的 MALDI-TOF-MS 谱图中可以看出：$M+Na^+$ 为 342.9 Da 和 479.3 Da 的基峰分别为苯酚与甲醛的二聚体 $(HOCH_2)_2$-P-CH_2-P-$(CH_2OH)_2$[或者 $HOCH_2$-P-CH_2OCH_2-P-$(CH_2OH)_2$]和三聚体 $(HOCH_2)_2$-P-CH_2-P$(-CH_2OH)$-CH_2-P-$(CH_2OH)_2$，虽然亚甲基键和二亚甲基醚键两种结构在理论上均可能存在，因为后者不太稳定，所以在聚合物体系中主要存在的是以亚甲基键连接的聚合物，在后面的分析中均未画出以二亚甲基醚键连接的结构，而是在相应的以亚甲基键连接的结构右上方用*表示体系中可能还有相应的二亚甲基醚键连接的结构存在，PF 树脂中主要谱峰的归属见表 2-3。

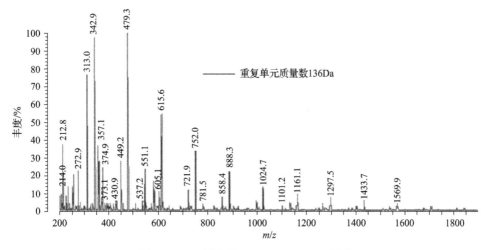

图 2-10　PF 树脂的 MALDI-TOF-MS 谱图

表 2-3　PF 树脂中主要谱峰的归属

	(M+Na⁺)/Da (实验值)	(M+Na⁺)/Da (理论值)	结构
二聚体	313.0	313.0	HOCH₂-P-CH₂-P-(CH₂OH)₂
	342.9	343.0	(HOCH₂)₂-P-CH₂-P-(CH₂OH)₂*
	357.1	357.0	HOCH₂-(⁺CH₂)-P-CH₂OCH₂-P-(CH₂OH)₂
	374.9	374.0	(HOCH₂)₂-P-CH₂OCH₂-P-(CH₂OH)₂
三聚体	430.9	432.0	⁺CH₂-P-CH₂-P(-CH₂OH)-CH₂-P-(CH₂OH)₂*
	449.2	449.0	HOCH₂-P-CH₂-P(-CH₂OH)-CH₂-P-(CH₂OH)₂*
	479.3	479.0	(HOCH₂)₂-P-CH₂-P(-CH₂OH)-CH₂-P-(CH₂OH)₂*
四聚体	551.1	551.0	(HOCH₂)₂-P-CH₂-P-CH₂-P-CH₂-P-(CH₂OH)₂* 或 HOCH₂-P-CH₂-P(-CH₂OH)-CH₂-P-CH₂-P-(CH₂OH)₂*
	585.0	585.0	HOCH₂-P-CH₂-[P(-CH₂OH)-CH₂-]₃-OH*
	615.6	615.0	(HOCH₂)₂-P-CH₂-[P(-CH₂OH)-CH₂-]₃-OH*
五聚体	721.9	721.6	HOCH₂-P-CH₂-[P(-CH₂OH)-CH₂-]₄-OH*
	752.0	751.0	(HOCH₂)₂-P-CH₂-[P(-CH₂OH)-CH₂-]₄-OH*
	781.5	781.0	(HOCH₂)₂-P-CH₂OCH₂-P(-CH₂OH)-CH₂-[P(-CH₂OH)-CH₂-]₃-OH
六聚体	858.4	858.0	HOCH₂-P-CH₂-[P(-CH₂OH)-CH₂-]₅-OH*
	888.3	887.0	(HOCH₂)₂-P-CH₂-[P(-CH₂OH)-CH₂-]₅-OH*
七聚体	1024.7	1023.0	(HOCH₂)₂-P-CH₂-[P(-CH₂OH)-CH₂-]₆-OH*
八聚体	1101.2	1098.0	HOCH₂-P-CH₂-P-CH₂-[P(-CH₂OH)-CH₂-]₆-OH*或 P-CH₂-[P(-CH₂OH)-CH₂-]₇-OH*
	1161.1	1159.0	(HOCH₂)₂-P-CH₂-[P(-CH₂OH)-CH₂-]₇-OH*

续表

	(M+Na⁺)/Da (实验值)	(M+Na⁺)/Da (理论值)	结构
九聚体	1297.5	1295.0	(HOCH₂)-P-CH₂-[P(-CH₂OH)-CH₂-]₈-OH*
十聚体	1433.7	1431.0	(HOCH₂)₂-P-CH₂-[P(-CH₂OH)-CH₂-]₉-OH*
十一聚体	1569.9	1567.0	(HOCH₂)₂-P-CH₂-[P(-CH₂OH)-CH₂-]₁₀-OH*
十二聚体	1705.0	1703.0	(HOCH₂)₂-P-CH₂-[P(-CH₂OH)-CH₂-]₁₁-OH*

注: *表示体系中可能还有相应的以二亚甲基醚键连接的结构。

从表 2-3 中的数据可以看出在 PF 树脂的 MALDI-TOF-MS 图谱中,主要重复结构的质量数为 136 Da,其对应的结构如图 2-11 所示。

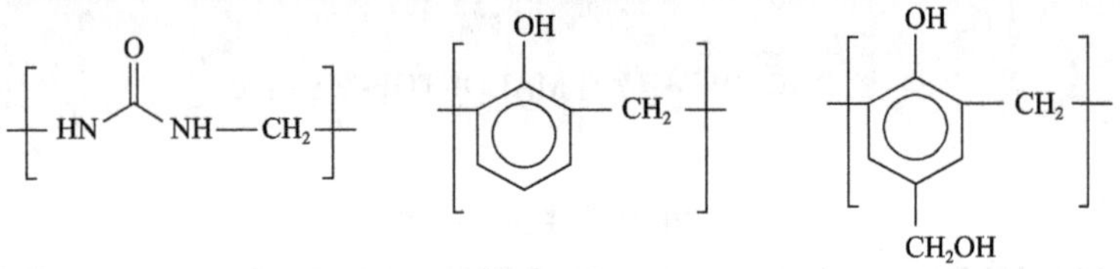

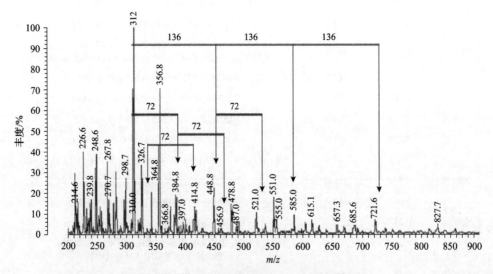

72 Da (a)　　　　106 Da (b)　　　　136 Da (c)

图 2-11　UF(a)、PF(b) 和 PUF(c) 中主要的重复单元

从 PUF 树脂的 MALDI-TOF-MS 谱图(图 2-12)可以看出,主要重复单元的质量数为 72 Da 和 136 Da,72 Da 刚好是一个尿素的基本单元,136 Da 刚好是一个苯酚的基本单元。根据计算,312.7 Da+72 Da=384.7 Da,384.7 Da+136 Da=520.7 Da,由此可见苯酚和尿素之间存在共缩聚,并根据谱峰的相对强度计算出苯酚、

图 2-12　PUF 树脂的 MALDI-TOF-MS 谱图

尿素、甲醛之间共缩聚形成的 PUF 树脂的比例为 28%。PUF 树脂的 MALDI-TOF-MS 谱图主要吸收峰的归属如表 2-4。

表 2-4　PUF 树脂中主要谱峰的归属

$(M+Na^+)/Da$ (实验值)	$(M+Na^+)/Da$ (理论值)	结构
248.6	248.0	HOCH$_2$-P-CH$_2$-U
312.7	313.0	HOCH$_2$-P-CH$_2$-P-(CH$_2$OH)$_2$ 或 HOCH$_2$-U-CH$_2$-U-CH$_2$-P-(CH$_2$OH)$_2$
342.9	343.0	(HOCH$_2$)$_2$-P-CH$_2$-P-(CH$_2$OH)$_2$
384.8	385.0	HOCH$_2$-U-CH$_2$-P-CH$_2$-P-(CH$_2$OH)$_2$
414.8	415.0	HOCH$_2$-U-CH$_2$-P(-CH$_2$OH)-CH$_2$-P-(CH$_2$OH)$_2$
448.8	449.0	HOCH$_2$-P-CH$_2$-P(-CH$_2$OH)-CH$_2$-P-(CH$_2$OH)$_2$ 或 HOCH$_2$-[U-CH$_2$]$_2$-P-CH$_2$-P-(CH$_2$OH)$_2$ 或 [U-CH$_2$]$_2$-P(-CH$_2$OH)-CH$_2$-P-(CH$_2$OH)$_2$
478.8	479.0	HOCH$_2$-P-CH$_2$-P(-CH$_2$OH)-CH$_2$-P-(CH$_2$OH)$_2$ 或 HOCH$_2$-[U-CH$_2$]$_2$-P-CH$_2$-P-(CH$_2$OH)$_2$ 或 [U-CH$_2$]$_2$-P(-CH$_2$OH)-CH$_2$-P-(CH$_2$OH)$_2$
521.0	521.0	HOCH$_2$-[U-CH$_2$]$_3$-P-CH$_2$-P-(CH$_2$OH)$_2$
551.0	551.0	(HOCH$_2$)$_2$-P-CH$_2$-P-CH$_2$-P-(CH$_2$OH)$_2$ 或 HOCH$_2$-P-CH$_2$-P(-CH$_2$OH)-CH$_2$-P-CH$_2$-P-(CH$_2$OH)$_2$
585.0	585.0	HOCH$_2$-P-CH$_2$-[P(-CH$_2$OH)]$_2$-CH$_2$-P-(CH$_2$OH)$_2$ 或 HOCH$_2$-[U-CH$_2$]$_2$-P-CH$_2$-P(-CH$_2$OH)-CH$_2$-P-(CH$_2$OH)$_2$ 或 [U-CH$_2$]$_2$-[P(-CH$_2$OH)]$_2$-CH$_2$-P-CH$_2$OH
615.1	615.0	[U-CH$_2$]$_2$-[P-CH$_2$(HOCH$_2$)$_2$-P-CH$_2$-P(-CH$_2$OH)-CH$_2$-]$_3$-OH 或 HOCH$_2$-[U-CH$_2$]$_2$-[P(-CH$_2$OH)-CH$_2$]$_2$-P-(CH$_2$OH)$_2$OH]$_2$-CH$_2$-P-(CH$_2$OH)$_2$
667.3	665.0	HOCH$_2$-[U-CH$_2$]$_5$-P-CH$_2$-P-(CH$_2$OH)$_2$
721.6	721.6	HOCH$_2$-P-CH$_2$-[P(-CH$_2$OH)-CH$_2$-]$_4$-OH
827.7	827.6	HOCH$_2$-[P-CH$_2$-]$_2$[P(-CH$_2$OH)-CH$_2$-]$_4$-OH

注：表中只列出了可能存在的苯酚、尿素和甲醛的共缩聚物，有关 PF 和 UF 的结构参见表 2-5 和表 2-6。

表 2-5　UF 树脂中常见结构的质量数

结构	M
U-CH$_2$-U	132
[U-CH$_2$]$_2$-OH	162
HOCH$_2$-[U-CH$_2$]$_2$-OH*	192
[U-CH$_2$]$_2$-U	204
[U-CH$_2$]$_3$	217
(HOCH$_2$)$_2$-[U-CH$_2$]$_2$-OH*	222
[U-CH$_2$]$_3$-OH*	234
HOCH$_2$-[U-CH$_2$]$_3$*	248
HOCH$_2$-[U-CH$_2$]$_3$-OH*	264
[U-CH$_2$]$_3$-U	276

结构	M
(HOCH$_2$)$_2$-[U-CH$_2$]$_3$-OH *	294
[U-CH$_2$]$_4$-OH*	306
HOCH$_2$-[U-CH$_2$]$_4$-OH*	336
(HOCH$_2$)$_2$-[U-CH$_2$]$_4$-OH *	366
HOCH$_2$-[U-CH$_2$]$_5$-OH*	408
(HOCH$_2$)$_2$-[U-CH$_2$]$_5$-OH *	438
HOCH$_2$-[U-CH$_2$]$_6$-OH*	480
(HOCH$_2$)$_2$-[U-CH$_2$]$_6$-OH *	510

注：*表示可能还有对应的二亚甲基醚键相连的结构存在，UF 树脂中主要的重复单元质量数是 72 Da。

表 2-6 氨基树脂中常见小分子物质的质量数

结构	M
—CH$_2$—	14
—OH	17
H$_2$O	18
HCHO	30
—CH$_2$OH	31
—(CH$_2$OH)$_2$	62
—(CH$_2$OH)$_3$	93
P（苯酚）	94
P-CH$_2$OH	124
P-(CH$_2$OH)$_2$	154
P-(CH$_2$OH)$_3$	184
U（尿素）	60
U-CH$_2$OH	90
U-(CH$_2$OH)$_2$	120
U-(CH$_2$OH)$_3$	150
U-CH$_2$-U	132
[U-CH$_2$]$_2$-OH	162
M（三聚氰胺）	126
M-CH$_2$OH	156
M-(CH$_2$OH)$_2$	186
M-(CH$_2$OH)$_3$	216

Despres 等（2007）用 ^{13}C-NMR 和 MALDI-TOF-MS 跟踪研究了 MUF 树脂合成

过程中的结构变化，并对两种方法的研究结果进行了对比，其最终 MUF 树脂的谱图和谱峰归属见图 2-13 和表 2-7。

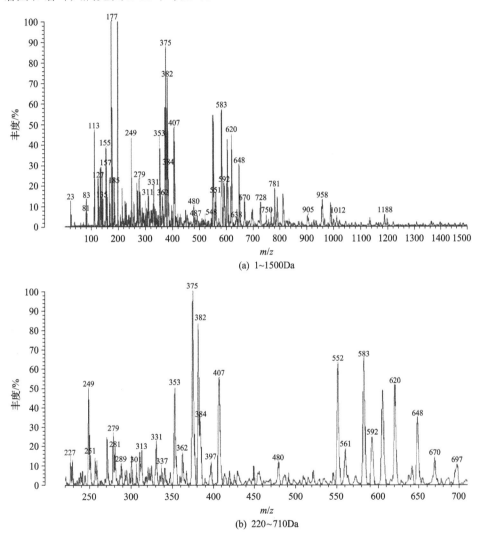

(a) 1~1500Da

(b) 220~710Da

图 2-13　MUF 树脂的 MALDI-TOF-MS 图谱

表 2-7　MUF 树脂中各谱峰归属

$(M+Na^+)$/Da （实验值）	结构
127	$^+CH_2$-U-CH_2OH
157（154a）	U-CH_2-U
177	M-CH_2OH

(M+Na$^+$)/Da（实验值）	结构
197	$^+CH_2$-U-CH_2-O-CH_2-U
199	$^+CH_2$-U-CH_2-U-CH_2OH + 2H$^+$
209	M-$(CH_2OH)_2$
239（237a）	M-$(CH_2OH)_3$
249（245a）	$HOCH_2$-U-CH_2OCH_2-U-CH_2OH 或 $HOCH_2$-U-CH_2-U-$(CH_2OH)_2$
270	$(HOCH_2)_2$-M-$(CH_2OH)_2$
279～281	U-CH_2-U-CH_2-U-CH_2OH 和 U-CH_2-U-CH_2OCH_2-U
311	U-CH_2-M-$(CH_2OH)_3$
353	$HOCH_2$-U-CH_2OCH_2-U-CH_2OCH_2-U-CH_2OH
375（371a）	M-CH_2-U-CH_2-M=CH_2+4H$^+$
381（383a）	H-$(U$-$CH_2)_2$-M-$(CH_2OH)_3$
407	$HOCH_2$-M-CH_2-U-CH_2-M=CH_2+4H$^+$
455	H-$(U$-$CH_2)_3$-M-$(CH_2OH)_3$
546	$HOCH_2$-U-CH_2OCH_2-[U$(-CH_2OH)$-CH_2OCH_2-$]_2$-U-$(CH_2OH)_2$、$HOCH_2$-U$(-CH_2OH)$-CH_2-[U$(-CH_2OH)$-CH_2OCH_2-$]_2$-U-$(CH_2OH)_2$
551	CH_2=M-CH_2UCH_2-M-CH_2UCH_2-U-CH_2OH
561	$HOCH_2$-U$(-CH_2^+)$-CH_2OCH_2-[U$(-CH_2OH)$-CH_2OCH_2-$]_2$-U-$(CH_2OH)_2$
582	$(HOCH_2)_2$-CH_2[-OCH_2-U-$CH_2]_3$-OCH_2-U-CH_2OH、CH_2=M-CH_2UCH_2-M$(-CH_2OH)$-CH_2UCH_2-U-CH_2OH、CH_2=M-CH_2UCH_2-M$(-CH_2OH)$-CH_2-U-CH_2OCH_2-U
592	M-CH_2-U-CH_2-M-$(CH_2OH)_3$、$HOCH_2$-M-CH_2-U-CH_2-M-$(CH_2OH)_2$
648	$(HOCH_2)_2$-U-CH_2-[-OCH_2-U$(-CH_2^+)$-CH_2-][-OCH_2-U-CH_2-$]_2OCH_2$-U-$(CH_2OH)_2$
697～702	$(HOCH_2)_2$-M-CH_2-U-CH_2-U-CH_2-U-CH_2-M-$(CH_2OH)_2$
782（784a）	CH_2=M-CH_2UCH_2-M$(-CH_2OH)$-CH_2UCH_2-[U$(-CH_2OH)$-$CH_2]_2$-U-CH_2OH、CH_2=M-CH_2UCH_2-M$(-CH_2OH)$-CH_2UCH_2-[U-CH_2OCH_2-$]_2$-U-CH_2OH
790	$(HOCH_2)_2$-U-CH_2[-OCH_2-U-CH_2][-OCH_2-U-CH_2OCH_2-U-CH_2-$]_2$-OCH_2-U-CH_2OH、$(HOCH_2)_3$-M-CH_2-U$(-CH_2OH)$-CH_2-[U-$CH_2]_2$-M-$(CH_2OH)_3$、$(HOCH_2)_3$-M-CH_2-U-CH_2OCH_2-[U-$CH_2]_2$-M-$(CH_2OH)_3$、$(HOCH_2)_2$-M-CH_2-U-CH_2OCH_2-[U-$CH_2OCH_2]_2$-M-$(CH_2OH)_2$
815	$(HOCH_2)_2$-M-CH_2-U-CH_2-U$(-CH_2^+)$-CH_2-U-CH_2-U(CH_2OH)-CH_2-M-$(CH_2OH)_2$、$(HOCH_2)_2$-M-CH_2-U$(-CH_2^+)$-CH_2-U-CH_2-U-CH_2OCH_2U-CH_2-M-$(CH_2OH)_2$
905	M-CH_2-M-CH_2-U-CH_2-M$(-CH_2OH)$-CH_2-U-CH_2-[U(CH_2OH)-CH_2-$]_2$-U-CH_2OH、M-CH_2-M-CH_2-U-CH_2-M$(-CH_2OH)$-CH_2-U-CH_2-[U-CH_2OCH_2-$]_2$-U-CH_2OH、$HOCH_2$-M-CH_2-M-CH_2-U-CH_2-M$(-CH_2OH)$-CH_2-U(CH_2OH)-CH_2-[U-CH_2-$]_2$-U-CH_2OH
956	CH_2=M-$(CH_2OH)_2$-CH_2UCH_2-M$(=CH_2)$$(CH_2OH)$-$CH_2UCH_2$-[U-$CH_2OCH_2]_3$-U-$CH_2OH$、$CH_2$=M-$(CH_2OH)_2$-$CH_2UCH_2$-M$(=CH_2)$$(CH_2OH)$-$CH_2UCH_2$-[U$(-CH_2OH)$-$CH_2]_3$-U-$CH_2OH$
1012	M-CH_2-U-CH_2-M-CH_2-M-CH_2-U-CH_2-M$(-CH_2OH)$-CH_2-U-CH_2-[U(CH_2OH)-CH_2-$]_2$-U-CH_2OH

续表

(M+Na$^+$)/Da （实验值）	结构
1187	CH$_2$=M-(CH$_2$OH)$_2$-CH$_2$UCH$_2$-M(=CH$_2$)(CH$_2$OH)-CH$_2$UCH$_2$-[U-CH$_2$OCH$_2$]$_5$-U-(CH$_2$OH)$_2$、 CH$_2$=M-(CH$_2$OH)$_2$-CH$_2$UCH$_2$-M(=CH$_2$)(CH$_2$OH)-CH$_2$UCH$_2$-[U(-CH$_2$OH)-CH$_2$]$_5$-U-(CH$_2$OH)$_2$、 HOCH$_2$-U-CH$_2$UCH$_2$-M(-CH$_2$OH)-CH$_2$UCH$_2$-M(-CH$_2$OH)-CH$_2$-[-M-CH$_2$-]$_3$-M=CH$_2$
1363	1187+χ(-U-CH$_2$-)$_2$、1187+χ-CH$_2$OH

注：a 表示计算值。

此外，有关 MALDI-TOF-MS 在氨基树脂结构表征中的应用，Zanetti 等（2002）、Schmidt 等（2006）、Despres 等（2007）也先后发表了相关报道，但从目前收集的文献资料来看，MALDI-TOF-MS 用于氨基树脂结构表征的研究报道并不是很多。

MALDI-TOF-MS 为表征聚合物分子结构信息提供了一种新方法，可以快速准确地获得分子量及其分布范围的信息，分析分子链末端基团结构，研究共聚物组成，推断聚合物反应机理及降解机理，而且还可以进行定量分析。选择合适的溶剂、基质、阳离子化试剂和样品制备方法是得到准确质谱图的关键，而在高分子聚合物的 MALDI-TOF-MS 分析中，这些方面还不够完善，绝大多数情况下需要借鉴生物高分子分析的方法，但适用于生物高分子的基质和溶剂以及样品制备方法不一定适用于合成高分子，这将是高聚物 MALDI-TOF-MS 分析中的研究热点。而且由于仪器本身以及聚合物分子量范围引起的质量歧视现象，要靠提高仪器分辨率和灵敏度来解决。相信随着 MALDI 技术的不断发展，样品处理方法的不断改进，对高分子聚合物分子量测定及结构鉴定将更为准确。虽然 MALDI-TOF-MS 用于木材胶黏剂结构方面的研究报道并不太多，但随着木材工业的向前发展和新的木材胶黏剂树脂的不断涌现，MALDI-TOF-MS 作为重要的分析研究方法，在聚合反应机理、共聚物结构分析、分子量的分布及测定方面将发挥更大的作用，可以预见 MALDI-TOF-MS 在木材胶黏剂领域将有更加广阔的应用前景，并具有其他方法不可替代的优势。

2.2.3　电喷雾离子化质谱

静电场使液体分散成荷电液滴的电喷雾现象至少在两个世纪以前人们就已发现，但直到 20 世纪 80 年代中期，Yamashita 等（1984）成功地将电喷雾引入质谱离子化，才开创了电喷雾离子化质谱法（electrosprayionization mass spectrometry，ESI-MS）的新纪元。ESI 与质谱的其他离子化方法相比，有 3 个显著特点：①ESI 可以形成多电荷离子，所以除了小分子化合物的测定外，还可以用 m/z 有限的质量分析器分析强极性、热不稳定的大分子化合物，大大拓展了已有质谱电离技术的应用范围；②在 ESI 中，样品以溶液导入，这使其与液相色谱和毛细管电泳等液相分离技术的直接联用变得十分有利；③ESI 过程极为温和，使 ESI 能够在气相状态下研究溶液中分子之间的非共价作用，甚至于分子的三维空间构型。正因为如此，ESI 在近年来获得了迅猛的发展和广泛的应用。

2.2.3.1　基本原理

当在液体流上加上高电压，会产生液滴，这种技术被称为电喷雾。在 20 世纪早期这种产生液滴的方法有各种各样的应用。在电喷雾中，较大的液滴不断爆裂成更小的液滴，最后被分析物解离为离子进入气态。ESI 是一种离子化技术，它将溶液中的离子转变为气相离子而进行质谱分析。电喷雾过程可简单描述为：样品溶液在电场及辅助气流的作用下喷成雾状带电液滴，挥发性溶液在高温下逐渐蒸发，液滴表面的电荷体密度随半径减小而增加，当达到瑞利(Rayleigh)极限时，液滴发生库仑爆破现象，产生更小的带电液滴。上述过程不断反复，最终实现了样品的离子化。由于这一过程没有直接的外界能量作用于分子，因此对分子结构破坏较少，是一种典型的"软电离"方式。

ESI 过程中大致可以分为液滴的形成、去溶剂化、气相离子的形成三个阶段。样品溶液通过雾化器进入喷雾室，这时雾化气体通过围绕喷雾针的同轴套管进入喷雾室，由于雾化气体强的剪切力及喷雾室上筛网电极与端板上的强电压(2~6 kV)，将样品溶液拉出，并将其碎裂成小液滴。随着小液滴的分散，由于静电引力的作用，一种极性的离子倾向于移到液滴表面，结果样品被载运并分散成带电荷的更微小液滴。液滴的形成及电喷雾过程如图 2-14 所示。

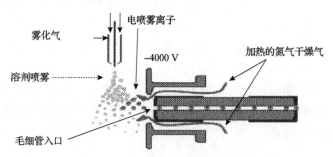

图 2-14　液滴的形成及电喷雾过程

进入喷雾室内的液滴，由于加热的干燥气氮气的逆流使溶剂不断蒸发，液滴的直径随之变小，并形成一个"突出"使表面电荷密度增加。当达到瑞利极限，电荷间的库仑排斥力足以抵消液滴表面张力时，液滴发生爆裂，即库仑爆炸，产生更细小的带电液滴，离子的形成如图 2-15 所示。

2.2.3.2　局限性

每一个电喷雾的变量(如真空度、电势、溶剂的挥发性、溶液的导电性、电解质的浓度、样品液的各种物理特性等)都有一个应用的限制范围。溶剂的选择范围和可以使用的溶液范围也有限制，尤其是当遇到使用纯水或高导电性溶液时，这个问题就很难解决，很多是凭经验的。由于溶液参数控制喷雾过程，因此即使在良好的条件下也存在离子信号的波动。

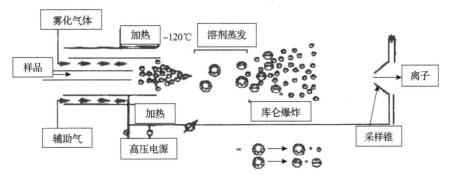

图 2-15　电离过程

2.2.3.3　应用概况

ESI-MS 不但可分析大分子量的生物分子如蛋白质、多肽、核苷酸、酶等，而且也可分析用其他方法难以蒸发、电离的小分子，如铵盐、磷盐、小肽、富勒烯及其衍生物、金属配合物和有机金属化合物，最近又扩展到用其他方法难以表征的簇合物和以氢键、范德瓦耳斯力等非共价键结合的超分子体系。

从理论上说，在数百万分子量范围内的离子均可用 ESI-MS 进行分析。微腔(microbore)HPLC 和毛细管电泳与 ESI-MS 联用可用来分离检测极少量(10^{-18}～10^{-15} mol)的天然大分子混合物。利用 ESI-MS 测定气相中生物大分子的反应性，将此结果与在溶液中的情况进行比较，将是值得探索的新领域。由此可获得溶剂对蛋白质结构和功能的影响，并可提供结晶学和 NMR 以外的补充信息。

2.2.3.4　ESI-MS 在树脂分析中的应用

ESI 是很软的电离方法，它通常没有碎片离子峰，只有整体分子的峰，ESI-MS 可以分析非挥发性的、极性的、热不稳定的化合物，并已成功应用于各种树脂的分析。为研究乙二醛-尿素(GU)树脂的分子量、分子量分布情况及乙二醛与尿素的反应机理，邓书端等(2014)用 ESI-MS 对树脂进行表征，见图 2-16。

该 GU 树脂的分子量分布较宽且比较零散；在 200～500 分子量范围内的聚合物分子含量较高，其中含量最高的组分分子量为 362；谱图中 $m/z>700$ 范围内，聚合物分子的含量极低。从谱图中的分子量分布状态来看，该 GU 树脂的分子量大多在 650 以下，而分子量在 650 以上的大分子物质含量相对较少，因此在此条件下合成的 GU 树脂可能主要以加成产物和低聚物为主而高聚反应较少发生。

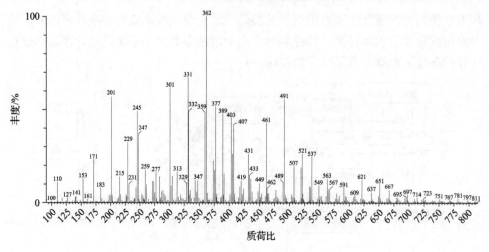

图2-16 GU树脂的ESI-MS谱图

梁坚坤等(2019)借助ESI-MS分析了UF体系在弱碱条件下的反应历程,主要谱图见图 2-17。结论如下:碱性条件下,UF 体系羟甲基化结构主要有二羟甲基脲、一羟甲基脲和三羟甲基脲,含量高低为二羟甲基脲>一羟甲基脲>三羟甲基脲,四羟甲基脲难以形成,但可以产生类似于四羟甲基脲的双取代 uron 结构。碱性条件下,羟甲基脲之间也能发生缩合反应,形成真正意义醚键结构 $R_1\text{-}CH_2\text{-}O\text{-}CH_2\text{-}R_2$,但并不完全是半缩醛结构 $R_1\text{-}CH_2\text{-}O\text{-}CH_2\text{-}OH$,且同系物分布符合高斯分

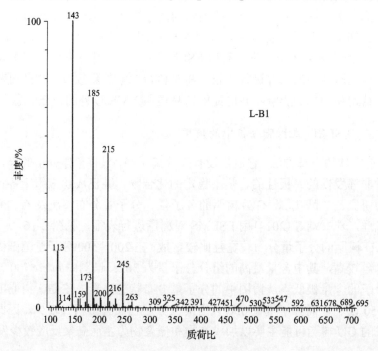

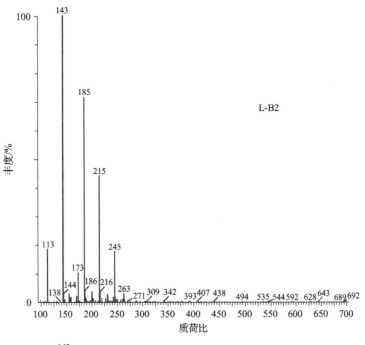

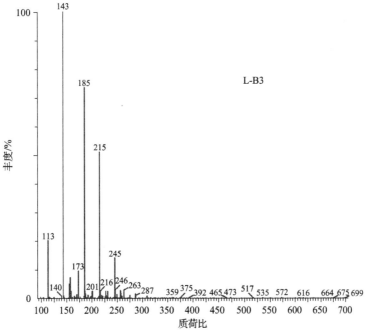

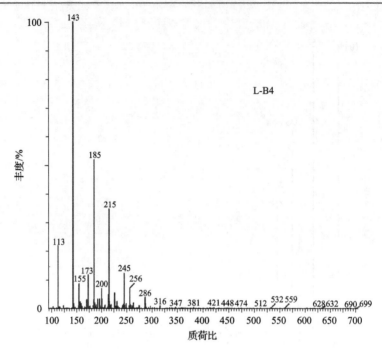

图 2-17 碱性条件下各脲醛树脂的 ESI-MS 谱图

L-B1、L-B2、L-B3、L-B4 分别指反应温度为 50℃、60℃、70℃、80℃的脲醛树脂

布规律。碱性条件下，反应温度的升高并不能提高羟甲基脲的缩合程度，缩聚物的形成、分布和含量与反应历程有关。该研究结果为 UF 碱性反应历程的解析提供了有效数据和理论支撑，也拓展了 ESI-MS 在 UF 体系的结构和反应历程上的应用。

三乙酸甘油酯添加量为 5%时 PF 树脂体系的 ESI-MS 谱图见图 2-18（曹明等，2017），由于甲醛的分子量为 30，所以图中谱峰系列是由 1～5 个酚醛结构单元及不同甲醛结构单元所组成的。PF 树脂各谱峰归属如下：123（PF_1）（其中 P 表示苯

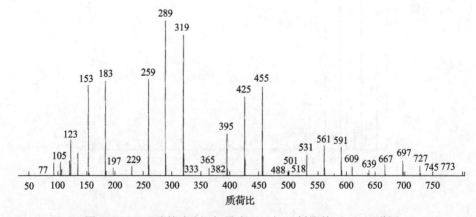

图 2-18 三乙酸甘油酯添加量为 5%时 PF 树脂的 ESI-MS 谱图

酚结构单元,F 表示甲醛结构单元,下标为结构单元的数量)、153(PF$_2$)、183(PF$_3$)、229(P$_2$F$_2$)、259(P$_2$F$_3$)、289(P$_2$F$_4$)、319(P$_2$F$_5$)、365(P$_3$F$_4$)、395(P$_3$F$_5$)、425(P$_3$F$_6$)、455(P$_3$F$_7$)、501(P$_4$F$_5$)、531(P$_4$F$_6$)、561(P$_4$F$_7$)、591(P$_4$F$_8$)、667(P$_5$F$_8$)、697(P$_5$F$_9$)和 727(P$_5$F$_{10}$)。

王辉等(2017)利用 ESI-MS 对不同反应阶段物质的量比条件下树脂的分子量组成及分布进行了表征。按照质荷比的大小分布,以样品 1 为例,测得的 MUF 共缩聚树脂的分子量分布如图 2-19 所示。根据不同分子量所占丰度的大小可以看出,MUF 共缩聚树脂的分子量主要分布在 200~1000,而且,以 200~600 的分布较为密集。由图 2-19 可以直观地看出,实际上合成的 MUF 共缩聚树脂的分子量相对较低。根据 MUF 树脂在 ESI-MS 图谱上分子量的分布情况,将质荷比为 200~600 的分子量分布情况作为重点进行讨论。

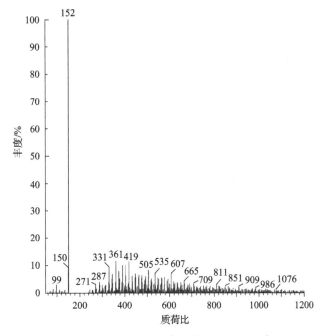

图 2-19 MUF 共缩聚树脂的 ESI-MS 图谱

不同 M/(M+U) 质量比对应的 ESI-MS 图谱如图 2-20 所示,质荷比为 288 的分子量组分,占据了主导地位。根据化学反应,可以推知,质荷比为 288 的分子量组成来源较多,既包含有羟甲基脲、羟甲基三聚氰胺的自缩合,即-U-CH$_2$-U-CH$_2$-U(CH$_2$OH)-、(CH$_2$OH)-M-CH$_2$-MCH$_2$,也包含了彼此之间的共缩合反应。与此对应的质荷比为 316 的分子量,根据化学反应与分子量的化学组成进行推理可知,316 处的峰值,主要来源于羟甲基脲与羟甲基三聚氰胺的共缩合反应[(H-(U-CH$_2$)$_2$-M-(CH$_2$OH)$_3$]。同时,随着 M 用量的不断增加,质荷比为 381 的分子量在树脂中所占比例逐步降低。表明随着原料用量的变化，树脂中存在着大量的竞争性反应。因此，如何获得有效的共缩聚成分、原料的用量比例及工艺设计至关重要。

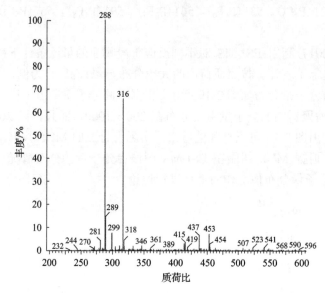

图 2-20　不同 M/(M+U) 质量比为 50%时对应的 ESI-MS 图谱

2.3　红 外 光 谱

红外光谱又称分子振动转动光谱，也是一种分子吸收光谱。物质的分子受到频率连续变化的红外光照射时，吸收某些特定频率的红外光，发生分子振动能级和转动能级的跃迁，所产生的吸收光谱，称为红外吸收光谱。红外吸收光谱研究的是那些在振动过程中伴随有偶极矩变化的化合物。

红外光谱在聚合物研究中占有十分重要的位置，能对聚合物的化学性质、立体结构、构象、聚合反应过程中官能团的变化等提供定性和定量的信息，在高分子材料、黏合剂及涂料等组分的定性和定量分析研究中已得到广泛的应用。本节仅对其在木材胶黏剂常用氨基树脂结构分析中的应用作简要介绍。

2.3.1　基本概念

2.3.1.1　红外光区划分

波长 λ 为 0.75～1000 μm 的光称为红外光(也称红外线)，在红外光谱中经常用波数 σ(或者 $\bar{\nu}$ 表示)，单位为 cm^{-1}，所以红外光的波数范围为 13333～10 cm^{-1}。

红外区又分为近、中、远红外区，划分如下：

$\lambda/\mu m$	0.75	近红外	2.5	中红外	25	远红外	1000
$\bar{v}/cm^{-1}$	13333		4000		400		10

目前研究较多、较详细的，应用也最多的是中红外区，大多数化合物的化学键振动能级的跃迁在此区域，该区的吸收光谱简称红外吸收光谱。

2.3.1.2　红外光谱的研究对象

在振动过程中伴随有偶极矩变化的化合物分子吸收红外辐射的能量，从低的振动能级跃迁至高的振动能级，产生红外吸收光谱。这样的分子具有红外活性，只有具有红外活性的分子才能吸收红外辐射或者说产生红外吸收。除了单原子分子和同核双原子分子(如 N_2、H_2、O_2 等)外，绝大多数有机化合物都有红外活性。

2.3.1.3　分子振动能级及振动光谱

构成分子的原子以很小的振幅在其平衡位置上振动，一定的振动状态具有一定的能量。同一振动的不同状态所具有的能量是量子化的，形成振动能级。振动能级的跃迁所产生的光谱称为振动光谱(vibration spectrum)，因其能量在中红外区辐射能量范围内，所以振动光谱是中红外区光谱，简称红外光谱。振动能级的跃迁必然要伴随着转动能级的跃迁，所以振动光谱为窄带状光谱(气态下，若仪器有较高的分辨率时，可以获得转动光谱的精细结构，振动能级决定吸收带的中心位置，两边有谱线；在液、固态下，分子的碰撞，使转动受到限制，得不到光谱的精细结构)。

2.3.2　红外光谱仪

红外光谱仪分为色散型红外光谱仪和傅里叶变换红外光谱仪。色散型红外光谱仪的色散元件是棱镜和光栅，其分辨率和灵敏度均受到限制。20 世纪 70 年代，干涉型 FTIR 及计算机的使用，使仪器性能得到极大提高。由于 FTIR 与色散型相比具有很多优势，是现在常用的分析仪器，本节简单介绍其组成和基本原理。

2.3.2.1　傅里叶变换红外光谱仪

FTIR 结构示意图如图 2-21 所示，没有色散元件，主要部件有光源(硅碳棒、高压汞灯等)、迈克尔逊(Mickelson)干涉仪、样品池、检测器(常用 TGS、MCT 检测器)、计算机及记录仪。其核心部分是干涉仪和计算机。干涉仪将光源来的信号以干涉图的形式送往计算机进行快速的傅里叶变换的数学处理，最后将干涉图还原为通常解析的光谱图。

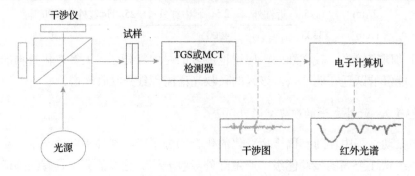

图 2-21　傅里叶变换红外光谱仪工作原理示意图

2.3.2.2　FTIR 及特点

(1)扫描速度快，测量时间短，可在 1 s 至数秒内获得光谱图，比色散型仪器快数百倍。因此适于对快速反应的跟踪，也便于与色谱法的联用。

(2)灵敏度高，检测限低，可达 $10^{-12} \sim 10^{-9}$ g，因为可以进行多次扫描(n 次)，进行信号的叠加，提高了信噪比 $\sqrt{n}$ 倍。

(3)分辨本领高，波数精度一般可达 0.5 cm^{-1}，性能好的仪器可达 0.01 cm^{-1}。

(4)测量的精密度、重现性好，可达 0.1%，而杂散光小于 0.01%。

(5)测量光谱范围宽，波数范围可达 $10 \sim 10^4$ cm^{-1}，涵盖了整个红外区。

2.3.2.3　主要附件

主要附件有衰减全反射(attenuated total reflection，ATR)、可变加热池、红外偏振器、液体定量池、光声池等，因为很多高聚物材料用一般透射光谱法测量往往有困难，通常需要在 FTIR 中安装 ATR 附件，使用内反射技术来测定样品表面的红外光谱图，故这里简单介绍 ATR 的基本概念及其应用。

原理：当光线由折射指数较高的晶体(如 KRS-5)折射入折射指数较低的样品时，如入射角大于临界角，光线在界面上发生反射，光线要穿透一定的深度才反射回来，如样品对光线有选择吸收，则全反射光能量被衰减，故称 ATR。由于一次反射获得的能量变化是相当小的，所以光谱的吸收带很弱。如果增加全反射次数，样品多次吸收光束的能量，反射光谱中吸收带就越强，这就是多次内反射光谱(MIR 光谱)，一般反射次数约 25 次，ATR 原理示意图如图 2-22 所示。

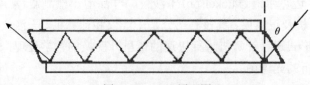

图 2-22　ATR 原理图

ATR 方法特别适用于一般制样方法不能制备的样品尤其适合于表面涂层和表面反应的研究，这种方法通常不需要对样品进行特殊处理，而且反射光谱的强度与厚度无关。

2.3.3　红外光谱在氨基树脂结构分析中的应用

对聚合物来说，每个分子包括的原子数目是相当大的，这似乎应产生相当数目的简正振动，从而使聚合物光谱变得极为复杂，但是实际情况并非如此，某些聚合物的红外光谱比其单体更为简单，这是因为聚合物链是由许多重复单元构成的，各个重复单元又具有大致相同的键力常数，因而其振动频率是相近的，而且由于严格的选择定律的限制，只有一部分振动具有红外活性；对聚合物红外光谱的解释必须考虑到所研究的不同结构特征产生相应的吸收带，因此虽然高分子化合物的分子量很大，其红外光谱却并不复杂。

用红外光谱法特别是 FTIR，可直接对高聚物反应进行原位测定来研究高分子反应动力学，包括聚合反应动力学、固化、降解和老化过程的反应机理等。在氨基树脂的结构研究中红外光谱主要用于研究树脂制备及固化过程中主要官能团的变化情况，多数情况下需与 ^{13}C-NMR、GPC、MALDI-TOF-MS 等其他研究方法配合使用，红外光谱也可用于定量分析，但相对于 ^{13}C-NMR 和 MALDI-TOF-MS 的定量分析而言，其灵敏度较低，主要原因是红外吸收的摩尔吸光系数很小，其次红外光谱的影响因素非常复杂。

红外光谱是最早用于 UF 树脂结构研究的手段之一，也是目前检测高分子化合物组成与结构最重要和最成熟的方法之一。早在 1956 年，Bercher 就开始使用传统色散型红外光谱研究 UF 树脂结构，由于色散型红外光谱的缺点以及高分子化合物结构的复杂性，传统红外光谱在氨基树脂结构分析中的应用受到一定的限制。尽管结构信息不是非常准确而且有限，但在仪器分析发展初期，传统红外光谱仍不失为一种有效的工具。

20 世纪 70 年代 FTIR 的产生扩展了红外光谱在各个领域的应用。与传统色散型红外光谱相比，FTIR 具有大能量输出、高信噪比、高波数精度以及快速扫描等优点，能观察到传统红外光谱所不能察觉的结构信息，可以把光谱以数据形式存储到计算机中，进行各种光谱计算，分析固化过程中树脂结构变化等，因此 FTIR 在氨基树脂结构分析中的应用也越来越广泛。

1981 年，Myers(1981)使用传统红外光谱研究了 UF 树脂固化过程中结构变化及水解稳定性。1988 年，Jada 采用 FTIR 研究了 UF 树脂结构。近年来，采用 FTIR 研究 UF 树脂在不同温度与 pH 下的反应过程也颇受重视。

Park 等(2003)学者用 ^{13}C-NMR 和 FTIR 研究了合成时不同 pH 条件下三种 UF 树脂的结构，并用 CP/MAS ^{13}C-NMR 研究了四种不同固化剂对三种 UF 树脂固化后结构的影响。研究结果表明，与碱性(pH=7.5)和强酸性(pH=1.0)条件合成的树脂相比，弱酸性条件(pH=4.5)合成的 UF 树脂的反应能力最强，其凝胶时间最短；在 NH_4Cl、$(NH_4)_2SO_4$、NH_4NO_3 和柠檬酸铵四种固化剂中，使用 $(NH_4)_2SO_4$ 作固化剂时，树脂的固化时间最短。树脂的 FTIR 谱图及各峰的归属如图 2-23 和表 2-8 所示。

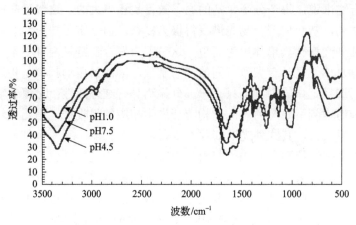

图 2-23　不同 pH 条件下合成的 UF 树脂的 FTIR 谱图

表 2-8　UF 树脂中各谱峰的归属

谱峰位置/cm^{-1}	归属
3350~3340	N—H 伸缩振动
2962~2960	—OCH_3 中 C—H 伸缩振动
1654~1646	C=O 伸缩振动
1560~1550	C—N 伸缩振动
1465~1440	NCH_2N、CH_2O、OCH_3 中 C—H 弯曲振动
1400~1380	CH_3、CH_2 中 C—H 弯曲振动
1380~1330	CH_2—N 中 C—N 伸缩振动
1320~1300	=C—N 或=CH—N 中 C—N 伸缩振动
1260~1250	三取代酰胺中 C—N、N—H 的伸缩振动
1150~1130	醚中 C—O 伸缩振动
1050~1030	NCH_2N 中 C—N、N—C—N 伸缩振动
1020~1000	CH_2OH 中 C—O 伸缩振动
900~650	未取代尿素中 N—H 弯曲振动
750~700	$(R_1-CH_2-NH-CH_2-N_2)$ 中 N—H 弯曲振动

Poljanšek 等(2006)研究了用两步法合成的 PUF 树脂的性能,用在线红外光谱研究了温度对 2,4,6-三羟甲基酚(TMeP)合成的影响以及 TMeP 与尿素的物质的

量比对 PUF 的合成和最终产品性能的影响。在整个分析过程中，对苯酚、甲醛、TMeP 和最终 PUF 树脂的结构均用 FTIR 和 ^{13}C-NMR 进行了研究，经过谱图的对比分析，结果表明：在各种温度下第一步合成 TMeP 中均未检测到苯酚之间相连的亚甲基键，在第二步中无论是酸性还是碱性条件下，TMeP 和尿素之间均发生了共缩聚，其红外光谱图如图 2-24 至图 2-27 所示，各谱图中主要峰的归属如下：1586 cm^{-1}、1478 cm^{-1}：苯环的骨架振动；1266 cm^{-1}：C—O 的不对称伸缩振动；1023 cm^{-1}：O—H 变形振动；992 cm^{-1}，764 cm^{-1}：苯环上 C—H 的面外变形振动；1640 cm^{-1}、1610 cm^{-1}：苯环的骨架振动；1447 cm^{-1}：C—H 的弯曲振动；1015 cm^{-1}：O—H 变形振动；976 cm^{-1}：C—H 弯曲振动；890 cm^{-1}：1, 2, 4, 6-四取代苯环上 C—H 的变形振动；2937 cm^{-1}、2880 cm^{-1}：饱和 C—H 伸缩振动；1548 cm^{-1}，1513 cm^{-1}：N—H 面内弯曲振动；1482 cm^{-1}：C—H 变形振动；1227 cm^{-1}：酚环上 C—O 伸缩振动；1061 cm^{-1}：C—O—C 的振动。

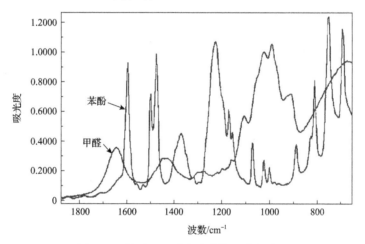

图 2-24　苯酚、甲醛水溶液的红外光谱图

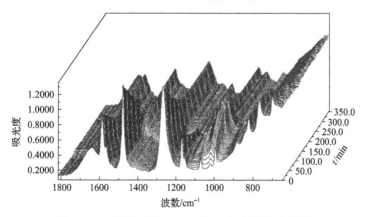

图 2-25　60℃合成的 TMeP 的 3D 红外吸收光谱图

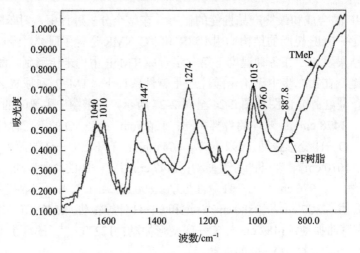

图 2-26　PF 和室温下反应 4 天后 TMeP 的红外光谱图

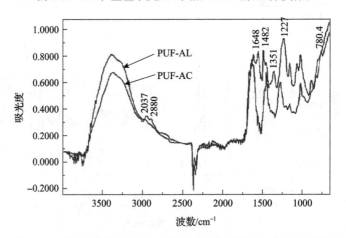

图 2-27　酸性和碱性条件下合成的 PUF 树脂的 3D 红外光谱图

　　Kandelbauer 等(2007)用 FTIR 跟踪研究了工业上 MUF 树脂制备过程中的结构变化，并对合成过程中主要官能团含量的变化进行了定量计算，把 FTIR 和 ^{13}C-NMR、MALDI-TOF-MS 的分析结果进行比较，几种方法研究的结果一致，而且 ^{13}C-NMR 和 MALDI-TOF-MS 能在某种程度上给出聚合物分子量分布的信息，相比而言，FTIR 也是一种比较常用和简单的分析方法。由于在 4000～1700 cm[-1] 区间主要有 O—H 的伸缩振动和 N—H 的伸缩振动，这些吸收峰与 UF 树脂的吸收相近，故只列出 MUF 树脂在 1700 cm[-1] 以下的谱图(图 2-28)以及主要吸收峰的归属(表 2-9)。

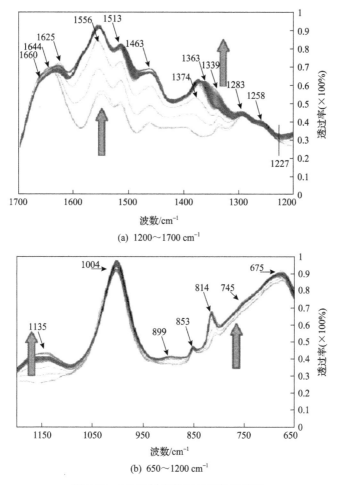

(a) 1200～1700 cm^{-1}

(b) 650～1200 cm^{-1}

图 2-28　MUF 树脂的红外吸收光谱图

表 2-9　MUF 树脂中各吸收峰的归属

谱峰位置/cm^{-1}	归属
1660	尿素中 C=O 的伸缩振动
1644	二取代酰胺中 C=O 的伸缩振动
1625	二取代酰胺中 N—H 弯曲振动
1556	三聚氰胺 C—NH 中 N—H 弯曲振动
1513	亚甲基桥键—CH$_2$—中 N—C—N 的伸缩振动
1463	H$_2$O 中 O—H 的宽吸收带
1374	取代三聚氰胺中 N—C 的伸缩振动
1363	取代三聚氰胺中 N—C—N 的不对称伸缩振动
1339	尿素上羟甲基中 C—H 的变形振动
1283、1258	—CH$_2$—O—CH$_2$—中—CH$_2$—的变形振动
1135	两个三聚氰胺相连的—CH$_2$—O—CH$_2$—中 C—O—C 的对称伸缩振动

赵临五等(2011)用 IR、^{13}C-NMR、TG 等仪器分析手段对三种三聚氰胺改性 UF 树脂结构与性能的关系进行了研究,结果表明:MUF 树脂的固化时间与其羟甲基含量有关;用 MUF 树脂压制的杨木胶合板的强度与其三聚氰胺量和羟甲基含量有关;杨木胶合板的甲醛释放量与 MUF 树脂的羟甲基含量和亚甲基醚键的含量有关。其合成的三种 MUF 树脂的红外谱图和各吸收峰的归属分别如图 2-29 和表 2-10 所示。

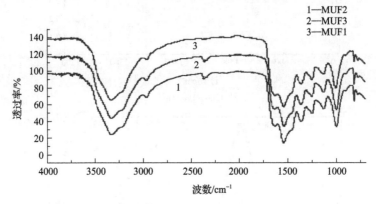

图 2-29　三种三聚氰胺改性脲醛树脂的红外吸收光谱图

表 2-10　MUF 树脂中各吸收峰的归属

谱峰位置/cm^{-1}	归属
3328	N—H 和 O—H 伸缩振动
2957	C—H 不对称伸缩振动
2350	C—N 叁键的伸缩振动
1650	C=O 伸缩振动
1545	N—H 弯曲振动
1380	CH$_3$ 中 C—H 弯曲振动
1226	C—N 伸缩振动
1170	C—O 伸缩振动
1015	C—O—C 伸缩振动

FTIR 在氨基树脂的结构分析中已得到广泛应用,其主要用于检测树脂合成或者固化过程中主要官能团的变化情况,从而研究树脂结构与性能的关系;只要选定合适的谱带,红外光谱也可用于定量分析,但由于其灵敏度低,样品的厚度不易控制,红外光谱主要用于定性分析,而且经常配合其他仪器分析方法(^{13}C-NMR、MALDI-TOF-MS 等)进行研究。

2.4　热分析及其应用

　　热分析(thermal analysis)技术就是在程序控制温度下,测量物质的物理化学性质与温度关系的一类技术。聚合物热分析是近几十年来热分析发展最活跃的领域。现在热分析已应用到聚合物结构与性能研究的几乎所有领域,已发展成最重要的聚合物结构分析方法之一。在氨基树脂的结构研究特别是固化行为研究中已得到广泛的应用。

2.4.1　热分析概论

2.4.1.1　热分析的定义

　　国际热分析协会(International Confederation for Thermal Analysis,ICTA)于1997年将热分析定义为"热分析是测量在受控程序温度条件下,物质的物理性质随温度变化的函数关系的一组技术。"其中物质是指被测样品(或者其反应产物);程序温度一般采用线性程序,也可使用温度的对数或倒数程序。

2.4.1.2　热分析的分类

　　热分析技术的范围相当广泛,依照所测样品物理性质的不同,可把热分析法分成几类,见表 2-11。

表 2-11　主要热分析方法的分类

所测物理性质	所用方法名称
质量变化	热失重或热重法(thermogravimetry,TG)
热量(焓)变化	差示扫描量热法(differential scanning calorimetry,DSC)
温度	差热分析(differential thermal analysis,DTA), 定量差热分析(quantitative DTA)
尺寸变化	热膨胀,又分为线膨胀和体膨胀(thermodilatometry,liner or volume,TD)
力学性质	热机械分析(thermomechanical analysis,TMA), 动态热机械分析(dynamic mechanical analysis,DMA)
热-电分析	热释电流法(thermal stimulatic current analysis,TSCA)
热-光分析	热释光分析(thermoluminesence)

　　由于物质在加热或冷却过程中的物理或化学变化是多种多样的,而每种变化均可采用一种或多种热分析方法加以测量,因此热分析的方法颇多。本节只对聚合物结构分析常用的差热分析、差示扫描量热分析、热重分析、热机械性能分析和动态热机械分析方法作简单介绍。

2.4.2　差热分析和差示扫描量热分析

DTA 和 DSC 均是测定物质在不同温度下，由于发生量变或质变而出现的热变化，即吸热或者放热。

2.4.2.1　差热分析的原理和仪器

DTA 有时也称为热流分析(heat flow analysis)，是在程序控制温度下测量样品与参比物之间的温度差随温度(或时间)变化关系的一种技术。DTA 谱图的横坐标为温度 T(或时间 t)，纵坐标为试样与参比物质的温差 $\Delta T=T_S-T_R$，所得到的 ΔT-$T(t)$ 曲线称差热曲线。在曲线中出现的差热峰或基线突变的温度与聚合物的转变温度或聚合物反应时吸热或放热有关。

DTA 原理示意图见图 2-30。加热时，温度 T 及温差 ΔT 分别由测温热电偶及差热电偶测得。差热电偶是由分别插在试样 S 和参比物 R 的两支材料、性能完全相同的热电偶反向相连而成。当试样 S 没有热效应发生时，组成差热电偶的两支热电偶分别测出的温度 T_S、T_R 相同，即热电势值相同，但符号相反，所以差热电偶的热电势差为零，表现出 $\Delta T=T_S-T_R=0$，记录仪所记录的 ΔT 曲线保持为零的水平直线，称为基线。若试样 S 有热效应发生时，$T_S\neq T_R$，差热电偶的热电势差不等于零，即 $\Delta T=T_S-T_R\neq 0$，于是记录仪上就出现一个差热峰。热效应是吸热时，$\Delta T=T_S-T_R<0$，吸热峰向下，热效应是放热时，$\Delta T>0$，放热峰向上。当试样的热效应结束后，T_S、T_R 又趋于一样，ΔT 恢复为零位，曲线又重新返回基线。

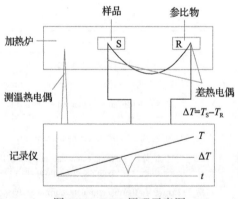

图 2-30　DTA 原理示意图

在 DTA 的分析中，基线的平直非常重要，若基线不稳定会带来假象以致掩盖真正的变化。差热峰反映了试样加热过程中的热效应，峰位置所对应的温度尤其是起始温度是鉴别物质及其变化的定性依据，峰面积是代表反应的热效应总热量，是定量计算反应热的依据，而从峰的形状(峰高、峰宽、对称性等)则可求得热反应的动力学参数。

典型的 DTA 仪器结构示意图见图 2-31。仪器由支撑装置、加热炉、气氛调节系统、温度及温差检测和记录系统等部分组成。温度和温差测定一般采用高灵敏热电偶。

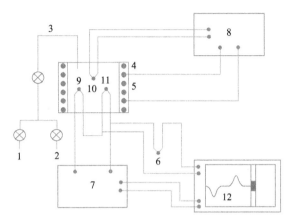

图 2-31　典型的差热分析仪结构示意图

1. 气体；2. 真空；3. 炉体气氛控制；4. 电炉；5. 底座；6. 冷端校正；7. 直流放大器；
8. 程序温度控制器；9. 试样热电偶；10. 升温速率检测热电偶；11. 参比热电偶；12. 记录仪

2.4.2.2　差示扫描量热法的原理与仪器

DSC 是在 DTA 的基础上发展起来的一种新型量热技术，是使试样和参比物在程序升温或降温的相同环境中，用补偿器测量使两者的温度差保持为零所必需的热量对温度(或时间)的依赖关系的一种技术。DSC 热谱图的横坐标为温度 T，纵坐标为热量变化率(dH/dt)或称热流率，得到的(dH/dt-T)曲线中出现的热量变化峰或基线突变的温度与聚合物的转变温度相对应。DSC 又称为差动分析。DSC 与 DTA 的差别在于：DTA 是测量试样与参比物之间的温度差，而 DSC 是测量为保持试样与参比物之间的温度一致所需的能量(即试样与参比物之间的能量差)，DSC 法所记录的是补偿能量所得到的曲线，称 DSC 曲线。常用的 DSC 有热流式和功率补偿式两种。

DSC 的仪器基本组成部分与 DTA 的基本相似，最主要的不同是多了一个差示量热补偿回路。与 DTA 不同，在 DSC 方法中采用热量补偿器以增加电功率的方式对参比物或试样中温度低的一方给予热量的补偿。所做功即为试样的吸放热变化量，通过记录下的 DSC 曲线直接反映出来，从而可以从谱图的吸放热峰的面积得到定量的数据，如图 2-32 所示。

当有热效应发生时，曲线开始偏离基线的点称为起始温度 T_i，T_i 与仪器的灵敏度有关，一般重复性较差；基线延长线与曲线起始边曲线的交点温度称为外推起始温度 T_e，峰值温度为 T_p，T_e 和 T_p 重复性较好，常以其作为特征温度进行比

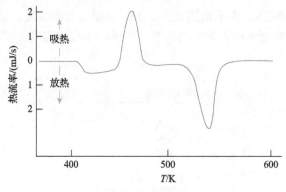

图 2-32　典型的 DSC 曲线

较；曲线回复到基线的温度为终止温度 T_f，重现性较差，与 DTA 类似，可用外推双切线法求外推终止温度 T_f'。

DSC 由于能定量地测定多种热力学和动力学参数，且使用的温度范围比较宽（−175～725℃），方法具有分辨率好，灵敏度高，因此应用也较广。其主要用于测定比热、反应热、转变热等热效应以及试样的纯度、反应速率、结晶速率、高聚物结晶度等。

2.4.2.3　DTA 和 DSC 曲线的影响因素

DTA 与 DSC 所得到的试样结构的信息主要来自于曲线上峰的位置、大小（峰面积）与形状。许多因素可影响 DTA 与 DSC 曲线的位置、大小与形状，但概括起来可分为仪器因素、操作条件和样品状态三类。

对于仪器方面的影响，主要来自炉子的结构和记录仪，是设计仪器时必须充分考虑的因素；操作条件和样品状况对 DTA 和 DSC 的影响不容忽视，选择正确的操作条件对实验的成功与否关系十分重要。

(1) 升温速率 (β)。升温速率在 DTA 和 DSC 测定中是重要条件之一。提高升温速率，热滞后效应增加，使转变温度向高温方向偏移，所得数据偏高，还会造成相邻转变峰的重叠即分辨率下降，影响峰面积的测量；升温速率过慢，测试效率低，还会使高分子链的热转变与松弛缓慢，在热谱图上的变化不明显，影响转变温度尤其是玻璃化转变温度的确定。因此须根据样品的性能，选择适当升温速率，常用的升温速率为 5～30℃/min，尤以 10℃/min 居多。应该注意的是：在保证 DSC 谱图各转变峰分离度的前提下，升温速率的变化对转变温度有影响，但对谱图中吸热或放热峰的峰面积无影响（对峰的高低和宽窄有影响），因此不影响 DSC 热量的定量计算。

(2) 气氛。所用气氛的化学活性、流动状态、流速、压力等均会影响样品的测试结果。一些物质在空气存在的条件下受热易被氧化，所以样品要在惰性气体保护下进行分析。常用的惰性气体有干燥的氮气，必要时还用氦气。

(3) 参比物和稀释剂。DTA 和 DSC 分析中所用的参比物是热惰性物质，即在测试温度范围内必须保持物理和化学惰性，除因升温所吸热外，不能有任何热效应。在聚合物的热分析中，常用的参比物有 α-Al_2O_3、MgO 和空坩埚等。

有时试样所得到的 DTA 曲线的基线随温度升高偏移很大，使得产生假峰或使得到的峰形变得很不对称。此时可在样品中加入稀释剂以调节试样的热传导率，从而达到改善基线的目的。通常用参比物作稀释剂，这样可使样品与参比物的热容尽可能相近，使基线更接近水平。

(4) 样品状况。在灵敏度足够的前提下，试样的用量应尽可能小，目前仪器推荐使用的样品量为 1~6 mg；试样粒度和颗粒分布对峰面积和峰温度均有一定影响；在样品装填时，粉末样品填充到坩埚内时应将样品装填得尽可能均匀紧密。

2.4.3 热重分析与微分热重

2.4.3.1 热重法的基本原理

热重法又称热失重法(thermogravimetry，TG)，是在程序升温的环境中，测量试样的质量对温度(或时间)依赖关系的一种技术。在热谱图上横坐标为温度 T(或时间 t)，纵坐标为样品余重或余重百分数，所得的质量-温度(或时间)曲线呈阶梯状。微分热重(DTG)曲线是 TG 曲线对温度或时间的一阶导数。

固体热分解的 TG 曲线如图 2-33 所示，在 TG 曲线上，m 不随 T 变化的水平线段 ab 与 cd 称为平台，它分别相对应于固体 A 与固体 B 稳定存在的温度区间。曲线斜率发生变化的 bc 部分则表示已发生质量变化的反应，为样品的失重区，曲线的斜率变化越大，表明反应速率越快。从两个平台之间的垂直距离可以计算该反应所发生的质量变化量或失重百分数，从而可以进行定量分析或反应历程的判断。TG 曲线开始失重并偏离基线的温度为反应的起始温度 T_i；TG 曲线上折点温度，常为两平台的中点，为最大失重速率温度 T_p；TG 曲线上另一个平台的开始，

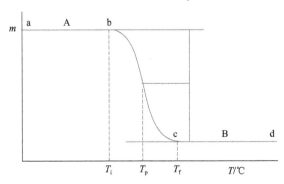

图 2-33 固体热分解的 TG 曲线

为终止温度 T_f。要注意的是：T_i 与 T_f 的重现性较差，与 DSC 类似，可用外推双切线法求外推起始和终止温度。

2.4.3.2　热重分析仪

热重分析仪又称热天平，它既可以加热样品，又可连续记录质量与温度的函数关系。热天平的主要组成部分包括：①加热炉；②程序控温系统；③可连续称量样品质量的天平；④记录系统。

当前发展起来的 DTA-TG（或 DSC-TG）联用设备，是 DTA 和 TG（或 DSC 和 TG）的样品室相连，在同样的气氛中，控制同样的升温速率进行实验，在谱图上同时得到 DTA 和 TG（或 DSC 和 TG）两种曲线，可由一次实验得到较多的信息，对照进行研究。为了保证测量的准确度和重现性，应该定期对热重分析仪器进行温度和质量校准。

2.4.3.3　影响因素

影响 TG 数据的因素主要有仪器因素、实验条件和样品状况等，仪器本身的影响因素主要有浮力、对流和挥发物的冷凝；实验操作条件包括升温速率、样品状况、试样皿和气氛等，其影响规律与 DTA 和 DSC 相似。

2.4.4　热机械分析和动态热机械分析

材料在外部变量的作用下，其性质随时间的变化称为松弛。如果这种外部变量是力学量（应力或应变），则这种松弛称为力学松弛（mechanical relaxation）；松弛过程引起能量消耗，即内耗（internal friction）。研究内耗可以查知松弛过程，并揭示松弛的动态过程和微观机制，从而得到材料的组织成分和内部结构。热力分析是研究内耗的主要方法之一，热力分析又包括静态热力分析和动态热力分析。聚合物力学性能的研究方法很多，本节主要介绍热机械分析法（TMA）和动态热机械分析法（DMA）。

2.4.4.1　热机械分析的基本原理

TMA 就是在程序控制温度下，测量材料在静态负荷下形变与温度的关系，又称为静态热力分析，其测量方式有拉伸、压缩、弯曲、针入、线膨胀和体膨胀等，常用的是压缩法。

2.4.4.2　动态热机械分析

DMA 又称动态热力分析，是指试样在交变外力作用下的响应。它所测量的是材料的黏弹性即动态模量和力学损耗（即内耗）随温度的关系，测量方式有拉伸、压缩、弯曲、剪切和扭转等，可得到保持频率不变的动态力学温度谱和保持温度不变的动态力学频率谱。聚合物结构复杂、品种繁多，其 DMA 温度谱各不相同；动态力学频率谱用于研究材料力学性能与速率的依赖性。

2.4.4.3　仪器

热机械分析仪有浮筒式和天平式两种类型，负荷的施加方式有压缩、针入、弯曲、拉伸等，常用的是压缩力。

动态热机械分析仪器种类很多，各种仪器测量的频率范围不同，被测试样受力的方式也不同，所得到的模量类型也就不同。而且目前大多数动态热机械分析仪器都可以用来测定聚合物试样的动态力学性能温度谱和频率谱，仪器主要包括温控炉、温度控制与记录仪，在此简单介绍以下几种类型的仪器。

（1）自由振动法仪器。自由振动法是一种常用的动态力学性能测试方法，它是研究试样在驱动力作用下自由振动时的振动周期、相邻两振幅间的对数减量以及它们与温度关系的技术，一般测定的是温度谱。常用的自由振动法仪器有扭摆仪(TPA)和扭辫仪(TBA)两种。TBA 技术已被直接用于研究高分子预浸料的固化行为。

（2）强迫共振法仪器。在几赫兹到几万赫兹的频率范围内，用强迫共振技术可以很方便地测定材料的模量和内耗。采用这些方法时，将一个周期变化的力或力矩施加到片状或杆状试样上，监测试样所产生的振幅，试样的振幅是驱动力频率的函数，当驱动力频率与试样的共振频率相等时，试样的振幅达最大值，这时根据测量试样的共振频率即可计算出试样的模量和内耗。在共振研究中常用的振动类型有弯曲、扭转和纵向共振，弯曲和扭转共振又有不同的支撑方式。弯曲共振的频率最高，扭转共振次之，纵向共振的频率最低。

（3）强迫非共振法仪器。强迫非共振法是指强迫试样以设定频率振动，测定试样在振动中的应力与应变幅值以及应力与应变之间的相位差，按定义式直接计算储能模量、损耗模量、动态黏度及损耗角正切值等性能参数。强迫非共振仪器可分为两大类：一类主要适合于测试固体，称为动态黏弹谱仪；另一类适合测试流体，称为动态流变仪。利用这种仪器进行测量可得到不同频率下的 DMA 温度谱，也可以得到不同温度下的 DMA 频率谱。强迫非共振法试样的形变模式有多种，包括拉伸、压缩、剪切、弯曲(三点弯曲、单悬臂梁弯曲与双悬臂梁弯曲)等，有些仪器中还有杆、棒的扭转模式。不同形变模式与不同实验模式的种种组合，大大拓展了动态力学测试技术在材料科学与工程研究中的应用价值。

（4）声波传播法仪器。用声波传播法测定材料动态力学性能的基本原理是：声波在材料中的传播速度取决于材料刚度，声波振幅的衰减取决于材料阻尼。用这类方法测试时，要求试样尺寸远大于声波波长。声波波长与频率之间存在反比关系：频率越低，波长越长。对于不同的试样形式，需采用不同的声波频率。具体方法分为声脉冲传播法和超声脉冲法两类。

2.4.5 热分析方法在氨基树脂结构分析中的应用

固化是热固性树脂胶黏剂应用过程中最重要的化学反应，热固性树脂通过固化反应形成体型网状结构并产生胶合强度，因此有关固化反应、固化机理及固化过程控制的研究具有重要的理论意义和很高的商业价值。总之，胶合制品的最终性能与固化过程密切相关，研究树脂的固化具有重要的理论和现实意义。

热分析是研究胶黏剂固化反应的一种很有效的手段。早在 1962 年 Nakamura 等报道了脲醛树脂的 DTA 曲线；1975 年 Chow 等用 DTA 系统研究了脲醛树脂的合成条件和催化放热峰之间的关系，之后也不断有相关的报道。

DTA、DSC、TG 在聚合物研究中的应用很广泛。这些方法不仅可以提供有关聚合物的各种转变温度，热转变的各种参数(热容、热焓、活化能等)，聚合物的热稳定性，聚合物的固化、氧化和老化等方面的重要信息，而且还是研究不同的热历史、不同的处理和加工条件对聚合物结构与性能影响的强有力的手段。以下分别介绍各种热分析方法在氨基树脂固化反应研究中的应用状况。

2.4.5.1 差示扫描量热法(DSC)

DSC 测定的是热流率(dH/dt)，因此热量定量方便，分辨率高，灵敏度好。近年来，其在高分子方面的应用特别广泛，可用于研究高分子材料在合成与裂解过程的化学反应。例如树脂的固化、聚合反应，氧化和分解等过程的热效应。因此，可通过测量此种热效应来确定反应速率变化过程，并进行动力学分析，深入了解其反应机制。DSC 是快速表征树脂固化反应过程的一种方法，可比较其反应活性，确定最佳固化条件，研究固化过程动力学等。

根据相关文献，热固性树脂固化动力学研究主要有 4 种方法：黏度法、红外光谱、DSC 和热机械分析。其中 DSC 是研究热固性树脂固化反应最普遍的方法，一般采用非等温动力学研究。DSC 作为脲醛树脂固化机理最有效和最传统的研究方法之一，近几年来，在氨基树脂胶黏剂固化反应研究中的应用逐渐增多。

在树脂的固化反应研究中，根据 DSC 曲线可以定量地测定多种热力学和动力学参数，如固化反应的起始温度、峰值温度、终止温度、活化能、反应级数、热量、动力学模型等，且使用的温度范围比较宽，方法分辨率较好，灵敏度较高，因此在氨基树脂固化动力学研究中得到广泛应用。而且通过求固化反应活化能并推测固化反应机理，可分析树脂的化学结构。

1991 年叶素等就用 DSC 法对 LF-1 型低毒脲醛树脂的固化和固化反应动力学进行了研究。近期，Kim 使用 DSC 研究了三聚氰胺改性脲醛树脂的活化能，Fan 等使用 DSC 研究了不同固化剂下低物质的量比脲醛树脂的热行为，而马红霞等通过 DSC 分析了固化剂加入量和棉秆/杨木的混合比例对脲醛树脂固化反应的影响。

范东斌等（2006）用 DSC 法研究了物质的量比（n_F/n_U）、游离甲醛含量、固化剂种类等对 5 种低物质的量比脲醛树脂胶黏剂固化反应起始温度、峰值温度、终止温度和胶合板胶合强度及其甲醛释放量的影响。实验结果表明：与传统的氯化铵固化剂相比，过硫酸铵催化的脲醛树脂的热分析曲线的起始温度和峰值温度都很低，显示出良好的固化促进作用。其谱图如图 2-34 所示。

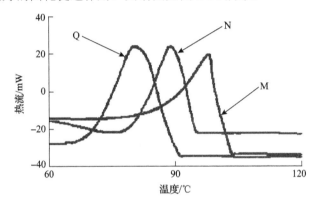

图 2-34　不同固化剂下物质的量比为 0.8 的脲醛树脂固化反应的 DSC 曲线

M、N、Q 分别表示氯化铵、过硫酸钾、过硫酸铵，添加量均为液体脲醛树脂的 1%

从 DSC 曲线不仅可以得出树脂的固化起始温度、峰值温度、终止温度、固化速率快慢等，若对树脂进行非均温动态固化行为扫描，还可研究树脂的固化反应动力学，如计算固化反应的表观活化能、动力学模型处理、确定反应级数等。

胡飚等（2009）用傅里叶变换红外光谱和 DSC 法对不同物质的量比 PUF 树脂的固化动力学进行了研究，不同升温速率下 PUF 树脂的 DSC 曲线如图 2-35 所示，并结合 Kissinger 方程和 Ozawa 方程及不同物质的量比 PUF 树脂 DSC 曲线，结果

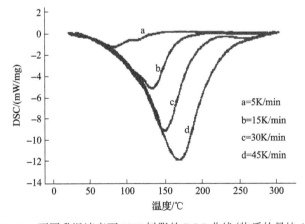

图 2-35　不同升温速率下 PUF 树脂的 DSC 曲线（物质的量比 1.7）

表明：随着 $n_F/n_{(P+U)}$ 物质的量比的提高，固化的表观活化能逐渐减小，得出了不同物质的量比的 PUF 共缩聚树脂固化反应动力学模型。

DSC 研究固化反应动力学有多种计算活化能 E_a 和反应级数 n 的方法，这里胡飚等分别采用了 Kissinger［式 (2-5)］方法和 Ozawa［式 (2-6)］方法。

$$\frac{d\ln(\beta/T_p^2)}{d(1/T_p)} = \frac{E_a}{R} \tag{2-6}$$

$$\frac{d\ln\beta}{d(1/T_p)} = -1.052\frac{E_a}{R} \tag{2-7}$$

式中，β 为升温速率，K/min；T_p 为 PUF 树脂固化反应放热峰的峰值温度，K；R 为理想气体常数，8.31441 J/(mol·K)；E_a 为表观活化能，kJ/mol。

按照 Kissinger 方法计算表观活化能 E_a，通过对不同升温速率的 $\ln(\beta/T_p^2)$-$1/T_p$ 线性拟合，不同物质的量比的 PUF 树脂的 $\ln(\beta/T_p^2)$-$1/T_p$ 的关系都成一条直线，直线的斜率即为 E_a/R，根据式 (2-6) 计算可得 PUF 树脂固化活化能 E_a。

根据 Ozawa 方程，将 $\ln\beta$ 对 $1/T_p$ 作图，也可以得到一条直线，直线的斜率就是$-E_a/R$，从而可以得出表观活化能 E_a。

反应级数 n 由 Crane 方程来计算：

$$\frac{d\ln\beta}{d(1/T)} \approx -\frac{E_a}{nR} \tag{2-8}$$

根据文献 (胡飚等，2009)，用 DSC 曲线分析反应动力学时，反应速率方程可用 $da/dt=k(T)f(a)$ 表示，其中 a 为固化反应程度，$f(a)$ 为 a 的函数，其形式由固化机理决定，$k(T)$ 为反应速率常数，根据 Arrhenius 方程可以得出

$$k(T) = Ae^{-E_a/RT} \tag{2-9}$$

关于高分子树脂胶的固化反应模型，前人提出了多种反应模型，较常见的一种为 n 级反应模型，其中 $f(a)=(1-a)^n$，反应速率方程为

$$da/dt = Ae^{-E_a/RT}(1-a)^n \tag{2-10}$$

根据 Kissinger 方程可以近似得出指前因子：

$$A \approx \frac{\beta E_a e^{E_a/RT_p}}{RT_p^2} \tag{2-11}$$

结合 Kissinger 方程求出的表观活化能 E_a 和 PUF 共缩聚树脂不同升温速率下的特征固化峰值温度 T_p，求出指前因子 A。将指前因子 A、反应级数 n 和根据

Kissinger 方程计算出的反应活化能 E_a 代入方程(2-10)，即可得到 PUF 共缩聚树脂的固化动力学模型。

　　王辉等(2010)用 DSC 热分析仪考察了不同尿素添加量对 MUF 树脂固化性能的影响，通过与 UF、MF 树脂固化曲线的对比分析结果表明：MUF 树脂体系中可能包含三种体系即 UF、MF 和 MUF 共缩聚树脂体系，且反应后期补加尿素主要影响 MUF 树脂固化吸收总热量及峰值温度，而且在固化剂加入前后，表现出不同的固化反应。其谱图见图 2-36。

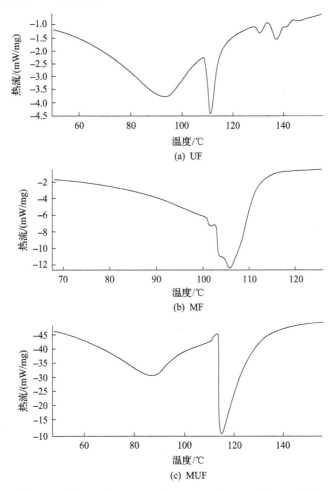

图 2-36　加入 1%的 NH₄Cl 时 UF、MF 和 MUF 的 DSC 曲线

　　有关 DSC 对氨基树脂固化行为的研究，还有大量的相关报道。He 等用 DSC、DMA 方法对不同合成方法合成的 PUF 树脂的固化动力学和固化后的性质进行了研究，固化动力学研究结果表明：PUF 树脂固化的活化能高于 PF 但固化速率比 PF 快。其谱图见图 2-37。

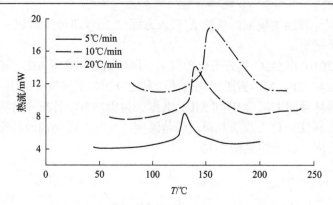

图 2-37 不同升温速率下 PUF 树脂的 DSC 曲线

2.4.5.2 差热分析(DTA)

DTA 是热分析中使用得较早、应用得较广泛和研究得较多的一种方法,它不但类似于热重法可以研究样品的分解或挥发,而且还可以研究那些不涉及质量变化的物理变化。例如结晶的过程、晶型的转变、相变、固态均相反应以及降解等。

2004 年,杜官本等(2004)用 DTA-TG 联用技术对比研究了 PF、PUF 和 UF 树脂的热稳定性,研究结果表明 PUF 共缩聚树脂的热稳定行为明显高于 UF 树脂而与 PF 树脂类似,其谱图见图 2-38。

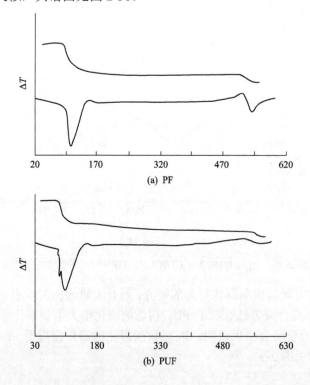

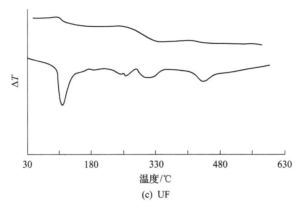

(c) UF

图 2-38　PF、PUF、UF 的 DTA-TG 热谱图

近期，Samarzija-Jovanovic 等（2011）用 TG、DTA、DTG 方法并结合 FTIR 研究了改性脲醛树脂的热稳定性。

2.4.5.3　热重（TG）分析

TG 曲线不仅可提供聚合物分解温度的信息，确定其使用的温度条件，也可直观地比较高聚物的热稳定性，包括在 N_2 中的热稳定性和在空气或氧气中的热氧稳定性，从而确定聚合物成型加工及使用温度范围。利用 TG 还可以测定聚合物挥发物的含量，当聚合物中含有水分、残留溶剂、未反应完的单体或其他挥发组分时，可以很方便地用 TG 进行定量。

在实际应用中，TG 常与 DTA 或 DSC 联用，在 DTA（DSC）-TG 谱图上可以同时得到 TG、DSC 或者 TG、DTA 两种曲线，可由一次实验得到较多的信息，对照进行研究。DTA-TG 和 DSC-TG 在氨基树脂的固化反应研究中发挥了越来越重要的作用。

2008 年，Siimer 等发表了用 DTA-TG、DTA 研究三聚氰胺改性脲醛树脂热行为的报道。其谱图见图 2-39、图 2-40。

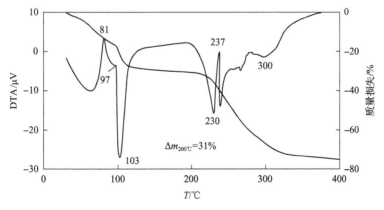

图 2-39　添加 2% NH_4Cl 后常规 UF 树脂固化的 DTA-TG 谱图

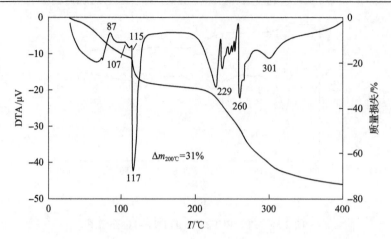

图 2-40　添加 2% NH$_4$Cl 后改性 UFM 树脂固化的 DTA-TG 谱图

　　Jiang 等(2011)用 DTA-TG 方法研究了三种硼系阻燃剂对脲醛树脂热固化行为的影响，结果表明硼酸使 UF 树脂的 pH 降低，缩短了凝胶时间，促进了 UF 树脂的固化。近期 Zorba 等(2008)、陈娅等(2011)、Siimer 等(2003)先后报道了用 DTA-TG 研究 UF、PUF、PF、MUF 树脂的热行为。

2.4.5.4　热机械分析(TMA)

　　在氨基树脂的固化反应研究中，TMA 可以模拟人造板的热压过程，通过测量树脂胶黏剂强度形成过程观测树脂的固化反应。TMA 测量形变或挠度，弹性模量与挠度之间的关系公式：

$$E=[L^3/(4bh^3)](F/\Delta f) \qquad (2-12)$$

式中，E 为试件的弹性模量，MPa；L 为两支座间距离，mm；b 为试件宽度，mm；h 为试件厚度，mm；F 为试件载荷，N；Δf 为挠度，mm。

　　由挠度的数量值，得到弹性模量与温度和时间之间的关系，而弹性模量与树脂固化程度有关，而且基于 TMA 得到的弹性模量值具有可重复性。

　　TMA 图谱以温度为横坐标，弹性模量为纵坐标，可以提供脲醛树脂固化过程的如下信息：①固化反应起始温度；②固化反应速率，图谱中从固化起始温度开始至达到模量平台时温度区间的大小，可以作为判别固化速率的依据；③固化后树脂的机械性能，这一性能通过弹性模量表征；④固化后树脂的热稳定性能。

　　2009 年，雷洪等(2009)采用压缩式 TMA 分析了脲醛树脂的固化过程，同时辅以 DSC 分析和实验室制刨花板内结合强度性能分析，从热机械性能角度阐述固化过程和固化剂种类和用量对树脂性能的影响。其谱图见图 2-41。

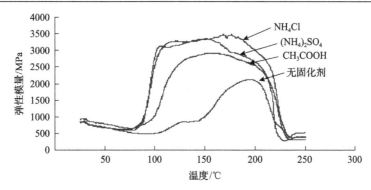

图 2-41　使用不同固化剂及不使用固化剂的脲醛树脂 TMA 谱图

使用 TMA 研究脲醛树脂的固化过程，TMA 图谱可以提供脲醛树脂固化反应起始温度、固化反应速率、固化后树脂机械性能以及固化后树脂热稳定性能等十分有价值的信息。这些信息与 DSC 和胶合性能测试的结果互相印证。

雷洪等(2009)采用 TMA 研究了不同 PUF 树脂的固化性能，结果表明：碱性条件下合成的 PUF 树脂具有相似的固化行为，或者说通过改变加料方式无法实现加速酚醛树脂固化的目的。

2.4.5.5　动态热机械分析(DMA)

聚合物材料具有黏弹性，其力学性能受时间、频率和温度影响很大。无论实际应用还是基础研究，动态热力分析均已成为研究聚合物材料性能的最重要方法。

从 DMA 谱图可以得到树脂固化过程中模量随温度的变化情况，还可以对聚合物的老化性能进行分析，聚合物材料在水、光、电、氧等作用下发生老化，性能下降，其原因在于结构发生了变化。这种结构变化往往是大分子发生了交联或致密化或分子断链和产生新的化合物，由此体系中各种分子运动单元的运动活性受到抑制或加速。这些变化常常可能在 tanδ-T 谱图的内耗峰上反映出来。采用 DMA 技术不仅可以迅速跟踪材料在老化过程中刚度和冲击韧性的变化，而且可以分析引起性能变化的结构和分子运动变化的原因。

固化工艺对复合材料的高温力学性能影响尤为显著。在研究聚合物固化过程方面，传统的化学分析手段对固化最后阶段的反应不灵敏，而这个最后阶段却在很大程度上决定交联高聚物的性能。应用物理手段时，如果缺乏物理性能与固化程度之间的关系，也很难确定固化过程进行的完善程度。而 DMA 技术既能跟踪树脂在升温固化过程中的动态力学性能变化，又能模拟预定的固化工艺过程，获悉树脂在实际固化过程中的力学性能变化以及最终达到的力学性能，为固化工艺的选择提供有用的信息。

在 DMA 测量中，试样承受一个正弦应力，产生一个正弦应变，而这种应变比应力滞后一个相位差，损耗角正切 $\tan\delta=E'/E''$（其中 E' 为储存模量，E'' 为损耗模量，$\tan\delta$ 为温度曲线的峰值代表相应的相转变）。测定材料的 E'、E'' 和 $\tan\delta$ 随温度的变化关系，得到动态热机械曲线，称为黏弹谱。

2008 年，Park 等（2008）对不同物质的量比的 UF 树脂进行了 DMA 分析，分析了凝胶时间、储存模量（E'）、损耗模量（E''）、损耗角正切（$\tan\delta$）随物质的量比（n_F/n_U）的变化关系，并通过固化交联程度的计算，解释了低物质的量比 UF 树脂胶接性能不如高物质的量比树脂好的原因主要是低物质的量比 UF 树脂的交联固化程度低。其谱图见图 2-42。

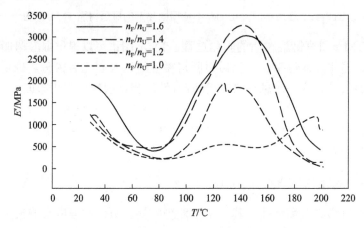

图 2-42　不同物质的量比脲醛树脂的 E'-T 曲线

朱丽滨等（2008）、Kim 等（2006）分别报道了用 DMA、TG 等方法研究 UF 和 MF 树脂的热性质。

2.4.5.6　扭辫分析（TBA）技术

热固性树脂胶黏剂的固化过程是一个既伴随着固化化学反应同时其相态也在不断变化的复杂的物理化学过程，采用常规的测定树脂胶黏剂的固化速率等手段很难准确把握其固化历程。利用扭转振动自由衰减型黏弹性测定技术（TBA），使用浸渍液体胶黏剂的玻璃纤维随温度的变化可以实现连续测定热固型胶黏剂的动态黏弹性，通过固化过程中相对刚性率的变化规律，可探知不同固化体系和不同种类的热固性树脂的固化反应速率、固化历程和固化反应程度。据此揭示树脂固化过程中的力学性能变化规律，间接推测固化后树脂化学结构等。

朱丽滨等（2008）用 TBA 技术对不同固化体系的低甲醛释放 UF 树脂固化过程中的相对刚性率变化进行了研究。研究结果表明：使用不同固化体系及不同种类 UF 树脂的固化反应速率和历程及程度不同，与不添加固化剂的 UF 树脂固化历程相比都发生了交联缩聚反应。

综上可见，热分析技术已广泛应用于氨基树脂的固化反应研究中，特别是同步热分析仪 DSC/DTA-TG、温度调制式 DSC、TG-FTIR、TG-MS 等。热分析三大主要技术 DSC（DTA）、TG（DTG）、DMA（TMA）在氨基树脂的固化反应研究中均可起各自的作用，在具体的研究中要根据研究的目的和样品以及实验条件等选择最合适的方法。

参 考 文 献

曹明, 雷洪, 李涛洪, 等. 2017. 三乙酸甘油酯对酚醛树脂固化的影响[J]. 林业科技开发, 2(2): 16-21.

陈娅, 陶伟根, 林苗. 2011. 磷型阻燃脲醛树脂胶粘剂的性能研究[J]. 粘接, 32(2): 56-58.

邓书端, 杜官本, 汪进. 2014. 乙二醛-尿素树脂的合成、结构与性能研究[J]. 中国胶粘剂, 23(3): 25-29,41.

杜官本. 1999a. 摩尔比对脲醛树脂初期产物结构影响的研究[J]. 粘接, 20(3): 1-5.

杜官本. 1999b. 尿素与甲醛加成及缩聚产物 ^{13}C NMR 研究[J]. 木材工业, (4): 9-13.

杜官本, 李君, 杨忠. 2004. 苯酚-尿素-甲醛共缩聚树脂研制 I: 合成与分析[J]. 林业科学, 36(5): 73-77.

范东斌, 李建章, 卢振雷, 等. 2006. 不同固化剂下低摩尔比脲醛树脂热行为及胶接胶合板性能[J]. 中国胶粘剂, 15(12): 5-9.

高振忠, 廖峰, 邓世兵, 等. 2009. PMUF 树脂胶黏剂的制备与性能[J]. 林业科学, 45(8): 127-131.

胡飚, 傅深渊, 程书娜, 等. 2009. PUF 树脂的固化动力学研究[J]. 化学与黏合, 31(3): 15-18.

雷洪, 杜官本, PIZZI Antonio, 等. 2009. 苯酚-尿素-甲醛共缩聚树脂结构形成比较[J]. 林产化学与工业, 29(1): 73-78.

梁坚坤, 潘昌仁, 余丽萍, 等. 2019. 碱性条件下脲醛树脂胶黏剂体系竞争反应的 ESI-MS 研究[J]. 西北林学院学报, 34(6): 160-165.

王辉, 杜官本, 雷洪. 2010. 高性能三聚氰胺-尿素-甲醛共缩聚树脂研制: 1)缩聚反应后期尿素的影响[J]. 化学与黏合, 32(2): 45-49.

王辉, 李吏详, 刘斯宁, 等. 2017. 反应原料用量对 MUF 共缩聚树脂分子量分布的影响[J]. 森林与环境学报, 37(1): 124-128.

赵临五, 王春鹏, 施娟娟, 等. 2011. 三种三聚氰胺改性脲醛树脂胶结构与性能关系的研究[J]. 林产工业, 38(1): 17-21.

朱丽滨, 顾继友. 2008. 固体核磁共振法对低甲醛释放脲醛树脂化学结构的研究[J]. 林产化学与工业, 28(4): 21-24.

Alic B, Sebenik U, Krajnc M. 2011. Differential scanning calorimetric examination of melamine-formaldehyde microcapsules containing decane[J]. Journal of Applied Polymer Science, 119(6): 3687-3695.

Despres A, Pizzi A, Pasch H, et al. 2007. Comparative ^{13}C-NMR and matrix-assisted laser desorption/ ionization time-of-flight analyses of species variation and structure maintenance during melamine-urea-formaldehyde resin preparation[J]. Journal of Applied Polymer Science, 106(2): 1106-1128.

Ebdon J R, Heaton P E. 1977. Characterization of urea-formaldehyde adducts and resins by ^{13}C-NMR spectroscopy[J]. Polymer, 18(9): 971-974.

Ferg E E, Pizzi A, Levendis D C. 1993. ^{13}C-NMR analysis method for urea-formaldehyde resin strength and formaldehyde emission[J]. Journal of Applied Polymer Science, 50(5): 907-915.

Gies A P, Nonidez W K. 2004. A technique for obtaining matrix-assisted laser desorption/ionization time-of-flight mass spectra of poorly soluble and insoluble aromatic polyamides[J]. Analytical Chemistry, 76(7): 1991-1997.

Jiang J X, Yang Y L, Li C, et al. 2011. Effect of three boron flame retardants on thermal curing behavior of urea formaldehyde resin[J]. Journal of Thermal Analysis and Calorimetry, 105(1): 223-228.

Kandelbauer A, Despres A, Pizzi A, et al. 2007. Testing by fourier transform infrared species variation during melamine-urea-formaldehyde resin preparation[J]. Journal of Applied Polymer Science, 106(4): 2192-2197.

Karas M, Hillenkamp F. 1988. Laser desorption ionization of proteins with molecular masses exceeding 10,000 daltons[J]. Analytical Chemistry, 60(20): 2299-2301.

Kim M G. 2000. Examination of selected synthesis parameters for typical wood adhesive-type urea-formaldehyde resins by ^{13}C-NMR spectroscopy. II [J]. Journal of Applied Polymer Science, 75: 1243-1254.

Kim S, Kim H J, Kim H S, et al. 2006. Effect of bio-scavengers on the curing behavior and bonding properties of melamine-formaldehyde resins[J]. Macromolecular Materials & Engineering, 291(9): 1027-1034.

Maciel G E, Szeverenyi N M, Early T A, et al. 1983. ^{13}C NMR studies of solid urea-formaldehyde resins using cross polarization and magic-angle spinning[J]. Macromolecules, 16(4): 598-604.

Mansouri H R, Thomas R R, Garnier S, et al. 2007. Fluorinated polyether additives to improve the performance of urea-formaldehyde adhesives for wood panels[J]. Journal of Applied Polymer Science, 106(3): 1683-1688.

Myers G E. 1981. Investigation of urea-formaldehyde polymer cure by infrared[J]. Journal of Applied Polymer Science, 26(3): 747-764.

Park B-D, Kim J-W. 2008. Dynamic mechanical analysis of urea-formaldehyde resin adhesives with different formaldehyde-to-urea molar ratios[J]. Journal of Applied Polymer Science, 108: 2045-2051.

Park B-D, Kim Y S, Singh A P, et al. 2003. Reactivity, chemical structure, and molecular mobility of urea-formaldehyde adhesives synthesized under different conditions using FTIR and solid-state ^{13}C CP/MAS NMR spectroscopy[J]. Journal of Applied Polymer Science, 88(11): 2677-2687.

Panangama L A, Pizzi A. 2004. ^{13}C-NMR analysis method for MUF and MF resin strength and formaldehyde emission[J]. Journal of Applied Polymer Science, 92: 2665-2674.

Poljanšek I, Kasěbenik U, Krajnc M. 2006. Characterization of phenol-urea-formaldehyde resin by inline FTIR spectroscopy[J]. Journal of Applied Polymer Science, 99: 2016-2028.

Samarzija-Jovanovic S, Konstantinovic S, Markovic G, et al. 2011. Thermal behavior of modified urea-formaldehyde resins[J]. Journal of Thermal Analysis and Calorimetry, 104: 1159-1166.

Schmidt K, Grunwald D, Pasch H. 2006. Preparation of phenol-urea-formaldehyde copolymer adhesives under heterogeneous catalysis[J]. Journal of Applied Polymer Science, 102(3): 2946-2952.

Siimer K, Kaljuvee T, Christjanson P. 2003. Thermal behaviour of urea-formaldehyde resins during curing[J]. Journal of Thermal Analysis & Calorimetry, 72: 607-617.

Siimer K, Christjanson P, Kaljuvee T, et al. 2008. TG-DTA study of melamine-urea-formaldehyde resins[J]. Journal of Thermal Analysis and Calorimetry, 92: 19-27.

Yamashita M, Fenn J B. 1984. Electrospray ion source. Another variation on the free-jet theme[J]. Journal of Physical Chemistry, 88(20): 4451-4459.

Zanetti M, Pizzi A, Beaujean M, et al. 2002. Acetals-induced strength increase of melamine-urea-formaldehyde (MUF) polycondensation adhesives. II. Solubility and colloidal state disruption[J]. Journal of Applied Polymer Science, 86(8): 1855-1862.

Zorba T, Papadopoulou E, Hatjiissaak A, et al. 2008. Urea-formaldehyde resins characterized by thermal analysis and FTIR method[J]. Journal of Thermal Analysis and Calorimetry, 92(1): 29-33.

第3章 三聚氰胺-尿素-甲醛共缩聚树脂

3.1 氨基树脂

氨基树脂(amino resin)，是指含有氨基(—NH₂)的化合物与醛类(主要为甲醛)在一定工艺条件下聚合而成的初期树脂的总称。目前，以脲醛(UF)树脂、三聚氰胺-甲醛(MF)树脂的研究和应用最为广泛。其中，UF 树脂因具有生产成本低、胶接性能优、易于工业化生产等突出优势，自1844年首次合成后，在百余年的发展中已经成为木材工业中一类重要的氨基树脂，占据人造板用胶黏剂90%的比例，但 UF 树脂也存在水解稳定性差、甲醛释放等突出缺陷。MF 树脂具有较高的胶接强度和耐沸水能力，固化后的胶膜具有优异的耐磨性及在高温下保持颜色和光泽的能力，但其具有较高的成本、性脆易裂、柔韧性及储存稳定性差等缺陷，对其应用造成了极大限制。

为了适应不同需求，克服单一树脂自身的缺点并扩大使用范围，需要对 UF、MF 树脂进行改性。结合两种树脂的性能特征和结构特点，将三聚氰胺作为改性剂引入到 UF 树脂中可以有效改善树脂耐潮湿环境的性能以及提高胶接强度、降低游离甲醛含量等，但由于三聚氰胺加入量因树脂合成工艺因素受到限制，一般控制在 15%左右，树脂整体改性效果具有一定局限性。为了充分发挥 UF 和 MF 树脂各自的优势，实现性能互补，以满足更高的使用要求，三聚氰胺-尿素-甲醛(MUF)共缩聚树脂的研发很好地实现了这一目标，不仅突破了三聚氰胺用量的限制，而且有效平衡了树脂性能与成本之间的关系。

目前，MUF 树脂以其优异的胶接性能、固化性能及耐环境性已成为木材工业中一类重要的新型氨基树脂。

3.1.1 脲醛树脂

UF 树脂是以尿素和甲醛在催化剂(碱性和酸性催化剂)作用下，经过羟甲基化和缩聚反应而形成的初期聚合产物，然后在固化剂作用条件下，进一步缩聚形成不溶不熔的末期树脂。

UF 树脂因成本较低、色浅、固化快、使用方法简单、初黏性好等特点，在胶合板、刨花板、中密度纤维板、人造板二次加工及室内装修等领域得到了广泛应用。在我国人造板用胶黏剂中，UF 树脂的消耗量占人造板行业用胶量的 90%以上，占木材加工行业胶黏剂总量的60%以上，已成为木材工业中最重要的胶黏剂

（张忠涛等，2017）。然而耐水、耐久性差，产品使用过程中存在甲醛释放等问题成为抑制 UF 树脂发展的主要因素，也是其致命弱点。正是由于这些鲜明的优点和缺陷的存在，对 UF 树脂的研究从未停止过。近 30 年来，对 UF 树脂的研究重点在于解决甲醛释放和 UF 树脂应用性能的提升，并取得了一定成效。

3.1.1.1　脲醛树脂合成与甲醛释放的研究

在 UF 树脂经典合成理论框架下，UF 树脂合成工艺为"碱-酸-碱"，主要分为两个阶段。第一阶段为中性或弱碱性阶段（pH 为 7～8），甲醛与尿素之间形成（1～4）取代羟甲基脲化合物。第二阶段为弱酸性阶段（pH 为 4～6），羟甲基脲之间生成具有亚甲基（—CH_2—）或醚键（—CH_2—O—CH_2—）链节交替重复的高分子聚合物。而实际上，UF 树脂的合成属于有机反应范畴，尿素与甲醛以及中间产物之间发生的反应是非常复杂的，反应过程中原料物质的量比、pH 值、反应温度、反应时间、加料方式等条件的改变会直接导致树脂结构和性能的变化。

为了控制甲醛释放，最常用的方法就是调节 n_F/n_U，从理论上讲，n_F/n_U 越小，游离甲醛含量则越低。在早期研究中控制 n_F/n_U 在 1.5～2.0 变化时，随着 n_F/n_U 的降低，树脂中的游离甲醛含量将迅速下降，但当 n_F/n_U 小于 1.5 时，游离甲醛降低得比较缓慢（罗晔等，2006；Myers，1984）。目前工业上 UF 树脂合成用 n_F/n_U 已经从最初的 1.6～2.0 降至 1.0 左右，已经达到理论极限，树脂中甲醛含量得到了显著控制，然而随着 n_F/n_U 的降低，树脂中羟甲基含量降低，游离尿素增加，甲醛与尿素之间以形成线型聚合物为主，导致树脂分支度下降，固化后树脂的交联密度不足，胶接强度下降。因此，靠降低 n_F/n_U 来降低甲醛释放量是有局限的。

根据甲醛释放的可能来源分析，树脂合成反应中结构的形成方式、基团含量与甲醛释放有直接关系。UF 树脂分子链的形成主要依靠亚甲基桥键（—CH_2—）、亚甲基醚键（—CH_2—O—CH_2—）而连接。目前，普遍认为亚甲基醚键结构是不稳定的，在湿热作用条件下，会发生分解转化为亚甲基桥键同时释放出游离甲醛。而亚甲基桥键相对稳定性比较好，并且有利于树脂内聚力和胶接性能的提升。因此，尽可能减少树脂结构中醚键的含量同时增加桥键的含量将有利于高性能、低甲醛释放树脂的合成。从反应结果看，亚甲基桥键是由氨基和羟基脱水形成，而亚甲基醚键由羟基之间脱水形成，两种结构的相对含量与反应体系的 pH 和反应温度等因素有关。实验研究发现（李爱萍等，2006；杜官本，2000；Rammon et al.，1986），在低温及酸性较弱时易于生成亚甲基醚键，较高温及酸性较强时更容易生成亚甲基桥键，而碱性条件下仅形成以醚键连接的聚合物，而难以形成亚甲基桥键结构。研究还发现，在强酸性条件下羟甲基脲（二羟甲基脲和三羟甲基脲）之间会发生分子内脱水形成 uron 环化合物，uron 与 uron 之间或 uron 与尿素之间也可以发生反应通过亚甲基桥键连接，固化后树脂中含有更高的亚甲基桥键、亚甲基醚键含量相对减少，甲醛释放量同时降低。将 uron 含量较丰富的树脂与低 n_F/n_U 的 UF 混合使用，可以使树脂的强度比相对应物质的量比的 UF 树脂大（Soulard et al.，1999）。在强酸性条件下合成的 UF 树脂，虽然甲醛释放量有所降低，但树脂的胶接性能也会同时下降。而且，强酸条件下合成反应对温度和 pH 更加敏感，操作难度较大，控制不当极易出现凝胶现象，因此在实际生产中极少采用。

根据 UF 树脂结构形成特点，醚键的生成是不可避免的，但采用分批加料、多次缩聚的方法对甲醛控制是一种有效的方法，而且将尿素分多次加入，更有利于增加树脂中亚甲基桥键的含量，树脂性能明显提升。原因在于在 UF 传统合成工艺中，当最终物质的量比相同时，碱性反应阶段 n_F/n_U 较高时，体系中甲醛过量，尿素可以全部实现羟甲基化反应，更有利于形成二羟甲基脲，可为树脂的聚合提供足够的支化度。在酸性缩聚阶段再次补加尿素，一方面可以降低 n_F/n_U，减少体系中游离甲醛的含量，另一方面尿素中的端氨基（—NH$_2$）具有很高的反应活性，是一羟甲基脲中仲氨基（—NH—）活性的 1 倍，是二羟甲基脲中叔氨基（—N$<$）反应活性的 2 倍（Paiva et al.，2012），因此游离尿素加入后将优先与羟甲基脲之间反应生成亚甲基桥键，同时降低了羟甲基脲之间缩聚反应的概率，那么树脂中醚键的含量也会相应下降。通过延长酸性缩聚阶段反应时间，树脂中的一部分醚键会重排为桥键，醚键含量更少，得到的树脂中支链含量更高，固化后树脂具有更高的胶接强度（李涛洪，2015）。为了进一步降低树脂中的游离甲醛，会在树脂合成反应末期加入一定比例的尿素，游离尿素的加入有利于游离甲醛的控制，但对树脂结构有明显的去支化效果，会导致树脂中生成大量的一羟甲基脲和游离尿素（Wang et al.，2018）。而当末期尿素添加量超过尿素总量的 25%以上时，树脂的湿强度会明显下降，因此在酸性缩聚阶段要保持合适的物质的量比，从树脂的湿状胶接强度和储存稳定性来看，建议缩聚阶段物质的量比控制在 1.6 左右。

羟甲基脲是加成反应阶段的主要产物，也是 UF 树脂结构形成的关键。UF 树脂形成后分子结构中仍然会有一定比例的羟甲基产物，而分子结构中的羟甲基是一个高反应活性基团，在受热情况下，可能会进一步缩聚释放出甲醛，也可能会直接分解释放出甲醛，尤其是温度在 120℃以上时，在催化剂和水分的作用下，将会加速这一分解过程（段红云，2015）。因此，合理控制固化后树脂中的羟甲基含量有利于甲醛释放的控制。

3.1.1.2 脲醛树脂应用性能的改性研究

UF 树脂的形成虽然只涉及尿素和甲醛两种反应原料，但两者之间的反应是比较复杂的。其分子的形成是一个结构不断变化、分子量不断增大的动态变化过程，在此过程中初始反应产物及初期缩聚产物间可能以多种形式、在多个反应位点进行缩聚，因此即使对 UF 树脂合成反应影响因素和结构形成机理有了原则性的认识，但合成反应参数与树脂结构、性能之间仍不能形成确定的定量关系，而且 UF 树脂形成过程中还包含有大量的可逆性反应，所以从树脂合成工艺上寻求性能的突破呈现出极大的局限性。那么，大量研究工作转向通过添加第三组分来实现对综合性能的调控，添加方式主要有：共混法、共聚法和先共聚后共混三种方法。添加剂有三聚氰胺、苯酚、间苯二酚、聚乙烯醇、异氰酸酯等化学原料，单宁、木质素、淀粉、大豆蛋白等生物质原料以及纳米蒙脱土、纳米 TiO_2、纳米 SiO_2 等无机原料。

UF 树脂的耐水性差，特别是耐热水能力几乎没有，对其应用造成了极大限制。主要原因在于液态 UF 树脂中含有一定数量的羟基（—OH）、氨基（—NH_2）、亚氨基（—NH—）等活性基团，与水分子之间具有良好的结合性和相容性，树脂在固化后，由于受各种因素的影响，胶层中仍会残留有部分活性基团，导致其耐水能力很差。为此常常在树脂合成中或使用时添加一定比例的改性剂进行处理，实践证明，在 UF 树脂合成过程中加入一定比例的改性剂，不仅可以有效改善树脂的耐水性能，对树脂胶接强度的提升和甲醛含量的降低也有明显作用。例如，在 UF 树脂合成中添加部分三聚氰胺、苯酚等，可与 UF 树脂中的羟甲基脲、树脂预聚体等之间发生良好的交联聚合，减少了 UF 树脂中的亲水性基团比例，树脂的耐水性能将得到有效改善。而 UF 树脂与改性剂之间产生的共聚体由于三嗪环和苯环的引入，增加了树脂的耐热性能，耐沸水能力明显提升。不同改性物质对树脂耐水性能的提升程度是有差别的，一般情况下化学原料的改性效果要优于生物质原料和无机原料。

1）化学改性

用三聚氰胺对 UF 树脂进行改性是一种最有效的方法。从三聚氰胺自身结构来看，具有一个环状结构（三嗪环）和 3 个活性氨基（—NH_2），同等条件下可结合更多的吸水基团（如—CH_2OH），更有利于 UF 树脂形成三维网状交联结构，从而改善 UF 树脂的耐水性能。三聚氰胺还具有一定的酸缓冲能力，对 UF 树脂中酰胺键的水解和水解速率有一定抑制作用，而且三聚氰胺的加入在一定程度上降低了 UF 树脂中亲水基团与水分之间的接触概率，因此改性后树脂耐水性有显著改善。在改性树脂发展初期，人们已经证实在 UF 树脂（n_F/n_U=1.75）合成中加入 1%～4% 比例的三聚氰胺后，树脂耐热水能力随三聚氰胺用量的增加而成比例地提高。随着三聚氰胺用量的增加，当三聚氰胺/尿素（M/U）质量比达到 30%～40% 时，制得的胶合板耐水性能可以达到 I 级要求（顾继友等，2002）。而一般情况下，由于受合成工艺和三聚氰胺成本的限制，在 UF 树脂合成中三聚氰胺添加量一般为尿素用量的 2%～10%，与未改性树脂活化能（71.4 kJ/mol）相比，改性后树脂的活化能（125 kJ/mol）显著增加，耐水能力及胶接强度得到明显改善（李斐霞等，2011；孙燕等，2020）。将三聚氰胺和尿素分别与甲醛反应合成 MF 和 UF 树脂，然后将两种树脂混合以改善 UF 树脂的耐水性,此共混方法简便易行,而且可以根据最终产品要求,对 MF 和 UF 树脂混合比例进行调整,制备出满足耐水性能要求的产品。也有研究发现,在 UF 树脂合成中先加入少量三聚氰胺,热压前再加入 35% 的 MF 树脂,也可以制得综合性能优良的改性树脂(李新功等,2004)。无论是共聚、共混还是先聚后混,经过改性后的 UF 树脂在耐水性方面均有不同程度的提升。目前来看,无论是实验还是生产上主要以共缩聚为主流方式。

利用苯酚或间苯二酚与尿素、甲醛以共缩聚的方式将苯环结构引入到 UF 树脂中,通过羟甲基酚与羟甲基脲之间的聚合反应,可以明显减少树脂中游离羟基(—OH)的比例,从而使改性后树脂的耐水性能得到一定程度改善。由于酚类物质与甲醛之间的反应有别于尿素和甲醛之间的形成机制,改性树脂体系仍以 UF 树脂为主,苯酚或间苯二酚一般在 UF 树脂合成的碱性阶段添加,为了使苯环结构能较好地融入 UF 树脂体系中,改性剂添加量以及树脂反应 pH 的控制非常关键。实验研究发现在 UF 树脂合成中(n_F/n_U=1.3)加入尿素总质量 3%比例的间苯二酚进行改性,缩聚反应阶段 pH 控制在 5.0 时,获得的改性树脂性能最佳(俞丽珍等,2012)。为了减少树脂中游离酚类的残留,也有相关报道利用酚类衍生物对 UF 树脂进行改性,如对氨基苯酚(PAP)、三羟及多羟甲基苯酚等,研究发现酚类衍生物可以有效克服相同 pH 条件下苯酚、尿素与甲醛之间反应速率相差太大的缺点,实现与 UF 树脂体系之间更好地融合(顾顺飞等,2017;张云飞等,2016;荣磊等,2010)。

异氰酸酯具有很高的化学反应活性,可以与水、醇类、酚类、尿素等物质之间发生良好的化学反应,而且异氰酸酯具有优异的胶接耐久性,无甲醛释放,具有很好的环保性,所以被用于 UF 树脂的改性中将会产生积极的效果。据研究报道(张彦华等,2008),异氰酸酯可以与 UF 树脂中的羟基(—OH)、氨基(—NH$_2$)以及亚氨基(—NH—)发生反应生成氨基甲酸酯,和水反应生成聚脲,有利于增加树脂分子量及内聚力,从而改善树脂的胶接耐久性。鉴于异氰酸酯的高反应活性,为了降低与 UF 树脂水分之间反应导致的负面影响,通常可以使用乳化的异氰酸酯,将其活性基团(—NCO)进行封闭处理,混合施胶时,异氰酸酯不会与水或羟基发生反应,而在热压过程中通过破乳再次释放出活性基团,实现胶接。虽然少量的异氰酸酯改性 UF 树脂可以达到很好的效果,但由于成本问题,以及在使用过程中容易出现黏板等,目前的应用范围还相对有限。

2)生物质及无机原料改性

生物质及无机原料,具有原料来源丰富、价格低廉等优势,对 UF 树脂的改性初衷在于:一是降低树脂中的甲醛含量;二是调节树脂的黏度和降低生产成本。研究发现在 UF 树脂合成中添加一定比例的生物质原料或无机原料进行改性,不仅会明显降低树脂中的游离甲醛含量,树脂的胶接强度及耐老化性也会有明显的提升,对低物质的量比 UF 树脂而言,还可以加快树脂的固化。在树脂中加入 5%～10%的氧化淀粉进行改性,可将树脂的游离甲醛含量由 3%～7%降至 0.2%～0.5%(马文伟,1995)。在树脂应用时添加不同比例的氧化木薯淀粉,发现添加量在 3%时,不同物质的量比 UF 树脂的固化时间明显缩短,且干状胶接强度可提升 22%～32%,n_F/n_U 越高,提升幅度越明显(Wang et al.,2017)。纳米 TiO_2 作为改性剂时,添加量为尿素质量的 1%时,树脂固化时间加速 19.8%,游离甲醛含量下降至 0.71%(刘文杰,2018)。但由于生物质类及无机原料自身的耐水性比较差,当加入量超过一定限度后,不仅会影响树脂的施胶性能,而且会导致胶接强度和耐水性能下降,所以合理控制添加比例是决定综合性能提升的关键因素。

3)复合改性

相对于单一原料的改性,复合改性更有利于 UF 树脂综合性能的提升,相关报道有三聚氰胺-聚乙烯醇、苯酚-聚乙烯醇、三聚氰胺-TiO_2 等。其中,聚乙烯醇是一种线型高分子化合物,具有良好的韧性和弹性,分子结构中的羟基与甲醛可形成聚乙烯醇缩甲醛,有利于降低树脂中游离甲醛,改善树脂柔韧性,提高树脂初黏性和胶层耐老化性。与三聚氰胺、苯酚等配合使用,可以有效缓解环状结构造成胶层脆性的缺陷。而无机原料对游离甲醛有明显降解作用,但会造成树脂胶接性能不佳,所以通过不同原料间的复配,可以实现性能的相互弥补,获得综合性能俱佳的改性树脂。

4)固化剂的作用

UF 树脂的应用特性很大程度上取决于树脂固化后空间结构的特点。而随着甲醛和尿素物质的量比的降低,固化后树脂中以形成大量的线形结构聚合物为主,缺乏足够的支化交联度,导致树脂固化速率变慢,胶层内聚力不足,胶接强度急剧下降。为了改善这一缺陷,除了在树脂中添加改性剂扩展其交联度以满足生产和使用需求外,固化剂的选用对优良胶层的获得也至关重要。随着 n_F/n_U 的降低,传统单一成分固化剂(如氯化铵)已难以使树脂达到充分的交联固化,为此一些复合型及专业型固化剂的研发成了新的研究焦点。以氯化铵为主体的双组分或多组分固化剂的应用可以明显缩短 UF 树脂的固化时间,如氯化铵与尿素的复合、氯化铵与氨水或六次甲基四胺的复合等。为了同时兼顾低物质的量比 UF 树脂固化速率与内聚力,也有相关研究将氯化铵与一些高分子聚合物(如丙烯酰胺)复配作为 UF 树脂的固化剂,并且获得了较好的效果(韩延忠,2012),该类型固化剂的应用不仅可以促进树脂的固化,而且对甲醛释放的控制、胶层内聚力的提升均有帮助。

3.1.1.3 脲醛树脂未来发展

脲醛树脂突出的成本优势决定了其在木材工业用胶黏剂中的地位。低物质的量比脲醛树脂的相关研究实现了甲醛的有效控制,但由此造成的胶层内聚力不足、胶接强度下降、产品尺寸稳定性差、树脂固化速率慢、生产效率低等问题不断凸显，因此未来须围绕以下几个方面进行更深入的研究。

(1)树脂结构与性能之间的定量关系，真正从结构上调控实现性能上质的转变。

(2)脲醛树脂的固化理论研究，开发适用于低物质的量比脲醛树脂的新型专用固化剂。

(3)研发改性效果好、用量少、成本低的新型改性剂，从而实现尽可能降低成本的同时使树脂具备良好的性能。

3.1.2 三聚氰胺-甲醛树脂

三聚氰胺-甲醛(MF)树脂简称三聚氰胺树脂，又称密胺树脂，是由三聚氰胺与甲醛在催化剂作用下经加成、缩聚而成的一种聚合产物。MF 树脂具有优良的胶接强度，耐沸水能力，热稳定性高，低温固化能力较强，硬度高，耐磨性优异。尤其是 MF 树脂胶膜具有在高温下保持颜色和光泽的能力，固化速率快，并具有较强的耐化学药剂污染能力。在木材工业中主要用于制造塑料贴面板的装饰纸及表层纸的浸渍、人造板饰面纸的浸渍。

3.1.2.1 结构特征与性能

MF 树脂的形成一般在弱碱性条件下即可完成，形成的高分子聚合物体系中有亚甲基桥键和醚键两种连接方式，如图 3-1 所示。由于 MF 树脂中三嗪环的作用，树脂固化后形成的交联网络结构刚性大，在空间体系中几乎没有韧性，虽然赋予了树脂较高的胶接强度及硬度，但也因此导致树脂性脆、耐冲击性差、易产生裂纹等缺陷。三聚氰胺分子中有三个活性氨基，与甲醛之间的结合能力比较强，形成的聚合物体系致密度较高，树脂的储存稳定性比较差。MF 树脂较高的生产

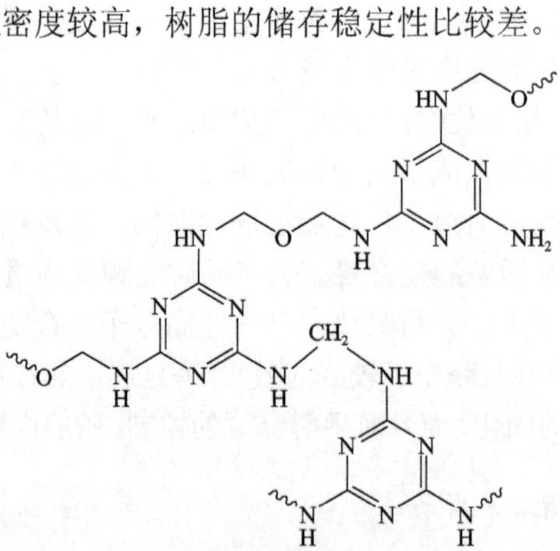

图 3-1　MF 树脂结构示意图

成本和偏高的甲醛含量，对树脂的应用也产生了一定限制。因此，长期以来对MF 树脂的研究主要以树脂的改性研究为主。

3.1.2.2　三聚氰胺-甲醛树脂的改性

对于 MF 树脂性脆的缺陷，可采取的改性方法主要有两类：物理共混改性和化学交联改性。物理共混改性一般是在树脂合成反应末期，加入一定比例的改性剂，降低三嗪环相互靠近的概率，改性剂与树脂分子间无化学键交联。例如，聚氨酯(PU)增韧改性 MF 树脂，其形成的结构体系如图 3-2 所示。改性剂加入到MF 树脂中后可以形成两种半互穿的聚合物网或与树脂之间形成氢键结合的网络体系，有效分散了三嗪环的聚合密度，也拉大了树脂的整个交联体系网格距离，改性剂柔性链贯穿于 MF 树脂中形成的物理交联结构，使体系承受变形的能力得到加强，进一步提高了体系的柔韧性，树脂的储存稳定性也得到了很好改善。

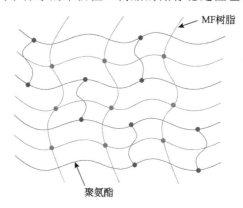

图 3-2　PU/MF 网络结构示意图

化学交联改性是指化学改性剂与缩聚单体或反应中间体之间形成稳定的化学键，一般是通过减少树脂的交联度，或者改变树脂的链接序列分布，增大三嗪环的距离，从而起到增加韧性并降低脆性的作用。根据改性剂的作用效果可以分为以下两种类型：①官能团封闭法。利用改性剂将三聚氰胺中的部分官能团封闭，减少反应交联点，从而达到降低交联密度的目的。一些低分子醇类如甲醇、乙醇等，苯胺、三聚氰胺衍生物等正是通过与 MF 树脂分子中的羟甲基等活性基团之间的交联，对部分官能团起到封闭作用，阻止活性组织分子间的直接缩聚，实现对树脂的增韧，进而提高树脂的储存稳定性。研究发现利用苯代三聚氰胺代替部分三聚氰胺用于树脂的合成时，三嗪环上的一个氨基被苯环取代后，与甲醛反应后，反应链朝着线形结构聚合物生成的倾向更大，由此可降低三嗪环之间的交联度，起到增韧效果，当苯代三聚氰胺含量为 15%时，制备的层积板的弹性模量可增加 15.7%，断裂伸长率提高 22%(李文环等，2018)。②柔性链加长法。通过向

MF 树脂反应体系中加入柔性链段或苯环，增大 MF 树脂中三嗪环的距离，从而起到增韧作用。该方法与官能团封闭法有相似的作用，只是在三嗪环之间引入了更长的柔性链段，在增大树脂中三嗪环距离的同时，树脂分子内可变形能力得到提高，使得 MF 树脂整个长链结构变得更加柔顺。一些二元醇、二元醛、聚多元醇等的应用具有明显的增韧效果。在 MF 树脂中加入 1%的聚乙烯醇（PVA），通过 PVA 中的活性羟基与 MF 中的活性羟甲基之间的缩合，将 PVA 柔性链段引入到 MF 树脂体系中，制备的泡沫材料回弹率将由 54.5%提高到 93.6%，具有明显的增韧效果（王东卫等，2012）。

对于化学交联改性增韧，为避免单一改性造成其他性能损失的弊端，很多研究往往采用多种改性剂联合改性，利用不同改性剂之间的协同作用，在增韧的同时，保证其他性能的稳定。值得注意的是，随着生物质原料的不断开发和利用，利用生物质增韧改性 MF 树脂方面的相关研究也取得了一定进展。如液化木材液、羧甲基纤维素、壳聚糖、木质素等（谢飞等，2012；Hu et al.，2014；Diop et al.，2016），在 MF 树脂的增韧改性、水溶解性、降低游离甲醛和延长储存稳定性等方面均有良好效果，在未来具有广阔的发展前景。

MF 树脂中分子之间的连接大部分以亚甲基醚键为主，醚键的稳定性差，容易分解释放出甲醛，因此对 MF 树脂改性的另一个重点在于控制甲醛含量。合理控制 MF 树脂合成反应工艺参数对树脂中游离甲醛含量的控制有一定作用，但在目前树脂合成路线构架下，可调节的空间已经比较有限。更多研究工作投入到了甲醛捕捉剂或者说功能型改性剂的研究上。目前研究已经发现的一些氨基类衍生物、氧化型化合物等对树脂中甲醛含量的控制均有一定效果。实验发现采用脲醛预聚体对 MF 进行改性时，不仅可以降低树脂中的游离甲醛含量，而且树脂的稳定性和力学强度也得到显著提高。在用丙烯酰胺对 MF 进行改性时，在反应体系中加入 2%的尿素和 1%的硼砂混合物，游离甲醛含量可降至 1.0%以下（杨惊等，2005）。陈明月等（2011）用己内酰胺与过氧化氢（H_2O_2）配合作为甲醛吸收剂加入到 MF 树脂合成反应中，制备树脂的游离甲醛含量可低至 0.13%，树脂可稳定存放 120 天，并且具有较高的固含量。另外，将不同类型的甲醛捕捉剂复合使用，也是解决甲醛含量的常用方法，不仅可以达到除醛效果，而且可以平衡与树脂储存稳定性差之间的矛盾。

3.1.2.3　三聚氰胺-甲醛树脂的应用

MF 树脂优良的胶接性能、耐环境性和耐化学污染性等，使其在工业领域中有着广泛的应用。首先，作为胶黏剂在家具、人造板、包装等领域应用较多，特别是人造板用饰面纸生产浸渍用胶占据了重要比例。除了作为木材工业领域的胶黏剂，涂料用胶黏剂是 MF 树脂应用和重点消耗的第二大领域，在氨基树脂的涂料市场中，MF 树脂大约占 80%的比例，脲醛树脂占有 20%比例。在造纸行业，作为增湿剂加入到纤维浆液中，MF 树脂可有效提高纸张的湿强度，改善施胶度和干强度等。MF 树脂经过混炼、造粒等工序后可制成 MF 塑料，用于生产卫生洁具、日用器具、仿瓷餐具、电器设备等。MF 树脂有较高的含氮量，制成的泡沫材料具有优良的阻燃性，已成为最具潜力的泡沫塑料之一。经纺丝加工成的 MF 树脂纤维，具有高的耐火焰性及耐高温性，在 700℃高温下不熔融、不收缩，可用于防火服的制造等。另外，MF 树脂还常用于皮革鞣剂和纺织整理剂。

3.2　三聚氰胺-尿素-甲醛共缩聚树脂合成反应机理

三聚氰胺-尿素-甲醛共缩聚树脂(melamine-urea-formaldehyde resin，MUF resin)，是在脲醛树脂基础上为了平衡树脂性能与成本之间的相互关系，而逐步发展起来的一种氨基树脂。该树脂由于三聚氰胺的加入，与脲醛树脂相比，具有更加优异的防潮、防水性，较低的游离甲醛含量和较高的胶接强度。而且随着三聚氰胺用量的不同，理论上可制备出满足不同场合使用要求的树脂，当三聚氰胺用量在 10%以内时，由于树脂整体结构仍以脲醛树脂体系为主，又将其称为 UMF 树脂，当三聚氰胺用量增加至 30%～50%时合成的树脂，称其为 MUF 树脂。无论是 UMF 树脂还是 MUF 树脂，要实现树脂整体性能的提升关键在于三聚氰胺与尿素-甲醛体系之间的结合程度，即提升共缩聚成分比例，鉴于三聚氰胺、尿素与甲醛反应成胶环境的差异性，共缩聚树脂合成中结构的形成和分布非常复杂。为了最大限度提升树脂中的共缩聚成分比例，实现以最小三聚氰胺用量赋予树脂最优性能的目标，离不开对共缩聚树脂合成反应机理的不断深入探索。

3.2.1　竞争反应机制

本书在第 1 章有关反应机理的介绍中已经指出，MUF 共缩聚反应能否有效发生取决于 UF、MF 自缩聚反应与 MUF 共缩聚反应的竞争关系，而这种竞争关系又取决于 UF 和 MF 组分生成的活性中间体在自缩聚与共缩聚反应中的相对活性或选择性。那么如何获取共缩聚反应发生的实验证据呢？一些研究采用 MS(如 ESI-MS、MALDI-TOF-MS)及 ^{13}C-NMR 分析技术直接对 MUF 反应产物进行结构表征以期找到共缩聚结构。然而，UF、MF 和 MUF 产物有大量同分异构体存在，加之 MS 难以给出定量结果，因此 MS 表征并不能给出共缩聚反应的确凿证据，更不能提示共缩聚反应发生的程度。^{13}C-NMR 分析技术能够给出定量分析结果，但 UF 和 MF 聚合物中同类型亚甲基碳的 ^{13}C-NMR 信号非常接近(<1 ppm)，所以针对 MUF 产物直接进行 ^{13}C-NMR 定量分析也难以给出令人信服的证据。正因为如此，一些学者早已指出 MUF 共缩聚反应能否发生仍然存在分歧。这也是现

有的几种 MUF 合成工艺存在显著差异的原因。

为解决上述分歧，并确定 MUF 共缩聚反应发生的有效实验条件，作者课题组最近采用模型化合物 N, N'-二甲基脲(DMU)取代尿素对 MUF 反应体系进行了实验研究，最终解决了共缩聚反应的关键分歧。采用 DMU 能明确共缩聚反应条件的逻辑在于：DMU 本身对甲醛的反应活性类似于尿素，也就是生成羟甲基化合物，但是在碱性条件下 DMU 不能生成缩聚产物。在酸性条件下 DMU 和羟甲基DMU (HDMU) 可以发生缩聚，但由于两个甲基的存在，缩聚产物的 ^{13}C-NMR 信号是特征的，很容易指认，并且这种缩聚结构显著区别于 MF 自缩聚结构。当共缩聚反应发生时，产物必然具备图 3-3 所示的结构。

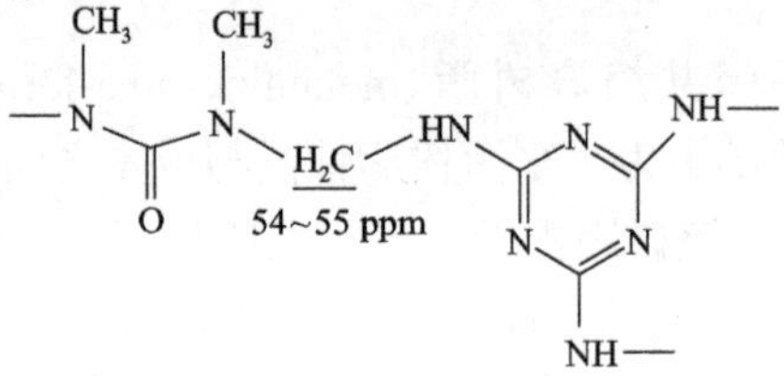

图 3-3　三聚氰胺-二甲基脲-甲醛共缩聚结构

这一结构的 ^{13}C-NMR 信号在 54 ppm 左右。MF 的自缩聚反应如果生成带一个支链的产物，其 ^{13}C-NMR 信号也在 54 ppm 左右。但是，实验表明，当 n_F/n_M 在 2.0 左右时，这种结构的含量极低，当 $n_F/n_M < 2.0$ 时，这种结构几乎不生成。因此，通过实验设计，完全可以实现共缩聚结构的准确指认。

UF 树脂合成要经历酸性条件下的反应，而 MF 主要在碱性条件下合成。因此，MUF 共缩聚反应发生的核心问题在于是在酸性还是碱性条件下发生。为此，杜官本等采用 DMU、甲醛和三聚氰胺为起始反应物研究了三聚氰胺-二甲基脲-甲醛(MDMUF)在碱性(pH 为 9.0)和弱酸性(pH 为 6.0)条件下的反应，并通过 ^{13}C-NMR 定量分析技术考察了产物中各类结构的相对含量。由于甲氧基(—OCH$_3$)的信号在 55 ppm 左右，可能与 54 ppm 处的共缩聚结构发生重叠，因此还采用了 ^{13}C-DEPT135 谱进行区分。在 ^{13}C-DEPT135 中—CH$_3$ 碳是正峰，而亚甲基碳(—CH$_2$—)是倒峰。结果表明，碱性条件下，产物几乎完全来源于 MF 自缩聚，并且缩聚结构全部是亚甲基醚键结构(—CH$_2$—O—CH$_2$—)，上述共缩聚结构没有生成。根据第 1 章中介绍的反应机理(E1cb)，当氨基上有取代基时 HDMU 是不能生成活性中间体的，因此二甲基脲-甲醛(DMUF)缩聚反应无法进行。但是羟甲基三聚氰胺可以生成活性中间体，而共缩聚产物的缺失说明这类中间体对 MF 组分的反应活性很高，而对 DMUF 的组分几乎没有活性或者活性很低。不同的是，在弱酸条件下 DMUF 自缩聚反应和 MDMUF 共缩聚结构大量生成。在给定的条件下来源于共缩聚结构的亚甲基碳占总亚甲基碳含量的 46.5%，是 DMUF 自缩聚亚甲基碳的两倍。图 3-4

给出了两种条件下的 ^{13}C-NMR 谱图(40～60 ppm)。从谱图的对比来看,差别是显而易见的。这一实验结果充分证实了弱酸条件下共缩聚反应能够有效发生。

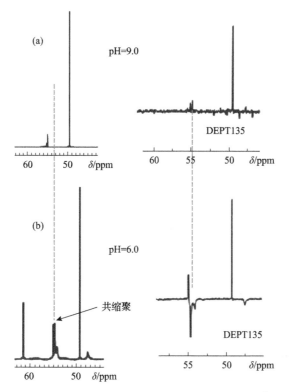

图 3-4 弱碱性(a)和弱酸性(b)条件下 MDMUF 反应产物的 ^{13}C-NMR 谱图

根据第 1 章给出的机理,羟甲基化的 DMU 和三聚氰胺在酸性条件下都能够形成碳正离子中间体,如图 3-5 所示。

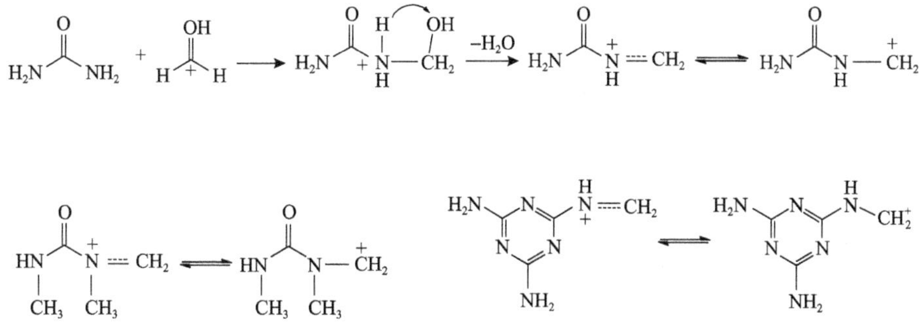

图 3-5 酸性条件下碳正离子中间体的生成

基于两种碳正离子的生成,在反应体系中可能发生以下自缩聚和共缩聚反应。

$$(3\text{-}1)$$

$$(3\text{-}2)$$

$$(3\text{-}3)$$

$$(3\text{-}4)$$

$$(3\text{-}5)$$

$$(3\text{-}6)$$

$$(3\text{-}7)$$

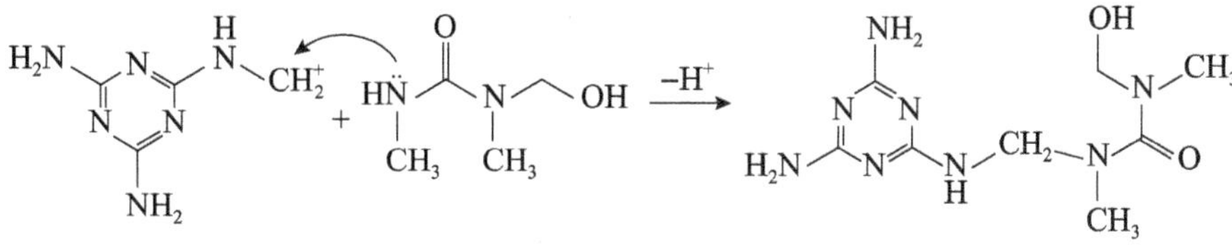

$$(3\text{-}8)$$

从 ^{13}C-NMR 对酸性条件下产物的定量分析看，自缩聚反应(3-1)和(3-3)都生成了相应的亚甲基桥键，亚甲基醚键结构也有少量生成，但主要是线型醚键，来源于 MF 自缩聚，即反应(3-4)。说明 DMUF 和 MF 组分在弱酸条件下都能够产生活性中间体并参与自缩聚反应。由于反应条件的控制，反应(3-5)和(3-6)几乎不可能发生。反应(3-7)和(3-8)是可能的共缩聚反应，分别对应于 DMUF 中间体和 MF 中间体参与的反应。基于自缩聚反应产物的生成，这两种共缩聚反应均有可能发生。虽然微观历程不同，但产物相同。

上述采用模型化合物的研究解决了有关共缩聚反应发生的 pH 条件，即真正意义上的 MUF 共缩聚结构只能在酸性条件下生成。纯碱性条件下得到 MUF 反应产物以及采用 UF 和 MF 共混的方式实际上并不能得到 MUF 共缩聚树脂。当三聚氰胺用量较大或 MF 占比较高时，这两种工艺得到的树脂储存稳定性较差，很可能就是共缩聚反应没有发生，其中的 MF 组分表现出容易凝胶的性质。那么，不经历酸性条件的工艺是不是就可以完全被否定呢？其实不然。在胶黏剂使用时往往都要加入 NH_4Cl、$(NH_4)_2SO_4$ 这类固化剂，而固化剂在与甲醛反应后会生成 HCl 形成酸性环境。因此，在固化阶段仍然能够形成 MUF 共缩聚固化结构。但是，由于 UF 和 MF 组分在固化前是独立存在的，MUF 共固化网络占比可能较小，导致固化结构不均匀，胶层各部分的稳定性差异较大。

为实现成本与性能的平衡，研制 MUF 树脂的终极目标应该是使用尽可能少的三聚氰胺来实现树脂性能的最优化。理论上讲，MF 结构在 MUF 合成过程中若能够均匀地嵌入 UF 树脂结构是最理想的结果，也是实现三聚氰胺用量最小化的有效途径。遗憾的是，由于 MUF 共缩聚反应条件一直未得到明确，各种合成工艺的优劣并没有得到深入、系统的对比研究。也正因为如此，虽然 MUF 已经在人造板生产中得到广泛应用，但其合成工艺的改进仍然具有很大空间。

3.2.2　分子组分、结构形成与控制

物质的微观结构决定其宏观性能，通过对 MUF 共缩聚树脂的结构形成过程、分子组分及分布、结构连接方式等信息的认识，有助于从分子水平上实现对树脂性能的调控。MUF 树脂的合成，依据三聚氰胺、尿素与甲醛之间反应活性的差异，总体上可选择的工艺路线分为连续型和非连续型两类。在两种典型工艺路线条件下合成树脂的质量分布情况如图 3-6 所示。GPC 图谱反映了 MUF 共缩聚树脂

$(n_{(M+U)}:n_F=1:1.2)$ 的平均分子量及其分布情况，其中连续型 MUF 树脂的 M_n、M_w、M_w/M_n 分别是 578、1021、1.77，而非连续型 MUF 树脂的 M_n、M_w、M_w/M_n 分别是 437、666、1.52，连续型 MUF 树脂表现出比非连续型 MUF 树脂更高的分子量，这与实验过程中连续型 MUF 树脂经 5～7 天由透明转变为白色、而非连续型 MUF 树脂需 20 天以上变白的现象相一致。树脂分子量的大小对树脂胶接性能及润湿性等有重要影响，一般情况下，树脂整体分子量越大，胶接强度越高，但树脂内聚力的形成除受整体分子量影响外，还与树脂分子之间的结合方式有关。

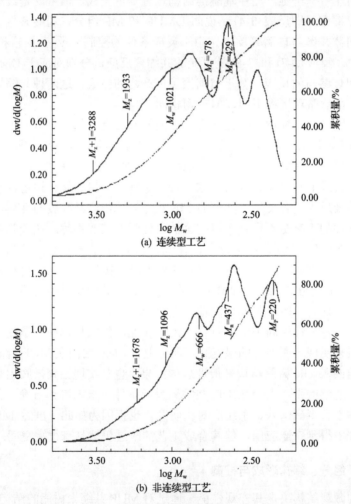

图 3-6　不同工艺条件下 MUF 树脂的 GPC 分析结果

　　为了解 MUF 树脂的结构形成过程，利用 GPC 及 MALDI-TOF-MS 分析方法对连续型工艺条件下 MUF 树脂不同合成阶段的质量分布特征进行了追踪，测试结果如图 3-7 和图 3-8 所示。图 3-7 中所列分别为连续型 MUF 树脂在不同反应阶段取样测试结果。样品从(a)到(b)，主要以尿素和甲醛之间的加成和缩聚反应为主，体系平均分子量由 311 增加到了 315，整体变化不大，而尿素与甲醛加成产物中一羟甲基脲、二羟甲基脲、三羟甲基脲所对应的分子量分别是 90、120、150，三者均小于 311 或 315，所以加成反应结束后取样时，已有缩聚反应发生。三聚氰胺加入后对树脂体系分子量的分布影响比较大，图谱中仅有两个谱峰，对应于 410 和 646，而且以 410 的峰值更为突出，说明 M_n 为 410 的组分在整个低分子物中分布更广，但具体由哪些结构组分组成，这里无法确认，根据参与反应的相关物质推测来自于两种类型的聚合物片段，三聚氰胺的自缩聚产物 M-CH$_2$-M-CH$_2$-M-CH$_2^+$(403)和三聚氰胺与羟甲基脲的共缩聚产物 M-CH$_2$-M-CH$_2$-M-CH$_2^+$(410)，随着反应时间的推移，树脂体系中分子量在增加，说明化学反应在不断进行，得到了更多的高分子物质。从样品(e)的图谱可以看到，最后一部分尿素加入后树脂整体分子量分布又变成了三个部分，意味着游离尿素的加入不利于高分子量体系成分的获取，从树脂应用角度来看，末期尿素的加入有很大的负面效应。也有相关研究发现，游离尿素的加入会使聚合物分子上的羟甲基发生转移反应，导致高分子物质的分子量略有降低。243 峰值的出现可能与 U-CH$_2$-M(-CH$_2$OH)(-CH$_2^+$)(241)结构的形成有关。

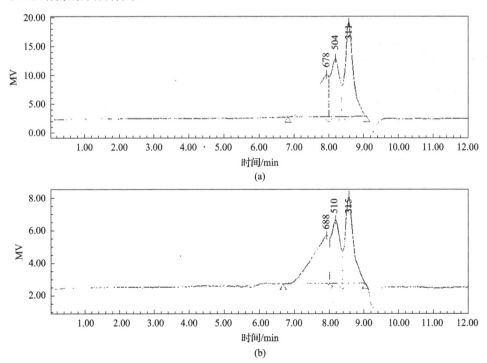

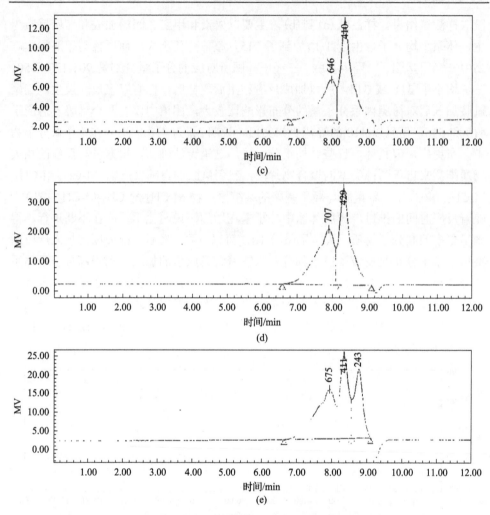

图 3-7　MUF 树脂合成反应过程中各阶段的 GPC 图谱

(a)初期加成反应后取样；(b)缩聚反应结束后取样；(c)加入三聚氰胺 20 min 后取样；

(d)反应 60 min 后取样；(e)反应结束后取样

　　由 MUF 树脂的竞争反应机制中已知，酸性环境是 MUF 树脂共缩聚成分产生的必要条件，为此在连续型工艺基础上，对 MUF 树脂合成中三聚氰胺的加入批次进行调整，一部分与尿素、甲醛在反应初期加入，剩余部分在三元体系反应结束后再次加入，在树脂不同反应阶段取样进行 MALDI-TOF-MS 分析，测试结果如图 3-8 所示。

　　取样阶段同 GPC 样品分析，从 MALDI-TOF-MS 的测试结果可以看到，第二次三聚氰胺加入之前，已经可以看到有代表共缩聚成分的峰值出现，如 311 Da、381 Da、441 Da，这充分印证了经过酸性阶段的缩聚反应后，生成了大量的共缩

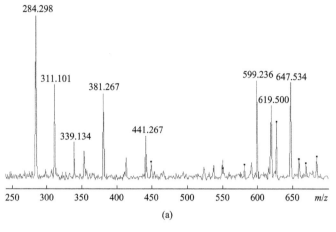

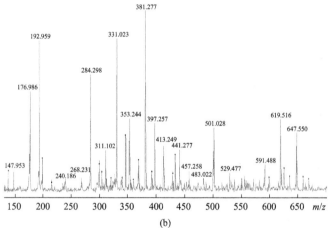

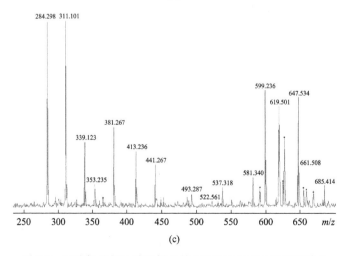

图 3-8　三聚氰胺加入前后样品的 MALDI-TOF-MS 测试结果

(a)代表初期缩聚反应结束后取样；(b)三聚氰胺加入 10 min 后取样；(c)三聚氰胺加入 60 min 后取样

聚成分，另外值得注意的是第二次三聚氰胺加入后，树脂体系的分子量分布发生了明显改变，这与 GPC 测试结果也是一致的。不同的是从 MALDI-TOF-MS 图谱上可以具体看出代表各个分子量组分的变化，大量三聚氰胺加入后树脂体系中组分变得更加复杂，$200\sim500$ Da 之间峰值分布更加密集，根据参与反应相关物质的分子量进行计算，可推出在此区间形成的聚合物体系的连接方式具体如下：

281：$CH_2OH-M-CH_2-U-CH_2OH$

311：$CH_2OH-U-CH_2OCH_2-M-CH_2OH$ 或 $U-CH_2-M-(CH_2OH)_3$

339：$(CH_2OH)_2-U-CH_2-M-(CH_2OH)_2$

381：$H-(U-CH_2)_2-M-(CH_2OH)$

413：$(CH_2OH)_2-U-CH_2-M(-CH_2OH)-CH_2-U-(CH_2OH)_2$

441：$H-(CH_2OH-U-CH_2)_2-M-(CH_2OH)_3$

对比样品(a)和(b)，177 Da 和 193 Da 峰值的出现伴随着 311 Da 处峰值的减弱，而 177 Da 和 193 Da 主要来自于羟甲基三聚氰胺或羟甲基脲自缩聚低聚物，这一变化说明三聚氰胺加入到体系中后醚键形成的聚合物体系很容易发生分解形成亚甲基桥键的连接产物，释放出的甲醛和三聚氰胺或羟甲基脲之间再次进行了交联反应，也进一步证实了 311 Da 处峰值主要以 $CH_2OH-U-CH_2OCH_2-M-CH_2OH$ 聚合产物为主。而三聚氰胺与尿素之间共缩聚组分的形成方式有 M-U-U-M、M-U-M-U、U-M-M-U 三种形式。样品(c)中三聚氰胺加入后分子量的增加一部分来源于醚键分解后与三聚氰胺形成了羟甲基三聚氰胺然后参与到体系反应当中，由于没有补加游离甲醛，那么能够提供甲醛作用的就是羟甲基($-CH_2OH$)的分解，那么羟甲基三聚氰胺与尿素中的氨基或亚氨基之间就容易形成以桥键连接的共缩聚成分，这也可能是三聚氰胺加入后能够降低游离甲醛的原因之一。为了区分三聚氰胺加入后共缩聚成分之间的具体连接形式，可采用液态 ^{13}C-NMR 对样品进行检测，据相关研究发现，三聚氰胺加入后随着反应时间的推移，代表着三聚氰胺与尿素之间以桥键连接的共缩聚成分比例在不断增加($46\sim56$ ppm)，结果如图 3-9 所示，说明三聚氰胺加入后对体系中的醚键、羟甲基键等具有诱导重排的效应，也有利于共缩聚成分之间形成桥键连接的聚合产物，这与 GPC、MALDI-TOF-MS 等检测结果是一致的。图 3-8 中(c)样品，伴随着 $250\sim450$ Da 之间峰值的减弱，$550\sim700$ Da 之间的峰值出现了明显的增长，说明聚合反应在持续进行。末期尿素加入后，反应结束后样品的 MALDI-TOF-MS 测试结果如图 3-10 所示，可以看到游离尿素加入到树脂反应体系中后，分子量的分布趋于简化，同时位于 $300\sim650$ Da 之间峰值的分布间隔发现，主要有 27 Da、28 Da、32 Da 等，这意味着游离尿素对羟甲基($-CH_2OH$)的离解作用明显。从 MUF 树脂合成过程中结构的变化可以发现，为了获取最大比例的共缩聚成分，通过分批多次添加三聚氰胺是一种有效的办法，为了控制树脂中羟甲基活性基团的比例，要合理控制末期尿素的加入量。

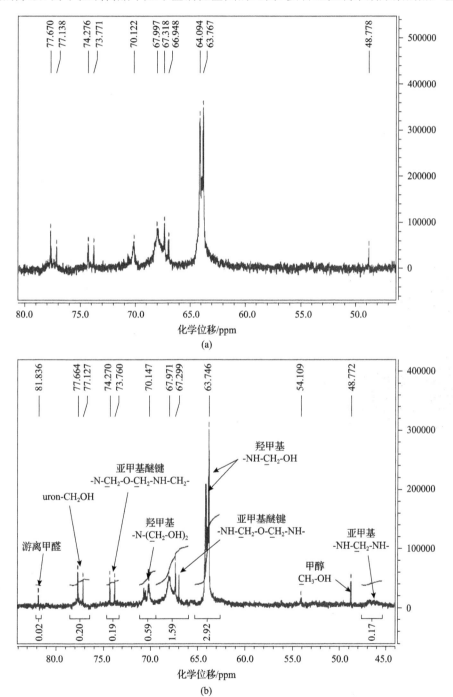

(a)

(b)

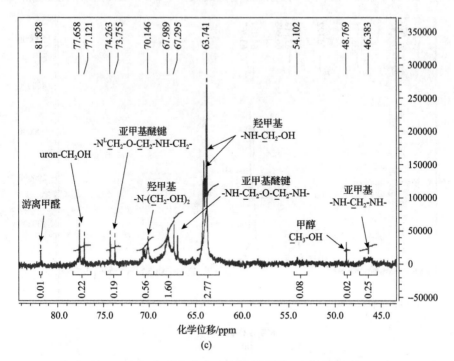

图 3-9 MUF 树脂反应过程中样品的 ^{13}C-NMR 测试结果

(a) M 加入后 10 min 取样；(b) M 加入后 56 min 取样；(c) M 加入后 71 min 取样

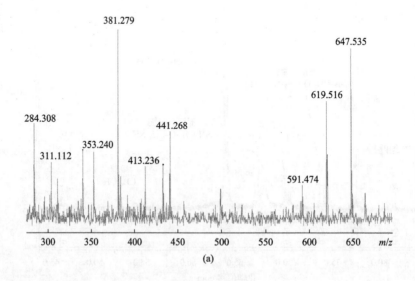

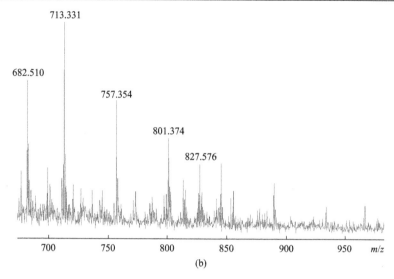

图 3-10　反应结束后样品的 MALDI-TOF-MS 测试结果

3.3　三聚氰胺-尿素-甲醛共缩聚树脂合成、结构与性能

3.3.1　合成路线及影响因素

3.3.1.1　树脂合成路线

总体上，MUF 共缩聚树脂的合成方法可以分为两大类。一类称为共缩聚，即将三聚氰胺、尿素、甲醛三种原料在一定工艺条件下，经过一系列的物理、化学变化使之共同发生反应；另一类为共混，即把三聚氰胺和尿素分别与甲醛反应合成 MF 树脂和 UF 树脂，然后将两种树脂混合，即 MF+UF 型树脂。共混方法，可以根据最终产品的要求，灵活调整 MF 和 UF 的使用比例，操作比较简单，但共缩聚反应主要依靠在固化过程中进行，表现出极大的随机性和不可控性，难于形成均匀的共缩聚体系，不利于树脂整体性能的提升。而共缩聚可以通过工艺配方的不断调整和改进，充分利用原料之间的反应特点，获得共混方式难以实现的更高性能的树脂，因此共缩聚合成工艺路线已成为目前 MUF 共缩聚树脂合成的一种主流方法。根据已有资料报道，对于 MUF 共缩聚树脂的合成工艺路线可总结为以下几类。

1) 按三聚氰胺用量分

较低三聚氰胺用量条件下合成的共缩聚树脂，严格意义上讲，称之为三聚氰胺改性脲醛 (UMF) 树脂，主要用于改善脲醛树脂的耐水性、降低游离甲醛含量等。树脂的合成主要以脲醛树脂合成工艺路线（"碱-酸-碱"）为主，三聚氰胺通常在树脂合成反应初期的弱碱性阶段添加，该工艺条件下三聚氰胺的加入量一般不超过 30%，否则缩聚反应在酸性条件时，合成反应很难控制，极易发生凝胶，给操作带来极大困难。

　　而对于高三聚氰胺用量(大于 40%)条件下树脂的合成，由于三聚氰胺含量的增加，对 MUF 共缩聚树脂整体性能的提高有显著贡献。例如，较高的力学强度、耐沸水、耐气候性等。此时，脲醛树脂的合成工艺已不能满足需求，而在三聚氰胺-甲醛树脂合成工艺下 MUF 树脂的成胶性相对较差。

　　2)按反应原料的添加顺序分

　　对于高三聚氰胺用量条件下树脂的合成，在充分考虑三聚氰胺、尿素与甲醛之间反应条件和反应能力差异基础上，可将 MUF 树脂的合成工艺大致分为连续型合成工艺和非连续型合成工艺两种类型。所谓连续型合成方法就是化学物质的投料方式遵循各物质的反应活性规律，即三聚氰胺和尿素的添加方式由它们各自与甲醛的反应活性决定，以此保证三聚氰胺与尿素能最大限度地发生共缩聚反应。通常情况下以这种方式制备的胶黏剂均具有较高的胶接强度、较低的游离甲醛含量，但树脂的储存期相对较短。如果将三种原料在适当物质的量比条件下，在合成工艺的不同阶段将三聚氰胺分批进行加料，合成的树脂同样具有优良的胶接性能，较连续型树脂合成工艺而言，游离甲醛含量偏高，但树脂的储存期将大大延长，可见表 3-1 中的测试结果。对于非连续型树脂合成方法，参与反应原料的投料方式不遵循各物质的反应活性规律，一般以三聚氰胺-甲醛树脂的合成条件为主，此工艺下合成的树脂，其性能主要与所用三聚氰胺和尿素的比例有关，而且合成的树脂中游离甲醛含量偏高，树脂的胶接性能相对较差，但储存期很长。对比不同合成工艺路线条件下树脂的性能特征，说明不同合成工艺条件下，树脂结构的形成路线或者说形成方式不尽相同，造成消耗甲醛的量也不一样。因此，可根据不同的使用要求和场合，选择不同的工艺路线。

表 3-1　三种不同合成工艺路线与 MUF 树脂性能之间的关系

编号	固含量/%	黏度(25℃)/s	固化时间/s	游离甲醛含量/%	储存期/天	IB/MPa	备注
MUF1	53.8	14.5	82	0.15	≤10	1.21	连续型合成工艺(M 一次加入)
MUF2	55.1	15.5	88	0.29	≤20	1.18	连续型合成工艺(M 分批加入)
MUF3	53.6	16	75	0.54	≥25	0.88	非连续型合成工艺

注：IB 指干状内结合强度。

　　3)按反应原料的参与形式分

　　为了提高三聚氰胺参与树脂化反应的程度，可以不同的三聚氰胺存在形式进行合成反应，主要有纯三聚氰胺(M)、六羟甲基三聚氰胺、三聚氰胺盐类、三聚氰胺醋酸酯类、三聚氰胺-甲醛(MF)树脂等。在研究中发现以三聚氰胺盐类或酯类替代三聚氰胺用于 MUF 树脂合成时，由于三聚氰胺衍生物的溶解度远优于三聚氰胺，大大增加了其反应能力，合成树脂的性能会有很大改善和提高。如果以三聚氰胺-甲醛树脂的形式添加到脲醛树脂体系中，基本上形成共混型体系，树脂整体效果相对较差。

3.3.1.2　树脂合成反应影响因素

大量研究表明，影响树脂性能的因素是多方面的，如原料质量、合成工艺参数、人为操作因素等。其中，合成工艺参数对树脂的形成及性能优劣具有决定性影响，具体包括反应原料物质的量比、反应温度、反应时间、树脂反应的介质环境。对 MUF 树脂的合成，三聚氰胺用量是必须考虑的重要因素之一。

1) 原料质量

原料质量是树脂合成反应顺利进行的基础保障。在 MUF 共缩聚树脂合成中主要涉及甲醛、尿素和三聚氰胺三种主要反应原料，其中甲醛溶液中的甲醇、甲酸和铁含量会影响树脂的反应进程和性能，不利于树脂反应进程的准确调控，甲醇含量还将影响树脂缩聚时的反应速率和储存稳定性。尿素中的杂质主要有硫酸盐、缩二脲和游离氨，对树脂的合成反应和性能有较大影响，为了反应的平稳进行，制得性能稳定的树脂，尿素含量应在98%以上，含氮量在46%以上。三聚氰胺中的杂质来源于残留副产物三聚氰胺一酰胺和三聚氰胺二酰胺等，对树脂的合成具有催化作用，研究发现，若三聚氰胺中三聚氰胺二酰胺含量为 0.5% 时，可使反应速率增加 3 倍，导致树脂合成反应剧烈进行，难以控制(胡强，2001)。因此在选取原料时一定要确保产品检验合格，不过期、不变质，否则，树脂合成反应很难控制，极易发生凝胶。

2) 三聚氰胺用量

三聚氰胺的用量关系着树脂合成工艺路线的选择以及树脂最终性能的优劣。三聚氰胺与尿素虽然同为氨基化合物，但由于两者在化学结构上的差异性以及与甲醛之间反应能力的差别，其用量多少不仅关系树脂反应速率的快慢，而且牵制着介质环境的调节。研究发现，在"弱碱-弱酸-弱碱"合成工艺条件下，在树脂合成的开始阶段或中间阶段三聚氰胺的加入量不宜超过 10%，否则后期反应进程很难控制，极易发生凝胶(包学耕等，1991)。而且，在 $n_F : n_U$ 物质的量比不变条件下，三聚氰胺用量不宜超过尿素总量的 3%，否则对胶合板的胶接强度有负面影响。在连续型 MUF 树脂合成过程中，三聚氰胺的用量在 43%～65% 时，树脂的湿强度可从 0.93 MPa 增加到 2.74 MPa，耐沸水性能明显提高，继续增加三聚氰胺用量，效果不再明显(闫文涛等，2008)。因此，在一定范围内，三聚氰胺用量的增加可有效降低吸水厚度膨胀和游离甲醛释放，提高树脂固含量和内结合强度。可根据树脂应用场合的不同，合理选择用量和工艺条件。

3) 反应原料物质的量比

反应原料物质的量比（总体物质的量比和阶段物质的量比）对树脂性能及结构形成有重要影响。不同反应阶段的物质的量比对树脂结构的形成非常关键。例如，在脲醛树脂的加成反应阶段，尽可能获取二羟甲基脲中间结构产物对后期树脂的交联反应非常重要。只有保证此阶段合适的物质的量比条件，才能为后期反应提供基础。但是如果物质的量比过高，由于水解及各种可逆反应的存在，树脂中剩余的游离甲醛含量比例将会远远超标，又会造成环境污染。反应原料物质的量比还对树脂的储存稳定性有较大影响，研究发现，较高物质的量比条件下，树脂储存中黏度的增加较低物质的量比条件下树脂黏度的增加速度慢很多，表现出较好的稳定性能。而且在相同三聚氰胺含量条件下，$n_F : n_U$ 的物质的量比越高，固化后树脂的交联度越高，形成的网络结构体系越致密，稳定性越好，耐酸碱的质量损失越小。然而，物质的量比的增加，会直接导致树脂中游离甲醛含量的增加。在 $n_F : n_{(U+M)}$ 总体物质的量比不变情况下，三聚氰胺用量的增加，可显著降低甲醛释放，提升板材的力学性能，三聚氰胺加入量为 3% 时，制得的中密度纤维板性能指标可达到 E_1 标准，与经济指标实现了较好的平衡（邹菊生，2001）。因此，对物质的量比的选择要综合考虑多方因素的影响。

4) 反应介质的 pH

反应介质的 pH 将影响尿素、三聚氰胺与甲醛的反应过程和生成物的化学构造，因而所得到的树脂性质上也有很大差异。在树脂加成反应阶段，pH 以弱碱性（7.5～9.0）为主，脲醛树脂的经典理论认为，在碱性加成阶段尿素与甲醛之间以形成羟甲基脲和醚键连接的低聚物为主，而三聚氰胺与甲醛之间的羟甲基化反应和聚合反应均可在碱性条件下完成，因此，当三元体系共存时，为了控制反应的平稳进行，避免三聚氰胺-甲醛之间过度的自缩聚反应，在 pH 的调控上要根据三聚氰胺用量以控制三聚氰胺的自缩聚为原则进行调节。而在缩聚反应阶段，脲醛树脂缩聚反应适合在 pH 为 4～5 的条件下进行，三聚氰胺-甲醛树脂的缩聚反应在 pH 为 6 或以上即可进行，为了在三聚氰胺和尿素之间形成有效的交联体系，缩聚反应 pH 的控制要同时兼顾两者的情况，如果在缩聚阶段以羟甲基脲的反应产物占主要比例，pH 的调节以实现脲醛树脂的聚合为原则，如果以三聚氰胺-甲醛之间的反应产物为主，这时 pH 的调节以羟甲基三聚氰胺的聚合为原则，以适当延长反应时间，实现不同体系之间的聚合，而若是两者之间反应产物比例几乎相当，由于存在强烈的竞争反应，pH 的调控或许采取分时段调整更有利于共缩聚反应的进行。由此可知，pH 的调整与三聚氰胺用量及所选用的工艺路线密切相关，特别是对于高比例三聚氰胺下 MUF 树脂的合成，在 pH 的调整上显得格外重要。

5) 反应温度和反应时间

反应温度和反应时间是一对相互制约的影响因素，直接影响树脂合成反应速率和缩聚度。提高反应液的温度，可增加原料分子间彼此接触和碰撞的机会，从而加速了分子之间的缩聚反应速率。一般认为反应温度每增加 10℃反应速率增加 1 倍，缩聚反应阶段，在保证其他反应条件一致的条件下，反应温度与缩聚反应速率基本是呈直线关系。但反应温度过高，会导致缩聚反应急剧进行而造成凝胶或分子量分布不均匀，致使储存期变短。温度过低，缩聚缓慢致使得到的树脂缩聚度低、黏度小、树脂固化速率慢，导致胶层内聚力不足。

随着反应进程的增加，树脂的缩聚程度也不断增加，不同缩聚程度的树脂在性能方面有较大差别，即缩聚不完全，树脂固含量、黏度和胶接强度相对较低，而游离甲醛含量较高，反之，分子量过大，影响树脂的水溶性及储存稳定性。对于 MUF 树脂来讲，由于三聚氰胺在不同温度条件下溶解度的差别，在合成反应过程中需要结合三聚氰胺用量来设计不同阶段的反应温度，同时三聚氰胺中具有三个活性氨基，相对而言反应活性较高，反应时间不宜过长，否则容易发生凝胶。反应温度和反应时间的设定需要考虑与其他条件的协同作用效果，如原料的物质的量比、pH 等。据研究发现在同一 pH 条件下，反应温度越高、反应时间越长，树脂中游离甲醛含量越低；同一反应时间条件下，反应 pH 越高，游离甲醛含量越低。同时，随着三聚氰胺用量的增加，树脂中游离甲醛含量开始时下降较快，随后下降缓慢。

由此可知，影响 MUF 共缩聚树脂合成工艺的因素，彼此之间既相互依存又相互制约。所以，实际合成过程中，须灵活辩证地进行选择。

3.3.2　树脂结构与性能

树脂的微观结构决定其宏观性能，对树脂结构的研究最终目的在于明确结构与性能之间的关系，通过结构调控实现性能的提升。对于 MUF 共缩聚树脂，三聚氰胺用量、共缩聚程度、共缩聚树脂结构组成等对树脂应用性能有重要影响，在众多的性能指标中，与应用密切相关的性能包括树脂的固化、胶合制品的胶接强度、稳定性、甲醛释放等。

3.3.2.1　树脂的固化

MUF 共缩聚树脂作为一种热固性树脂，固化是形成胶接强度的关键过程，只有通过完全的固化，液态树脂才能形成不溶不熔的网络结构体系，从而具备一定的强度和耐环境性能。固化是一个由液态初期树脂通过官能团之间的交联反应逐步形成大分子量固态物质的过程，在这个过程中包含各种复杂的物理和化学变化，如水分的蒸发、胶粒的聚集、沉降、各种化学键的形成等，而化学交联反应是树脂强度形成的核心环节。

MUF 共缩聚树脂是由羟甲基产物、亚甲基桥键（—CH_2—）和亚甲基醚键（—CH_2—O—CH_2—）或两者交替连接的自缩聚和共缩聚产物组成的多分散性聚合物，在树脂固化时，由初期树脂中的活性基团（—CH_2OH，—NH—，—NH_2，—CH_2—O—CH_2—）之间或与甲醛之间通过进一步的化学交联反应形成三维网状结构体系，所以 MUF 树脂的固化行为首先取决于树脂中反应性结构基团的含量，研究发现对于低物质的量比 MUF 树脂，羟甲基含量越高，树脂的固化时间越短。二羟甲基化产物被认为是树脂由线形结构向体形结构转变的重要结构成分，如果树脂中全部由二羟甲基聚合物产物组成，树脂固化后将形成高度交联的结构体系，赋予树脂优良的性能。而实际情况是树脂在合成反应过程中会形成不同级数的取代产物，然后这些产物之间通过亚甲基桥键或亚甲基醚键连接形成初期聚合产物，由于化学反应的可逆性，树脂中将不可避免地存在多种基团的分布，在树脂固化阶段，不同反应产物之间通过交联聚合形成的大分子结构体系中将会残余一定数量的亚氨基（—NH—）和羟甲基（—CH_2OH）基团，同时还有一些醚键（—CH_2—O—CH_2—），残余活性基团数量越多，固化后形成的胶层性能越差。充分交联的理想树脂结构体系中，分子链之间应完全由亚甲基桥键进行连接，实际是比较难以达到的，但通过树脂合成工艺的不断优化和反应产物比例的调控，固化结构体系可以无限接近理想的构造。

在影响 MUF 树脂固化行为的因素中，除了树脂本身的结构外，还有三聚氰胺用量、固化剂等。研究发现，三聚氰胺的加入会延长树脂整体的固化时间，而且加入量越多，固化时间越长，原因在于三聚氰胺在反应体系中表现出的平均官能度大约为 3，而尿素只有 2.3 左右，高碱性的三聚氰胺会降低酸性固化剂的作用，导致固化变慢（潘祖仁，2011）。但由于羟甲基三聚氰胺聚合产物需要的活化能较低，在树脂固化反应初期，MUF 树脂的固化速率要快于 UF 树脂。利用动态热机械性能分析（DMA）对 MUF 树脂的固化历程进行表征发现，树脂的固化分三个阶段，如图 3-11 所示。第一阶段为凝胶化阶段。此阶段为热作用条件下树脂固化反应的初期阶段，聚合物分子量的增长主要通过羟甲基（—CH_2OH）与氨基（—NH_2）之间的交联反应实现，以形成线型聚合产物为主，随着分子量的逐步增加，树脂表现出凝胶态。第二阶段为橡胶化阶段。伴随着温度的上升，树脂的模量（G'）在不断增加，与此同时，树脂中的醚键（—CH_2—O—CH_2—）在热的作用下，分解转化为亚甲基桥键，并释放出一部分游离甲醛，如果树脂中存在游离的氨基（—NH_2），释放出的甲醛将会被反应生成羟甲基化产物，继续参与到体系的反应过程中，由于醚键的分解需要消耗掉一部分的能量，所以这一阶段相对于树脂整体固化时间而言，持续时间较长，对树脂模量或者刚度的持续上升表现出一定的抑制作用，因此控制树脂中醚键的含量对树脂整体固化时间的缩短非常关键。第三阶段为玻璃化阶段。树脂的刚度和模量快速增加达到最大化，说明树脂中形成了大量以亚甲基桥键($—CH_2—$)连接的聚合物体系。由此可以说明，要想获得理想的固化结构体系，树脂中的结构组成要控制在一个合适的比例范围内。

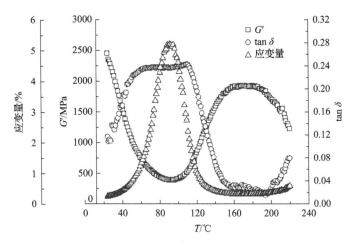

图 3-11　MUF 树脂的 DMA 测试图

为了加快热固性树脂的固化进程，提高生产效率，获得优异的胶层性能，通常会在树脂固化时添加一定比例的固化剂。尽管 MUF 既可以在酸性条件下固化也可以在弱碱性条件下进行固化，但不同用量固化剂将会对胶层产生一定的影响，在酸性条件下，有利于树脂中羟甲基[$—N(CH_2OH)_2$、$—N(CH_2)—CH_2OH—$]和亚氨基($—NH—$)之间的深入反应，生成亚甲基桥键($—CH_2—$)连接的聚合物，形成的胶层结构致密。而在碱性条件下，羟甲基之间的脱水反应占据优势地位，主要以醚键的连接为主，加之树脂中的水分和化学交联产生的水分的蒸发和扩散在较低温度时就已开始，导致树脂固化后形成的胶层结构松散。而过量固化剂的使用将会加快固化后胶层的降解，正确选择固化剂用量对优良胶层的形成有重要意义。MUF 树脂在不同固化剂用量条件下固化反应进程特征如图 3-12 所示，氯化铵作为固化剂时，适量的添加可增加树脂胶层的储能模量。储能模量越大，表明树脂固化后形成的强度越高，根据不同固化剂条件下树脂储能模量的变化，固化剂不仅可以加快树脂的固化，而且能使树脂形成致密的结构体系，但同时也带来一定的负面效应，即胶层中会残留有酸性物质，对树脂的耐久性造成不良影响，即随着温度的升高，固化后的胶层会发生快速的热分解。

由于 MUF 树脂体系比较复杂，既有 UF 和 MF 聚合物，也有三聚氰胺和尿素的共缩聚产物，在固化剂作用下，由于不同组分对固化剂的敏感程度不同，树脂

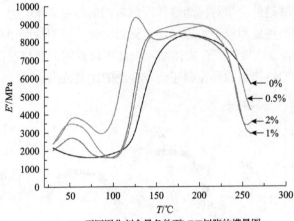

(a) 不同固化剂含量条件下MUF树脂的模量图

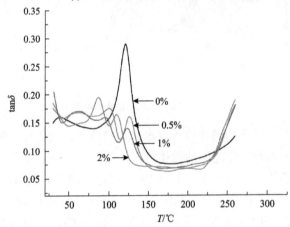

(b) 不同固化剂含量条件下MUF树脂的损耗角正切图

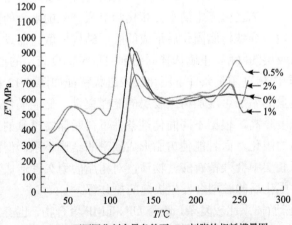

(c) 不同固化剂含量条件下MUF树脂的损耗模量图

图 3-12　固化剂对 MUF 树脂固化特征的影响

的固化呈现出不同的区域，如图 3-13 和图 3-14 所示。研究认为在低温区的峰值主要来自于 MF 树脂中三聚氰胺与羟甲基三聚氰胺之间的交联聚合，90～100℃的峰值来源于 UF 树脂的缩聚反应以及树脂中液态水和缩聚反应产生的水分的吸热峰，而在 110～150℃之间的峰值主要是三聚氰胺、尿素取代产物之间的聚合，即共缩聚反应。显然相比于自缩聚而言，共缩聚反应的进行需要更高的温度条件，主要在固化反应的第二阶段进行(橡胶化阶段)。固化剂的加入可以显著降低固化反应起始温度，而且用量越多，树脂的固化温度越低，固化速率越快。

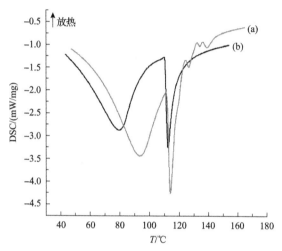

图 3-13　MUF 共缩聚树脂的固化反应过程

(a)未加固化剂；(b)加固化剂

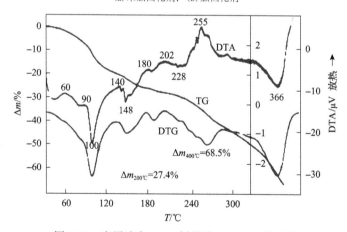

图 3-14　商用液态 MUF 树脂的 TG-DTA 测试图

3.3.2.2　树脂的胶接性能

胶黏剂最主要的使用性能就是力学强度，也就是胶接强度。通常情况下，我们可以通过对胶层的受力情况(拉伸、剪切、剥离等)来了解其胶接强度的优劣。而随着仪器分析技术的不断发展,从树脂微观结构组成出发预测其对性能的影响为树脂性能的评估提供了极大方便。Pizzi 等研究者曾利用 ^{13}C-NMR 分析技术对 MUF 树脂中主要结构基团与树脂胶接性能之间的关系进行了研究,发现固化后 MUF 树脂的内结合强度(IB)与液态 MUF 树脂中基团的含量有很大的相关性,其中亚甲基(—CH$_2$—)与羟甲基(—CH$_2$OH)的比例对树脂 IB 的贡献占 12%,比例越高,说明树脂的反应程度越高,IB 值也会越高(Mercer et al., 1996)。而醚键对胶接性能的影响较小,不同类型的醚键与树脂胶接强度之间没有直接的相关性。同时,不同取代产物之间的相对比例与树脂胶接强度之间呈现出很好的相关性,合成 MUF 树脂 30%的胶接强度取决于游离三聚氰胺、尿素与不同取代三聚氰胺和尿素的比值。而研究不同系列 MUF 树脂中三聚氰胺与其取代产物之间的比例(Y_1)、尿素和其取代产物之间的比例(Y_2)与树脂内结合(IB)性能之间的关系,发现 IB 与 Y_1 和 Y_2 之间具有很好的线性相关性,尿素和三聚氰胺的取代程度越低,即树脂的反应聚合程度越低,树脂的胶接性能(IB)越差,而对比 Y_1 和 Y_2 的相对比例认为三聚氰胺部分是树脂固化过程中交联强度获得的主要原因。相比于在树脂应用时添加助剂来调整树脂反应比例,在树脂反应中控制合适的 n_F: n_U: n_M,更有利于获得性能优异的树脂。

虽然 ^{13}C-NMR 所分析化学基团比例与树脂胶接性能之间具有很好的相关性,但树脂合成工艺和条件发生变化时,相关性方程中的参数则会发生变化,需要重新进行计算,因此完全利用仪器分析手段来评价树脂的胶接性能还具有一定的局限性。

在实际生产和实验中,胶黏剂的胶接强度可以通过刨花板或纤维板的拉伸强度、胶合板的剪切受力、胶合板的浸渍剥离等对胶层受力情况进行分析和评价。首先,MUF 树脂的胶接强度受合成反应原料的物质的量比影响较大,$n_F/n_{(U+M)}$ 越大,树脂中羟甲基含量越高,固化后树脂的交联度越高,树脂的胶接性能也越好。根据 MUF 树脂合成工艺条件的差异,在三聚氰胺用量和树脂最终 $n_F/n_{(U+M)}$ 一定的情况下,在树脂合成反应的碱性羟甲基化反应阶段高物质的量比的甲醛与活性氨基[F/(NH$_2$)$_2$]有利于树脂缩聚程度的提升,形成树脂的分子量相对较高,但产物主要以线型聚合物为主,所表现出的内结合强度要低于低 F/(NH$_2$)$_2$ 物质的量比时的结果;而缩聚反应阶段不同的 F/(NH$_2$)$_2$ 物质的量比对树脂的胶接强度没有显著影响,但会造成反应聚合物在分子量分布上的差异。

其次,三聚氰胺用量对 MUF 树脂的胶接性能和质量有显著影响,大量研究表明增加合成反应树脂中三聚氰胺的含量,可有效提升板材的内结合强度。表 3-2 为不同三聚氰胺用量与其胶接性能之间关系的测试结果,可以发现,随着三聚氰胺用量的逐步增加,树脂的胶接及耐水性能会不断提升,这主要源于三聚氰胺中稳定的三嗪环以及更高比例的反应性官能团,可以形成更多的支链结构,促使树脂固化后致密网状交联结构的形成。三聚氰胺的加入还将有助于树脂分子量的增加，固化后树脂的内聚强度可以得到大幅提升。然而，相关研究（Young et al., 2007）也表明当三聚氰胺添加比例超过 35%时，改性效果则不再明显。表 3-2 是不同三聚氰胺用量条件下合成的连续型 MUF 树脂在实验室条件下用于刨花板生产中的内结合强度测试结果，我们可以看到，随着三聚氰胺比例的不断增加，树脂的内结合强度增长幅度由快逐渐趋缓，也进一步印证了三聚氰胺的作用。在连续型合成工艺条件下，MUF 共缩聚树脂合成中三聚氰胺用量超过 60%时，合成树脂的结构和性能将近似于三聚氰胺-甲醛树脂，树脂中将以醚键连接的三聚氰胺-甲醛的自缩聚成分为主，这在一定程度上会对树脂胶接强度造成不利影响。

表 3-2 不同三聚氰胺含量下刨花板内结合强度测试结果

树脂编号	三聚氰胺用量/%	干状内结合强度/MPa	24 h 耐冷水内结合强度 [a]/MPa	耐沸水内结合强度 [b]/MPa	
				1 h	2 h
MUF1	7.3	0.91	0.39	0.07	0.03
MUF2	9.2	0.98	0.41	0.10	0.03
MUF3	11.4	1.02	0.44	0.15	0.04
MUF4	13.7	1.14	0.48	0.18	0.05
MUF5	16.3	1.18	0.50	0.20	0.08

a 表示经过 24 h 冷水浸泡后，自然晾干后进行的测试；b 表示经过不同时间的沸水煮后，在冷水中冷却 1 h，60℃条件下，干燥 16 h 后进行的测试。

　　再次，不同固化体系对树脂的胶接性能具有一定的影响。通过前面分析，我们知道固化剂的加入在一定程度上可以促进固化后树脂致密结构的形成，从而形成良好的胶接强度。图 3-15 是氯化铵作为固化剂时，不同含量条件下板材的胶接

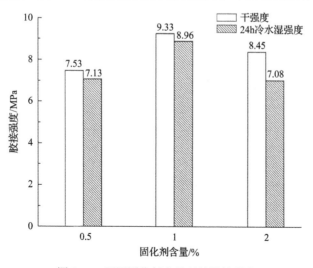

图 3-15 不同固化剂含量下的胶接强度

强度测试结果。1%固化剂含量条件下,树脂的胶接强度效果最好。对比不同固化剂含量下干强度与湿强度的变化,固化剂含量 0.5%～2%,湿强度的下降幅度分别为 5.3%、4.0%、16.2%,说明不同固化剂用量对湿强度的影响更为敏感。甲酸、草酸、盐酸以及与酸性盐类之间的复合体系,也常作为 MUF 树脂的固化剂,在固化剂作用条件下 MUF 树脂体系的酸性越强,树脂的固化速率越快,越容易交联成不溶不熔的立体结构,形成的胶接强度越好。因此,合理选择固化体系和控制固化剂用量对优良胶接性能的获得至关重要。

最后,树脂的胶接性能与树脂反应程度之间存在一定的相关性。从宏观层面来讲,一般情况下,树脂的缩合程度越高,树脂的黏度越高,与水之间的相容性越差;而缩合程度越低,与水相容性越好。从目前 MUF 树脂的主要合成工艺路线(连续型合成工艺)来看,UF 树脂体系的缩聚程度将影响树脂整体的黏度,经过 ^{13}C-NMR 和树脂黏度变化的分析,发现在三聚氰胺存在条件下 MF 成分的反应要明显快于 UF,如果三聚氰胺加入之前 UF 体系的缩聚程度较低,那么树脂要达到目标黏度的反应时间就会变长,而 MF 自缩聚成分又会出现缩合过度的现象,导致最终树脂黏度增长过快。树脂的缩合度对板材防水性能的影响见表 3-3。从表 3-3 中可见,MUF 的缩合程度越高,树脂的胶接强度和耐水性能越好。而从微观层面分析,树脂缩聚程度的高低对树脂聚合物分子量的分布有重要影响,增加树脂的缩聚程度有利于获得高分子量的聚合产物,而且随着缩聚程度的加深,树脂中不稳定醚键向桥键的转化比例会有所增加,这些均有利于优良胶层的建立。

表 3-3　MUF 树脂的缩合程度对树脂性能的影响

胶样代号	M 占总液胶量的比例/%	MUF 树脂的水相容性/%	密度/(kg/m^3)	IB/MPa	V100 实验后试件残余 IB/MPa
1	16	700	753	0.84	0.02
2	16	500	733	0.82	0.06
3	16	250	769	0.88	0.13
4	16	170	752	0.84	0.15
5	16	150	785	0.95	0.15
6	16	100	739	1.10	0.18

3.3.2.3　树脂的热稳定性

MUF 共缩聚树脂作为一种合成高分子材料,不仅要求其具有优良的胶接性能,人们更希望产品在使用过程中能够经受住恶劣环境使性能保持稳定。固化后的 MUF 共缩聚树脂抵抗环境的能力与树脂固化过程中形成的结构体系的致密度密切相关,固化后树脂的结构交联度越高,树脂的稳定性越好。

对于 MUF 共缩聚树脂来讲,三聚氰胺含量对树脂固化后的结构体系有重要影响，研究认为三聚氰胺结构中的三个氨基（—NH₂）更有利于树脂支化结构的形成，在树脂 $n_F/n_{(U+M)}$ 恒定条件下，三聚氰胺的含量越高，固化后树脂中的支化亚甲基桥键连接比例越高，即支化交联结构越多，形成的胶层网络结构体系更加致密，树脂抵抗热作用能力越强，表现出越高的热稳定性。从图 3-16 中可以发现，样品 1 到样品 4 中三聚氰胺含量在逐渐减少，而树脂在热分解过程中对应的质量损失在不断增加，这充分说明三聚氰胺用量的增加更有利于树脂网络结构体系的形成。

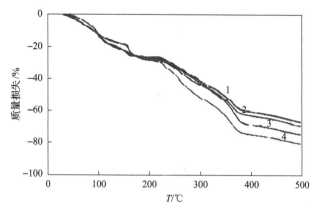

图 3-16　不同三聚氰胺含量对 MUF 树脂质量损失的影响

　　商业用 MUF 树脂的热分解过程曲线见图 3-17。被测样品为液态，树脂的降解发生于 200℃之后，图中所测树脂的分解起始温度为 230℃，自此固化后的树脂开始发生质量损失，根据三聚氰胺含量及树脂合成工艺条件的差别，分解起始温度可在 200～250℃，如果固化后树脂的结构比较密实，分解起始温度向高温方向偏移，致密的结构体系不利于水分等小分子的移动和扩散，需要更高的温度才能从体系中释放出来，若固化后树脂的结构比较松散，在 200℃左右便会出现质量损失。固化后树脂结构的密实程度在一定程度上与三聚氰胺的缩聚方式有关，研究发现三聚氰胺首先和甲醛反应后再和 UF 树脂体系进行共缩聚，固化后树脂的结构将更加致密，如果三聚氰胺与 UF 树脂体系中的活性反应性基团直接结合，固化后树脂的结构相对较为松散。由于固化后的树脂中仍然含有一定比例的活性反应基团，如羟甲基、亚氨基以及不稳定的醚键，受湿热影响醚键会不断裂解释放出甲醛转化为更加稳定的亚甲基桥键。研究认为醚键的断裂和分解是导致固化后树脂开始发生降解的主要原因，由于醚键降解释放出的甲醛会进一步参与到树脂的反应当中，形成更加稳定的亚甲基桥键，因此也有将树脂初期的降解过程认为是树脂的一个后固化阶段。树脂中最稳定结构单元的分解发生在 300～400℃，质量损失达到最大程度（35%～40%），随着温度的继续升高，在 400～600℃的质量损失主要来源于化学结合水的蒸发和释放，质量损失率在 10%～20%。

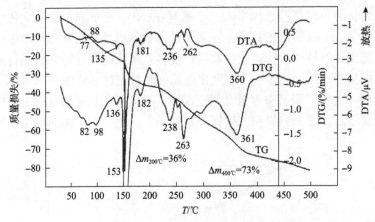

图 3-17　商用 MUF 树脂的热分解曲线图

固化剂的使用有利于树脂密实结构的形成，图 3-18 和图 3-19 为实验室合成的液态 MUF 树脂在 1%氯化铵加入条件下的 TG 和 DTG 曲线图，分解特征参数如表 3-4。固化剂的加入有助于树脂形成致密的网络结构体系，耐久性更好，对应树脂的残炭率更高。在 200~600℃为树脂的热解过程，固化剂的加入将树脂的热分解过程分成了明显的三个区域，即 229~296℃、296~339℃、339~500℃，树脂起始分解温度由于固化剂的加入会偏向高温方向，意味着树脂具有更好的耐热性。

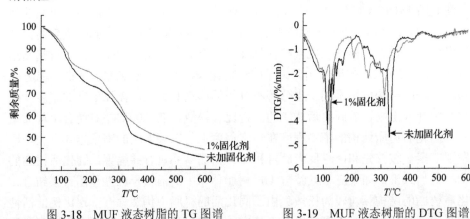

图 3-18　MUF 液态树脂的 TG 图谱　　　　图 3-19　MUF 液态树脂的 DTG 图谱

总之，对于不同 MUF 树脂的热分解过程大致可分为三个阶段，第一阶段（200~250℃），主要来自于树脂中水分和残留小分子的蒸发，以及不稳定醚键连接聚合物的分解，固化后树脂结构越紧密，树脂分解的起始温度就越高；第二阶段（300~400℃），除了有水分的蒸发外，树脂中的稳定结构聚合物也开始分解，并在 330~360℃分解达到最大程度；第三阶段（400~600℃），主要来自于化学反应后期结合水的蒸发。

表 3-4　MUF 树脂的质量损失

样品状态	温度区间/℃	质量损失/%	残炭率/%
液态 MUF	30~200	26.25	40.50
	220~500	28.69	
液态 MUF+1% NH₄Cl	30~193	20.26	44.12
	193~229	3.23	
	229~296	10.5	
	296~339	8.25	
	339~500	10.08	

3.3.2.4　树脂结构与甲醛释放的关系

造成板材甲醛释放的因素比较复杂，但从胶黏剂的角度而言，甲醛释放主要与合成树脂中残余的游离甲醛含量和树脂中不稳定结构(如醚键)的裂解有关。控制合成反应原料物质的量比，可显著降低树脂中的游离甲醛含量，$n_F/n_{(U+M)}$ 越低，则游离甲醛含量越低，但当 $n_F/n_{(U+M)}$ 低至 1.0 左右时，树脂的胶接强度将会受到影响，为了减小物质的量比降低对强度的影响，在一定范围内，可通过调整三聚氰胺的含量进行弥补。在 $n_F/n_{(U+M)}$ 不变条件下，基于三聚氰胺的结构优势，适当增加合成树脂中三聚氰胺的用量，将结合更多物质的量的游离甲醛，有利于获得低游离甲醛含量的树脂。然而，在树脂合成反应过程中加入三聚氰胺时，如果三聚氰胺与甲醛结合形成了大量以醚键连接的自缩聚产物，那么在树脂应用过程中会造成板材甲醛释放的增加。也有研究发现，与树脂合成中加入三聚氰胺相比，在降低甲醛方面，三聚氰胺以共混的方式添加更加有效，原因在于首先合成的 UF 树脂中含有丰富的羟甲基基团(约 50%)，三聚氰胺以共混方式加入后在树脂固化时三聚氰胺中的氨基可以与 UF 树脂中的羟甲基之间发生充分的共缩聚反应，形成稳定的亚甲基连接聚合物(Kadri et al.，2010)。另外，羟甲基也是导致甲醛释放的重要来源之一。

3.4　三聚氰胺-尿素-甲醛共缩聚树脂合成配方与应用

3.4.1　MUF 共缩聚树脂合成配方

3.4.1.1　低三聚氰胺加入量

主要目的在于降低游离甲醛含量、提升树脂整体的胶接耐久性。

1)配方 1

在 30~50℃条件下将所需 37%的甲醛全部加入到反应器中，搅拌下加入 30%

氢氧化钠溶液调节 pH 为 8.0～8.5，加入第一批尿素（总量的 40%）；升温至 85℃，保温反应 15 min，加入反应所需三聚氰胺，反应 25～40 min，然后用氯化铵溶液调节 pH 为 5.1～5.5，加入第二批尿素（总量的 50%）；在 85℃ 条件下保温反应 40～60 min，达到所需黏度时，调节 pH 为 7～8，加入第三批尿素（总量的 10%），反应 10～20 min，调节 pH 为 7～8，冷却至 40℃ 以下时出料。

树脂性能指标如下：①外观，乳白色或淡黄色均匀黏稠液体；②固含量，50%～55%；③黏度，30～80 s；④pH，7.2～8.0；⑤游离甲醛，0.4%；⑥树脂储存期，常温存放 30 天均匀无沉淀。

2）配方 2

常温下称取定量 37% 的甲醛全部加入到反应器中，升温至 50℃，调节 pH 为弱碱性，加入第一批尿素（总量的 70%）；缓慢升温至 85℃，保温反应 45～50 min，然后用甲酸溶液调节 pH 为 5.0～5.2，加入第二批尿素（总量的 20%～30%）和三聚氰胺；保温反应至要求黏度停止加热，降温至 70～75℃ 时，调节 pH 为 7.5～8.0，加入第三批尿素（总量的 0～10%），反应 20 min 后停止加热，自然冷却，并调节 pH 为弱碱性，出料。

树脂性能指标如下：①外观，乳白色均匀黏稠液体；②固含量，53%～60%；③pH，7.0～8.0；④游离甲醛，0.15%～0.35%；⑤树脂储存期，常温存放 10 天均匀无沉淀。

3）配方 3

将 37% 的甲醛溶液一次性加入到反应器中，搅拌下用 30% 氢氧化钠溶液调节 pH 为 7.5～8.0，加热至 40℃ 时加入第一批尿素（U1）和三聚氰胺（尿素质量的 10%）；在 30 min 内升温至 90℃，保温反应 60 min，用 30% 甲酸溶液调节 pH 为 4.8～5.1，反应至浑浊点立即用 30% 氢氧化钠溶液调节 pH 至 7.5～8.0，加入第二批尿素（U2）；在 80～85℃ 下反应 30 min，加入第三批尿素（U3），在 70～80℃ 条件下反应 30 min，调节 pH 为 7.5～8.0，降温至 40～50℃，出料。

树脂性能指标如下：①外观，乳白色均匀黏稠液体；②固含量，55%～58%；③pH，7.0～8.0；④游离甲醛，0.23%；⑤固化时间，120 s；⑥黏度，200～230 mPa·s。

4）配方 4

将 37% 的甲醛溶液一次性加入到反应器中，搅拌下用 30% 氢氧化钠溶液调节 pH 为 8.0～9.0，加入第一批三聚氰胺（总量的 50%～75%）；加热至 60℃ 保温反应 30 min，然后加入第一批尿素（U1），继续升温至 88～90℃，保温反应 30 min，用硫酸溶液调节反应体系 pH 反应 60～90 min，黏度达到 65～85 mPa·s 时，加入第二批尿素（U2）和剩余三聚氰胺（总量的 25%～50%）；在 80～84℃ 条件下反应 20～30 min，用 30% 氢氧化钠溶液调节 pH 为 7.5～8.0，加入第三批尿素（U3），保温反应 10 min，调节 pH 为 8～9，停止加热，温度降至 40℃ 左右，出料。

　　此工艺路线三聚氰胺的加入量变化范围比较宽，可以在 4%～28% 之间变化，根据三聚氰胺的用量来调节第二阶段的 pH。

　　树脂性能指标如下：①外观，乳白色或无色透明均匀黏稠液体；②固含量，50%～60%；③pH，7.0～8.2；④游离甲醛，0.15%～0.30%；⑤树脂储存期，常温下存放至少 10 天均匀无沉淀。

3.4.1.2　高三聚氰胺加入量

　　下述配方合成的 MUF 树脂无须脱水可直接用于刨花板、纤维板、胶合板等的生产中。

　　1）配方 1

　　常温下将定量的 37% 甲醛溶液加入到反应器中，在搅拌下用 33% 的氢氧化钠溶液调节 pH 为 8～9，升温至 50～60℃，加入定量的尿素（U1）；继续升温至 90℃，保温反应 20～30 min，然后调节 pH 为 5.5～6.0，保温反应 60 min 左右，再次用 30% 的氢氧化钠溶液调节 pH 为 8.0～9.0，加入反应所需三聚氰胺；保温反应 40～60 min，然后调节 pH 为 8.0～8.5，降温至 60～70℃，加入第二批尿素（U2），反应 15～20 min，冷却出料。此工艺条件下，三聚氰胺与尿素质量比例可在 43：57～50：50，n_F:$n_{(U+M)}$ 物质的量比可在 1.3～1.7。

　　树脂性能指标如下：①外观，白色或无色透明均匀黏稠液体；②固含量，55%～59%；③黏度，145～150 mPa·s；④pH，8.0～8.3；⑤游离甲醛，0.15%～0.20%；⑥固化时间，120～300 s；⑦树脂储存期，≤10 天（常温）。

　　2）配方 2

　　常温下将 37% 的甲醛溶液一次性全部加入到反应器中，在搅拌下用 40% 氢氧化钠溶液调节 pH 为 8.0～9.0，加入第一批尿素（U1）和第一批三聚氰胺（M1）；升温到 90℃，保温反应 30 min，然后用 30% 的甲酸溶液调节 pH 为 5.5～6.0，反应 30～50 min，之后用 40% 的氢氧化钠溶液调节 pH 为 8.0～9.0，加入第二批三聚氰胺（M2）；90℃ 保温反应 40 min，再次调节 pH 为 8.0～9.0，加入第二批尿素（U2），降温至 70℃ 反应 20 min，冷却出料。

　　此工艺将三聚氰胺分 2 次添加，同配方 1 相比，合成后的树脂储存期可明显延长。

　　树脂性能指标如下：①外观，白色或无色透明均匀黏稠液体；②固含量，55%～59%；③黏度，150～155 mPa·s；④pH，8.2～8.5；⑤游离甲醛，0.2%～0.3%；⑥固化时间，200～300 s；⑦树脂储存期，≥20 天（常温）。

　　3）配方 3

　　加热升温至 50℃ 时，向反应器中加入定量 37% 甲醛溶液，在搅拌下用 40% 氢氧化钠溶液调节 pH 为 8.5～9.0，加第一批尿素（U1）和第一批三聚氰胺（M1）；继续升温至 90℃，用 30%甲酸溶液调节 pH 为 5.0～5.5，保温反应 60 min，然后调节 pH 为 8.7～8.9，加第二批三聚氰胺(M2)；保温反应 100 min，再次调节 pH 为 9.0，降温至 45℃时，添加第二批尿素(U2)，保温 10 min 后调节 pH 为 8.0，放料保存。

树脂性能指标如下：①外观，无色透明均匀黏稠液体；②固含量，53%～55%；③黏度，44～95 mPa·s；④pH，8.0～8.2；⑤游离甲醛，0.27%～0.35%；⑥固化时间，60～100 s；⑦树脂储存期，≥60 天(常温)。

4) 配方 4

常温下将 37%的甲醛溶液加入到反应器中，在搅拌下用 30%的氢氧化钠溶液调节 pH 为 8.0～9.0，加入第一批尿素(U1)和第一批三聚氰胺(M1)；升温到 90℃，保温反应 30 min，然后用 20%的氯化铵溶液调节 pH 为 5.4～6.2，反应至浑浊点，并继续反应 15～20 min，之后用 30%的氢氧化钠溶液调节 pH 为 6.0～6.9，加入第二批尿素(U2)和第二批三聚氰胺(M2)；90℃保温反应 40 min，再次用 30%的氢氧化钠溶液调节 pH 为 8.0～9.0，加入第三批三聚氰胺(M3)；90℃保温反应 40 min，降温至 70℃加入第三批尿素(U3)，50～60℃反应 20 min，冷却出料。

此工艺中，$n_F : n_{(U+M)}$ 可为 1.03～1.48，三聚氰胺与树脂质量比值在 8.5%～16.0%。

树脂的性能指标如下：①外观，白色或无色透明均匀黏稠液体；②固含量，55%～59%；③黏度，145～150 mPa·s；④pH，8.0～8.3；⑤游离甲醛，0.15%～0.20%；⑥固化时间，120～300 s。

3.4.2　MUF 共缩聚树脂应用

3.4.2.1　人造板用胶黏剂

MUF 共缩聚树脂的研发初衷是为了改善脲醛树脂的耐水、耐候性，并降低甲醛含量。早在 1944 年 McHale 就用三聚氰胺来提高脲醛树脂的耐水性，在 1955 年日本首次用 20%的三聚氰胺用于提高脲醛树脂的耐水性，用其制备的胶合板耐水性能达到了Ⅰ类标准。之后随着研究的不断推进，历经几十年的发展，MUF 共缩聚树脂由于具有优良的耐水、耐候性和较高的胶接强度，在厨房、浴室等湿度较高场所用刨花板、纤维板的生产上已得到了广泛应用，通过调节 MUF 树脂合成反应中三聚氰胺的添加比例及合成工艺条件，可制备出满足不同等级需求的 MUF 共缩聚树脂。在 MUF 树脂中添加尿素质量比例 30%～40%的三聚氰胺，生产的中密度纤维板耐水等级可达到Ⅰ级标准。而用于木地板基材的生产时，三聚氰胺添加量为树脂质量的 9%～13%时，制备的胶合板强度符合Ⅱ类标准要求，而甲醛释放可以达到 E_0 级标准(＜0.5 mg/L)(赵临五等，2009)。将尿素和三聚氰胺分 3 次添加的工艺配方下，三聚氰胺添加量为液体树脂质量的 7%～8%时，合成的 MUF 树脂用于地板用基材生产中,在满足相关标准要求的同时,甲醛释放量能够稳定控制在 3.5 mg/100 g 以下(Dunky et al., 2009)。在国外如日本、法国、德国等地区,MUF 树脂的应用已经扩展到结构用材等新型人造板产品的生产当中,主要用于建筑、桥梁、大型结构用材的胶接和生产,而胶合木的生产是 MUF 树脂应用最为广泛的领域之一,利用 MUF 树脂胶接生产的胶合木产品,其整体性能可以和酚醛类树脂相媲美,完全能够满足相关标准要求。在日本,对 MUF 树脂的应用也取得了显著成绩,尤其在胶合木的制备方面具备完整的工艺技术和设计能力。国内对 MUF 树脂在结构材生产方面的应用晚于国外,大部分的研究成果还停留在实验室阶段,尽管相关研究结果证实了 MUF 共缩聚树脂可用于胶合木的生产,无论胶接强度还是甲醛释放均能满足标准要求,但实际应用并不普遍。近十年来,为了提高生产效率,不断完善 MUF 树脂在结构材上的应用,室温固化型 MUF 树脂的研究成果相继报道,陈刚(2011)通过在 MUF 树脂中添加 5%～10%比例的增稠剂,三聚氰胺用量为 40%时,MUF 树脂固化温度达到室温,制得的胶合板的强度达到最大值 1.09 MPa,且耐水性能得到提高。作者课题组将单宁等生物质原料加入到 MUF 树脂中形成的复合体系树脂可在室温下完成胶合木试样的胶接,相关性能指标均能满足 GB/T 26899—2011《结构用集成材》标准中的要求。MUF 树脂与羟甲基纤维素甲酸溶液配合使用用于胶合木的制备时,MUF 树脂的固化速率得到明显提升,当羟甲基纤维素甲酸溶液用量为 2%时,胶合木的胶接强度可达到 10.6 MPa,超出了 BS EN 386 标准值 76.7%(Zhou et al., 2018)。

3.4.2.2　装饰纸浸渍用胶黏剂

MUF 共缩聚树脂在装饰纸浸渍用胶黏剂中展现出巨大的应用潜力。目前浸渍用胶黏剂大部分以 UF 树脂和 MF 树脂分开使用或按不同比例混合使用。而当两种树脂混合使用时,存在固化时间不同步、活性周期短、生产的浸渍纸易吸潮和表面粗糙等缺点。根据实际需求,n_F: $n_{(U+M)}$ 为 1.5～2.5,三聚氰胺与尿素的质量比为 1:1 时,在碱性条件下合成的 MUF 树脂生产出的浸渍纸表面均匀光滑,易于存放,常温下调制好的浸渍树脂活性期长达 24 h,为生产提供了极大方便(张红春等,2005)。而且,相比于 MF 树脂,MUF 树脂中由于尿素的参与,可以大大降低生产成本,以 MF 树脂的经典合成工艺为主,用尿素代替 30%比例的三聚氰胺,树脂生产成本可以降低 15%,实验中三聚氰胺与尿素质量比例为 47:53 时,合成的 MUF 树脂用于刨花板、中密度纤维板用浸渍装饰纸的生产时,除了具有与 MF 树脂相当的性能外还具有比 MF 树脂更好的柔韧性和流动性,但唯一不足的是 MUF 树脂需要更长的固化时间(Kandelbauer et al., 2010)。因此,通过工艺的调整和固化剂的联合调控,未来完全有可能用 MUF 树脂替代 MF 树脂用于浸渍纸的生产。

3.4.2.3　微胶囊壁材合成用材料

除了作为胶黏剂使用外，MUF 树脂具有较高的化学稳定性和力学性能，容易通过化学或物理修饰进行控制等特点，常作为制备微胶囊用囊壁材料，用于印刷、纺织、化工及木质材料等领域。以 MUF 为囊壁材料，利用原位聚合法制备的 MUF/石蜡微胶囊强度好，具有良好的封闭性和储能性，可以作为相变储能材料使用（倪卓等，2015）。经过 MUF 包裹的石蜡微胶囊，能够很好地保持石蜡原有的储放热特性，亲水性能得到了很大提高，为微胶囊的应用提供了有利条件（刘星等，2006）。利用 MUF 树脂为壁材，用于电子墨水微胶囊制备的囊壁材料，通过合理调整制备过程中的 pH、控制缩聚反应速率、表面活性剂和固化剂等的比例，可制得机械强度较高的表面光滑的微胶囊，在自然干燥后不破裂（牛晓伟等，2009）。同时，MUF 树脂本身具备一定的阻燃作用，是制备阻燃微胶囊的常用壁材，阻燃微胶囊产品的研发，部分已成功实现了商业化生产，对阻燃技术的发展发挥了积极作用。近年来，具有防腐、阻燃、释香及变色等特殊功能特性的微胶囊开始应用于木质功能材料的研究与开发，微胶囊技术在实现功能试剂控制释放、提高稳定性方面具有极大的应用潜力。胡拉（2016）以 MUF 树脂作为壁材，包覆可逆变色剂、聚磷酸铵和相变石蜡，包覆处理后可明显提高可逆变色剂与相变石蜡的热稳定性，通过在涂层中添加微胶囊的方式制备变色薄木具有灵敏的可逆变色特性以及良好的变色稳定性，而对变色薄木的漆膜附着力无明显影响。经 MUF 树脂包覆处理的聚磷酸铵微胶囊与胶黏剂具有良好的相容性，使阻燃刨花板的静曲强度、弹性模量和内结合强度分别提高了 59.6%、41.5% 和 7.4%。随着微胶囊技术的不断发展，在木质材料功能化中的应用将具有广阔的前景。

3.4.2.4　其他应用

MUF 树脂不仅具有较好的耐水性，而且具有一定的阻燃功能，可低温固化，固化后胶层无色等优势，被越来越多地用于低密度木材改性中。经研究发现 MUF 树脂在杨木中有良好的渗透性，经过浸渍处理后的杨木，在密度、抗弯强度、抗压强度等力学性质和耐热性能方面均有较大提升，杨木的湿胀率可明显下降。对 MUF 树脂浸渍-热压缩对杨木进行处理后，杨木密度可由素材的 0.39 g/cm^3 提高到 0.76 g/cm^3，压缩变形恢复率控制在 6%，表面硬度、弹性模量和抗弯强度分别提高 192%、196% 和 142%（柴宇博等，2016）。MUF 树脂和 MUF 树脂复配硼系化合物对杨木进行处理后，可显著降低木材的吸湿率，提高抗胀率、弹性模量和抗弯强度，提高氧指数，降低总烟释放量及一氧化碳产率。MUF 复配硼系化合物处理柳杉后，木材在热解过程中的预碳化和碳化阶段，MUF 对木材具有一定的催化成炭作用，在木材燃烧阶段，MUF 树脂对木材的氧化分解具有促进作用。

另外，在涂料用氨基树脂、造纸工业用增湿剂等方面，MUF 树脂也逐渐呈现出新的发展趋势。MUF 共缩聚树脂结合了脲醛树脂与三聚氰胺-甲醛树脂的优势，有效克服了脲醛树脂耐水、耐候性差和三聚氰胺-甲醛树脂脆性的不足，一方面可实现有效的黏结，形成坚固柔韧的涂层，另一方面树脂中含有大量的氮元素，因此在高温环境下，会表现出优异的阻燃性能，与树脂中的阻燃体系相互作用形成难燃的碳层，常常被用作阻燃涂料制备成膜物。将尿素预聚体引入到三聚氰胺-甲醛树脂中形成的 MUF 树脂体系可用于生产增湿剂，其与纸浆纤维相互吸引，最大限度地吸附在纤维上，保证了良好的吸附和留着，在干燥过程中，吸附在纤维上的聚合物将进行快速的分子内和分子间的聚合，在纤维界面形成三维交联网络结构，封闭纤维之间的氢键，减少纤维的润胀，从而提高纸张的强度。此树脂具有固含量高、水溶性好、储存期长等优势，被证明是一种优良的造纸增湿剂。

参 考 文 献

包学耕, 黄苹. 1991. 三聚氰胺改性脲醛树脂胶(MUF)及其应用工艺[J]. 粘接, 12(4): 23-25.

柴宇博, 刘君良, 王飞. 2016. 两种预处理方法对杨木压缩变形的固定作用及性能影响[J]. 木材加工机械, 27(5): 16-19.

陈刚. 2011. 胶合木用室温固化 MUF 树脂胶黏剂研究[D]. 哈尔滨: 东北林业大学.

陈明月, 李文波, 宁平. 2011. 低醛三聚氰胺树脂的制备与工艺研究[J]. 中国胶粘剂, 20(11): 1-5.

杜官本. 2000. 缩聚条件对脲醛树脂结构的影响[J]. 粘接, (1): 12.

段红云. 2015. 环保型脲醛树脂胶粘剂及甲醛控释研究[D]. 北京: 北京化工大学.

顾继友, 林昌镇. 2002. 三聚氰胺改性脲醛树脂胶粘剂在中密度纤维板上的应用研究[J]. 林产工业, (1): 23-26.

顾顺飞, 侍斌, 彭卫, 等. 2017. 对氨基苯酚改性脲醛树脂的合成及其在胶合板中的应用[J]. 中国胶粘剂, 26(5): 34-37.

韩延忠. 2012. 环保型脲醛树脂快速固化剂的制备与性能研究[D]. 长春: 吉林大学.

胡拉. 2016. 三聚氰胺-尿素-甲醛树脂微胶囊形成机理及性能研究[D]. 北京: 中国林业科学研究院.

胡强. 2001. 杂质对三聚氰胺树脂胶反应影响及其精制处理[J]. 湖南林业科技, 28(3): 51-52.

李爱萍, 阚成友, 杜奕, 等. 2006. 脲醛树脂合成反应过程的 FTIR 研究[J]. 物理化学学报, 22(7): 873-877.

李涛洪. 2015. 木材胶粘剂用氨基树脂合成反应机理研究[D]. 南京: 南京林业大学.

李文环, 张金杰, 杨从太, 等. 2018. 苯代三聚氰胺增韧改性三聚氰胺树脂的制备及光谱分析[J]. 光谱学与光谱分析, 38(5): 159-163.

李雯霞, 王长荣. 2011. 脲醛树脂的改性研究[J]. 中国建材科技, (3): 22-24.

李新功, 郑霞. 2004. 低毒脲醛树脂胶贮存期的研究[J]. 木工机床, (2): 3-5.

刘文杰. 2018. 环保快固脲醛树脂胶黏剂制备与性能研究[D]. 长沙: 中南林业科技大学.

刘星, 汪树军, 刘红研, 等. 2006. MUF/石蜡的微胶囊制备[J]. 高分子材料科学与工程, 22(2): 235-238.

罗晔, 祝鹏飞, 郭嘉, 等. 2006. 低游离甲醛含量脲醛树脂胶粘剂的研究[J]. 中国胶粘剂, 15(7): 8-12.

马文伟. 1995. 氧化淀粉改性脲醛树脂胶的制备[J]. 化学与粘合, (3): 147-148.

倪卓, 周方宇, 蔡弘华, 等. 2015. MUF/石蜡相变储能材料的制备及其表征[J]. 化学与粘合, (3): 5-9.

牛晓伟, 徐辉波, 路新成, 等. 2009. 尿素/三聚氰胺/甲醛原位聚合制备微胶囊化电子墨水[J]. 东南大学学报(自然科学版), (3): 186-189.

潘祖仁. 2011. 高分子化学[M]. 5版. 北京: 化学工业出版社.

荣磊, 顾继友, 谭海彦, 等. 2010. 多羟甲基苯酚改性脲醛树脂的研究[J]. 中国胶粘剂, 19(9): 37-41.

孙燕, 徐伟涛, 毛安, 等. 2020. 我国脲醛树脂制备技术研究概述[J]. 林产工业, 57(1): 1-4.

王东卫, 张潇娴, 罗嵩, 等. 2012. 密胺泡沫的制备改性及性能研究[J]. 功能材料, (24): 48-52.

谢飞, 马榴强. 2012. 生物质改性三聚氰胺甲醛树脂研究进展[J]. 化工进展, (S2): 172-174.

闫文涛, 张永娟, 张雄. 2008. 改性三聚氰胺-尿素-甲醛共缩聚树脂胶粘剂的合成[J]. 中国胶粘剂, (9): 35-38.

杨惊, 李小瑞. 2005. 高固含量醚化蜜胺甲醛树脂制备及其稳定性[J]. 热固性树脂, (1): 14-16.

俞丽珍, 龚颖, 刘璇, 等. 2012. 间苯二酚对改性低毒脲醛树脂胶粘剂性能的影响[J]. 中国胶粘剂, (11): 47-50.

张红春, 邵广义, 孙丽玫, 等. 2005. 新型三聚氰胺尿素甲醛共聚树脂的研制[J]. 林业科技, (4): 51-52.

张彦华, 顾继友, 邸明伟, 等. 2008. 异氰酸酯改性脲醛树脂胶粘剂的研究进展[J]. 粘接, 29(4): 32-35.

张云飞, 徐贵祥, 刘辉, 等. 2016. 2,4,6-三羟甲基苯酚钠改性脲醛树脂的制备与表征[J]. 武汉工程大学学报, 38(3): 263-267.

张忠涛, 王雨. 2017. 绿色视角下人造板工业用胶黏剂产业发展前景[J]. 林产工业, 44(1): 10-13.

赵临五, 穆有炳, 储富祥, 等. 2009. 低成本 E_0 级地板用 UMF 胶的研制[J]. 林产工业, (4): 24-28.

邹菊生. 2001. 三聚氰胺改性脲醛树脂胶在 MDF 生产中的应用[J]. 木材加工机械, (3): 31-32.

Diop A, Adjalle K, Boëns B, et al. 2016. Synthesis and characterization of lignin-melamine-formaldehyde resin[J]. Journal of Thermoplastic Composite Materials, doi: 0892705716632856.

Dunky M, Durkic K, Andersen G. 2009. Adhesive system and wood based panels comprising the adhesive system with low subsequent formaldehyde emission and suitable production procedure[J]. European Patent Application, (6): EP2069118.

Hu X, Huang Z, Zhang Y. 2014. Preparation of CMC-modified melamine resin spherical nano-phase change energy storage materials[J]. Carbohydrate Polymers, 101: 83-88.

Hui W, Ming C, Taohong L, et al. 2018. Characterization of the low molar ratio urea-formaldehyde resin with ^{13}C NMR and ESI-MS: Negative effects of the post-added urea on the urea-formaldehyde polymers[J]. Polymers, 10(6): 602.

Hui W, Jiankun L, Jun Z, et al. 2017. Performance of urea-formaldehyde adhesive with oxidized cassava starch[J]. Bioresources, 12(4): 7590-7600.

Kadri S, Tiit K, Tõnis P, et al. 2010. Thermal behaviour of melamine-modified urea-formaldehyde resins[J]. Journal of Thermal Analysis & Calorimetry, 99: 755-762.

Kandelbauer A, Petek P, Medved S, et al. 2010. On the performance of a melamine-urea-formaldehyde resin for decorative paper coatings[J]. European Journal of Wood and Wood Products, 68(1): 63-75.

Mercer A T, Pizzi A. 1996. A ^{13}C-NMR analysis method for mf and MUF resins strength and formaldehyde emission from wood particleboard. I. MUF resins[J]. Journal of Applied Polymer Science, 61: 1697-1702.

Myers G E. 1984. How mole ratio of uf resin affects formaldehyde emission and other properties: A literature critique[J]. Forest Products Journal, 34(5): 35-41.

No B Y, Kim M G. 2007. Evaluation of melamine-modified urea-formaldehyde resins as particleboard binders[J]. Journal of Applied Polymer Science, 106(6): 4148-4156.

Paiva N T, Pereira J, Ferra J M, et al. 2012. Study of influence of synthesis conditions on properties of melamine-urea formaldehyde resins[J]. International Wood Products Journal, 3(1): 51-57.

Panangama L A, Pizzi A. 1996. A ^{13}C-NMR analysis method for MUF and MF resin strength and formaldehyde emission[J]. Journal of Applied Polymer Science, 59(13): 2055-2068.

Rammon R M, Johns W E, Magnuson J, et al. 1986. The chemical structure of uf resins[J]. Journal of Adhesion, 19(2): 115-135.

Siimer K, Kaljuvee T, Pehk T, et al. 2010. Thermal behaviour of melamine-modified urea-formaldehyde resins[J]. Journal of Thermal Analysis and Calorimetry, 99(3): 755-762.

Soulard C, Kamoun C, Pizzi A. 1999. Uron and uron-urea-formaldehyde resins[J]. Journal of Applied Polymer Science, 72(2): 277-289.

Wang H, Cao M, Li T H, et al. 2018. Characterization of the low molar ratio urea-formaldehyde resin with ^{13}C NMR and ESI-MS: Negative effects of the post-added urea on the urea-formaldehyde polymers[J]. Polymers, 10(6): 602.

Wang H, Liang J, Zhang J, et al. 2017. Performance of urea-formaldehyde adhesive with oxidized cassava starch[J]. Bioresources, 12(4): 7590-7600.

Young No B, Kim M G. 2007. Evaluation of melamine-modified urea-formaldehyde resins as particleboard binders[J]. Journal of Applied Polymer Science, 106: 4148-4156.

Zhou J, Yue K, Lu W D, et al. 2018. Effect of CMC formic acid solution on bonding performance of MUF for interior grade glulam[J]. Cellulose Chemistry & Technology International Journal, 52(3/4): 239-245.

第4章 苯酚-尿素-甲醛共缩聚树脂

酚醛(PF)树脂和脲醛(UF)树脂是木材工业中最主要的两种胶黏剂。PF树脂具有很高的胶合强度和较好的耐水性能，但由于其固化速率慢、生产成本和游离甲醛含量较高，故在应用上受到一定的限制。而UF树脂因具有制造工艺简单、原料价格低廉、黏接强度高、无色透明和不污染木材等优点，被广泛用于木材加工、人造板等行业中，但其也存在着耐水性和耐老化性能较差、甲醛含量较高等缺点。

随着我国经济的快速发展，室外用人造板具有广阔的应用前景，故仅使用UF树脂已不能满足强度要求，而制造PF树脂的原料成本又较高。因此，共缩聚树脂是实现与现行工艺相衔接、平衡生产成本和树脂性能的良好改性方法，即通过向原有甲醛系树脂添加其他化合物，使其发生共缩聚反应，从而达到对原有树脂进行改性的目的。共缩聚树脂综合利用了木材工业中常规胶黏剂的优点，使不同种类甲醛系树脂的性能得到互补，降低了生产成本，同时还赋予胶黏剂新的性能，以适应不同胶接制品的使用要求。目前，三聚氰胺-尿素-甲醛(MUF)共缩聚树脂已在世界范围内实现了工业化生产与应用，同时苯酚-尿素-甲醛(PUF)共缩聚树脂近年来也在欧洲大陆逐渐向工业化生产与应用过渡。

4.1 酚醛树脂

酚醛树脂是在催化剂作用下酚类和醛类化合物缩聚的产物。其中，苯酚和甲醛反应生成的酚醛树脂是一种最为典型的酚醛树脂。在美国、日本以及一些欧洲国家，酚醛树脂胶黏剂用量是脲醛树脂的两倍以上，在我国酚醛树脂用量次于脲醛树脂。酚醛树脂具有耐热性能高、耐老化性能好、黏接强度高及化学稳定性好等优点，特别是耐沸水性能最佳，所以在一个多世纪里除了应用于木材加工、建筑和纺织等传统领域，还应用于电子、航空和医疗等高科技行业。

酚醛树脂作为第一个人工合成的高分子化合物，已有一个多世纪的人工合成历史。19世纪70年代，德国化学家阿道夫•冯•拜耳(A. Baeyer)在酸性条件下使用苯酚和甲醛反应第一次制得了酚醛树脂；之后美国化学家利奥•亨德里克•贝克兰(L. H. Baekeland)对酚醛树脂开展了系统研究，并于1910年申请了关于酚醛树脂"加压、加热"固化专利；而酚醛树脂的第一次工业化生产始于Bakelite公司的成立。之后，随着酚醛树脂研究的改进和工业化的发展，它的使用遍及了生产和生活的各个领域。

酚醛树脂的分子结构受不同反应条件(如pH和n_P/n_F物质的量比等)的影响而改变。酚醛树脂一般分为两大类：热塑性酚醛树脂和热固性酚醛树脂。

　　热塑性酚醛树脂又被称为线型酚醛树脂、Novalac 酚醛树脂或二阶酚醛树脂，是一种具有热稳定性的树脂。它的合成是在酸性条件下过量苯酚与甲醛反应。因为甲醛用量不足，所以该树脂支链结构较少，只能生成线型缩聚产物。由于该分子结构的原因，受热时仅能熔化，而不发生化学反应，冷却后再次硬化。此种特性不受加热-冷却循环次数的影响。但是，若温度超过热塑性酚醛树脂的承受范围，它会发生一定程度的降解。

　　热固性酚醛树脂又被称为 Resol 酚醛树脂、可溶性酚醛树脂或者一阶酚醛树脂，它是由苯酚和过量的甲醛反应生成。反应体系首先产生羟甲基基团，该活性基团继续反应，缩聚成为大分子。若不停止反应进程，最终得到体型结构的丙阶树脂。而在此过程中，并不需要添加固化剂。

　　一般认为酚醛树脂的合成分为两步。

　　1) 甲醛与苯酚的加成反应

　　在酸或碱催化作用下，苯酚和甲醛首先发生加成反应(图 4-1)，生成羟甲基酚，然后反应不断继续，最后以一羟甲基酚和多羟甲基酚的混合物为加成反应的产物。

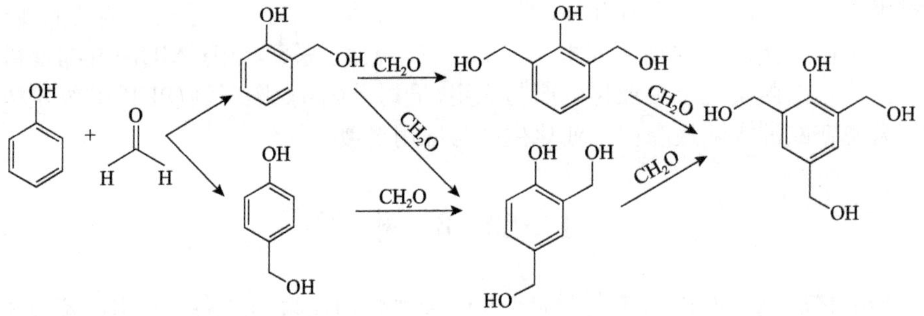

图 4-1　甲醛与苯酚的加成反应

　　2) 羟甲基酚间的缩聚反应

　　羟甲基酚发生两种可能的缩聚反应，生成亚甲基桥键或亚甲基醚键，缩聚反应如图 4-2 所示。

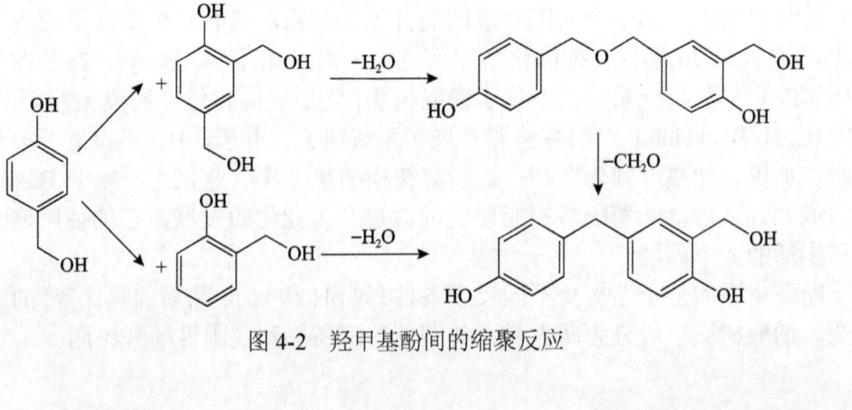

图 4-2　羟甲基酚间的缩聚反应

虽然酚醛树脂以其良好的力学性能、优异的耐久性和耐水性能在室外和结构领域获得广泛应用，但是同时它也存在着成本较高和固化速率慢等缺点。因此，近年来，许多科研人员致力于开发单宁和木质素等生物质材料，希望部分替代苯酚来合成人造板用胶黏剂，从而降低酚醛树脂胶黏剂的生产成本。也有许多的学者希望在较低温度下实现酚醛树脂的快速固化，因此用尿素(莫弦丰等，2014；陈玉竹等，2015a)、碳酸盐(Higuchi et al.，1994；Tohmura et al.，1995；陈玉竹等，2015b)和酯类(Stephanou et al.，1993；Pizzi et al.，1994；Zhao et al.，1999；Conner et al.，2002；Lei et al.，2006a，2006b，2006c)等作为催化剂或添加剂进行改性。

普通的酚醛树脂胶黏剂不能在室温下固化，因而在室温胶黏剂中占的应用比例较少。而用间苯二酚甲醛树脂胶黏剂弥补了普通酚醛树脂胶黏剂的缺点，它具有固化温度低、固化时间短的优点，但是由于间苯二酚价格昂贵，使该种胶黏剂的应用范围受到限制。用间苯二酚、苯酚与甲醛共缩聚来制备能够在低温或室温快速固化且成本较低的酚醛树脂胶黏剂大大拓宽了酚醛树脂的应用领域，对于提高木材的使用效率有着重要的实际意义。由于间苯二酚结构上的特点，它的化学活性较高，因此间苯二酚与甲醛的反应速率在同等条件下比苯酚与甲醛快。用间苯二酚改性酚醛树脂通常用图 4-3 方法进行合成，通过这样的缩合反应，使得产物分子中还有许多未反应的活性位剩余，以便在提供足够的次甲基后，再生成网状结构并固化。

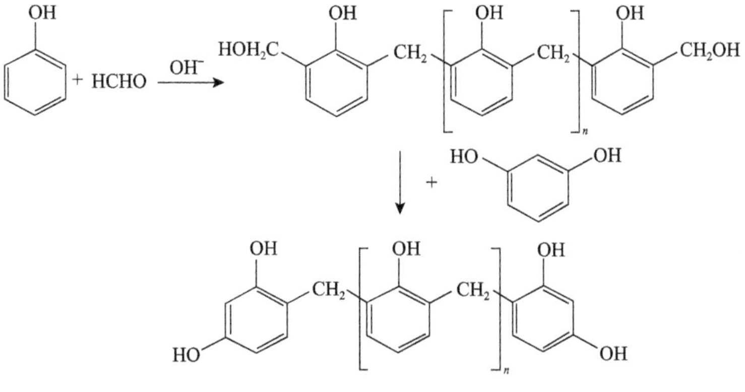

图 4-3　间苯二酚改性酚醛树脂合成反应

4.2　苯酚-尿素-甲醛共缩聚树脂合成反应机理

虽然许多研究指出改性后的树脂在宏观上一定程度表现出优于传统树脂的性能，但这些树脂究竟是自缩聚产物的简单共混物还是真正意义上的"共缩聚"树脂仍有许多疑问。用于木材胶黏剂的热固性酚醛树脂的合成介质一般是碱性的，

UF 的树脂化一般在酸性条件下进行，在碱性条件下 UF 的树脂化反应非常慢，因此如何有效实现苯酚和尿素结构单元的共缩聚也是问题。那么，如何解释 pH 对缩聚反应的影响？显然，这里有几个非常基础但十分重要的问题要回答。首先，酸和碱对反应的催化机理是什么？也就是，酸或碱催化下 UF 和 PF 单体生成了什么样的活性中间体？其次，不同的中间体生成的难易程度如何？最后，不同的中间体在自缩聚与共缩聚反应中的选择性如何？要回答这些问题就必须在分子水平上研究各种反应的机理及其竞争关系，而解决这些基本理论问题将对共缩聚树脂的合成和应用有重要意义。

4.2.1 苯酚-羟甲基脲树脂合成反应机理

PUF 通常采用在 UF 制备过程中加入苯酚，或者在 PF 合成过程中加入尿素作为改性剂，又或者以苯酚、尿素和甲醛单体为原料合成，反应产物复杂，使得树脂分子的结构分析及反应过程解析变得更加困难。采用模型化合物研究反应可以获得更直观的信息，有效降低结构分析难度。因此，可以直接采用 N,N'-二羟甲基脲(UF_2)和苯酚作为初始反应物。本节重点介绍苯酚-羟甲基脲树脂(PUF_2)合成反应机理，分析不同条件下形成的树脂结构，探讨自缩聚与共缩聚反应的竞争关系及受反应条件的影响机制。

4.2.1.1 碱性条件下苯酚-羟甲基脲缩聚反应

由于热固性 PF 树脂一般在碱性条件下合成，合成介质环境设为 pH 为 10，此时 PF 自缩聚就反应介质而言是有利的。初始反应物物质的量比 $n_{UF_2}:n_P=5:1$，此条件下进行合成时，苯酚的浓度低，PF 单体间自缩聚的反应速率较小。另外，虽然 UF_2 的浓度高，但羟甲基脲间的自缩聚反应在碱性条件下很慢。这两方面的因素可能为共缩聚反应参与竞争提供一定条件，但最终是否能发生共缩聚反应，仍取决于反应间的竞争关系。

pH 为 10 时，PUF_2 体系缩聚产物的 ^{13}C-NMR 谱峰归属结果见表 4-1。谱图中具体谱峰归属及定量分析参见相关文献（Kim et al.，1996；Kim，2000；Despres et al.，2007；Ida et al.，2006；Tomita et al.，1993，1994a，1994b，1998；He et al.，2004；Kerstin et al.，2006）。163～164 ppm 和 161～162 ppm 对应于游离尿素和一取代脲，说明 UF_2 在碱性环境中发生了一定程度的水解，释放出部分甲醛。61～62 ppm、64～66 ppm 和 71～72 ppm 应主要对应于羟甲基碳，总含量为 57.34%，并且 64～66 ppm 对应的结构占主导。虽然羟甲基脲中的亚甲基碳在 64～66 ppm 中与苯酚对位羟甲基碳的信号重叠、71～72 ppm 处与羟甲基酚缩聚形成的醚键亚甲基碳重叠，但反应体系中苯酚的浓度较低，酚羟甲基相对含量也较低，因此此化学位移主要对应于尿素羟甲基碳。大量羟甲基的存在说明 UF_2 在碱性条件下缩聚反应速率较慢，体系中有大量羟甲基未参与缩聚反应。

表 4-1 不同介质条件下 PUF₂ 体系缩聚产物亚甲基碳和羰基碳的 ^{13}C-NMR 归属和相对含量

结构	化学位移/ppm	相对含量/% pH为10	pH为6	pH为2	结构	化学位移/ppm	相对含量/% pH为10	pH为6	pH为2
亚桥基键					**甲醇**				
Φ-$\underline{C}$H₂-Φ o-o'	30~31	3.34	—	—	HO-$\underline{C}$H₂-OH	83~84	0.54	7.38	
Φ-$\underline{C}$H₂-Φ o-p	35~36	5.33	—	0.15	HOCH₂-O-CH₂-OCH₂OH	86~87	0.63	6.06	
Φ-$\underline{C}$H₂-Φ p-p'	40~41	1.16	—	38.62	HOCH₂-O-$\underline{C}$H₂-OCH₂OH	90~91			
o-Ph-$\underline{C}$H₂-NHCO-					H(CH₂O) $_n$O$\underline{C}$H₂OCH₃	94~95			
-NH-$\underline{C}$H₂-NH-（Ⅰ）	46~48	2.32	11.63	7.88	合计		1.17	13.44	
o-Ph-$\underline{C}$H₂-N(-CH₂-)CO-					**羰基碳**				
-NH-$\underline{C}$H₂-N=（Ⅱ）	53~55	1.17	23.26	—	-NH-CH₂-O-CH₃	72~73			
=N-CH₂-N=（Ⅲ）	60~61	0.4	1.7	—	NH₂-$\underline{C}$O-NH₂	163~164	7.35		2.17
p-Ph-$\underline{C}$H₂-NHCO-	44~45	0.36	—	53.35	NH₂-$\underline{C}$O-NH-	161~162	40.45		29.02
p-Ph-$\underline{C}$H₂-N(-CH₂-)CO-					-NH-$\underline{C}$O-N- /-NH-$\underline{C}$O-N=	159~161	43.16	97.42	68.81
CH₃OH^a	49~50				uron	154~158	9.04	2.56	—
合计		14.08	36.59	100	合计		100	100	100
					芳香环碳原子				
亚甲基醚键					邻位未取代时	115~119	100	39.24	44.11
-NH-$\underline{C}$H₂OCH₂NH-（Ⅰ）	68~69	16.72	9.44	—	对位未取代时	120~124	—	18.38	1.01
-NH-$\underline{C}$H₂OCH₂N=（Ⅱ）	75~77	3.04	5.11	—	邻位取代时	127~130	—	5.02	16.24
=N-$\underline{C}$H₂OCH₂N=（Ⅲ）					间位	129~133	—	37	38.33
uron	78~80	7.65	0.24	—	对位取代时	132~135	—	0.36	0.3
合计		27.42	14.78		合计		100	100	100
羟甲基碳					**酚环上的—C—OH**				
ortho Ph-$\underline{C}$H₂OH	61~62	3.77	0.22		对位、邻位均取代时	151~153			0.05
para Ph-$\underline{C}$H₂OH					邻位取代时	153~157	72.1	8	3.1
-NH-$\underline{C}$H₂OH（Ⅰ）	64~66	46.43	17.38		对位取代时	155~158	27.9	92	33.05
-NH(-CH₂-)-$\underline{C}$H₂OH（Ⅱ）					苯酚	157~158	—	—	63.8
Ph-$\underline{C}$H₂OCH₂-Ph	71~72	7.14	17.59		合计		100	100	100
合计		57.34	35.19						

注：a 指甲醇信号，其含量在亚甲基碳定量分析中不起作用。

　　尿素亚甲基桥键和醚键的形成，表明羟甲基化产物间发生了一定程度的缩聚反应。由于 UF_2 之间缩聚生成桥键的反应能垒明显高于醚键生成的能垒，并且由于反应受空间位阻效应抑制，进一步降低了桥键的生成概率，所以亚甲基桥键生成量较少，无支链亚甲基醚键(68～69 ppm)含量较高。在 75～77 ppm 和 78～80 ppm 区间对应的化学结构大部分来源于 uron 结构。苯酚羟甲基碳的存在说明 UF_2 水解产生的一部分甲醛转移到苯酚上，因此羟甲基酚的自缩聚反应成为可能。但 PF 自缩聚产物明显较少且邻位-对位(o-p)缩聚占主要优势。根据文献报道(Tomita et al.，1993；Tomita et al.，1994a，1994b；Tomita et al.，1998；He et al.，2004；Kerstin et al.，2006)，唯一可判定共缩聚结构的化学位移在 44～45 ppm 处，对应于 p-Ph-CH_2-NHCO-共缩聚结构。但在碱性条件下合成的 PUF_2 体系缩聚产物中，其相对含量很低，仅为 0.36%。

　　碱催化下 PUF 体系中可能发生的缩聚反应如下：

$$(4\text{-}1)$$

$$(4\text{-}2)$$

$$(4\text{-}3)$$

$$R=H，—CH_2OH$$

$$(4\text{-}4)$$

$$R=H，—CH_2OH$$

$$(4\text{-}5)$$

$$(4\text{-}6)$$

$$(4\text{-}7)$$

$$(4\text{-}8)$$

第 1 章中 UF 树脂的合成反应理论计算(Li et al., 2012)表明，反应(4-1)～(4-3)中尿素或羟甲基脲氮负离子(以下简称氮负离子)、羟甲基脲氧负离子(以下简称氧负离子)是 UF 反应体系中可能产生的活性中间体。对于 PF 体系，反应(4-4)是目前普遍接受的机理(Higuchi et al., 2001a, 2001b; Kamo et al., 2004)。其中亚甲基醌被认为是中间体。但是，亚甲基醌是一种相对稳定的不带电荷的共轭结构。这种结构其实是一种反应产物，而非活性中间体，它的活性应该远低于带电离子中间体。按照反应(4-4)，缩聚反应发生在中性的亚甲基醌和中性的羟甲基酚之间，这样的反应活性有多高还值得进一步证实。反应(4-5)给出另一种可能的机理。这种机理中，苯酚在碱作用下产生的负离子是活性中间体。实际上，经典理论正是用这种中间体的生成来解释碱能催化甲醛与苯酚的亲核加成反应。那么，这种中间体应该也能参与缩聚反应，机理为双分子亲核取代(S_N2)。两种机理中作者团队更倾向于后者。共缩聚与自缩聚反应的竞争关系主要取决于这些中间体在缩聚反应中的相对活性。从 ^{13}C-NMR 测定结果看，缩聚产物中羟甲基脲之间缩聚生成的醚键结构含量最高，说明反应(4-3)占优势地位，也表明这种氧负离子中间体参与的自缩聚反应活性高。苯酚间亚甲基碳含量仅次于醚键结构，说明苯酚负离子对自缩聚反应也有较大贡献，但由于羟甲基酚浓度较低，因此对应的自缩聚产物也较少。与自缩聚产物相比，共缩聚[反应(4-6)～(4-8)]产物含量很低，说明这些中间体参与共缩聚反应的活性低。要彻底理解这些中间体反应活性的差异，需要对各种缩聚反应的热力学和动力学性质进行深入考察，以解释反应的选择性。

4.2.1.2　弱酸性条件下苯酚-羟甲基脲缩聚反应

pH 为 6 时，PUF_2 缩聚反应产物的 ^{13}C-NMR 定量分析结果见表 4-1。可以看出，弱酸性条件下，PF 单体间的自缩聚产物几乎没有生成。缩聚反应主要发生在羟甲基脲之间。在各种缩聚结构中，支链型亚甲基桥键的含量最高，为 23.26%，其次是线型桥键，含量为 11.63%。线型醚键结构的含量为 9.44%，较碱性条件下含量大幅下降。这些结构分布特点与经典 UF 树脂合成工艺下得到的树脂结构十分相似。虽然，46～48 ppm 处可能对应于共缩聚结构，但 44 ppm 处却没有对应的信号。由于氮上一取代羟甲基脲是主要单体，如果共缩聚反应可以发生在二羟甲基脲与苯酚之间，那么 44 ppm 对应的线型桥键较带支链结构的桥键生成概率更大。因此，可以认为共缩聚反应基本上没有发生。

早期的动力学实验 (de Jong et al.，1953) 和理论计算 (Li et al.，2012) 表明在酸催化下羟甲基脲可生成碳正离子中间体。这种中间体可通过反应 (4-9) 和 (4-10) 进攻尿素或羟甲基脲生成自缩聚桥键结构；通过反应 (4-11) 进攻苯酚 (或羟甲基酚)则生成共缩聚产物。但是，^{13}C-NMR 未观测到共缩聚结构的生成。这说明由羟甲基脲生成的碳正离子对苯酚上碳的亲电反应活性远低于对尿素氮的活性。虽然苯酚的碳原子上有 π 电子，并且羟基对苯环有致活作用，但由于碳原子处于大 π 键体系，电子离域程度高，致使其亲核性受限。相比而言，尿素中氮原子上有孤对电子，虽然由于 p-π 共轭作用，也会发生一定程度的离域，但从反应结果看，其亲核性要强于苯环上的碳原子。也就是说，羟甲基脲碳正离子在进攻尿素的氮原子和苯环碳原子时会优先选择氮原子。加之，UF$_2$ 浓度占优势，中间体与羟甲基脲的碰撞概率更大，因此在 pH 为 6 时 PUF$_2$ 缩聚反应产物中只检测到大量羟甲基脲单体间的自缩聚产物，而几乎没有共缩聚结构生成。

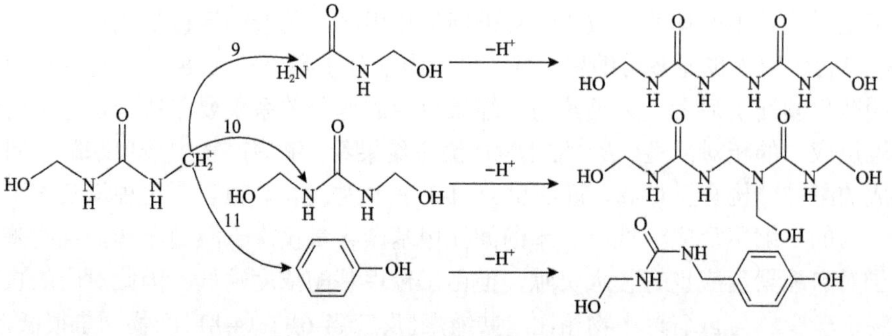

$$(4-9)$$

$$(4-10)$$

$$(4-11)$$

类似于碱性条件下的反应，有部分羟甲基酚存在 (61～62 ppm 和 64～66 ppm)，说明 UF$_2$ 水解产生的甲醛发生了转移，但在谱图中并未观测到苯酚之间的缩聚产物。所以，在弱酸性条件下 PF 单体间的缩聚反应难以发生。这是由于苯酚溶液本身是弱酸性的，弱酸性条件下羟甲基酚很难形成碳正离子。由苯酚或羟甲基酚电离产生的负离子浓度也极低，并且活性远低于碳正离子。因此这两种中间体对缩聚反应的贡献难以体现。也就是说，反应 (4-12) 和 (4-13) 几乎不发生。这可以解释在 pH 为 6 时 PUF$_2$ 缩聚反应产物中几乎没有观测到 PF 的自缩聚结构。总的来说，弱酸性条件避免了 PF 的自缩聚反应，但共缩聚也难以和 UF 的自缩聚反应形成竞争。

$$\text{（4-12）}$$

$$\text{（4-13）}$$

4.2.1.3　强酸性条件下苯酚-羟甲基脲缩聚反应

如果在强酸性条件下仍然保持物质的量比 $n_{UF_2}:n_P=5:1$ 不变，UF_2 浓度较高，反应过于剧烈，容易发生凝胶现象，因此调整物质的量比为 $n_{UF_2}:n_P=1:5$。以苯酚为主体，苯酚的大量存在稀释了 UF_2，使其浓度降低，从而降低了自缩聚反应速率。另外，强酸性条件下两者均可发生缩聚反应，从机理上讲羟甲基酚也可生成碳正离子，这种中间体有可能参与共缩聚反应。这样共缩聚反应与 PF 自缩聚的竞争关系，就决定了产物结构的分布。

pH 为 2 时，PUF_2 体系的 ^{13}C-NMR 谱图定量分析结果见表 4-1。其中未见甲醛、羟甲基碳和醚键亚甲基碳的 ^{13}C-NMR 信号。说明体系中几乎所有甲醛和羟甲基都参与形成了缩聚结构。这主要是由于甲醛对尿素和苯酚的物质的量比 $[n_F:n_{(U+P)}=2:(1+5)]$ 很低，或者说相对于羟甲基，亲核中心远远过量，因此几乎没有羟甲基剩余。另外，由于亚甲基桥键在热力学上的稳定性要高于醚键，物质的量比较低时优先生成桥键，而醚键只有在羟甲基浓度较高时才有少量生成。

由于物质的量比较低时，体系中大部分 UF_2 转化为单羟甲基脲，甚至尿素，所以 UF_2 发生少量的自缩聚，并且只生成线型亚甲基桥键（46～48 ppm），无支链亚甲基桥键（53～55 ppm）生成。

在 PF 的自缩聚产物中，几乎只生成了 p-p' 型亚甲基碳（40～41 ppm），这与苯酚对位活性较邻位高相吻合。如表 4-1 所示，此处的化学位移也可能对应于苯酚邻位与羟甲基脲反应生成的共缩聚结构，因此相对含量中可能包含了这种结构的贡献，但无法定量。

50 ppm 处对应于共缩聚结构 p-Ph-CH_2-N(-CH_2-)CO-。但是，甲醇中甲基碳的化学位移也在此处，会与之重叠。虽然 UF_2 中几乎不含甲醇，但水解后产生的甲醛在碱性条件下会通过歧化反应生成甲醇。所以，虽然碱性条件下的反应产物在 50 ppm 处出现信号，但不能判定其是否包含此类共缩聚结构。在弱酸性条件下没有出现该处信号似乎更说明此处确实应该对应于甲醇，因为酸性条件下甲醛不会转化为甲醇。有意思的是，在强酸性条件下该处信号再次出现。在排除甲醇的条件下，该处信号应该可以归属为上述共缩聚结构。但因为物质的量比很低，这种带支链的桥键结构很难形成，所以信号很弱。总之，虽然 Tomita 等对共缩聚结构的归属是正确的，但由于多数共缩聚结构与其他结构的化学位移发生重叠，依据这些化学位移难以对共缩聚结构含量进行准确定量，从而影响了对共缩聚结构形成条件的判断。

如前所述，p-Ph-CH$_2$-NHCO-共缩聚结构的化学位移（44～45 ppm）不与其他任何自缩聚结构发生重合。该处出现了很强的信号，其对应的亚甲基碳含量高达53.35%。这与碱性和弱酸性条件下的结果截然不同。很显然，共缩聚程度很高的树脂结构只有在强酸性条件下才能获得。从定量分析结果看，共缩聚结构中亚甲基碳的含量甚至超过了两种自缩聚结构亚甲基碳含量的总和。

结合反应(4-9)至(4-13)分析，在强酸性条件下羟甲基脲和羟甲基酚都可以生成碳正离子中间体，并且都参与了缩聚反应，但是在弱酸性条件下并未发现共缩聚结构的存在，即反应(4-11)难以进行，因此可以推断，共缩聚结构主要由羟甲基酚形成的碳正离子参与缩聚形成，即反应(4-13)是真正意义上的共缩聚反应，这样才能解释强酸性条件下大量共缩聚结构的生成。

4.2.2　不同介质环境下苯酚-尿素-甲醛树脂的合成反应机理

为了还原真实反应体系中的反应，本节将苯酚、尿素和 37%甲醛溶液作为初始反应物。不同物质的量比、不同介质环境下生成的苯酚-尿素-甲醛反应样品亚甲基碳的归属和相对含量见表 4-2。

表 4-2　不同介质环境下苯酚-尿素-甲醛树脂样品中亚甲基碳和羰基碳的
^{13}C-NMR 归属和相对含量

化学结构	化学位移/ppm	$n_F : n_P : n_U$=3.0：1.0：0.5			$n_F : n_P : n_U$=3.0：0.5：1.0		
		强碱(B1)	弱酸(B2)	强酸(B3)	强碱(C1)	弱酸(C2)	强酸(C3)
Φ-C̲H$_2$-Φ$_{o-o'}$	30～31	18.9	—	—	3.5	—	—
Φ-C̲H$_2$-Φ$_{o-p}$	35～36	8.4	—	—	9.5	—	—
Φ-C̲H$_2$-Φ$_{p-p'}$	40～41	6.9	—	1.5	4.3	—	0.2
o-Ph-C̲H$_2$-NHCO- -NH-C̲H$_2$-NH-（Ⅰ）	46～48	—	0.9	—	1.1	3.1	4.4
o-Ph-C̲H$_2$-N(-CH$_2$-)CO- -NH-C̲H$_2$-N=（Ⅱ）	53～55	—	2.5	6.5	—	8.1	17.1
=N-C̲H$_2$-N=(Ⅲ)	60～61	3.9	—	4.8	0.1	0.9	2.3
p-Ph-C̲H$_2$-NHCO-	44～45	—	—	2.8	—	—	5.6
p-Ph-C̲H$_2$-N(-CH$_2$-)CO- CH$_3$OH^a	49～50	—	—	2.9	—	—	
	合计	38.1	3.5	18.5	18.5	12.1	29.6

续表

化学结构	化学位移/ppm	$n_F : n_P : n_U = 3.0 : 1.0 : 0.5$			$n_F : n_P : n_U = 3.0 : 0.5 : 1.0$		
		强碱(B1)	弱酸(B2)	强酸(B3)	强碱(C1)	弱酸(C2)	强酸(C3)
-NH-CH₂OCH₂NH-(Ⅰ)	68~69	2.5	10.2	4.9	17.7	13	2.4
-NH-CH₂OCH₂N=(Ⅱ)	75~77	0.6	2.5	—	2.4	7.8	4.4
=N-CH₂OCH₂N=(Ⅲ)		1.5	3.5	—	6.4	7.7	10.3
uron	78~80		0	—	0		0
	合计	4.6	16.2	4.9	26.5	28.5	17.1
ortho Ph-CH₂OH	61~62	27.1	6.5	2.9	15.4	—	—
para Ph-CH₂OH							
-NH-CH₂OH(Ⅰ)	64~66	21.2	19.2	15.8	27.2	12.7	3.5
-NH(-CH₂)-CH₂OH(Ⅱ)	71~72	5.4	12.2	8.5	9.2	15.7	9.4
Ph-CH₂OCH₂-Ph							
	合计	53.7	37.9	27.2	51.7	28.3	12.9
HO-CH₂-OH	81~83/83~84	0.4	9.3	12.8	0.3	7.4	11.0
HOCH₂-O-CH₂-OCH₂OH	85~87/86~87	1.6	16.9	19.8	1.4	9.7	11.4
HOCH₂-O-CH₂-OCH₂OH	90~91	1.6	13.4	15.2	1.2	10.5	14.3
H(CH₂O)ₙOCH₂OCH₃	94~95	—	2.8	1.8	0.3	3.4	3.6
	合计	3.7	42.4	49.5	3.2	31.1	40.4

注: a 指甲醇信号, 其含量在亚甲基碳定量分析中不起作用。

B1、B2 和 B3 是以苯酚为主体不同介质环境下 PUF 体系的 ^{13}C-NMR 谱峰归属和亚甲基碳的相对含量结果。在样品 B1 中, 物质的量比 $n_F : n_P : n_U = 3.0 : 1.0 : 0.5$, 是以苯酚为主体的反应体系。样品制备时, 苯酚与甲醛首先进行羟甲基化反应, 再加入尿素反应。由于热固性 PF 树脂一般在碱性条件下合成, 因此 pH 为 10~11 的条件下, PF 自缩聚就反应介质而言是有利的。而在此条件下, UF 的自缩聚反应很慢。这样为共缩聚反应参与竞争提供了一定条件。从反应结果看, 剩余游离甲醛含量仅为 3.7%, 说明甲醛几乎完全参与反应。由于体系中甲醛的物质的量比太高, UF 自缩聚反应过慢, 同时碱性条件下 PF 的缩聚反应慢于羟甲基化反应, 导致体系中羟甲基含量剩余较多, 相对含量高达 53.7%。UF 树脂在碱性条件下亚甲基醚键的生成能垒较高, 所以醚键生成速率较慢。因此, 在谱图中 UF 醚键的含量仅为 4.6%。亚甲基桥键的含量为 38.1%, 其中主要贡献来自于 PF 的自缩聚反应。由于 40~41 ppm 处与苯酚对位自缩聚桥键亚甲基碳吸收峰重合, 因此此处峰的存在不能判定共缩聚结构的存在, 更无法对其含量进行定量。

B2 为弱酸性条件下合成的样品, 其缩聚反应主要发生在羟甲基脲之间, 主要是由于通常 UF 树脂的合成条件为弱酸性, 此条件有利于 UF 的自缩聚反应。在各种缩聚结构中，桥键的含量较少，其中支链型亚甲基桥键的含量最高，为 2.5%。醚键含量远远大于桥键，以线型醚键结构为主，含量为 10.2%。虽然酸性条件下桥键的生成在能量上更有利，但是由于甲醛物质的量比较高，反应生成了较多的羟甲基脲，受空间位阻的影响，桥键生成较慢。46~48 ppm 处对应于共缩聚结构的信号与 UF 树脂自缩聚结构-NH-CH₂-NH-（Ⅰ）重合，无法对其判定。在 44~45 ppm 处未出现共缩聚结构，这与 4.2.1 节中原因相同。虽然 B2 中苯酚先进行了羟甲基化反应，但是羟甲基酚在弱酸性条件下很难形成碳正离子，同时由苯酚或羟甲基酚电离产生的负离子浓度也极低，并且活性远低于碳正离子。所以，在缩聚反应中，这两种中间体的贡献难以体现。

在强酸性条件下 PUF 样品 B3，PF 和 UF 两者均可发生缩聚反应，从机理上讲羟甲基酚也可生成碳正离子，这种中间体有可能参与共缩聚反应。样品中亚甲基桥键含量大于亚甲基醚键含量（4.9%）。UF 之间的缩聚反应形成了较多的支链结构亚甲基桥键，约为 11.3%。在 44~45 ppm 处形成的共缩聚结构含量为 2.8%。UF 自缩聚结构含量远远大于共缩聚结构，因此可以说明由羟甲基脲生成活性中间体，对苯酚的反应活性很低。在 40~41 ppm 处的信号不能确定是否为 PF 的自缩聚产物。但是若将此相对含量全部算作 PF 的对位缩聚产物，仍然小于共缩聚结构产物的含量。这说明羟甲基脲碳正离子在进攻尿素氮原子和苯环碳原子时会优先选择氮原子。虽然在 4.2.1 节中的谱图中 49~50 ppm 处带支链的对位共缩聚结构与甲醇信号峰重叠，但是在此样品谱图中，此处为两个独立的尖峰，经过仔细对比，确认此处应为共缩聚结构峰。此结构相对含量为 2.9%。这可能是由于苯酚先羟甲基化后形成较多的羟甲基酚，在强酸性条件下羟甲基酚生成较多的碳正离子，增加了与尿素或者羟甲基脲的碰撞概率，促进了共缩聚结构的生成。

物质的量比 n_F : n_P : n_U=3.0 : 0.5 : 1.0，是以尿素为主体的 PUF 体系，在此反应过程中，尿素先进行羟甲基化反应一段时间，再加入苯酚反应。碱性、弱酸和强酸环境下合成的样品分别标记为 C1、C2、C3。在碱性条件下，样品以 UF 的亚甲基醚键缩聚为主，相对含量为 26.5%。其中，无支链醚键含量为 17.7%。这可能是由于体系是以尿素为主体，尿素羟甲基化后生成较多的羟甲基脲，所以羟甲基脲之间的碰撞概率较大。在此条件下 44~45 ppm 处未发现共缩聚结构存在。酸性条件下得到的实验结果与样品 B 系列相似。在弱酸性条件下，在 44~45 ppm 处均未发现共缩聚结构；强酸性条件下，p-Ph-CH₂-NHCO-共缩聚结构相对含量为 5.6%，大于 PF 的自缩聚结构，而 UF 的自缩聚结构中仅-NH-CH₂-N=（Ⅱ）亚甲基碳含量就高达 17.1%，远远大于共缩聚结构含量。这与样品 B3 实验分析结果得到相同的结论。

综上可以看出，样品 B3 和 C3 所示的谱图中，44~45 ppm 出现了较强的信号，说明只有在强酸性条件下才能获得共缩聚程度很高的树脂结构。根据自缩聚与共缩聚结构的相对含量可以得出，共缩聚结构主要由羟甲基酚形成的碳正离子参与缩聚反应，羟甲基脲碳正离子在进攻尿素氮原子和苯环碳原子时会优先选择氮原子。这与 4.2.1 节中基于模型化合物苯酚-羟甲基脲所得出的反应机理相同。

　　根据 4.2.1 节及以上分析结果证明，共缩聚程度很高的树脂结构只有在强酸性条件下才能获得。共缩聚结构主要由羟甲基酚形成的碳正离子参与缩聚形成，即反应(4-13)是真正意义上的共缩聚反应。为了进一步验证实验结果的正确与否，对强酸性条件下的主要基元反应(4-12)、反应(4-13)进行理论计算研究。

　　本书第 1 章中已对脲醛树脂合成反应机理和酚醛树脂合成反应机理进行了系统的阐述，为本节探究自缩聚反应与共缩聚反应的竞争关系提供了一定的理论基础。在实际反应体系中，可能发生的反应较为复杂，理论计算时仅选择共缩聚反应中具有代表性的羟甲基脲和羟甲基酚的反应进行，来评价两者的相对反应活性以及竞争关系。这些反应势能面上各驻点的结构和相对能量参考图 4-4～图 4-7。

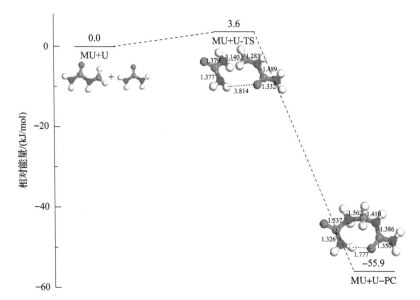

图 4-4　羟甲基脲碳正离子和尿素反应势能面上各驻点的结构和相对能量(键长单位 Å)

　　图 4-4 为羟甲基脲碳正离子中间体 MU 进攻尿素氨基形成亚甲基桥键的反应。de Jong 等(1953)的动力学实验得出两个结论：一是游离氨基(—NH₂)对羟甲基(—CH₂OH)的反应活性远远大于取代氨基(—NH—)；二是生成醚键的反应速率远小于生成桥键的反应速率，甚至认为在 50℃时醚键都没有生成。杜官本等前期已经对脲醛树脂在酸性条件下的反应体系进行了理论计算(Li et al.，2015)。对于尿素碳正离子生成机理的理论计算，从尿素碳正离子中间体的几何结构上解释了

其稳定性高的原因，并指出尿素碳正离子的稳定性是相对的，与正常分子相比同样是一种反应性很高的活性中间体。这种中间体的存在时间极短，通过实验仍然难以捕捉。对酸性条件下脲醛树脂的缩聚反应理论计算结果说明桥键的生成在动力学和热力学上都比醚键的生成更为有利，同时在缩聚反应中 S_N1 反应占主导地位，进一步说明相较于尿素碳正离子与羟基的反应，尿素碳正离子与氨基反应时在能量上占优势，产物的生成速率更大，结构更稳定。因此，此处尿素碳正离子中间体与尿素的反应为代表性反应。

图 4-4 中尿素与羟甲基脲碳正离子 MU 经过亲核进攻过渡态 MU+U-TS 后生成氮上质子化的产物 MU+U-PC，此反应产物能量比反应物能量低 55.9 kJ/mol。因反应产物氮原子上的质子还未离去，此反应产物为质子化产物。在此反应中相对于 MU+U，过渡态 MU+U-TS 的能垒仅为 3.6 kJ/mol，说明此反应为快速反应。这与前期实验结果相一致，在 S_N1 反应中碳正离子的生成通常是决速步，后续反应由于是活性中间体与另一反应物的反应，因此能垒通常较低。

图 4-5 和图 4-6 分别为羟甲基脲碳正离子与苯酚的邻位和对位反应势能面上各驻点的结构和相对能量。两者反应能垒均较低，说明两者均为快速反应。从图 4-5 和图 4-6 的反应来说，两者具有相同的反应物，仅反应位点不同，但是羟甲基脲碳正离子和苯酚邻位反应产物 MU+oP-PC 的相对能量为–47.2 kJ/mol，而与苯酚对位反应产物的相对能量仅为–17.6 kJ/mol。造成两者产物相对能量相差较大的原因是，羟甲基脲碳正离子和苯酚邻位反应产物 MU+oP-PC 结构中，苯酚羟基上的氢原子与尿素羰基上的氧原子形成了强烈的分子内氢键作用，从而增加了其产物稳定性。所以，羟甲基脲碳正离子与苯酚邻位的反应在能量上更有优势。

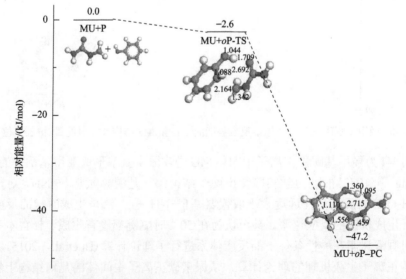

图 4-5　羟甲基脲碳正离子和苯酚邻位反应势能面上各驻点的结构和相对能量(键长单位 Å)

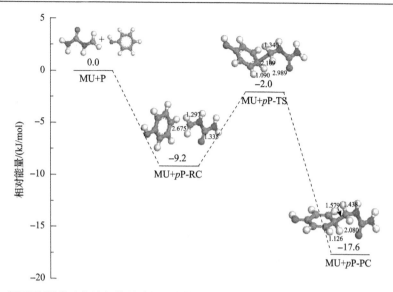

图 4-6　羟甲基脲碳正离子和苯酚对位反应势能面上各驻点的结构和相对能量(键长单位 Å)

图 4-7 为对羟甲基酚碳正离子和尿素反应势能面上各驻点的结构和相对能量。反应的能垒仅为 –1.1 kJ/mol，反应产物 MP+U-PC 的相对能量为 –66.3 kJ/mol，小于苯酚自缩聚产物的相对能量，说明羟甲基酚产生的碳正离子对尿素或羟甲基脲上氮原子的亲电反应活性高于对苯环上碳的活性。对羟甲基酚与尿素反应和羟甲基脲与苯酚对位反应(图 4-6)两者反应产物结构为同分异构体，仅质子化的原子不同。去质子过程为快速过程，几乎无能垒。当去质子后，两反应产物结构相同。但在

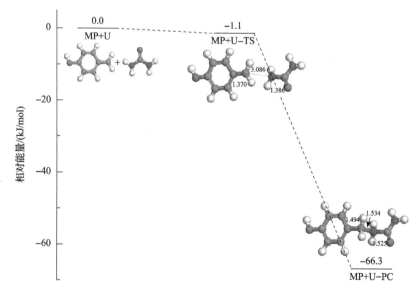

图 4-7　对羟甲基酚碳正离子和尿素反应势能面上各驻点的结构和相对能量(键长单位 Å)

对羟甲基酚碳正离子和尿素反应中，其反应物到产物的相对能量变化较大，说明其反应物相对能量较高，稳定性差，在两种中间体参与的体系中羟甲基酚碳正离子和尿素共缩聚反应更易发生，这与本节中的实验结果相一致。

从图 4-4～图 4-6 可以看出，当尿素碳正离子参与反应时，对苯酚选择性较小，更多地选择尿素或羟甲基脲反应，在反应体系中表现为自缩聚反应为主。当羟甲基酚碳正离子活性中间体参与反应时，会优先选择尿素或者羟甲基脲反应，从而形成较多的共缩聚结构。这也就解释了为什么弱酸性条件下反应体系未发现共缩聚结构，而强酸性条件下有大量共缩聚结构。在弱酸性条件下，羟甲基酚碳正离子很难形成，虽然存在尿素碳正离子，但是它对苯酚的选择性较小，不易发生共缩聚。在强酸性条件下，不仅存在尿素碳正离子，还存在大量的羟甲基酚碳正离子，基于它的选择性，羟甲基酚碳正离子与尿素或羟甲基脲生成共缩聚亚甲基桥键结构。

综上所述，在不同 pH 条件下自缩聚与共缩聚反应的竞争关系不同。主要是因为反应活性中间体产生的条件和反应活性存在差异。在合成 PUF 共缩聚树脂时，只满足 PF 或 UF 某一种树脂的合成条件，共缩聚反应不能发生或程度有限；只有同时满足两者的反应条件时才能得到大量的共缩聚结构。因此，弱酸性条件下用苯酚改性 UF 树脂或用尿素改性 PF 树脂并不能得到真正意义上的共缩聚树脂，而应将其看作两者的共混物。在弱碱性条件下会产生一定含量的共缩聚结构，但十分有限。只有在强酸性条件下才能形成大量的共缩聚结构。但这里存在一些矛盾和限制。一方面，在强酸性条件下，PF 体系的缩聚反应快于羟甲基化反应，缩聚产物以线型结构为主，所得树脂支链化程度低，树脂性质更接近热塑性树脂，而非热固性树脂。因此，用少量尿素改性 PF 树脂难以实现。另一方面，如果以 UF 为主体，强酸性条件下容易凝胶，反应难以控制。一种可行的办法是采用较高的 n_F/n_U 物质的量比，以避免凝胶。也就是说，用少量苯酚在强酸性条件下改性 UF 树脂，在技术上还是可行的。

但共缩聚结构并非只能在树脂化阶段才能形成。固化过程不能忽略。固化过程与溶液环境下的反应存在很大的不同。由于固化过程在较高温度下进行，热压过程中水会被短时间内排除，体系基本脱离溶液环境，已具备一定分子量的体系流动性降低，官能团间只能"就近"反应，或者说只能在空间距离允许的范围内反应。这样，由于反应活性差异引起的选择性就会降低，共缩聚反应将有更多参与机会。这只是基于上述研究结果所做的推测，不同条件下合成的树脂固化后的结构和机理需要进一步深入研究。

4.3　苯酚-尿素-甲醛共缩聚树脂合成、结构与性能

4.3.1　苯酚-尿素-甲醛共缩聚树脂结构研究进展

聚合物的宏观性质取决于微观分子的结构，共缩聚树脂也不例外。对 PUF 树脂的结构研究可以为合成路线的设计提供理论依据，实现共缩聚树脂分子水平的

结构优化，并从结构优化入手，提高共缩聚树脂的整体性能。目前，国内外有关PUF 树脂的结构研究还没有系统的文献报道，关于树脂中有无共缩聚结构的存在至今仍未达成共识。

　　秦晓云等(1995)则指出其所合成的 PUF 树脂中无尿素-亚甲基-尿素和尿素-亚甲基-苯酚结构。Kim 等也指出：在 PF 的合成初期、中期和末期加入尿素后，尿素与 PF 之间并不存在明显的共缩聚结构(Kim et al.，1996；Lee et al.，2007)。但是，许多学者也证明其所合成的 PUF 树脂中存在着共缩聚结构。共缩聚结构如图 4-8 所示(Schrod et al.，2003)。

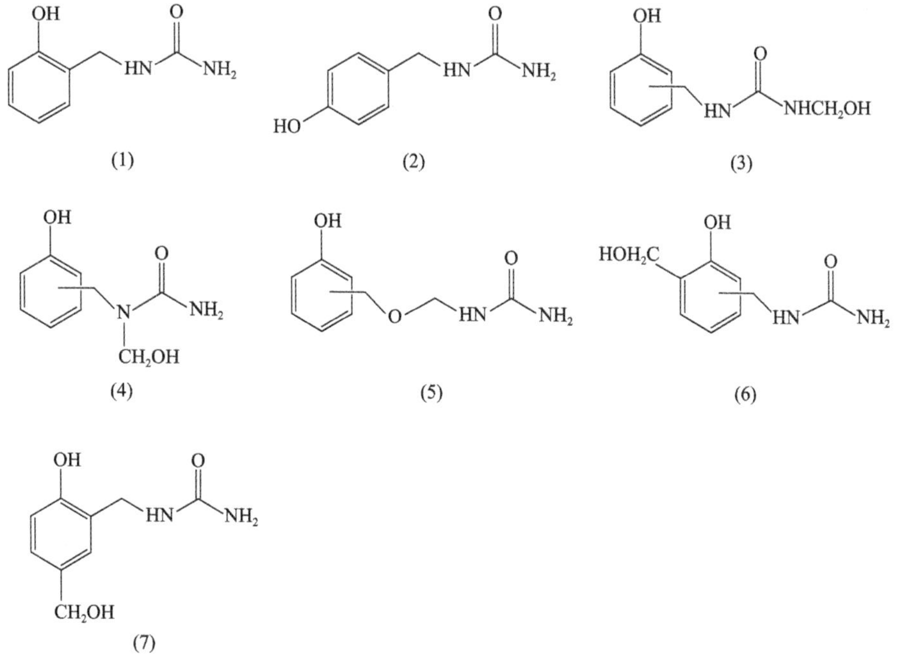

图 4-8　共缩聚结构

　　尿素与羟甲基酚之间发生了如下共缩聚反应(Zhao et al.，1999)：

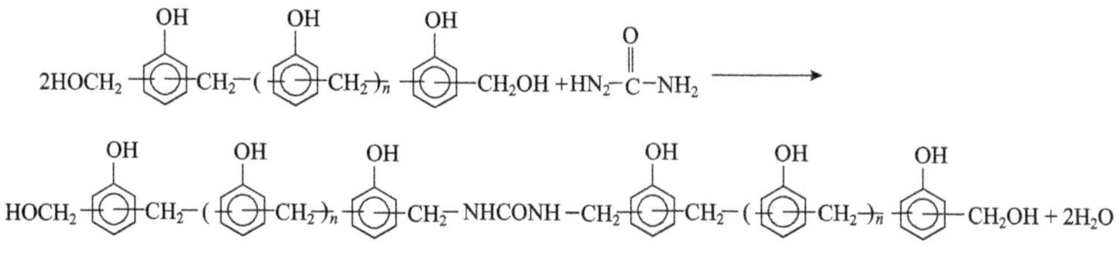

　　将聚羟甲基酚加入到尿素中合成的 PUF 树脂中存在一种如下的共缩聚结构(Tomita et al.，1998)：

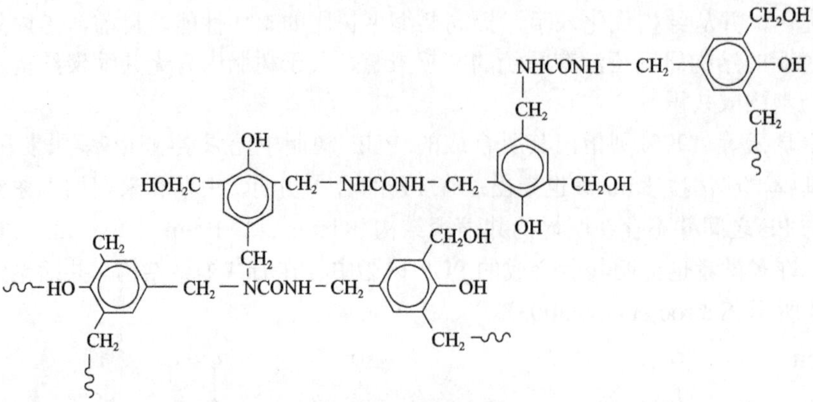

在碱性条件下合成的 PUF 共缩聚树脂的结构是以 PF 为主体，聚合物的连接方式均为 R—CH$_2$—N(CH$_2$)$_2$—，通常连接在树脂分子的末端（雷洪等，2009a，2009b；杜官本等，2009；Du et al.，2008）。

为了研究苯酚-甲醛树脂和苯酚-尿素-甲醛共缩聚树脂的结构差异，分析树脂合成过程中各种分子结构的形成和变化，确认苯酚、尿素和甲醛三者的共缩聚反应是否发生，共缩聚分子的形成特点，杜官本等控制 pH 为碱性条件，通过共缩聚方式制备了苯酚-尿素-甲醛共缩聚树脂，并与碱性条件下制备的苯酚-甲醛树脂进行结构对比。

图 4-9 为 PF 树脂及 PUF 树脂所取试样的 MALDI-TOF-MS 谱图。由于反应原料由二元增至三元，PUF 树脂的谱图较之 PF 树脂明显复杂化。PF 树脂中，各谱峰可归属如下：313 Da(P$_2$F$_4$，P 表示苯酚结构单元，F 表示甲醛结构单元，下标为结构单元数量。下同)、343 Da(P$_2$F$_5$)、357 Da(P$_3$F$_3$)、449 Da(P$_3$F$_6$)、479 Da(P$_3$F$_7$)、551 Da(P$_4$F$_7$)、585 Da(P$_4$F$_8$)、615 Da(P$_4$F$_9$)、721 Da(P$_5$F$_{10}$)及 PUF 树脂谱图中在低分子量处出现的 177 Da(P$_1$F$_2$)。

PUF 共缩聚树脂合成原料为苯酚、尿素和甲醛，其分子量分别为 94、60 和 30，与基质中钠离子结合后，可能在 MALDI-TOF-MS 图谱中的 117 Da、83 Da 和 53 Da 处出峰。图谱中 83 Da 谱峰强度都很高，表明树脂中含有大量游离尿素，而所有样品中 117 Da 和 53 Da 始终没有出现，表明苯酚和甲醛在反应初期即迅速消耗，由此也可以从侧面说明在该三元共聚体系中苯酚与甲醛反应是主体作用。

PUF 树脂谱图中，由于尿素的分子量正好是甲醛的两倍，因此有些分子既可归属于酚醛树脂，也可归属于苯酚、尿素及甲醛共同反应生成的共缩聚树脂，这些分子质量包括：313 Da、449 Da、479 Da、585 Da、615 Da 等。除去与苯酚相关的各谱峰，新产生的谱峰还包括尿素与甲醛反应生成的脲醛树脂谱峰，如 113 Da(U$_1$F$_1$，U 表示尿素结构单元。下同)、143 Da(U$_1$F$_2$)、155 Da(U$_2$F$_1$)、185 Da(U$_2$F$_2$)、227 Da(U$_3$F$_2$)、257 Da(U$_3$F$_3$)、377 Da(U$_3$F$_6$)等。

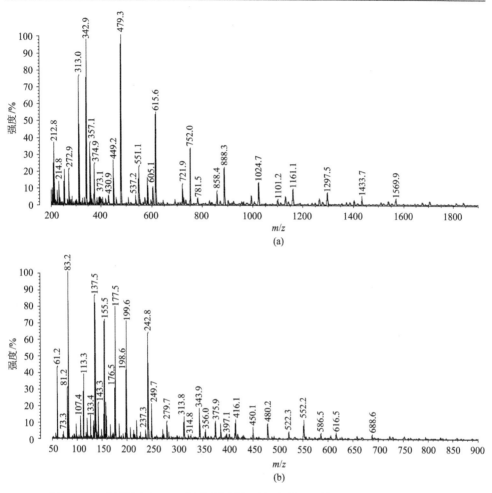

图 4-9 PF 树脂(a)和 PUF 树脂(b)制备过程中所取试样 MALDI-TOF-MS 图谱

剔除以上所述各谱峰后，其余可能的 PUF 共缩聚分子质量还包括：219 Da（$P_1U_1F_2$）、249 Da（$P_1U_1F_3$）、279 Da（$P_1U_1F_4$）、321 Da（$P_1U_2F_4$）、351 Da（$P_1U_2F_5$）、355 Da（$P_2U_1F_3$）、385 Da（$P_2U_1F_4$）、415 Da（$P_2U_1F_5$）等。受苯酚原料三官能度的限制，这些谱峰的归属都不会与酚醛树脂或脲醛树脂的谱峰混淆。对于其他高分子量物质所对应的结构可依此类推。

为了进一步证实苯酚、尿素、甲醛三者之间共缩聚反应的发生，采用 ^{13}C-NMR 方法对 PF 树脂和 PUF 树脂结构进行对比分析，^{13}C-NMR 谱图结果见图 4-10。

PUF 树脂的 ^{13}C-NMR 谱图与 PF 的谱图相比，其区别主要体现在三个方面：①由于尿素的加入，158~163 ppm 范围内出现尿素羰基碳的化学吸收峰，由于尿素羰基碳的化学位移受反应取代程度的影响而十分复杂，各谱峰重叠，可提供的

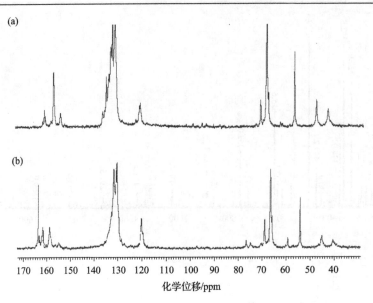

图 4-10　PF 树脂(a)和 PUF 树脂(b)的 ^{13}C-NMR 谱图

结构变化信息有限；②68～75 ppm 范围出现羟甲基脲的吸收峰，如 68 ppm 附近的-NH-C̲H$_2$OH 和 72 ppm 附近的-N(CH$_2$–)-C̲H$_2$OH；③54～56 ppm 处产生新吸收峰，这个区域的结构与共缩聚密切相关，是本研究关注的重点。

　　PUF 树脂中，在 54～56 ppm 区域通常有三个吸收峰。由于 PF 树脂在该区域没有吸收峰出现，因此 54.5～55.0 ppm 附近的吸收属 PUF 共缩聚树脂所特有。确认 54.5～55.0 ppm 的吸收为共缩聚树脂的特征吸收，且连接方式主要为 Ph-CH$_2$-N(CH$_2$-)CO-(Du et al. 2008)。

　　碱性环境下合成的 PUF 共缩聚树脂通常具有与传统 PF 树脂相同的性能表现。合成过程中不同反应阶段各试样的 ^{13}C-NMR 谱图差异并不明显，说明随着反应的进行，树脂的基本组成结构变化不大，且树脂结构仍然以酚醛树脂为主体，因此也就不难解释 PUF 树脂的表现与 PF 树脂的相似性。各试样均在 54～56 ppm 区域内出现谱峰吸收。

　　将 PUF 树脂各试样的 MALDI-TOF-MS 的有关分析结果归纳于表 4-3，纵坐标谱峰强度可以从一定程度上反映所对应组分的含量，与 PF 树脂组分谱峰强度基本保持不变的情况不同的是，PUF 共缩聚组分的谱峰除个别谱峰外，其谱峰强度大多在合成反应初期较高，随后逐渐下降，从而说明三种反应原料的共缩聚反应主要发生于合成反应初期，随着反应的继续进行，共缩聚反应变缓，甚至于由于共缩聚结构的不稳定而降解等可能性原因，已形成的共缩聚结构组分含量减少。

表 4-3　PUF 共缩聚分子 MALDI-TOF-MS 谱峰归属

谱峰/Da			谱峰强度/%		
计算值	实验值	谱峰归属	KPUF 2A	KPUF 2B	KPUF 2D
219	219.6	$P_1U_1F_2$	32	12	6
249	249.7	$P_1U_1F_3$	50	22	14
279	279.8	$P_1U_1F_4$	38	12	2
321	321.9	$P_1U_2F_4$	10	5	2
351	351.9	$P_1U_2F_5$	8	4	0
355	355.8	$P_2U_1F_3$	8	6	6
385	386.1	$P_2U_1F_4$	6	4	4
415	416.1	$P_2U_1F_5$	30	12	2
491	492	$P_3U_1F_6$	0	2	4
521	522.3	$P_3U_1F_7$	6	4	2
551	552.3	$P_3U_1F_8$	6	4	2

尽管在 ^{13}C-NMR 中由于谱峰的重叠等原因，尿素与甲醛反应生成的亚甲基键谱峰并不明显，但从 MALDI-TOF-MS 结果可以看出，试样中存在有少量的脲醛树脂分子，表明即使在很强的碱性条件下，仍然存在尿素与甲醛的缩聚反应。因此，PUF 共缩聚树脂的合成反应包含酚醛树脂、脲醛树脂和共缩聚树脂的形成反应，如何有效控制各种竞争反应是合成路线设计的关键。

传统 PF 的化学结构与合成工艺(如物质的量比、温度和介质环境等)密切相关。大量研究表明：不同合成工艺条件下合成的 PF，其结构、化学组成和反应活性等存在着明显的差异，而尿素的加入使合成工艺体系进一步复杂化。$n_F:n_P$、$n_{NaOH}:n_P$、尿素加入量和 pH 等对 PUF 树脂的结构和性能影响很大，其他因素(如加料顺序、反应温度与时间等)对 PUF 树脂的合成也有一定的影响。

杜官本等有关尿素或脲醛改性 PF 树脂与常规 PF 树脂技术性能指标的分析结果见表 4-4(杜官本，2000)。在常规性能方面，PUF 树脂与 PF 树脂的主要区别在于前者的聚合时间较后者明显降低。

表 4-4　PUF 树脂及常规 PF 树脂性能比较

技术指标	实验条件	PUF 树脂	常规 PF 树脂	检测方法
外观	(25 ± 1) ℃	红褐色微浑液体	红褐色透明液体	GB/T 14074.1—93
密度/(g/cm^3)	(20 ± 1) ℃	1.28	1.18	GB/T 14074.2—93
pH	20~25 ℃	10~11	10~11	GB/T 14074.4—93
黏度/(Pa·s)	(20 ± 0.1) ℃	76	74	旋转黏度计
固体含量/%	(120 ± 5) ℃/120min	53.7	49.3	GB/T 14074.5—93
聚合时间/s	(150 ± 1) ℃	92	63	GB/T 14074.12—93

技术指标	实验条件	PUF 树脂	常规 PF 树脂	检测方法
碱度/%	—	4.1	4.0	GB/T 14074.15—93
水混合型/倍	(25±0.5)℃	>10	<10	GB/T 14074.6—93
储存稳定性/%	(60±2)℃	7	5	GB/T 14074.9—93
可被溴化物/%	—	30.7	29.8	GB/T 14074.14—93

4.3.2　合成路线及其对树脂结构与性能的影响

PUF 树脂的制备可采用共混法, 即先分别制备酚醛树脂、脲醛树脂, 然后按比例混合。简单的机械混合虽也能提高脲醛树脂的性能或降低酚醛树脂的成本, 但对树脂性能改进的幅度十分有限, 而且共混法制备工艺比较烦琐, 制备得到的分子量较高的酚醛树脂和脲醛树脂的相容性比较差, 混合后储存稳定性差。此外, 有关研究结果指出, 无论是将酚醛树脂的 pH 调低后再混合, 还是混合后再调低 pH 都常常因为结块而无法使用。有研究也表明, 脲醛树脂和酚醛树脂的共混体系中并不存在共缩聚结构, 这源于酚醛树脂和脲醛树脂有着完全不同或彼此矛盾的固化条件要求。酚醛树脂通常在较强碱性条件固化而脲醛树脂则需要弱酸性条件。因而共混法用得比较少。苯酚-尿素-甲醛共缩聚树脂的合成研究通常以脲醛树脂初聚物为起点、以酚醛树脂初聚物为起点或者以苯酚、尿素、甲醛单体为起点合成共缩聚树脂。

4.3.2.1　以脲醛树脂初聚物为起点合成共缩聚树脂

用尿素和甲醛先制成二羟甲基脲, 在合成 PF 树脂的适当时候加入树脂中参与共缩聚反应, 这种 UF 浓缩物与苯酚之间主要是共缩聚作用。当共缩聚树脂在碱性条件下合成时, 苯酚的共缩聚比例与添加量都增大, 因为共缩聚树脂中含有大量的游离甲醛与未反应的苯酚; 而该共缩聚树脂在酸性条件下制成并用碱处理后, 可用作木材胶黏剂, 其固化形态和耐热性与一般的甲阶 PF 相同。有研究表明, 以 UF 树脂初聚物为起点合成共缩聚树脂时, 尿素的用量可增加到苯酚质量的 75%(林巧佳等, 2005), 制成的改性 PF 树脂比直接用尿素参与反应的胶稳定性好, 储存期长, 合成工艺简化, 具有室外型胶黏剂的耐水胶合强度, 又降低了成本和固化条件。体系中尿素的用量增大, 反应终点较易控制; 树脂的储存稳定性较好, 固化条件比纯 PF 低。

4.3.2.2　以酚醛树脂初聚物为起点合成共缩聚树脂

通过采用聚羟甲基酚和尿素反应或者以苯酚和甲醛为原料制备中间体 2,4,6-三羟甲基酚再与尿素反应合成共缩聚树脂。羟甲基酚和尿素的反应包括两个阶段，首先是尿素和对位羟甲基的反应，然后是尿素和邻位羟甲基的反应，其缩聚程度达到 70%～86%，pH 较低时共缩聚反应较快。当 pH 为 11.5 时，2,4,6-三羟甲基酚与尿素的反应体系中，羟甲基酚的对位和邻位都能与尿素发生缩聚反应，并且反应速率比羟甲基酚自身的缩聚速率快；苯环上的邻位和对位之间存在着竞争关系，当温度≥85℃时对位反应较邻位快，当温度＜85℃时则反之 (Zhao et al.，1999)。当 pH 为 2.5 时，苯环上的对位反应活性是邻位的 10 倍 (Yoshida et al.，1995)。酸性条件下，三羟甲基酚与尿素以共缩聚为主，羟甲基酚间羟甲基间的缩合很少，可以忽略。利用三羟甲基酚与尿素反应制备的树脂可以降低树脂中甲醛的含量，也可以提高树脂的耐水性。

4.3.2.3　以苯酚、尿素、甲醛单体为起点合成共缩聚树脂

采用苯酚、尿素、甲醛单体为原料一次合成共缩聚树脂，实施分子水平的苯酚-尿素-甲醛共缩聚。这样的合成方法既简化了工艺设备，又节省了能源，还可以缩短反应时间，相关研究结果表明所合成的共缩聚树脂储存稳定、固化速率快，提高了耐水、耐老化性，降低了树脂体系中游离酚、游离醛的含量，压制的胶合板也具有较好的力学性能 (徐亮等，2006a，2006b；时君友等，2006)。

由于已有研究中使用的原料物质的量比和制板工艺各不相同，因此无法深入了解合成工艺对结构的影响，同时使结构对性能关系的研究受到限制。作者课题组在保证最终物质的量比 $n_F : n_P : n_U : n_{NaOH}$ 固定不变的情况下，跟踪研究了三种不同合成路线中 PUF 共缩聚树脂结构形成过程，以评估不同合成路线对 PUF 树脂结构与性能的影响，同时通过跟踪研究结构形成过程，了解不同合成路线中结构形成规律及控制因素，为分子水平的结构控制与优化提供依据。

在保证最终物质的量比 $n_F : n_P : n_U : n_{NaOH}$ 固定不变的情况下，合成 PUF 树脂。采取三种合成路线，分别为在碱性环境下合成、合成经历弱碱-弱酸-碱性环境、由脲醛树脂初聚物合成 PUF 树脂，分别记为 PUF$_A$、PUF$_B$ 和 PUF$_C$。树脂化学结构主体相同，并以传统酚醛树脂为主要组分，化学位移 60～65 ppm 区间的吸收源于各种羟甲基酚，61～63 ppm 对应邻位取代的羟甲基酚而 64～65 ppm 对应对位取代的羟甲基酚，吸收峰的位置与传统酚醛树脂无任何差异，同时，初期聚合物中亚甲基桥键的连接方式同样为邻位-对位和对位-对位，没有检测到邻位-邻位连接。

三种树脂的结构差异主要体现在如下几个方面：

（1）化学位移 30～50 ppm 区间的差异。该差异对应初期聚合物连接方式，碱性环境下合成时为典型酚醛树脂连接方式；合成经历弱碱-弱酸-碱性环境时树脂在 47 ppm 附近有吸收，通常归属为脲醛树脂的亚甲基，在 44 ppm 附近也有吸收，尽管这一吸收比较微弱，这一吸收无可置疑地源于尿素与苯酚共缩聚形成的亚甲

基；由脲醛树脂初聚物合成的 PUF 树脂在 47 ppm 附近也有吸收，尽管吸收比较微弱。化学位移 30～50 ppm 区间的信息表明后两种合成路线中均存在少量脲醛树脂初聚物。

(2)化学位移 50～60 ppm 区间的差异。54.5 ppm 左右的吸收归属于 p-Ph-CH$_2$–N(CH$_2$OH–)CO–NHCH$_2$OH，这些结构与共缩聚密切相关。不同合成路线的树脂在这一区域的差异明显，特别是由脲醛树脂初聚物合成时，在这一区域有明显吸收。

(3)化学位移 60～70 ppm 区间的差异。这一区间主要对应羟甲基，差异主要体现为总羟甲基酚中对位取代羟甲基酚的比例，三种合成路线下分别为 15%、22%、19%，由于对位的反应活性高于邻位，因此这一差异或多或少会对最终树脂性能产生影响。此外，化学位移 66 ppm 附近的吸收归属一羟甲基脲中的羟甲基，由脲醛树脂初聚物合成的树脂体系中强度高于其他两种树脂。

(4)化学位移 70～80 ppm 区间的差异。主要见于 71～74 ppm 范围，一般归属于脲醛树脂 –N(CH$_2$OH)$_2$ 或者–N(–CH$_2$–)CH$_2$OH。三种树脂的结构差异在其他区域也有体现，如游离对位和游离尿素的差异等。

从上述结构差异至少可以得出如下结论：合成过程中酸性环境导致脲醛树脂初聚物含量增加，同时导致尿素与苯酚之间的共缩聚增加，合成过程不同阶段的酸性环境将导致最终树脂结构出现差异。

在碱性环境下合成和合成经历弱碱-弱酸-碱性环境合成的 PUF 树脂不同反应阶段的结构标记为 PUF$_{A1}$～PUF$_{A4}$ 和 PUF$_{B1}$～PUF$_{B4}$，各样品 ^{13}C-NMR 谱图定量分析结果见表 4-5。

表 4-5　PUF 树脂 ^{13}C-NMR 定量分析结果

	PUF$_{A1}$	PUF$_{A2}$	PUF$_{A3}$	PUF$_{A4}$	PUF$_{B1}$	PUF$_{B2}$	PUF$_{B3}$	PUF$_{B4}$
苯酚的羟甲基								
o-Ph-CH$_2$OH	0.48	0.27	0.21	0.3	0.16	0.12	0.33	0.25
p-Ph-CH$_2$OH	0.5	0.19	0.39	0.33	0.9	0.12	0.29	0.19
邻位双取代 Ph-(CH$_2$OH)$_2$	0.69	0.42	0.76	0.8	0.04	0.04	0.47	0.41
Ph-(CH$_2$O)$_n$H($n\geq2$)	0.09	0.08	0.14	0.1	0.05	0.07	0	0
尿素的羟甲基								
R-N(-CH$_2$OH)$_2$	0.03	0.09	0.14	0.11	0.13	0	0	0
苯酚之间的亚甲基								
o,o-Ph-CH$_2$-Ph	0	0	0	0	0	0	0	0
o,p-Ph-CH$_2$-Ph	0.1	0.12	0.14	0.28	0	0.1	0.03	0.08
p,p-Ph-CH$_2$-Ph	0.14	0.19	0.22	0.22	0	0.16	0.09	0.12
苯酚之间的醚键								
Ph-CH$_2$-O-CH$_2$-Ph	0.11	0.07	0.03	0.06	0.28	0	0	0

续表

	PUF$_{A1}$	PUF$_{A2}$	PUF$_{A3}$	PUF$_{A4}$	PUF$_{B1}$	PUF$_{B2}$	PUF$_{B3}$	PUF$_{B4}$
共缩聚亚甲基键								
R-C$\underline{H}_2$-N(CH$_2$-)$_2$	0.05	0.03	0.05	0.1	0.07	0.03	0.2	0.19
酚羟基	1	1	1	1	1	1	1	1
游离尿素	0.31	0.23	0.1	0.15	0.24	0.24	0	0
总的甲醛量(2.1mol)	1.17	1.17	2.06	2.11	1.4	1.41	2.17	2.09
缩聚程度, R	0.23	0.21	0.35	0.45	0.19	0.21	0.17	0.3
苯酚的取代程度	2.9	2.57	2.84	2.84	1.7	1.95	2.43	2.48
聚合度	1.3	1.27	1.54	1.83	1.22	1.27	1.21	1.42

注：PUF$_A$ 合成时为碱性环境下，PUF$_{A1}$～PUF$_{A4}$ 为不同反应时间的取样；PUF$_B$ 合成经历弱碱-弱酸-碱性环境，PUF$_{B1}$～PUF$_{B4}$ 为不同反应时间的取样。

合成样品 PUF$_{A1}$ 和 PUF$_{B1}$ 的原料用量比完全相同，唯一区别在于碱性环境的差异，PUF$_{A1}$ 的环境为中强碱性(pH 为 11.5 左右)，而 PUF$_{B1}$ 的环境为弱碱性(pH 为 10.0 左右)。^{13}C-NMR 定量分析的结果表明弱碱性环境下的反应初期，二羟甲基酚的生成比例很低(占总羟甲基酚的比例不足 1%)，同时羟甲基酚中对位羟甲基酚的形成比例远远高于邻位羟甲基酚，与中强碱性环境下所形成的产物差异很大，相同反应时间内，中强碱性环境下所形成的羟甲基酚中，邻位和对位的比例大体相同，同时二羟甲基酚的生成比例高达 41%。此外，中强碱性环境下已有一定量初期聚合物生成。比较两种条件下苯酚的取代程度，中强碱性环境也远高于弱碱性环境(分别为 2.9 和 1.7)。

PUF$_{A2}$ 与 PUF$_{A1}$ 的区别在于反应时间的延续，随着反应继续进行，大量羟甲基酚被消耗，初期聚合物含量升高。比较 PUF$_{B2}$ 与 PUF$_{B1}$ 可知，酸性环境同样导致酚醛树脂初期聚合物形成，而且以消耗对位羟甲基酚为主。

补加第二次甲醛(PUF$_B$ 加入余量的氢氧化钠)的样品 PUF$_{A3}$ 和 PUF$_{B3}$，定量分析的结果表明反应首先形成各种羟甲基酚，比较 PUF$_{B3}$ 和 PUF$_{A3}$ 可知，在此阶段，在碱性环境下合成的树脂生成的对位羟甲基酚比例高于邻位羟甲基酚(积分强度分别为 0.39 和 0.21)，而合成经历弱碱-弱酸-碱性环境的树脂结构则相反，邻位羟甲基酚比例高于对位羟甲基酚(积分强度分别为 0.33 和 0.29)，这一结果与前期反应相呼应，树脂合成过程中经历弱碱-弱酸-碱性环境，反应初期已经消耗了大量的对位。

因此，合成反应初期的介质环境对羟甲基酚的形成有着决定性的影响，弱碱性环境将导致生成大量的对位羟甲基酚，而酸性环境的反应以消耗对位羟甲基酚为主，从而使树脂化后期黏度增长动力不足，同时酸性环境导致脲醛树脂初期聚合物生成。

不同合成路线对树脂结构的影响，直接影响着初期聚合物的凝胶或固化性能以及固化过程中树脂强度性能。图 4-11 为 PUF$_A$、PUF$_B$ 和 PUF$_C$ 的 TMA 曲线，其中：PUF_A 为在碱性环境下合成，PUF_B 合成经历弱碱-弱酸-碱性环境，PUF_C 合成时先合成脲醛树脂初聚物后添加苯酚。TMA 曲线表明，PUF_A 的固化起始温度明显高于 PUF_B 和 PUF_C，而 PUF_C 高于 PUF_B。PUF_B 反应初期消耗了大量的活性对位，导致后续树脂反应活性降低，这一结果与经典的酚醛树脂合成理论相符。事实上，对 PUF_A 系列和 PUF_B 系列树脂合成过程中进行黏度检测时也发现 PUF_A 系列树脂黏度增加迅速而 PUF_B 系列树脂黏度增长缺乏动力，同时 PUF_B 系列树脂合成后期出现相分离现象。

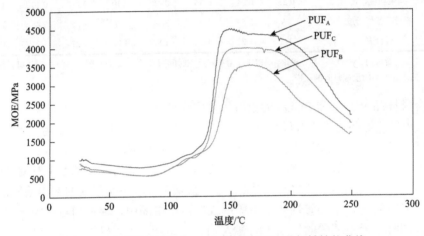

图 4-11　初期聚合物 PUF_A、PUF_B 和 PUF_C 热机械性能曲线

MOE 为弹性模量

在控制三种合成路线合成的 PUF 树脂黏度基本接近（$250\sim300$ mPa·s）的情况下，PUF_A 所压制的刨花板干状和湿状性能均高于 PUF_B 和 PUF_C，PUF_C 较 PUF_A 略低，但明显优于 PUF_B。出现这一现象的原因可能是 PUF_B 树脂中大量的活性对位被消耗导致树脂热压过程中固化不充分，从而影响了树脂的胶合性能。此外，PUF 合成过程中脲醛树脂的形成降低了共缩聚树脂整体性能，这可能与两个因素相关：其一，脲醛树脂的形成消耗了部分甲醛从而降低了甲醛与苯酚的物质的量比；其二，脲醛树脂在碱性条件下固化程度有限，从而从整体上降低了最终聚合物的交联程度。表 4-6 为所压制刨花板的性能。

表 4-6　不同合成工艺条件下 PUF 树脂压制刨花板内结合强度性能

试样	黏度/(mPa·s)	干状内结合强度/MPa	2h 沸水湿状内结合强度/MPa
PUF_A	200	0.59 ± 0.10	0.41 ± 0.03
PUF_B	170	0.38 ± 0.01	0.22 ± 0.02
PUF_C	180	0.48 ± 0.02	0.38 ± 0.03

注：PUF_A 为在碱性环境下合成；PUF_B 合成经历弱碱-弱酸-碱性环境；PUF_C 合成时先合成脲醛树脂初聚物，后添加苯酚。

4.3.3 原料加入量对树脂结构与性能的影响

合成过程中甲醛(F)与尿素(U)及苯酚(P)的物质的量比对树脂中游离甲醛含量和树脂的理化性能有很大的影响。采用不同物质的量比的原料合成 PUF 其理化性能和甲醛含量也不同。随着甲醛物质的量比的升高，胶液中羟甲基含量和游离甲醛含量、游离苯酚含量也随之升高。因此，要制得游离甲醛含量比较低的 PUF 胶，要尽量降低甲醛的物质的量比。同时随着苯酚物质的量比的升高，胶液中的游离苯酚含量随之升高，而羟甲基含量和游离甲醛含量随之降低，这是因为苯酚的加入在树脂中引入了苯环，使得亲水基团羟甲基含量有降低趋势，提高了树脂的耐水和耐老化性能，降低了树脂使用过程中甲醛的释放量。取物质的量比为 $10:8:1$ 为宜(徐亮等，2006a，2006b)。

研究表明，当 $n_F:n_P$ 从 $1.25:1.00$ 变化到 $2.5:1.0$ 时，游离醛由 0.2%增大到 0.5%；比值再增大，游离醛随之增加，而游离酚却随 $n_F:n_P$ 的增大而减少，见图 4-12。

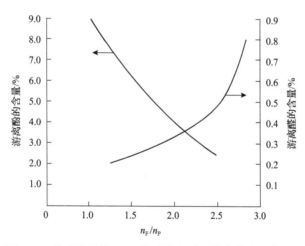

图 4-12 物质的量比 n_F/n_P 值对游离酚、游离醛含量的影响

$n_F:n_P$ 值越大，反应生成酚羟甲基数量越多，形成多羟甲基酚的反应热越大，树脂反应活性高，胶合强度就好。但从成本、胶黏剂的性能、黏度、固含量以及游离酚、游离醛的含量等综合考虑，当 $n_F:n_P$ 为 $2.0\sim2.1$ 比较适宜。当苯酚总量、氢氧化钠用量、$n_F:n_P$ 及其他反应条件一定时，$n_F:n_U$ 对游离酚和游离醛的影响见图 4-13。

随着 $n_F:n_U$ 的增加，树脂的游离醛含量随之减小，游离酚含量随之增加；$n_F:n_U$ 与胶合板胶合强度和木破率的关系是正相关关系，即 $n_F:n_U$ 越高，胶合强度和木

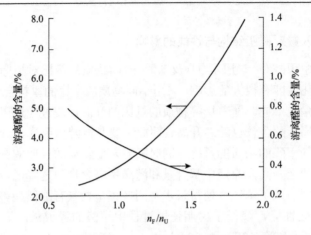

图 4-13　物质的量比 n_F/n_U 对游离酚、游离醛含量的影响

破率也越高，综合考虑各个因素，把 n_F：n_U 确定为 1.3～1.4 较适宜（时君友等，2006）。n_F：n_U 越大，树脂的凝胶时间越短、分子量越高、固含量越小、固化速率越快、内结合强度和吸水厚度膨胀性能越差，板材的胶接模量提高、游离尿素含量显著降低，活化能和速率常数没有显著变化（Zhao et al.，1999；He et al.，2004；赵小玲等，2003）。

随着尿素用量的增加，树脂的成本降低，20 世纪 90 年代人们开始尝试通过与尿素共缩聚缩短酚醛树脂固化时间并降低成本，在此期间，美国许多定向刨花板企业已在酚醛树脂中尝试添加 5%左右的尿素（Kim et al.，1996）。但是随着尿素用量的增加，也会造成 PUF 树脂胶合强度的下降，所以在保证改性后酚醛树脂胶合性能的前提下，探索尿素用量对 PUF 树脂胶合性能的影响具有十分重要的意义。

杜官本等系统研究了一定范围内尿素加入量对树脂结构和性能的影响，特别是尿素加入量变化对树脂结构的影响。在甲醛/苯酚物质的量比不变条件下 n_P：n_U=1.00：0.24 和 n_P：n_U=1.00：0.48 所合成的 PUF 共缩聚树脂，其 ^{13}C-NMR 图谱见图 4-14 和图 4-15。

由 n_P：n_U=1.00：0.48 和 n_P：n_U=1.00：0.24 所获得的 ^{13}C-NMR 谱图可以看出，两者结构完全相同，图谱以苯酚的酚羟基碳为基础，给出了化学位移在 30～80 ppm以及 150～170 ppm 区域内各结构构成的积分面积，比较这些积分面积的大小可知，尿素的加入能导致构成比例略有差异，特别是邻、对位的羟甲基数量和亚甲基连接方式，尿素用量的增加，导致对位羟甲基数量的增加和邻位羟甲基数量的减少，同时，初期聚合物种中对位连接方式比例略有下降，尽管这种下降的趋势十分微弱。

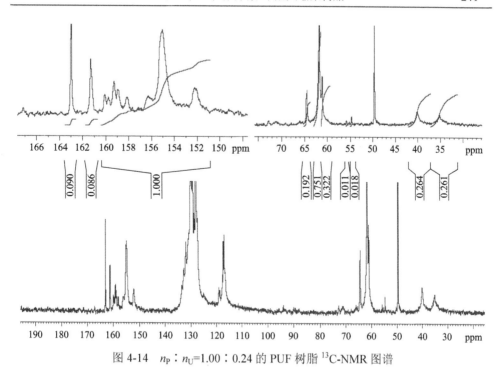

图 4-14　n_P：n_U=1.00：0.24 的 PUF 树脂 ^{13}C-NMR 图谱

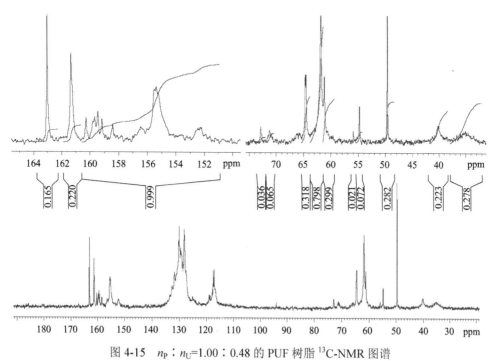

图 4-15　n_P：n_U=1.00：0.48 的 PUF 树脂 ^{13}C-NMR 图谱

尿素的加入能导致 PUF 树脂化过程加快，特别是在合成反应后期，黏度的快速增长使黏度控制变得比较困难（通过精确地控制反应条件仍然可以实现）。相同甲醛/苯酚物质的量比条件下，逐渐增加尿素用量对树脂的固化反应，特别是对树脂的凝胶或固化以及树脂强度性能有影响。随着尿素含量的增加，凝胶时间缩短，胶接模量最大值（即强度最大值）和聚合度增大，游离甲醛含量、内结合强度、吸水厚度膨胀性能和固化速率降低，活化能和速率常数没有显著变化（Zhao et al.，1999；He et al.，2004；赵小玲等，2003）。

图 4-16 为相同甲醛/苯酚物质的量比条件下，逐渐增加尿素用量的 TMA 曲线，图 4-17 为相同甲醛/（苯酚+尿素）物质的量比条件下逐渐增加尿素用量的 TMA 曲线。由图分析可以得出，相同甲醛/苯酚物质的量比条件下，适量增加尿素用量对 PUF 树脂凝胶或固化反应的影响并不显著，或者说几乎没有影响。相同甲醛/（苯酚+尿素）物质的量比条件下，适量增加尿素用量对 PUF 树脂凝胶或固化反应有显著影响，随着尿素用量的增加，树脂凝胶或固化反应呈逐渐提前的趋势。说明尿素的加入能有效缩短树脂固化反应时间。这一趋势的出现同时与甲醛/苯酚物质的量比的改变有关。相同甲醛/（苯酚+尿素）物质的量比条件下增加尿素用量意味着减少苯酚的用量，因此随着尿素用量的增加，甲醛/苯酚的物质的量比升高，大量的研究结果表明，提高甲醛/苯酚物质的量比，树脂凝胶化提前，从而能有效缩短固化反应时间。由图 4-17 中凝胶化或固化反应曲线斜率可知，尿素的增加尽管可以导致凝胶化反应或固化反应的提前，但同时也降低了凝胶化或者固化速率（Kim et al.，1996）。

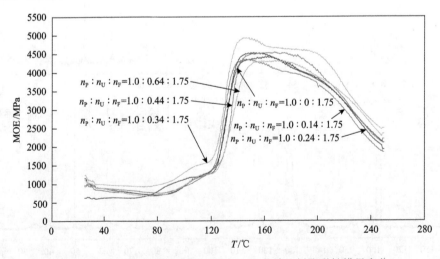

图 4-16　相同甲醛/苯酚物质的量比 PUF 共缩聚树脂弹性模量变化

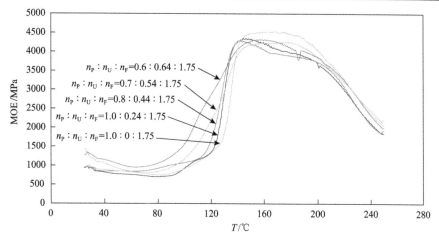

图 4-17 相同甲醛/(苯酚+尿素)物质的量比 PUF 共缩聚树脂弹性模量变化

表 4-7 列出 n_F : n_P 为 1.75 : 1 时,添加不同比例尿素对树脂最终胶合性能的影响,结果表明,在甲醛与苯酚物质的量比为 1.75 : 1 的条件下,在一定范围内适当增加尿素,对 PUF 树脂干状和湿状胶合强度没有显著影响,这一合理的范围为添加苯酚用量 15%~20% 的尿素(质量比例),超出这一范围后,随着尿素添加量的增加,树脂的胶合性能呈缓慢下降的趋势,但仍在可以接受的范围内。也有研究表明,在最初的范围内添加适当尿素,刨花板的干状和湿状胶合性能均显增加的趋势(Zhao et al., 1999),这一增加趋势在本实验中体现得并不明显。此外,在表 4-7 所列出的实验系列中,随着尿素加入量的增加,树脂总体物质的量比不断下降,n_F : $n_{(P+U)}$ 由最初的 1.75 : 1.00 下降到 1.75 : 1.64 时,板材强度的下降并不显著。

表 4-7 相同甲醛/苯酚物质的量比的 PUF 共缩聚树脂胶合板性能

n_P : n_U : n_F	n_F : $n_{(P+U)}$	质量比/%	固含量/%	黏度/(mPa·s)	干状剪切强度/MPa	湿状剪切强度/MPa
1 : 0.10 : 1.75	1.75 : 1	0	50.63	620	1.46	1.60
1 : 0.14 : 1.75	1.75 : 1.14	8.9	51.07	600	1.49	1.59
1 : 0.24 : 1.75	1.75 : 1.24	15.3	51.77	600	1.51	1.55
1 : 0.34 : 1.75	1.75 : 1.34	21.7	52.33	640	1.33	1.44
1 : 0.44 : 1.75	1.75 : 1.44	28.1	52.77	640	1.32	1.35
1 : 0.54 : 1.75	1.75 : 1.54	34.5	52.59	650	1.28	1.30
1 : 0.64 : 1.75	1.75 : 1.64	40.9	52.96	630	1.13	1.04

当固定 n_F : $n_{(P+U)}$ 为 1.75 : 1.24 不变,增加尿素用量进行实验时,结果见表 4-8,由表可知:在 n_F : $n_{(P+U)}$ 为 1.41、尿素加入量控制在苯酚质量 25% 以内的条件下,PUF 树脂性能优于 PF 树脂;当尿素加入量控制在苯酚质量 25%~50% 范围内时,PUF 树脂湿状性能优于 PF 树脂而干状性能略显下降;当尿素加入量超过苯酚质

量 50%后，PUF 树脂性能随着尿素用量的增加而显著劣化。

表 4-8 相同甲醛/(苯酚+尿素)物质的量比的 PUF 共缩聚树脂胶合板性能

$n_F : n_{(P+U)}$	$n_P : n_U$	质量比/%	固含量/%	黏度/(mPa·s)	干状剪切强度/MPa	湿状剪切强度/MPa
	1.24 : 0	0	52.46	640	1.23	1.31
	1.0 : 0.2	15.3	51.77	600	1.51	1.55
	0.9 : 0.34	24.1	51.18	600	1.54	1.35
$1.75 : 1.24 \approx 1.41$	0.8 : 0.44	35.1	50.26	610	1.17	1.35
	0.7 : 0.54	49.2	49.38	610	1.18	1.46
	0.6 : 0.64	68.1	47.87	650	1.12	0.99
	0.4 : 0.84	134	46.87	640	0.40	—

合理的尿素添加比例与原料用量物质的量比密切相关，尿素加入量控制在苯酚质量 25%左右时，PUF 树脂性能与传统 PF 树脂相近并略优于传统 PF 树脂。因此，在保证强度的前提下，尿素只能在一定的范围内改善凝胶时间和固化速率。固化时间和强度是 $n_F : n_P$ 和尿素等多重作用的结果，$n_F : n_P$ 和尿素的增大都会使固化时间缩短，从而导致树脂的交联程度下降，强度也因此降低。因此，单纯缩短固化时间并不难，难的是在缩短固化时间的同时保证树脂具有一定的强度，这就要求对配方进行优化，在各因素之间找到最佳的平衡点。

4.3.4 介质环境对树脂结构与性能的影响

pH 对树脂的合成和性能影响很大：碱性条件越强，共缩聚的反应速率越快，板材强度越高；pH 不同，DSC 曲线会出现 1~2 个峰；当 pH<11 时，其活化能较小；反应速率常数随 pH 的增加而增大(Ohyama et al.，1995；雷洪等，2009a，2009b；杜官本等，2009；Du et al.，2008)；碱性条件下固化比酸性条件下固化具有更好的耐热性(Tomita et al.，1994a，1994b；Tomita et al.，1998)。

脲醛树脂和酚醛树脂在酸性条件下都能生成。Poljansek 等(2006)利用 ATR-FTIR 方法对三羟甲基酚与尿素在酸性条件和碱性条件下的反应进行跟踪研究。酸性条件下时，向反应体系中缓慢加入三羟甲基酚，在此过程中，体系中羟甲基含量的浓度增加，尿素浓度下降。20 min 后三羟甲基酚添加完毕，体系中的羟甲基含量开始下降，而亚甲基桥键和亚甲基醚键含量提高，结果显示，反应进行 30 min 后，体系中即无游离尿素存在。在碱性条件下，PUF 树脂的生成反应速率相对较慢。在碱性条件下，羟甲基脲与羟甲基酚之间各自的自缩聚较共缩聚更易发生，羟甲基酚与尿素之间的共缩聚成分在体系中所占的比例较少。在酸性条件下合成的 PUF 树脂较碱性条件下合成的 PUF 树脂缩聚反应程度更高。

在 4.3.1 节中的 PUF 树脂结构分析中指出合成反应初期的介质环境对羟甲基酚的形成有着决定性的影响，弱碱性环境将导致生成大量的对位羟甲基酚，而酸性环境的反应以消耗对位羟甲基酚为主，从而使树脂化后期黏度增长动力不足，同时酸性环境导致脲醛树脂初期聚合物生成。所以大多数研究也是采用在碱性条件下合成 PUF 树脂的技术路线。传统酚醛树脂最终的化学结构和力学性能与其合成工艺密切相关，如反应温度、反应时间、pH、催化剂、n_F/n_P 等，PUF 树脂的结构和性能与 PF 树脂极为相似，而且仍以 PF 树脂为主体。n_{NaOH}/n_P 也将影响 PUF 树脂的结构和性能。

　　加入不同质量分数的 NaOH 溶液，会影响合成过程中 pH 的变化速率以及最终的固含量。反应过程中加入 50% NaOH 溶液时，反应剧烈，反应温度上升较快。而加入 30%的 NaOH 时，反应温度上升较慢，反应较易控制，40% NaOH 调节 pH 的 PUF 胶压制的胶合板其合格率为 85%。因此得出结论：加入 30%～50% NaOH 作催化剂的 PUF 树脂的理化性能差别不是很大，对胶合强度和甲醛释放量也没有明显的差异。将最终的 pH 提高到 13 左右，可以看到甲醛释放量有明显降低，而且强度仍然可以达到 I 类板标准。

　　为了研究不同碱性条件对 PUF 树脂结构的影响，通过 ^{13}C-NMR 分析比较了 n_{NaOH}/n_P=0.35 和 n_{NaOH}/n_P=0.70（n_F/n_P 不变）条件下所合成的 PUF 共缩聚树脂，分别见图 4-18 和图 4-19。

　　图谱以苯酚的酚羟基碳为基础，给出了化学位移在 30～80 ppm 以及 150～170 ppm 区域内各结构构成的积分面积。通过比较可以发现，在 n_{NaOH}/n_P=0.35 和 n_{NaOH}/n_P=0.70 条件下合成的 PUF 树脂，其结构几乎完全相同，不同的只是树脂构成组分比例略有差异。特别是邻、对位的羟甲基数量和亚甲基连接方式，碱性的增强会导致对位羟甲基数量的减少和邻位羟甲基数量的增加。同时，初期聚合物中对位连接方式比例也略有增加，正好和尿素用量对 PUF 树脂结构的影响是相反

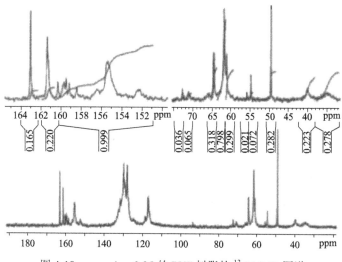

图 4-18　n_{NaOH}/n_P=0.35 的 PUF 树脂的 ^{13}C-NMR 图谱

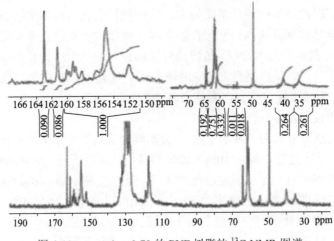

图 4-19　$n_{NaOH}/n_P=0.70$ 的 PUF 树脂的 ^{13}C-NMR 图谱

的。通过比较 PUF 树脂与传统 PF 树脂的结构可知，PUF 树脂结构仍然以酚醛树脂为主体。

在 PUF 树脂的 MALDI-TOF-MS 图谱中，形成的初聚物主要包括 3 类，即 UF、PF 和 PUF。分子质量变化为 72 Da 的重复单元是 UF 单元，分子质量变化为 106 Da 和 136 Da（主要是 136 Da）的重复单元是 PF 单元：

$$
\begin{array}{ccc}
\text{72Da} & \text{106Da} & \text{136Da}
\end{array}
$$

PUF 树脂的 MALDI-TOF-MS 图谱主要谱峰归属见表 4-9。PUF 共缩聚树脂合成原料为苯酚、尿素和甲醛，其分子量分别为 94、60 和 30，与基质中钠离子结合后，可能在图谱中的 117Da、83 Da 和 53 Da 处出峰。而且由于尿素的分子量正好是甲醛的 2 倍，因此有些分子既可归属于酚醛树脂，也可归属于苯酚、尿素及甲醛共同反应生成的共缩聚树脂，这些分子质量包括：313 Da、449 Da、479 Da、585 Da、615 Da 等。除去与苯酚相关的各谱峰，新产生的谱峰还包括尿素和甲醛反应生成的脲醛树脂谱峰，如 113 Da（U_1F_1，U 表示尿素结构单元。下同）、143 Da（U_1F_2）、155 Da（U_2F_1）、185 Da（U_2F_2）、227 Da（U_3F_2）、257 Da（U_3F_3）、377 Da（U_3F_6）等。

剔除以上所述各谱峰后，其余可能的 PUF 共缩聚分子质量还包括：219 Da（$P_1U_1F_2$）、249 Da（$P_1U_1F_3$）、279 Da（$P_1U_1F_4$）、321 Da（$P_1U_2F_4$）、351 Da（$P_1U_2F_5$）、355 Da（$P_2U_1F_3$）、385 Da（$P_2U_1F_4$）、415 Da（$P_2U_1F_5$）等。受苯酚原料三官能度的限

制，这些谱峰的归属都不会与酚醛树脂或脲醛树脂的谱峰混淆。

表 4-9　PUF($P_xU_yF_z$)树脂中有关 PF 和 UF 树脂的 MALDI-TOF 谱峰归属

结构	谱峰/Da	x	y	z	结构	谱峰/Da	x	y	z
甲醛	53	—	—	1	共缩聚树脂	219	1	1	2
尿素	83	—	1	—		249	1	1	3
苯酚	117	1	—	—		279	1	1	4
脲醛树脂	113	—	1	1		321	1	2	4
	143	—	1	2		351	1	2	5
	155	—	2	1		355	2	1	3
	185	—	2	2		385	2	1	4
	227	—	3	2		415	2	1	5
	257	—	3	3					
	377	—	3	6					

由不同碱性条件下合成的 PUF 树脂的 MALDI-TOF-MS 图谱可以得出，碱性条件下合成的 PUF 共缩聚树脂结构是以酚醛树脂为主体。同时，试样中存在有少量的脲醛树脂，表明即使在很强的碱性条件下，仍然存在尿素与甲醛的缩聚反应。PUF 共缩聚树脂的合成反应包含酚醛树脂、脲醛树脂和共缩聚树脂的合成反应，因此需要有效地对各种反应进行控制。

为了研究不同的 n_{NaOH}/n_P 对树脂性能的影响，选定 $n_P : n_U : n_F = 1.00 : 0.48 : 2.10$ 不变，NaOH 与苯酚物质的量比分别为 0.20、0.35、0.53、0.70，其基本性能和胶合强度见表 4-10。

表 4-10　不同氢氧化钠/苯酚物质的量比的 PUF 共缩聚树脂胶合板性能

$n_P : n_U : n_F$	n_{NaOH}/n_P	m_U/m_P	固含量/%	黏度/(mPa·s)	干状强度/MPa	湿状强度/MPa
1.00 : 0.48 : 2.10	0.20	30.6	51.94	710	1.6154	1.3944
1.00 : 0.48 : 2.10	0.35	30.6	49.36	740	1.6302	1.4852
1.00 : 0.48 : 2.10	0.53	30.6	49.20	720	1.9387	1.5596
1.00 : 0.48 : 2.10	0.70	30.6	48.56	750	1.4305	1.3891

表 4-10 的结果表明，在 $n_P : n_U : n_F$ 不变的条件下，在一定范围内增加氢氧化钠的用量，PUF 树脂干状和湿状胶合强度增加显著，较适宜的条件为 $n_{NaOH}/n_P = 0.53$，超出这一范围后，随着 n_{NaOH}/n_P 的增加，树脂的胶合性能快速下降，但仍在可以接受的范围内。分析表 4-10 的结果可知，n_{NaOH}/n_P 从 0.20 增加到 0.53 时，胶合板干强度增加了 20%，湿强度增加了 12%；继续增加氢氧化钠的加入量，干、湿强度均急剧下降。

在其他条件相同的情况下，当氢氧化钠的用量增加时，游离酚、游离醛均减少(图 4-20)，而合成树脂的黏度和 pH 都不同程度地增大。当 n_{NaOH}/n_P 大于 0.7 时，黏度和 pH 变化均趋平缓(时君友等，2006)。另外，氢氧化钠的用量增加，对胶合板的浸渍剥离无太大影响，但胶合板的胶合强度会增加。以上现象可解释为：一方面催化剂的作用使苯环变成苯氧负离子，从而增加了苯环上可与甲醛进行加成反应的邻对位上的电子云及电负性，使苯酚与甲醛反应生成一、二、三羟甲基酚的能力提高，一定程度上增加了 UPF 树脂的交联度；另一方面随碱性提高，便于形成胶钉，增加胶合强度。但碱用量不宜过多，否则反应剧烈，不易控制，且制成的树脂碱性太大，易腐蚀木纤维，反而造成强度的降低。此外，催化剂是低分子物质，在树脂的合成过程中它们夹杂在树脂网络中，破坏树脂网络的连续性，也使强度降低。

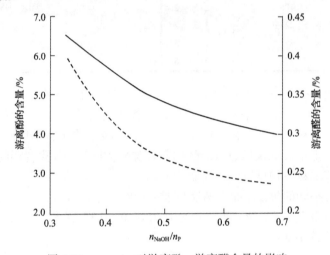

图 4-20　n_{NaOH}/n_P 对游离酚、游离醛含量的影响

催化剂种类对树脂性能也有一定的影响。在酚醛树脂制备过程中，二价金属离子催化剂显示出提高酚醛树脂固化速率的作用。范东斌等对比研究了几种催化剂，如 CaO、Na_2CO_3、ZnO、MgO 对 PUF 树脂的固化加速作用，结果显示 MgO 的固化加速作用最明显(Fan et al.，2009)。

4.3.5　分次加料对树脂结构与性能的影响

分次加料是甲醛系列树脂合成中普遍采用的技术路线，旨在使反应进行得更彻底。在合成原料甲醛、苯酚、尿素物质的量比相同，氢氧化钠加入量相同条件下，采用分次加入苯酚、甲醛和尿素的技术路线，使用 ^{13}C-NMR 定量分析跟踪研究碱性环境下 PUF 共缩聚树脂结构形成过程(雷洪等，2009a，2009b)。

树脂 A 为苯酚分次加入，不同时间段收集的样品标记为 A_1、A_2、A_3、A_4；树脂 B 为甲醛分次加入，不同时间段分别取样 B_1、B_2、B_3、B_4；树脂 C 为尿素分次加入，并取样 C_1、C_2。分次加入苯酚、甲醛和尿素，结构形成过程的跟踪研究结果见表4-11。

表 4-11　分次加料时 PUF 树脂 ^{13}C-NMR 定量分析结果

	PUFA$_1$	PUFA$_2$	PUFA$_3$	PUFA$_4$	PUFB$_1$	PUFB$_2$	PUFB$_3$	PUFB$_4$	PUFC$_1$	PUFC$_2$
苯酚的羟甲基										
o-Ph-$\underline{C}$H$_2$OH	0	0	0.15	0.22	0.28	0.3	0.35	0.26	0.41	0.23
p-Ph-$\underline{C}$H$_2$OH	0.06	0.45	0.28	0.29	0.26	0.34	0.38	0.36	0.14	0.39
diortho Ph-($\underline{C}$H$_2$OH)$_2$	1.81	1.46	0.73	0.79	0.49	0.54	0.79	0.84	0.72	0.79
Ph-($\underline{C}$H$_2$O)$_n$H($n\geqslant2$)	0.99	0.59	0.14	0	0	0	0	0.07	0	0.11
尿素的羟甲基										
R-N(-$\underline{C}$H$_2$OH)$_2$	NA	NA	NA	0.05	NA	NA	NA	0.09	NA	0.11
苯酚之间的亚甲基										
o,o-Ph-$\underline{C}$H$_2$-Ph	0	0	0	0	0	0	0	0	0	0
o,p-Ph-$\underline{C}$H$_2$-Ph	0.41	0.34	0.14	0.26	0.08	0.08	0.08	0.17	0.2	0.26
p,p-Ph-$\underline{C}$H$_2$-Ph	0.37	0.23	0.22	0.16	0.11	0.15	0.17	0.22	0.26	0.24
苯酚之间的醚键										
Ph-$\underline{C}$H$_2$-O-$\underline{C}$H$_2$-Ph	0	0	0.06	0.03	0	0	0	0.08	0	0.09
共缩聚亚甲基键										
R-$\underline{C}$H$_2$-N($\underline{C}$H$_2$-)$_2$	NA	NA	NA	0.27	NA	NA	NA	0.53	NA	0.36
酚羟基	1	1	1	1	1	1	1	1	1	1
游离甲醛	0.45	0.09	0	0	0	0	0	0	0	0
游离尿素	0	0.24	0.18	0.18	NA	NA	0.17	0.17	NA	0.16
总的甲醛量	2.17	2.17	2.06	2.11	1.2	1.4	1.7	2.08	1.43	2.15
缩聚程度 R	0.78	0.76	0.41	0.38	0.17	0.19	0.2	0.35	0.18	0.41
苯酚的取代程度	NA	NA	2.51	2.63	1.74	1.94	2.56	2.92	2.25	2.94
聚合度	4.55	4.12	1.7	1.61	1.2	1.24	1.26	1.55	1.22	1.69

注：NA 表示未发现此结构存在。

　　苯酚分次加入对 PUF 树脂结构形成的影响参见 PUFA 系列。分次加入苯酚时，由于实质上也改变了第一次加入苯酚后苯酚与氢氧化钠的物质的量比，其反应进程的特征也明显不同，最重要的特征在于：如对 n_{NaOH}/n_P 为 0.70 的合成反应依据文献进行化学位移归属，只发现两种取代的羟甲基酚，即对位取代的一羟甲基酚和双邻位取代的二羟甲基酚，而没有检测到邻位取代一羟甲基酚，这一归属似有悖于正常的反应历程。若将其归属于邻、对位取代的二羟甲基酚似乎也不尽合理，因为在 64～65 ppm（对位取代的一羟甲基酚）附近没有观测到谱峰分裂。

苯酚的分次加入也使补加苯酚以前的反应进程大幅度提高，$PUFA_1$ 和 $PUFA_2$ 的羟甲基化程度和树脂化程度明显高于其他样品。与脲醛树脂中尿素分次加入的原理一样，分次加入苯酚实质上提高了苯酚与甲醛的物质的量比，更有利于苯酚与甲醛的充分反应。补加第二次苯酚后，羟甲基酚的类型与本研究其他系列相同，但比例出现明显差异，同时羟甲基化程度和树脂化程度也出现下降并与其他样品接近。此外，相邻样品之间的差异减小，这也表明与补加第二次苯酚以前相比反应进程实质上进展缓慢。由此说明，在各原料最终物质的量比一定的情况下，树脂的最终性质相近。

甲醛分次加入对 PUF 树脂结构形成的影响参见 PUFB 系列。分析 $PUFB_1$、$PUFB_2$、$PUFB_3$ 三个样品，发现化学位移在 100 ppm 以下的谱峰仅有 6 个，而且三个样品相同，只是积分面积有所差异。剔出甲醇的吸收峰，剩下的五个峰分别对应邻位-对位、对位-对位连接的亚甲基，邻位取代、对位取代、双邻位取代的羟甲基碳，表明甲醛分次加入可以减少醚类化合物等相关副产物，有利于简化反应过程。定量分析的结果表明，羟甲基化过程中，各类一羟甲基酚的形成比例几乎固定不变，表明取代反应的分配遵循一定的原则。而在树脂化过程的竞争反应中，对位-对位连接处于优势，并且有利于形成共缩聚。

有关研究未发现尿素分次加入对 PUF 树脂结构的影响(杜官本等，2009)，因此仅分析分次加尿素技术路线下，两次添加甲醛对结构形成的影响，取样点分别为第二次甲醛加入前和反应 20 min 后。比较 $PUFC_1$ 和 $PUFC_2$ 的定量分析结果，发现加入第二次甲醛后，邻位羟甲基数量减少而对位羟甲基数量增加，考虑到缩聚反应过程仍在不断消耗对位的羟甲基酚和对位的活泼氢(对位-对位连接的亚甲基积分强度增加)，不难得出这样的推论：后期补加的甲醛主要用于对位的羟甲基化，进一步结合苯环取代程度的变化。

三个系列中的最终样品($PUFA_4$、$PUFB_4$、$PUFC_2$)取样时间相同，同时化学结构具有明显的树脂化特征，黏度均在 50 mPa·s 左右，继续反应一段时间均可观测到凝胶化现象。通过比较三个样品的定量分析结果，可以发现如下规律：

(1)碱性环境中各种加料方式合成的 PUF 树脂具有十分相近的化学结构，但结构组分存在差异，或者说加料方式主要影响结构构成比例；

(2)碱性环境中各种加料方式下合成 PUF 树脂时，最终反应进程基本接近，$PUFA_4$、$PUFB_4$ 和 $PUFC_2$ 的聚合程度接近，依次为 1.61、1.55 和 1.69；

(3)碱性环境中各种加料方式下的共缩聚反应相同，连接方式均为 R-$\underline{CH_2}$-N-$(CH_2-)_2$-，通常连接在树脂分子的末端。

碱性条件下不同加料方式对于树脂固化速率的影响。图 4-21 为 $PUFA_4$、$PUFB_4$ 和 $PUFC_2$ 的 TMA 曲线。上述样品的固化行为，尽管能观测到差异存在，但这些差异并不显著。这一结果表明,碱性条件下合成的各种树脂,具有相似的固化行为,或者说,通过改变加料方式无法实现加速酚醛树脂固化的目的。

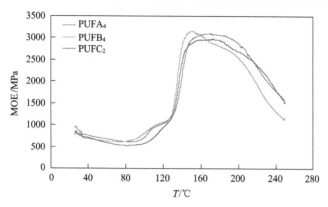

图 4-21 PUFA$_4$、PUFB$_4$ 和 PUFC$_2$ 的 TMA 曲线

4.3.6 反应时间对 PUF 树脂性能的影响

一般而言,延长反应时间可以使反应更为充分,提高生成物的分子量。在 PUF 共缩聚树脂中也是一样,反应时间的延长能够提高共缩聚程度。随着反应时间的延长,游离酚缓慢减少,而游离醛几乎直线下降(图 4-22)。

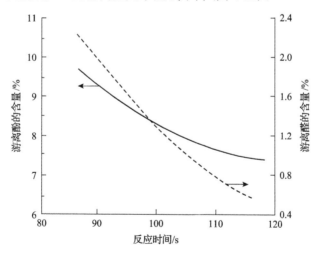

图 4-22 反应时间对游离酚、游离醛含量的影响

4.3.7 反应温度对 PUF 树脂性能的影响

研究表明,当反应温度低于 60℃时,三种原料之间的共缩聚反应几乎没有发生。

4.4　苯酚-尿素-甲醛共缩聚树脂合成配方与应用

4.4.1　苯酚-尿素-甲醛共缩聚树脂合成配方

4.4.1.1　酚醛树脂改性脲醛树脂

中国专利 CN 104788633 B 介绍了一种酚醛树脂改性脲醛树脂，由酚醛树脂、甲醛、尿素在碱-酸-碱工艺条件下制备而成。此方法制得的脲醛树脂降低了游离甲醛含量，降低了游离苯酚的残留并增加了所得脲醛树脂的耐水性，适用于胶合板、刨花板及纤维板等生产领域。

制备工艺：

(1)将苯酚和甲醛按 1.0∶1.5 的物质的量比投料至反应釜中，搅拌均匀；向反应釜中加入氢氧化钠，氢氧化钠与苯酚的物质的量比为 0.05∶1.00；加热升温至45℃，搅拌反应 4 h；所得产物在 45℃条件下脱水至固含量为 55%，得所述的酚醛树脂；

(2)向反应容器中依次加入 100 质量份的甲醛水溶液(浓度为 37%)、5 质量份的酚醛树脂和 30 质量份的尿素并混合均匀，用碳酸钠水溶液调节 pH 为 7.5，在65℃下保温 15 min 后，继续升温至 85℃，保温 30 min，得反应体系Ⅰ；

(3)用甲酸水溶液调节步骤(2)所得反应体系Ⅰ的 pH 至 4.0，每间隔 5 min 监测一次浊点，当取样滴入 45℃水中呈白色云雾状时，用碳酸钠水溶液调节 pH 至 6.0，然后第二次加入尿素共 12 质量份，加热至 85℃，保温 30 min，得反应体系Ⅱ；

(4)将步骤(3)所得反应体系Ⅱ冷却至 65℃，第三次加入尿素共 16 质量份，并用碳酸钠水溶液调节 pH 至 7.5，然后在 65℃下保温 30 min，冷却出料，得所述的酚醛树脂改性脲醛树脂。

4.4.1.2　苯酚改性脲醛树脂(赵临五等，2009)

1)方法一：尿素-苯酚-甲醛共缩聚树脂

配方(质量份)：37%甲醛，276；尿素，100；苯酚，30；30%氢氧化钠、20%草酸、填料，均为适量。

制备工艺：在反应器中加入甲醛，用氢氧化钠溶液调节 pH 至 8.5，加入尿素，搅拌 40 min 升温至 90～95℃，保温反应 60 min；加入苯酚，再用氢氧化钠溶液调 pH 至 8.5，反应 60 min 后，降温至 70℃；用草酸溶液调 pH 至 4.5～5.0，物料由浑浊变澄清，黏度为 30 s(涂-4 杯)左右时，迅速用氢氧化钠溶液调 pH 至 7.5，快速搅拌下加入适量填料，降温至 40℃出料。

树脂质量指标：外观，棕红色半透明黏稠液体；黏度(涂-4 杯)，40～80 s；

固含量，55%±2%；固化速率(140℃)，150～200 s；游离醛含量，≤0.5%；游离酚含量，≤0.4%；储存期(25℃)，1～3 个月。

由于尿素、苯酚的加成反应在碱性条件下比较容易进行和控制，故在反应初期用氢氧化钠溶液为催化剂。当体系变为酸性时，加成物分子间能快速发生缩合反应，放热剧烈，体系黏度迅速增加，为便于控制缩合过程和胶液黏度，用弱酸(草酸、乙酸、甲酸、磷酸)比较有利。

本配方中采用甲醛、尿素、苯酚的物质的量比为 1.7∶0.83∶0.17。尿素与苯酚的物质的量数之和为 1，物质的量比为 5∶1。这样可以减少苯酚用量，降低成本。实践证明，在不改变尿素与苯酚总物质的量数的情况下，增加苯酚物质的量比，可使胶的黏接强度和耐水性提高，但成本随之增加。

该尿素-苯酚-甲醛树脂可以使用 0.1%～1.0%弱酸性物质如氯化铵、草酸、磷酸等为固化剂，加热至 80℃，固化反应在 30 min 内完成。

2)方法二：酚醛树脂-尿素共缩聚树脂

中国专利 CN85109503 介绍了一种苯酚、尿素、甲醛为主要原料直接合成水溶性苯酚改性脲醛树脂的制备方法。在碱性条件下，由苯酚和甲醛缩合成低聚物，然后加入尿素，制得改性树脂，其耐水性和耐热性得到较好改善。

配方(质量份)：苯酚，240；36.5%甲醛，1040；尿素，332；30%氢氧化钠，13；固化剂，8。

制备工艺：将反应釜预热至 40℃，加入熔融的苯酚和氢氧化钠溶液，搅拌下加入甲醛溶液。调节 pH 至 8.0，缓慢升温至 90℃，升温速率 0.8℃/min；在 90℃以上反应 20 min，加入尿素；当树脂滴入水中出现较好的云雾状时，迅速降温，于 60℃加入固化剂。最后将树脂冷至室温。生产周期 3 h，树脂收率 99.7%。

树脂的质量指标：固体含量，49.6%；黏度(涂-4 杯)，14 s；pH，8.2；固化速率(150℃)，67 s；游离酚含量，≤0.4%；储存期(25℃)，2 个月。

该改性胶具有制备工艺简单，生产周期短，树脂游离甲醛、游离酚含量低，耐水、耐热性好，树脂储存期长等特点。应用于干法中密度纤维板(MDF)，不仅板的甲醛释放量＜50 mg/100 g，而且纤维板表面提前固化层明显低于脲醛或三聚氰胺改性脲醛树脂。可广泛应用于 MDF、刨花板、碎料板、装饰板和层压板等。

3)方法三：苯酚-脲醛树脂共缩聚树脂

杨建洲等(2006)介绍了甲醛/尿素/苯酚物质的量比为 10∶8∶1 的苯酚改性脲醛树脂。

制备工艺：加入全部甲醛，搅拌下用 NaOH 溶液调 pH 至 7.5～8.5，加入全部苯酚和第一批尿素(75%)，升温至 90℃，反应一段时间；用草酸调 pH 至 4.8～5.4，加入第二批尿素(20%)，反应至浊点；用 NaOH 溶液调 pH 至 7.5～8.0，加入第三批尿素(5%)，保温 0.5 h，降温出料。

PUF 树脂的性能指标：外观，微红色均匀胶液；固体含量，50%～55%；黏度(涂-4 杯)，900～1100 s；pH，7.5～8.5；游离甲醛含量，<0.3%；游离酚含量，<0.5%；储存期(25℃)，3 个月。

　　4)方法四：酚醛树脂-脲醛树脂共缩聚树脂

　　按 n_F/n_U=1.6 制得脲醛树脂的初级聚合物；按 n_F/n_P=2.4 制得酚醛树脂初级聚合物；然后按脲醛树脂：酚醛树脂=4：1(质量比)混合在一起，再进行反应一定时间，使其发生共缩聚反应，得到酚醛树脂改性的脲醛树脂胶。

　　实验证实，随着酚醛树脂初级聚合物加入比例的加大，改性胶的干、湿胶接强度都随之提高，但从实际用途考虑，酚醛初级聚合物加入量不要超过 40%，即使如此，成本也要增加很多。如果加入 20%酚醛初级聚合物，成本基本上和固体含量 60%的纯脲醛树脂胶相当。

　　改性后的胶黏剂外观为浅黄色，不像一般的水溶性酚醛树脂那样颜色深，所以不污染板面，不易透胶，可用于生产表板为薄单板的胶合板或者在人造板表面装饰中用于粘贴微薄木。

4.4.2　苯酚-尿素-甲醛共缩聚树脂应用

　　PUF 树脂的应用已不鲜见。美国一家公司用一种低缩聚度，即黏度为 10～200 mPa·s 的 PF 树脂同 UF 树脂共混，克服了一般 PF 树脂胶黏剂易透胶的缺点，成功地应用于胶合表面为薄板的层积木上。现在，往 PF 中加入占总质量 5%的尿素的 PUF 树脂已经有所生产，而且有几家公司已经达到了商业水平。在北美，已有一部分厂家用添加了占树脂质量 10%～20%尿素的甲阶 PF 树脂生产定向刨花板。尽管 PUF 在实际生产中已经有所应用，但总的来说，其研究和应用才刚刚起步，作为一种新型胶黏剂，它的合成机理和具体控制工艺都还很不完善，有待于进一步的探索。由于 PUF 树脂具有将 UF 和 PF 的优点统一起来的潜力，其应用前景相当诱人。

4.5　苯酚-三聚氰胺-尿素-甲醛共缩聚树脂

　　在工业上，PMUF 和 UPMF 两者的区分不是很明显，一般情况下，这两种称呼可以通用。只是前者用于改性的苯酚用量相对较多，而后者的尿素用量相对较多。

　　PMUF 树脂是在 MUF 树脂的基础上产生发展而来的，它的产生主要是为了达到以下两个目的：

　　(1)提高 MUF 的室外耐久性、耐水性和耐候性；

　　(2)降低三聚氰胺的用量，保证在得到颜色较浅的树脂的前提下，降低 MUF 树脂的生产成本。

现在国内外对于 PMUF 树脂的研究还刚刚起步，其重点还主要放在证明共缩聚反应能否发生及最佳工艺的探索上。

目前，工业上制备 PMUF 树脂最常见的方法是在 MUF 制备的后期加入 PF 树脂，然后在高温下使两者反应。一般情况下，加入的苯酚量很少，只占胶黏剂固体含量的 5%～10%。但据 Prestifilippo 等（1996）的研究发现，用这种方法制得的 PMUF 树脂达不到所要求的性能指标，所制得的板材的胶合强度和耐水性能都比用同样数量三聚氰胺制得的 MUF 树脂所得的板材性能差，这一现象说明苯酚没有和 MUF 共聚，或者是即使发生了共聚，苯酚及其基团所处的化学结构位置对提高板材强度和耐水性的作用甚微。可是现在工业上有种认识：认为加大苯酚的投入量有助于生产出比 MUF 树脂具有更好耐久性的树脂，而事实上情况并非如此简单。虽然通过一定的合成条件能够生产出具有优良性质的 PMUF 树脂，但它们的制备方法比目前市场上所使用的方法要复杂得多。

Pizzi 等也通过 ^{13}C-NMR 结构分析发现，按常规合成方法合成的树脂中大部分的苯酚都未参与到 MUF 树脂的共聚体系之中（Pizzi，1989）。

为了解决以上的问题，Cremonini 等（1996a，1996b）对 PMUF 的合成进行了研究。发现不同合成阶段加入苯酚对 PMUF 树脂性能的影响很大，提出合成时使苯酚先与甲醛反应，然后再加入 MUF 树脂得到的 PMUF 树脂性能较好。这种方法能保证苯酚能真正与 MUF 发生共缩聚反应。用该树脂制造的人造板既可用于室外也可用于对板材性能要求较高的室内。

现在许多制备 PMUF 树脂的厂家为了简化工艺，常常在 MUF 树脂的制备后期直接向 MUF 树脂中加入苯酚，但这种方法制备的 PMUF 树脂性能很差，苯酚和三聚氰胺之间几乎很难发生共缩聚反应。因为当 pH 为 9.5～10.0 时，虽然三聚氰胺与甲醛及羟甲基之间的反应很慢，但仍比与苯酚的反应速率快。而只有当 pH 高达 11～12 时，三聚氰胺与苯酚的反应才占主导地位（Van Niekerk et al.，1994）。

Properzi 等在研究向 MUF 树脂中加入间苯二酚所得树脂的性能时也发现，只有在三聚氰胺含量很少时，间苯二酚才能对树脂性能起改进作用，反之则不利于树脂性能的提高。造成这种现象的原因可能是由于间苯二酚的反应活性较尿素、三聚氰胺的反应活性低得多。特别是当缩聚反应进行得很快时，即使有少量酚类物质与 MUF 树脂进行了共聚，它也只是作为一个附产物存在于体系中，达不到添加的目的。由于苯酚的反应活性不及间苯二酚，因此该结论同时也证明了 MUF/P 体系通常不是提高 MUF 树脂性能的有用方法（Properzi et al.，2001）。

Cremonini 等在制造防火型胶合板时使用了 PMUF 树脂，为了提高 PMUF 的分子量、改善板材的稳定性，向 PMUF 中添加了单宁或异氰酸酯胶黏剂等添加剂。通过这种方法可以生产出合乎要求的阻燃型胶合板（Cremonini et al.，1996a）。

国内对于 PMUF 的研究更少，只是近几年才有少量报道。重庆市新奥特胶合板厂研制出耐沸水性 PMUF，其综合生产成本低于酚醛树脂，认为其完全能取代酚醛树脂生产室外级耐水板(曾德祥，2002)。林景武等(2000)对该树脂的制备方法及在压制室外型中纤维板中的应用做了研究，也得到了性能优良的树脂。张士成(2000)通过特定的合成工艺制得 MUF 和 PF 两种树脂，再把两种树脂以不同的混合方式比例共混-共聚成变色酚醛树脂。李晓增(2010)采用单因素实验方法，研究尿素、三聚氰胺、苯酚、氢氧化钠等因素对 PMUF 三醛胶中游离甲醛含量、游离苯酚含量、胶合板甲醛释放量、胶合强度等的影响。谢建军等(2011)则以 PF 胶黏剂为主体，通过两步碱催化法引入部分苯酚替代物(尿素、三聚氰胺)及无机黏土改性剂，制备了 PMUF 胶黏剂。张士成等(2006)合成了胶合强度与酚醛树脂相同，无着色污染，树脂碱性接近中性的 PMUF 胶黏剂。

杜官本等(2006)首先合成酚醛树脂再使之与标准的 MUF 树脂共同反应制备得到 PMUF 树脂，研究了 PMUF 树脂的分子组分变化特征及结构形成。

分子组分变化特征主要选用凝胶渗透色谱(GPC)分析方法和热机械分析(TMA)方法。研究结果表明，PMUF 树脂在制备过程中或在储存过程中也产生与MUF 树脂相似或不同的组分。主要得出如下结论(Lei et al.，2006a，2006b，2006c)：①PF 树脂在制备过程中，随着反应的进行，反应体系的组分变化较大且反应较迅速；②同 MUF 树脂一样，PF 树脂在制备过程中，也会产生由高分子聚合物之间集聚而形成的不定形、不稳定的超分子胶体物质；③PF 树脂的 GPC 动态分析，可以为在树脂合成过程中如何控制反应速率和反应进程提供依据；④尿素和酚醛树脂的羟甲基反应的速率比苯酚与之反应的速率快，尿素的加入能使各酚醛树脂分子之间由尿素分子联结起来，使分子量和分子大小迅速变大，苯酚、尿素和甲醛形成真正意义上的共缩聚；⑤制备好的 PMUF 树脂在室温条件下储存也就是所谓的"陈化"过程中仍有一部分物质会继续发生反应，这一阶段对树脂的性质很重要。

PMUF 树脂的结构形成特点主要采用 ^{13}C-NMR 分析方法。研究结果发现，在常规 PMUF 树脂制备工艺中，向 UF 树脂中加入三聚氰胺后，三聚氰胺与尿素之间可能通过亚甲基醚键连接，而无法对能否通过亚甲基桥键连接作出判断。另外，几乎所有的苯酚在树脂中都处于游离状态，它既未与 UF 树脂或 MF 树脂发生反应，也未与游离甲醛发生反应，因此在树脂合成后期向树脂中加入苯酚的方法不能保证共缩聚反应的发生。但通过常规合成方法合成的 PMUF 树脂稳定性良好，在树脂储存过程中，树脂中的游离甲醛含量有所增加(杜官本等，2006)。

高振忠等(2009)采用新的合成路线，设定不同的工艺条件，以尿素和三聚氰胺作为酚醛树脂改性单体制备 PMUF 树脂胶黏剂，得到的 PMUF 树脂游离甲醛含量低，能满足耐水、耐候性能要求较高的人造板产品的生产。当甲醛、苯酚、尿素、三聚氰胺、NaOH 的物质的量比为 3.1：1：0.7：0.3：0.5 时胶黏剂性能最佳，其最佳固化温度为 135.5℃。PMUF 树脂在储存过程中会发生羟甲基的缩聚反应，在一定范围内，减少尿素和甲醛的用量，增加苯酚和 NaOH 的用量，降低初始黏度可以提高 PMUF 树脂胶黏剂的储存稳定性；并且随着储存时间的增加，PMUF 树脂胶黏剂的游离甲醛含量增加，游离苯酚含量减少，黏度变化速率上升，用其压制的胶合板甲醛释放量略有下降(高振忠等，2009)。当加入 Na_2CO_3 作为 PMUF 的固化促进剂，应用于胶合板工艺中时，可使固化时间缩短 40%，而对防水层的黏结强度影响不大(Gao et al.，2011)。

　　通过对以 PMUF/异氰酸酯(pMDI)共混体系制得的刨花板性能的研究，发现该共混体系作为热固性木材胶黏剂具有优良的性能。虽然 TMA 实验表明 pMDI/PMUF 的质量比约为 15:85 时树脂性能最好，但是在实验室中用这种胶黏剂系统制备的刨花板所得的结果表明树脂性能对两组分的混合比例具有更低的敏感性，但经 2 h 沸水处理后的板材的内结合强度值除外，当 pMDI 的含量从 0%增至 20%~25%时，内结合强度值明显提高，从而说明添加少量的 pMDI 能够明显提高 PMUF 的室外性能。与 pMDI 一起使用的甲醛基树脂的性能似乎取决于甲醛基树脂的物质的量比，最佳的异氰酸酯与甲醛基树脂相对比例也是一样的，清晰地表明了甲醛基树脂中的羟甲基与异氰酸酯基团能够发生反应，无论使用的是哪种甲醛基胶黏剂，这种作用似乎都是适用的(Lei et al.，2006a，2006b，2006c)。

　　采用 PMUF 树脂和硼酸、硼砂阻燃剂对人工林杉木进行浸渍处理，随着树脂固体质量分数的增加，树脂改性材的氧指数呈现先升高后略下降的趋势，点燃时间延长，说明 PMUF 可以提高木材的热稳定性；树脂与硼酸、硼砂复配后改性材的氧指数均达到 55%以上，阻燃性能和热稳定性进一步提高(王飞等，2017；Wang et al.，2017)。采用不同浓度的 PMUF 树脂浸渍处理人工林杨木，处理后的改性材密度、抗胀率、抗弯弹性模量、抗弯强度、氧指数及耐腐性均随 PMUF 树脂浓度的增大而提高，吸湿率随 PMUF 树脂浓度的增大而降低，游离甲醛释放量均≤0.3 mg/L (柴宇博等，2019)。

参 考 文 献

柴宇博, 唐召群, 刘君良. 2019. 苯酚-三聚氰胺脲醛树脂浸渍改性人工林杨木的性能分析[J]. 中国人造板, 26(12): 15-18.

陈玉竹, 储富祥, 范东斌, 等. 2015a. 复合型酚醛树脂固化剂的研究[J]. 南京林业大学学报, 39(1): 109-113.

陈玉竹, 范东斌, 秦特夫, 等. 2015b. 复合型固化剂对酚醛树脂固化性能的影响[J]. 林产化学与工业, 35(5): 123-128.

杜官本. 2000. 缩聚条件对脲醛树脂结构的影响[J]. 粘接, (1): 12.

杜官本, 雷洪, 方群. 2006. PMUF 共缩聚树脂制备过程中分子结构变化特征的研究[J]. 北京林业大学学报, 28(6): 132-136.

杜官本, 雷洪, 赵伟刚, 等. 2009. 尿素用量对苯酚-尿素-甲醛共缩聚树脂的影响[J]. 北京林业大学学报, 31(2): 122-127.

高振忠, 廖峰, 邓世兵, 等. 2009. PMUF 树脂胶黏剂的制备与性能[J]. 林业科学, 45(8): 124-128.

黄河浪, 周晓芸, 薛丽丹, 等. 2006. 尿素改性酚醛树脂对胶合板性能的影响[J]. 林产工业, 33(6): 17-19.

雷洪, 杜官本, Pizzi A, 等. 2009a. 苯酚-尿素-甲醛共缩聚树脂结构形成比较[J]. 林产化学与工业, 29(1): 73-78.

雷洪, 杜官本, Pizzi A, 等. 2009b. 碱性环境下苯酚-尿素-甲醛共缩聚树脂结构形成研究[J]. 林产化学与工业, 29(3): 63-68.

李晓增. 2010. 木工用三醛胶粘剂合成工艺的研究[J]. 质量与市场, (12): 17-19.

林景武, 肖兆麟, 陈维宁. 2000. 苯酚-三聚氰胺-尿素-甲醛胶粘剂的合成及其应用[J]. 林产工业, 27(4): 28-30.

林巧佳, 刘景宏, 杨桂娣, 等. 2005. 用二羟甲脲改性酚醛树脂制 I 类胶合板的研究 [J]. 福建林学院学报, 25(1): 5-9.

莫弦丰, 范东斌, 秦特夫, 等. 2014. 3 种添加剂对酚醛树脂固化性能的影响[J]. 木材工业, 28(4): 9-12.

秦晓云, 赵临五. 1995. 单宁胶用 PUF 树脂的制备工艺与结构和交联性能关系的研究[J]. 林产化学与工业, 15(4): 19-26.

时君友, 韩忠军. 2006. 尿素改性酚醛树脂胶粘剂的研究[J]. 粘接, 27(1): 15-17.

王飞, 刘君良, 吕文华. 2017. 苯酚-三聚氰胺-尿素-甲醛树脂复配硼化物改性杉木的阻燃性能[J]. 东北林业大学学报, 45(12): 53-56.

谢建军, 曾念, 黄凯, 等. 2011. 两步碱催化法制备尿素和三聚氰胺改性 PF 胶粘剂[J]. 中国胶粘剂, 20(1): 7-10.

徐亮, 杨建洲. 2006a. 苯酚-尿素-甲醛三元共缩聚树脂合成工艺的研究[J]. 化学与黏合, 28(3): 197-199.

徐亮, 杨建洲. 2006b. 苯酚-尿素-甲醛树脂对 PVAc 乳胶的改性研究[J]. 中国人造板, 13(2): 13-14, 17.

杨建洲, 徐亮. 2006. 苯酚改性脲醛树脂合成工艺及性能的研究[J]. 中国胶粘剂, 15(5): 31-33.

张士成. 2000. 变色酚醛树脂胶粘剂试验研究[J]. 吉林林学院学报, 16(3): 135-137.

张士成, 杜洪双, 唐朝发. 2006. 无色酚醛胶配方的遴选[J]. 东北林业大学学报, 34(1): 69-71.

曾德祥. 2002. 耐沸水性三聚氰胺苯酚尿素甲醛复合树脂[J]. 中国胶粘剂, 11(1): 43-44.

赵临五, 王春鹏. 2009. 脲醛树脂胶黏剂: 制备、配方、分析与应用[M]. 2 版. 北京: 化学工业出版社.

赵小玲, 齐暑华, 张剑, 等. 2003. 酚醛树脂改性研究的最新进展[J]. 现代塑料加工应用, 15(5): 56-60.

Conner A H, Lorenz L F, Hirth K C. 2002. Accelerated cure of phenol-formaldehyde resins: Studies with model compounds[J]. Journal of Applied Polymer Science, 86(13): 3256-3263.

Cremonini C, Pizzi A, Tekely P, et al.1996a. Improvement of PMUF adhesives performance for fireproof plywood[J]. European Journal of Wood and Wood Products, 54(1): 43-47.

Cremonini C, Pizzi A, Tekely P. 1996b. Influence of PMUF resins preparation method on their molecular structure and performance as adhesives for plywood[J]. Holz als Roh-und Werkstoff, 54(2): 85-88.

Despres A, Pizzi A, Pasch H, et al. 2007. Comparative ^{13}C-NMR and matrix-assisted laser desorption/ionization time-of-flight analyses of species variation and structure maintenance during melamine-urea-formaldehyde resin preparation[J]. Journal of Applied Polymer Science, 106(2): 1106-1128.

Du G B, Lei H, Pizzi A, et al. 2008. Synthesis-structure-performance relationship of co-condensed phenol-urea-formaldehyde resins by MALDI-ToF and ^{13}C NMR[J]. Journal of Applied Polymer Science, 110(2): 1182-1194.

Fan D B, Li J Z, Chang J M. 2009. On the structure and cure acceleration of phenol-urea-formaldehyde resins with different catalysts[J]. European Polymer Journal, 45(10): 2849-2857.

Gao Z Z, Liao F. 2011. The structure and curing acceleration of PMUF resins with sodium carbonate[J]. Advanced Materials Research, 181-182: 287-292.

He G, Yan N. 2004. ^{13}C NMR study on structure, composition and curing behavior of phenol-urea-formaldehyde resole resins[J]. Polymer, 45(20): 6813-6822.

Higuchi M, Tohmura S I, Sakata I. 1994. Acceleration of the cure of phenolic resin adhesives V: Catalytic actions of carbonates and formamide[J]. Mokuzai Gakkaishi, 40(6): 604-611.

Higuchi M, Urakawa T, Morita M. 2001a. Kinetics and mechanisms of the condensation reactions of phenolic resins Ⅱ. Base-catalyzed self-condensation of 4-hydroxymethylphenol[J]. Polymer Journal, 42(10): 4563-4567.

Higuchi M, Urakawa T, Morita M. 2001b. Condensation reactions of phenolic resins. 1. Kinetics and mechanisms of the base-catalyzed self-condensation of 2-hydroxymethylphenol [J]. Polymer, 42(10): 4563-4567.

Ida P, Urška Š, Matjaž K. 2006. Characterization of phenol-urea-formaldehyde resin by inline FTIR spectroscopy[J]. Journal of Applied Polymer Science, 99: 2016-2028.

de Jong J I, de Jonge J. 1953. Kinetics of the reaction between mono-methylolurea and methylene diurea[J]. Recueil Des Travaux Chimiques Des Pays Bas, 72(3): 207-212.

Kamo N, Higuchi M, Yoshimatsu T, et al. 2004. Condensation reactions of phenolic resins IV: Self-condensation of 2,4-dihydroxymethylphenol and 2,4,6-trihydroxymethylphenol (2)[J]. Journal of Wood Science, 50(1): 68-76.

Kerstin S, Dirk G, Harald P. 2006. Preparation of phenol-urea-formaldehyde copolymer adhesives under heterogeneous catalysis[J]. Journal of Applied Polymer Science, 102(3): 2946-2952.

Kim M G. 2000. Examination of selected synthesis parameters for typical wood adhesive-type urea 2013 formaldehyde resins by ^{13}C-NMR spectroscopy. II [J]. Journal of Applied Polymer Science, 75: 1243-1254.

Kim M G, Watt C, Davis C R. 1996. Effects of urea addition to phenol-formaldehyde resin binders for oriented strandboard[J]. Journal of Wood Chemistry and Technology, 16(1): 21-34.

Lee S M, Kim M G. 2007. Effects of urea and curing catalysts added to the strand board core-layer binder phenol-formaldehyde resin[J]. Journal of Applied Polymer Science, 105(3): 1144-1155.

Lei H, Pizzi A, Despres A, et al. 2006a. Ester acceleration mechanisms in phenol-formaldehyde resin adhesives[J]. Journal of Applied Polymer Science, 100(4): 3075-3093.

Lei H, Pizzi A, Du G, et al.2006b. Variation of MUF and PMUF resins mass fractions during preparation[J]. Journal of Applied Polymer Science, 100(6): 4842-4855.

Lei H, Pizzi A, Du G. 2006c. Coreacting PMUF/isocyanate resins for wood panel adhesives| PMUF/isocyanat-mischharze als klebstoffe für holzwerkstoffe[J]. Holz als Roh-und Werkstoff, 64(2): 117-120.

Li T, Guo X, Liang J, et al. 2015. Competitive formation of the methylene and methylene ether bridges in the urea-formaldehyde reaction in alkaline solution: A combined experimental and theoretical study[J]. Wood Science and Technology, 49(3): 475-493.

Li T H, Wang C M, Xie X G, et al. 2012. A computational exploration of the mechanisms for the acidâ-catalytic urea-formaldehyde reaction: New insight into the old topic[J]. Journal of Physical Organic Chemistry, 25(2): 118-125.

Ohyama M, Tomita B, Hse C, et al. 1995. Curing property and plywood adhesive performance of resol-type phenol-urea-formaldehyde cocondensed resins[J]. Holzforschung, 49(1): 87-91.

Pizzi A. 1989. Wood Adhesives: Chemistry and Technology[M]. New York and Basel: Wiley.

Pizzi A, Stephanou A. 1994. Phenol-formaldehyde wood adhesives under very alkaline conditions. Part II: Esters curing acceleration, its mechanism and applied results[J]. Holzforschung, 48(2): 150-156.

Poljansek I, SEbenik U, Krajnc M. 2006. Characterization of phenol-urea-formaldehyde resin by inline FTIR spectroscopy[J]. Journal of Applied Polymer Science, 99(5): 2016-2028.

Prestifilippo M, Pizzi A. 1996. Poor performance of PMUF adhesives prepared by final coreaction of a MUF with a PF resin[J]. Holz Als Roh Und Werkstoff, 54 (4): 272.

Properzi M, Pizzi A, Uzielli L. 2001. Honeymoon MUF adhesive for exterior grade glulam[J]. Holz als Roh-und Werkstoff, 59: 413-421.

Schrod M, Rode K, Braun D, et al. 2003. Matrix-assisted laser desorption/ionization mass spectrometry of synthetic polymers. Ⅵ. Analysis of phenol-urea-formaldehyde cocondensates[J]. Journal of Applied Polymer Science, 90 (9): 2540-2548.

Stephanou A, Pizzi A. 1993. Rapid-curing lignin-based exterior wood adhesives. Part Ⅱ: Esters acceleration mechanism and application to panel products[J]. Holzforschung International Journal of the Biology Chemistry Physics & Technology of Wood, 47 (6): 501-506.

Tohmura S I, Higuchi M. 1995. Acceleration of cure of phenolic resin adhesives Ⅵ: Cure-accelerating action of propylene carbonate[J]. Mokuzai Gakkaishi, 41 (12): 1109-1114.

Tomita B, Hse C Y. 1993. Synthesis and structural analysis of cocondensed resins from urea and methylolphenols[J]. Mokuzai Gakkaishi, 39 (11): 1276-1284.

Tomita B, Hse C. 1998. Phenol-urea-formaldehyde (PUF) co-condensed wood adhesives[J]. International Journal of Adhesion and Adhesives, 18 (2): 69-79.

Tomita B, Ohyama M, Itoh A, et al. 1994a. Analysis of curing process and thermal properties of phenol-urea-formaldehyde cocondensed resins[J]. Mokuzai Gakkaishi, 40 (2): 170-175.

Tomita B, Ohyama M, Hse C Y, et al. 1994b. Synthesis of phenol-urea-formaldehyde cocondehsed resins from uf-concentrate and phenol[J]. Holzforschung, 48, 522-526.

Van Niekerk J, Pizzi A. 1994. Characteristic industrial technology for Encaktorys particalboard [J]. Holz als Roh-und Werkstoff, 52: 109-112.

Wang F, Liu J, Lv W, et al. 2017. Thermal degradation and fire performance of wood treated with PMUF resin and boron compounds[J]. Fire and Materials, 41 (8): 1051-1057.

Yoshida Y, Tomita B, Hse C. 1995. Kinetics on cocondensation between phenol and urea through formaldehyde Ⅱ: Concurrent cocondensations of 2,4,6-trimethylolphenol with urea[J]. Mokuzai Gakkaishi, 41 (6): 547-554.

Zhao C, Pizzi A, Garnier S. 1999. Fast advancement and hardening acceleration of low-condensation alkaline PF resins by esters and copolymerized urea[J]. Journal of Applied Polymer Science, 74 (2): 359-378.

第 5 章　乙二醛-尿素-甲醛共缩聚树脂

5.1　概　　述

为了在木材胶黏剂领域实现真正意义上的绿色产品生产，许多研究不仅围绕如何降低 UF 树脂的甲醛释放量，而且在考虑选用其他醛替代甲醛制备树脂。近年来，有关以其他醛类物质部分或全部替代甲醛与尿素反应制备新型氨基树脂木材胶黏剂的研究相继报道，如二甲氧基乙醛、丙醛、丁二醛、异丁醛、戊二醛等均有研究。

Wang 等 (1997) 在 UF 树脂中添加少量丁二醛后用于胶合板的制备，并对胶合板的湿状和干状胶合强度进行测定，结果表明，当尿素/甲醛/丁二醛的物质的量比为 1∶1.3∶0.2 时，胶合板的耐水性能最好，再增加丁二醛的用量不但不能提高其耐水性反而会使耐水性降低，这是由于多余的丁二醛不能与 UF 树脂的固化网络产生共聚合反应。Mansouri 等 (2006) 在 UF 树脂中添加了少量的尿素-甲醛-丙醛 (UFP) 树脂并用于刨花板的制备，用 ^{13}C-NMR 和 GPC 分析了树脂的结构，结果表明，少量 UFP 树脂的加入能显著改善刨花板的耐水性，而且尿素与丙醛并未发生反应生成二聚体。Mamiński 等 (2007) 利用 MUF 树脂与戊二醛的混合体系制备胶合板，由于这种胶黏剂体系与木材组分间相互的化学反应使其胶合板剪切强度和耐热水性能均显著增加，木破率从 10% 增加到 85%。Mamiński 等 (2008) 又在 UF 树脂体系中加入 5% 的戊二醛并用于刨花板的制备，结果表明，戊二醛的加入在刨花板力学性能满足相关国家标准的前提下，也能大大降低板材的吸水厚度膨胀率。Despres 等 (2008) 选用无色、不挥发和无毒的二甲氧基乙醛与尿素和三聚氰胺反应合成木材胶黏剂树脂，由于二甲氧基乙醛的反应活性很低，在树脂的合成过程中加入乙醛酸作催化剂，尽管如此，该树脂的性能仍然有待提高，CP-MAS ^{13}C-NMR 研究表明，树脂的交联程度很低，但与 20% 的 pMDI 混合使用可制备出性能满足相关国家标准的刨花板。Despres 等 (2010) 又选用二甲氧基乙醛与尿素反应合成了尿素-二甲氧基乙醛树脂，但由于二甲氧基乙醛的低反应活性，树脂的性能仍远远不如 UF 树脂，CP-MAS ^{13}C-NMR 和 MALDI-TOF-MS 研究表明，在 140℃以下，其固化性能和交联程度很低，但与 14% 的 pMDI 混合使用可制备出性能满足相关国家标准的刨花板。

由于传统的聚乙烯醇缩醛树脂是由聚乙烯醇 (PVA) 和甲醛制备的，树脂中的游离甲醛含量高，通过改变合成工艺，用乙二醛替代甲醛，与 PVA 缩聚制备出游离甲醛含量低的树脂，考察了反应时间、反应温度、体系 pH 对树脂黏度的影响，并采用红外光谱对树脂结构进行了表征 (章昌华等，2008)。Zhang 等 (2009) 以 H_2SO_4 作催化剂，合成了尿素-异丁醛-甲醛 (UIF) 树脂，并用 FTIR、^{1}H-NMR 和 ^{13}C-NMR 研究了树脂的结构，结果表明，尿素和异丁醛之间发生 α-脲基烷基化反应生成了内酰胺，而且随着异丁醛用量的增加，树脂的软化点降低，当 $n_U : n_I : n_F = 1.0 : 3.6 : 2.4$ 时，树脂的软化点和羟基值分别是 90℃和 32 mg KOH/g。

Properzi 等 (2010) 研究报道了系列二甲氧基乙醛树脂，并测试了胶合性能、反应活性剂甲醛释放量，结果表明这些树脂不仅可满足 P2 刨花板的 EN 319: 1993-08 的标准，而且具有无色、低毒、操作简便、室温下良好的稳定性。Mamiński 等 (2011) 合成制备了无甲醛释放的戊二醛-尿素树脂，并通过混合纳米 Al_2O_3 后树脂的性能更加优良，反应中较为合适的戊二醛/尿素物质的量比为 0.8～1.2。

其他醛类物质在木材胶黏剂领域的研究相对于脲醛树脂胶黏剂而言显得落后，还处在研究的起步阶段。醛类物质种类繁多，而对醛的选择是无甲醛树脂研究必须解决的首要问题，它直接关系到无甲醛树脂的工业化应用。从目前收集的文献来看，选择醛时未完全充分考虑其工业化应用，一方面未充分考虑醛类物质的毒性，而只是强调其与甲醛相比无挥发性，如戊二醛、丙醛、丁二醛虽不具挥发性但有一定的毒性；另一方面，未考虑醛的价格高低，有些醛价格相对较高，使所合成的树脂不具有价格优势，制约其工业应用，如戊二醛。因此，在选择醛时会遇到很多问题，如有无毒性、有无挥发性、与尿素的反应活性如何、价格高低、溶解性等因素均应该全面考虑。

寻找无毒、无挥发的醛类物质部分或全部替代甲醛与尿素反应制备新型氨基树脂木材胶黏剂，从根本上降低了或消除了甲醛对环境及人体健康的危害，并且以树脂合成-结构-性能之间的关系和合成反应机理为指导，优化树脂的结构从而改善树脂的性能使其物理力学性能与脲醛树脂相近，是当今其他醛类物质用于胶黏剂研究中迫切需要解决的关键科学与技术问题。

乙二醛 (glyoxal)，又称草酸醛，是最简单的脂肪族二元醛，与甲醛相比，具有低挥发 (沸点 51℃)、无毒等优点。乙二醛的 LD_{50} rat≥2960 mg/kg，LD_{50} mouse ≥1280 mg/kg，世界卫生组织将其归类为无毒物质。乙二醛生产工艺成熟、价格低廉且易生物降解，是一种理想的绿色环保型助剂 (何兴帮，2013)。乙二醛除了具有脂肪醛的通性外，由于含有两个并列的羰基还具有一些特殊的化学性质，可与醇、胺、醛、酰胺及含羰基的化合物等反应，且与其他醛类物质相比 (甲醛除外)，乙二醛还具有反应活性高和摩尔体积小等特点，可制备许多系列的精细化工产品，应用十分广泛。

　　Ballerini 等(2005)以单宁为原料、乙二醛为交联剂制备了零甲醛释放的单宁-乙二醛树脂，并成功用于刨花板的制备，并分别对比了多聚甲醛、乙二醛、乙二醛和甘油三乙酸酯、乙二醛和 pMDI 这四种配比与单宁混合后对树脂性能的影响。结果表明，当 pH 在 8.0～9.5 时合成的单宁-乙二醛树脂的性能与 pH 为 6.0～7.0 时合成的单宁-甲醛树脂凝胶时间相同，但乙二醛树脂在强度方面不如甲醛树脂。Vazquez 等(2012)将栗子壳单宁与乙二醛反应制备了单宁-乙二醛木材胶黏剂，同时对比了交联剂硝基甲烷、乙二醛、六胺和传统多聚甲醛对栗子壳单宁的不同影响。结果表明，与单宁-甲醛树脂相比，这四种树脂的完全固化需要更多的热量，而且树脂储存期也不同，单宁-乙二醛树脂的储存期低于多聚甲醛树脂，高于硝基甲烷树脂。Navarrete 等(2012)采用 MALDI-TOF-MS 和 ^{13}C-NMR 研究了木素与乙二醛的反应，并成功制备了木素-乙二醛木材胶黏剂树脂，反应体系中，木素先解聚成木素单元，这些木素单元与乙二醛之间形成羟甲基化乙二醛连接的高分子树脂，羟甲基化乙二醛是发生聚合反应的关键，并且用 ^{13}C-NMR 检测到这些官能团的存在。Lei 等(2008)对乙二醛替代甲醛改性木素胶黏剂进行了研究，从根本上消除了木素胶黏剂的甲醛释放，并且用其制备的刨花板性能满足相关的国家标准。雷洪等(2011)用乙二醛替代甲醛改性蛋白质胶黏剂，虽然其胶合性能比甲醛化蛋白质胶黏剂稍差，但若适当提高 pMDI 等交联剂的添加量，乙二醛化蛋白质胶黏剂也可用于人造板制备。高振华等(2010)在强碱性条件下对大豆蛋白进行降解，再将降解后的产物与乙二醛共混制备了适用于胶合板生产的木材胶黏剂。结果表明，降解的大豆蛋白能够与乙二醛发生交联固化反应，制备的复合树脂能够满足室内普通用胶黏剂要求，但其耐水性较差，与三聚氰胺-甲醛树脂复合使用可提高其耐水性。韩书广等(2014)以尿素、乙二醛、聚乙烯醇为原料，采用碱-酸工艺合成缩聚树脂，并将该树脂用于胶合板的制备。采用 Design Expert 8.0.6 软件进行中心组合实验设计，考察乙二醛与尿素物质的量比、聚乙烯醇添加量(质量分数)、加成反应 pH(OH$^-$)和缩聚反应 pH(H$^+$)4 因素对树脂合成及胶合性能的影响。结果表明：尿素-乙二醛-聚乙烯醇树脂的胶合强度达不到Ⅱ类胶合板的标准，但甲醛释放量可达到 E$_0$ 级水平。郝志显等(2013)考察了乙二醛存在时脲醛树脂的控制性聚合现象。聚合微球的粒径分散在 1.0～14 μm 之间，但当乙二醛存在时粒径集中在 6.5～9.0 μm，控制乙二醛的用量和比例可以调整所得微球的大小、改善微球的形貌和均匀性。添加乙二醛或增加乙二醛的比例能大幅延长沉淀反应的诱导期(延长 25%以上)，红外分析以及 XRD 分析结果证明醛基总量或甲醛比例的增加都可减小聚合产物的结晶性特征，乙二醛的存在调整了脲醛树脂的成核过程或初级粒子的生长速率，推测乙二醛覆盖了聚合物的表面或表面活性位，限制了尿素甲醛的扩散反应过程。孙永春(2015)采用无毒、低挥发的乙二醛代替甲醛，制备乙二醛-三聚氰胺-尿素(GMU)共缩聚树脂，并将合成的树脂用作纸张湿强剂和刨花板胶黏剂。采用热分析仪器 TG 与 DSC 分析了 GMU 树脂的热稳定性及固化温度。应用热重-红外联用技术(TG-IR)研究了 GMU 树脂的分解产物,结果表明在 170℃附近 GMU 树脂有水分放出,对应树脂发生固化反应时的脱水过程,当温度大于200℃后,释放的分解产物主要为 CO_2。采用零相变潜热等价基线的方法准确求解了树脂固化过程中焓值的变化,在此基础上得到了 GMU 树脂的固化动力学方程。

　　最近,徐海鑫等(2015)为提高大豆蛋白基胶黏剂耐水胶结性能,以豆粕为原料,自制乙二醛-尿素(GU)共缩聚树脂为交联剂,制备 GU 树脂增强大豆蛋白基胶黏剂,研究表明:乙二醛/尿素物质的量之比上升、反应温度升高、合成时间延长,均可导致树脂颜色变深,黏度上升,用于增强大豆蛋白基胶黏剂制备胶合板胶合强度上升。GU 树脂优化合成工艺为,物质的量之比 1.2,反应温度 80℃,反应时间 4 h。用于增强大豆蛋白基胶黏剂制备胶合板胶合强度为 0.92 MPa,提高155%,满足Ⅱ类胶合板标准要求,无甲醛释放问题。Perminova 等(2019)研究报道了将乙二醛用于 UF 树脂中可以降低甲醛的释放量,而且降低了胶凝时间。Zhang等(2019)曾研究报道过将糠醇-乙二醛树脂和环氧树脂作为交联剂用于制备耐水性极强的单宁基胶黏剂,具有良好的工业化应用前景。

　　除此以外,关于乙二醛在天然胶黏剂中的应用研究不断出现(Vazquez et al.,2012；Mansouri et al.,2011)。由此可见,乙二醛在木材胶黏剂领域的应用主要是在天然胶黏剂的制备过程中用作交联剂或者固化剂,如木素胶黏剂、蛋白质胶黏剂及单宁胶黏剂等。国内将乙二醛应用于木材胶黏剂的研究起步较晚,相关的研究报道较为少见。但由于乙二醛为无毒物质,使用其生产的木材胶黏剂在环保性能方面具有甲醛系胶黏剂无法比拟的优势。因此,乙二醛在木材胶黏剂领域的应用也是环保型木材胶黏剂的主要发展趋势之一。

　　邓书端等(Deng et al,2018；邓书端等,2018,2016；Deng et al.,2014a,2014b,2014c)为从根本上降低木材胶合制品甲醛释放对环境和人体健康的危害,选择无毒、低挥发的乙二醛部分替代甲醛与尿素反应制备了新型氨基树脂木材胶黏剂,采用量子化学计算探讨树脂的合成反应机理及结构形成规律,提出乙二醛-尿素-甲醛(GUF)共缩聚树脂合理的合成反应机理,揭示合成工艺中物料物质的量比、反应 pH、反应温度、反应时间、催化剂种类和用量等对树脂结构与性能的影响规律,建立成本低廉、重现性好的环保型木材胶黏剂的合成工艺路线,并采用MALDI-TOF-MS、核磁共振波谱(^{13}C-NMR 为主、^{1}H-NMR)、FTIR 及 UV-vis 等方法研究了不同合成工艺条件下树脂的结构形成过程,旨在发现影响树脂结构的关键因素,为 GUF 共缩聚树脂在木材胶黏剂领域的应用提供理论依据,为 GUF树脂在木材工业的应用奠定基础,探索木材工业中用其他环保型树脂替代脲醛树脂的可行性。

5.2　乙二醛-尿素树脂

GU 树脂曾广泛应用于造纸行业。李晓宣等(1999)研究了以乙二醛部分或全部替代甲醛合成脲醛树脂的合成条件以及产物对纸张产生的湿强效果,并通过光谱分析初步探讨了乙二醛、甲醛、尿素合成脲醛树脂的反应机理及作为纸张湿强剂的湿强机理。任怀燕等(2008)首先合成中间体阳离子聚丙烯酰胺(CPAM),然后与乙二醛交联体系反应合成暂时性湿强剂乙二醛聚酰胺(PAMG)树脂,即AM-DMC-乙二醛三元共聚物,讨论了各种合成条件对纸张湿强效果的影响。结果表明,该树脂对纸张的暂时性湿强效果明显,在保持湿强效果的同时有损纸易回用、不含有机氯、熟化时间短的优点,是一种优良的暂时性湿强剂。宋成剑等(2009)又为改善瓦楞原纸在高湿环境下(80%)的强度性能,克服传统湿强剂释放游离甲醛的缺点(例如 UF 树脂),采用乙二醛和尿素为原料合成 GU 树脂对瓦楞原纸进行表面处理。当树脂中乙二醛与尿素的物质的量比为 1.50,用量为 5%(绝干纸)时,制备的 GU 树脂对瓦楞原纸的强度性能改善效果最理想,其抗张强度、撕裂度、耐折度、环压强度达到了较好的水平。接着以乙二醛和尿素为原料,制得高固含量的环保型 GU 树脂。对聚合物的结构和黏度进行表征,并探讨乙二醛与尿素的物质的量比、施胶液的配比、施胶浓度和施胶量对瓦楞原纸强度性能和抗水性能的影响。实验表明,当氧化淀粉与 GU 树脂的配比为 90∶10,施胶浓度为 6%,施胶量为 5%时,瓦楞原纸的环压指数、吸湿后环压强度保留率和裂断长分别提高了 215.23%、65.89%和 112.15%,且瓦楞原纸的质量由 D 级提高到 A 级(宋成剑等,2010)。最近,有研究报道了(胡极航等,2020)以不同量比合成 GU 浸渍树脂,开发了环保型树脂用于橡胶木改性。结果表明,当乙二醛、尿素的物质的量比为1.6 时,树脂合成反应完全,其固含量、黏度、水溶性、储存期等综合性能良好。将该树脂调配成质量分数 30%的溶液,用于浸渍处理橡胶木,与未处理材相比,改性材的弹性模量和抗弯强度分别提高了 21.5%和 32.6%,尺寸稳定性(ASE)达到65.9%。

GU 树脂用作木材胶黏剂未见相关研究报道,Deng 等(2014a,2014b,2014c)曾系统研究了原料物质的量比(n_G/n_U)、反应 pH、反应温度、反应时间及 pH 调节剂对所合成 GU 树脂基本性能的影响,以期探索 GU 树脂较适宜的合成条件,并采用 UV-vis、FTIR 及核磁共振波谱(^{13}C-NMR 和 ^{1}H-NMR)对 GU 树脂的结构进行了表征,为深入研究树脂分子量分布情况及推测乙二醛与尿素的反应机理,还采用 MALDI-TOF-MS 对树脂进行了表征。此外,采用量子化学方法分别从热力学和动力学角度研究了酸性条件下不同存在形式的乙二醛与尿素的反应机理,结果表明，酸性条件下，乙二醛与尿素的反应中主要生成 C-p-UG 和 C-p-UG1[1]两种碳正离子活性中间体。研究结果为环保型 GU 树脂及 GUF 共缩聚树脂木材胶黏剂合成工艺的设计及优化提供理论依据和实验指导。

5.2.1　乙二醛-尿素树脂的合成条件优化

树脂的性能、化学结构直接与合成工艺密切相关，合成工艺不同，树脂的结构与性能也不同。为探索 GU 树脂较适宜的合成工艺条件，对树脂合成过程中反应物料物质的量比、反应 pH、反应温度、反应时间及 pH 调节剂对树脂基本性能的影响进行了系统研究，并以树脂外观、稳定性、固含量以及黏度为评价指标，初步确定 GU 树脂较适宜的合成工艺条件。

5.2.1.1　反应物料物质的量比对树脂基本性能的影响

参考脲醛树脂的合成工艺可知，原料物质的量比对树脂的结构和性能影响较大。而且，由于乙二醛的反应活性比甲醛的反应活性低(Ballerini et al.，2005)，在反应过程中可能伴有更多副反应。为选择乙二醛与尿素合适的原料物质的量比以提高树脂合成效率及优化树脂性能，分别选择乙二醛与尿素的不同物质的量比合成了 GU 树脂并测定了其基本性能。

根据合成反应机理理论计算结果，乙二醛与尿素可在酸性条件下发生反应生成 GU 树脂，在此先选定反应 pH 为 4~5，反应温度 70℃，以 30%的 NaOH 溶液为 pH 调节剂。以原料物质的量比 n_G/n_U 分别为：0.8、1.0、1.2、1.4、1.6、1.8、2.0 进行实验。原料物质的量比对 GU 树脂基本性能的影响见表 5-1。

表 5-1　原料物质的量比对 GU 树脂基本性能的影响

n_G/n_U	树脂状态	稳定性(25℃)	涂-4 杯黏度/s	固含量/%
0.8	偏白色，分层	<1 天	—	—
1.0	偏白色，分层	<1 天	13.1	49.6
1.2	淡黄，分层	<2 天	13.2	50.8
1.4	淡黄，均一	>30 天	13.3	49.2
1.6	淡黄，均一	>30 天	13.7	48.5
1.8	淡黄，均一	>30 天	14.4	48.7
2.0	淡黄，均一	>30 天	14.8	49.4

注："—"表示 1 天后树脂已分层，没有测量相应性能。

由表 5-1 的结果可知，原料物质的量比直接影响树脂的性能、状态、稳定性、

---

① UG 是尿素(U)与乙二醛(G)的加成产物；UG1 是尿素(U)与 2,2-二羟基乙醛(G1)的加成产物。

固含量以及黏度。当 $n_G/n_U \leqslant 1.2$ 时，合成的 GU 树脂不稳定会发生分层现象，上层为淡黄色液体，下层为白色结晶，通过与尿素的结晶实验进行对比可知，下层的白色结晶为未完全反应的尿素，表明当 $n_G/n_U \leqslant 1.2$ 时，在该实验条件下尿素不能完全参与反应。当 $n_G/n_U \geqslant 1.4$ 时，可以合成得到均一、透明的 GU 树脂且储存期至少 30 天以上，通过对比分析，树脂的颜色从第三组开始随着乙二醛用量增加稍有加深，但变化并不明显。此外，n_G/n_U 变化对树脂黏度及固含量的影响并不显著，树脂黏度在 13～15 s，固含量在 48%～51%。

为进一步研究不同物质的量比条件下乙二醛与尿素在溶液中的反应情况，以乙二醛溶液为参比扫描了 n_G/n_U 为 0.8、1.2、1.4、1.8 条件下合成的 GU 树脂的紫外-可见吸收光谱曲线，如图 5-1 所示。

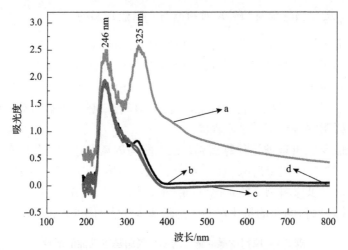

图 5-1　不同物质的量比条件下合成的 GU 树脂的紫外-可见吸收光谱曲线
(a)n_G/n_U=0.8；(b)n_G/n_U=1.2；(c)n_G/n_U=1.4；(d)n_G/n_U=1.8

不同物质的量比条件下合成的 GU 树脂的紫外-可见吸收光谱曲线中，分别在 246 nm 和 325 nm 处有吸收，只是吸收的强度有所不同。246 nm 处的吸收为树脂的吸收峰，325 nm 处为尿素的吸收峰。当 n_G/n_U 为 0.8 时，树脂在 325 nm 处的吸收峰很强，说明此时反应体系中还有较多的尿素未与乙二醛发生反应；随着 n_G/n_U 的增加，325 nm 处的吸收逐渐减弱甚至消失，当 n_G/n_U 为 1.2 时，325 nm 处的吸收峰已经很弱，表明此时体系中仍有少量尿素未参与反应；当 $n_G/n_U \geqslant 1.4$ 时，325 nm 处的吸收峰消失，表明此时体系中尿素完全与乙二醛发生了反应，体系中没有游离的尿素存在。这些结果进一步表明：当 $n_G/n_U \leqslant 1.2$ 时，体系中尿素未能完全与乙二醛发生反应，为合成性能稳定的 GU 树脂，应选择 $n_G/n_U \geqslant 1.4$。

5.2.1.2　反应 pH 对树脂基本性能的影响

树脂合成过程中 pH 对树脂的结构和性能具有一定的影响。醛与胺类物质的亲核加成反应在酸性和碱性条件下均能进行，但在酸性条件下反应速率更快，缩聚反应一般只能在酸性条件下进行。为探索 GU 树脂合成过程中较适宜的 pH 范围，选定原料物质的量比 n_G/n_U 为 1.5，反应温度 70℃，以 30%的 NaOH 或 HCl 溶液为 pH 调节剂。实验分别选定 pH 为 1~2、2~3、3~4、4~5、5~6、6~7、7~8、8~9、9~10 进行实验，结果见表 5-2。

表 5-2　反应 pH 对 GU 树脂基本性能的影响

序号	反应 pH	树脂状态	稳定性(25℃)	涂-4 杯黏度/s	固含量/%
1	1~2	分层，棕黄色黏稠	1 天后凝固	—	—
2	2~3	均一，橘黄色黏稠	<10 天	14.9	47.8
3	3~4	淡黄、均一	>30 天	13.8	49.1
4	4~5	淡黄、均一	>30 天	13.5	50.0
5	5~6	淡黄、均一	>30 天	13.4	49.1
6	6~7	淡黄、均一	>30 天	13.2	49.3
7	7~8	淡黄、均一	>30 天	13.0	49.3
8	8~9	偏红	>30 天	12.4	48.2
9	9~10	深红	>30 天	12.0	44.3

注："—"表示 1 天后树脂已凝固，没有测量相应性能。

从表 5-2 中可以看出，在反应 pH 为弱酸性或弱碱性条件下，乙二醛与尿素反应可以得到淡黄色、均一的 GU 树脂，储存期均能达到 30 天以上。当反应 pH 为强酸性时，合成的 GU 树脂稳定性差，可能是其在酸性条件下发生缩聚反应的速率较快所致。而当反应 pH 为强碱性时，GU 树脂由淡黄色变成红色甚至黑色，且树脂的黏度和固含量均明显比其他树脂低，可能是因为强碱性条件下乙二醛的坎尼扎罗反应占主导地位(孙玉来等，2012；邢其毅等，2005；张自祥等，1997)，体系中只有很少的乙二醛与尿素反应生成了 GU 树脂。此外，反应 pH 对树脂黏度和固含量的影响并不显著。由此可见，反应 pH 不仅影响树脂的外观而且影响树脂的稳定性。综合考虑树脂的稳定性及其他性能，在 GU 树脂合成过程中，选择反应 pH 为弱酸性为宜。

5.2.1.3　反应温度对树脂基本性能的影响

为确定乙二醛与尿素较适宜的反应温度范围，选定反应 pH 为 4~5，原料物质的量比 n_G/n_U 为 1.4，以 30%的 NaOH 溶液为 pH 调节剂，控制反应温度分别为

50℃、60℃、70℃、80℃、90℃，考察反应温度对树脂基本性能的影响，结果见表 5-3。

表 5-3　反应温度对 GU 树脂基本性能的影响

序号	反应温度/℃	树脂状态	稳定性(25℃)	涂-4 杯黏度/s	固含量/%
1	50	淡黄、均一	>30 天	12.6	47.4
2	60	淡黄、均一	>30 天	13.1	48.5
3	70	淡黄、均一	>30 天	13.5	50.2
4	80	黄色、均一	>30 天	13.3	49.6
5	90	深黄、均一	>30 天	12.6	43.1

　　由表 5-3 的结果可知，反应温度的高低直接影响树脂的基本性能。随着反应温度的升高，GU 树脂的颜色逐渐加深，当温度为 90℃时合成的树脂呈现深黄色，树脂的固含量仅为 43.1%，而且在反应中溶液的 pH 比其他温度时下降得快，可能是因为温度越高，乙二醛越容易发生氧化反应生成乙醛酸。树脂的黏度和固含量也随反应温度的升高有所变化，当反应温度在 50℃及 60℃时树脂的黏度和固含量均较低，可能是较低温度下乙二醛与尿素的反应速率较慢所致；当反应温度在 70～80℃时，树脂的黏度和固含量均比较稳定而且树脂的颜色较浅。综合考虑树脂各项基本性能，选择乙二醛与尿素树脂合成中的反应温度为 70～80℃。

5.2.1.4　反应时间对树脂基本性能的影响

　　为确定乙二醛与尿素较适宜的反应时间，选定反应 pH 为 4～5，原料物质的量比 n_G/n_U 为 1.5，反应温度 75℃，控制反应时间分别为 1 h、3 h、5 h、7 h 进行实验，实验结果见表 5-4。

表 5-4　反应时间对 GU 树脂基本性能的影响

序号	反应时间/h	树脂状态	稳定性(25℃)	涂-4 杯黏度/s	固含量/%
1	1	淡黄、均一	>30 天	12.8	48.3
2	3	淡黄、均一	>30 天	13.2	50.1
3	5	淡黄、均一	>30 天	13.0	48.8
4	7	淡黄、均一	>30 天	12.7	46.2

　　由表 5-4 可以看出，反应时间对树脂基本性能的影响并不显著，可能乙二醛在反应过程中发生了环化反应，封闭了反应的官能团而使反应较难进行，在后面的反应中选定反应时间为 3 h。

5.2.1.5　pH 调节剂对树脂基本性能的影响

在胶黏剂生产工业中，pH 调节剂不仅起到调节反应体系酸碱度的作用，还在反应中起到催化剂的作用，影响反应的进行及树脂的最终结构与性能，通过改变pH 调节剂还可改变树脂的合成工艺。

为探究不同 pH 调节剂对合成树脂性能的影响，选定反应 pH 为 4～5，原料物质的量比 n_G/n_U 为 1.4，反应温度为 75℃，pH 调节剂分别为 30%的单乙醇胺溶液、30%的二乙醇胺溶液、30%的三乙醇胺溶液及 30%的氢氧化钠溶液。实验结果见表 5-5。

表 5-5　pH 调节剂对 GU 树脂基本性能的影响

序号	pH 调节剂	树脂状态	稳定性(25℃)	涂-4 杯黏度/s	固含量/%
1	30%单乙醇胺	深红、均一	>30 天	12.5	44.5
2	30%二乙醇胺	深黄、均一	>30 天	12.6	45.5
3	30%三乙醇胺	淡黄、均一	>30 天	13.5	50.3
4	30%氢氧化钠	淡黄、均一	>30 天	13.2	50.5

由表 5-5 可以看出，不同 pH 调节剂对树脂的基本性能影响较大，当以 30%的单乙醇胺和 30%的二乙醇胺作为 pH 调节剂时，树脂颜色较深且不透明，而且黏度和固含量均较低，表明该条件下乙二醛与尿素的反应程度没有其他两组高。当用 30%的三乙醇胺溶液和 30%的氢氧化钠溶液作 pH 调节剂时合成的 GU 树脂固含量和黏度比较稳定且颜色较浅，故在后面的实验中可选择氢氧化钠或三乙醇胺溶液作为 GU 树脂合成反应中的 pH 调节剂。

GU 树脂合成工艺的优化实验结果表明，GU 树脂可在弱酸性或弱碱性条件下合成，不同的合成工艺条件对树脂最终结构和性能具有一定的影响。初步以树脂外观、稳定性、固含量以及黏度为评价指标，GU 树脂较适宜的合成条件为：原料物质的量比为 $n_G/n_U \geqslant 1.4$；反应 pH 为弱酸性或弱碱性；反应温度为 70～80℃；反应时间为 3 h；反应过程中 pH 调节剂为 30%的氢氧化钠溶液或 30%的三乙醇胺溶液。

5.2.2　分子组分、结构与性能

树脂的结构决定树脂的性能，为研究 GU 树脂的结构特征，采用紫外-可见吸收光谱(UV-vis)、傅里叶变换红外光谱(FTIR)、核磁共振波谱(^{13}C-NMR 和 ^{1}H-NMR)以及基质辅助激光解吸电离飞行时间质谱(MALDI-TOF-MS)对优化条件下合成的树脂进行表征。

5.2.2.1　乙二醛-尿素树脂的紫外-可见吸收光谱分析

为研究 GU 树脂的结构，以蒸馏水为参比，对不同物质的量比 GU 树脂溶液的紫外-可见吸收光谱进行扫描，结果见图 5-2。

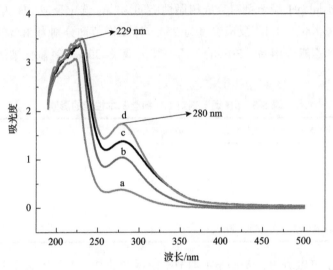

图 5-2　不同物质的量比 GU 树脂的紫外-可见吸收光谱
(a) n_G/n_U=1.4；(b) n_G/n_U=1.6；(c) n_G/n_U=1.8；(d) n_G/n_U=2.0

从图 5-2 可以看出，不同物质的量比的 GU 树脂呈现相似的紫外吸收特征，均在 229 nm 和 280 nm 处有 2 个吸收峰，只是吸收的强度略有不同。其中，229 nm 的强吸收为 $\pi \rightarrow \pi^*$ 跃迁产生，280 nm 处为 $n \rightarrow \pi^*$ 跃迁产生，这些吸收表明在此条件下合成的 GU 树脂中可能含有共轭结构。

5.2.2.2　乙二醛-尿素树脂的傅里叶变换红外光谱表征

不同物质的量比 GU 树脂的 FTIR 光谱图见图 5-3。

从图 5-3 可以看出，不同物质的量比 GU 树脂具有相似的红外吸收特征峰，表明不同物质的量比 GU 树脂结构中主要的官能团相同。谱图上 3200～3600 cm^{-1} 处强而宽的吸收峰可能为缔合羟基 O—H 伸缩振动和氨基 N—H 伸缩振动吸收峰的重合；1697 cm^{-1} 的强吸收为 C=O 的伸缩振动；1453 cm^{-1} 和 1325 cm^{-1} 处为树脂中饱和 C—H 变形振动吸收峰；1240 cm^{-1} 处为 C—N 伸缩振动吸收峰；1045 cm^{-1} 处为 C—O 伸缩振动吸收峰。

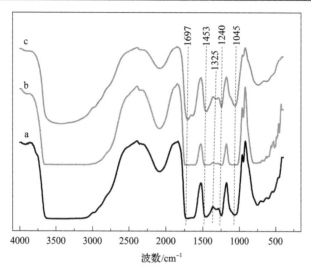

图 5-3　不同物质的量比 GU 树脂的 FTIR 光谱图

(a)n_G/n_U=1.4；　(b)n_G/n_U=1.6；　(c)n_G/n_U=1.8

5.2.2.3　乙二醛-尿素树脂的核磁共振波谱研究

为进一步研究乙二醛与尿素之间的反应及树脂的结构，采用核磁共振碳谱（^{13}C-NMR）和氢谱（^{1}H-NMR）分别对物质的量比为 1.4 的 GU 树脂的化学结构特征进行分析。为确定树脂结构中碳原子的级数，对 GU 树脂还采用了无畸变的极化转移增强(distortionless enhancement by polarization transfer，DEPT)技术，GU 树脂的 ^{1}H-NMR 和 ^{13}C-NMR 谱图见图 5-4 和图 5-5。

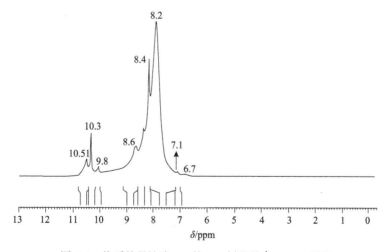

图 5-4　物质的量比为 1.4 的 GU 树脂的 ^{1}H-NMR 谱图

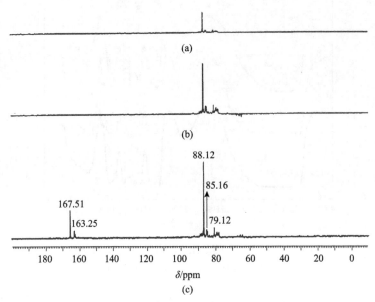

图 5-5　物质的量比为 1.4 的 GU 树脂的 ^{13}C-NMR 谱图

(a) DEPT90 谱；(b) DEPT135 谱；(c) 宽带去耦谱

图 5-4 表明，GU 树脂的 ^{1}H-NMR 谱图上在化学位移值 δ 为 8.2～8.7 ppm 范围内出现了几组未完全分离的强吸收峰，它们是不同羟基基团中质子的吸收信号；谱图中其他吸收峰也具有较高的化学位移，在 $\delta<7$ ppm 的高场区几乎没有质子的吸收信号，这是由于基团中氧原子(O)和氮原子(N)电负性的影响使其吸收移向低场，即使其化学位移增加，而且这些峰的吸收位置和强度表明，GU 树脂可能为多羟基的化合物。

根据图 5-5 中 DEPT90、DEPT135 及全谱的比较可知，在常规质子宽带去耦谱上 163.25 ppm 及 167.51 ppm 处的吸收在 DEPT90 和 DEPT135 谱图上并未出现，应为树脂结构中羰基(C=O)碳的吸收；δ 在 79～89 ppm 范围的吸收在 DEPT90 上也出现，说明此处应为—CH 的吸收，而且在 DEPT135 谱图上并未出现任何亚甲基(—CH$_2$—)基团的负峰，表明在此条件下合成的 GU 树脂中并不存在—CH$_2$—基团；此外，根据各峰的吸收位置，δ 为 79～89 ppm 处的吸收应为树脂中 sp^3 杂化碳的吸收，对应于不同取代结构中—CHOH 中 ^{13}C 的吸收，由于 O 电负性的影响致使该结构中 ^{13}C 的吸收移向低场。

5.2.2.4　乙二醛-尿素树脂的 MALDI-TOF-MS 分析

为研究 GU 树脂的分子量、分子量分布情况及乙二醛与尿素的反应机理，用 MALDI-TOF-MS 对物质的量比为 1.6 的 GU 树脂分别进行了表征，如图 5-6 所示。

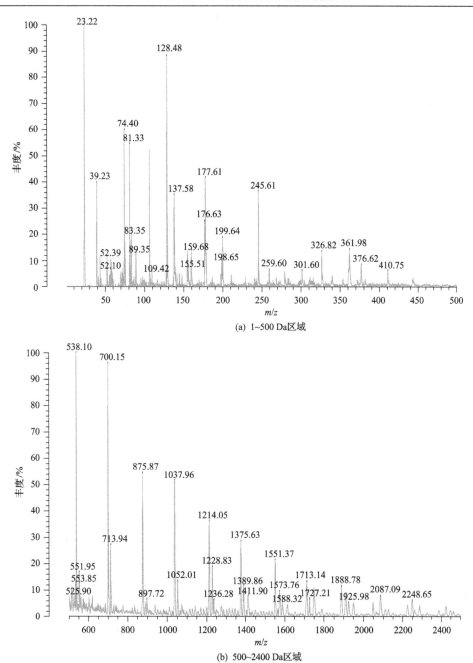

(a) 1~500 Da区域

(b) 500~2400 Da区域

图 5-6　物质的量比为 1.6 的 GU 树脂的 MALDI-TOF-MS 谱图

从表 5-6 可以看出，m/z 为 177.61 Da 的峰对应的 U-G-U 的结构 NH_2CONH-$CH(OH)$-$CH(OH)$-$NHCONH_2$，是 UG1 与尿素 U 进一步加成的产物；m/z 为 361.98 Da

的峰对应的结构 U-C$^+$H-CH(OH)-U-G-U-CH(OH)-CHO 刚好是碳正离子 C-p-UG 与尿素 U 进一步反应的产物；*m/z* 为 376.62 Da 的峰对应的结构 U-G-U-G-U-CH(OH)-C$^+$H-OH 或 U-G-U-G-U-CH(OH)-CHO 也是正离子 C-p-UG 与 C-p-UG1 相互反应的产物；*m/z* 为 538.10 Da 的峰对应的两种结构均是在乙二醛结构中的次甲基基团—CH 上发生支化的产物；后面的系列峰族均是在此基础上进一步反应或支化产生。且从各峰对应的结构及质荷比之间的规律可知，在这些峰对应的结构中均存在 *m/z* 为(177±1) Da 和(160±1) Da 的重复单元，其中最主要的是 *m/z* 为 176 Da 和 161 Da 两种，其结构如图 5-7 所示。

表 5-6　GU 树脂的 MALDI-TOF-MS 谱图中主要峰的归属

m/z(实验值)	*m/z*(理论值)	化学结构
177.61	178	NH_2CONH-CH(OH)-CH(OH)-$NHCONH_2$ 即 U-G-U
199.64	201	U-G-U+Na^+
361.98	362	U-C$^+$H-CH(OH)-U-G-U-CH(OH)-CHO
376.62	378 或 377	U-G-U-G-U-CH(OH)-C$^+$H-OH 或 U-G-U-G-U-CH(OH)-CHO
538.10	539	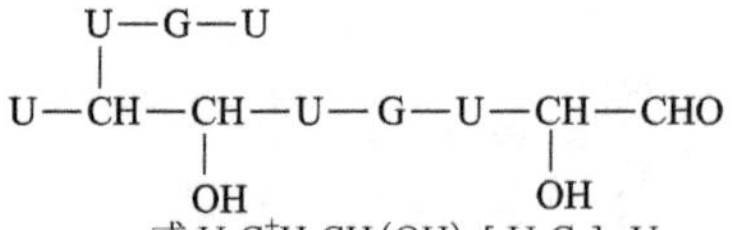 或 U-C$^+$H-CH(OH)-[-U-G-]$_3$-U
700.15	700	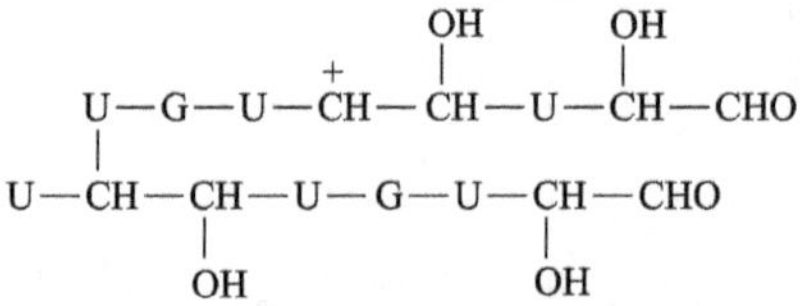
713.94	715	U-C$^+$H-CH(OH)-[-U-G-]$_4$-U-CH(OH)-CHO 或 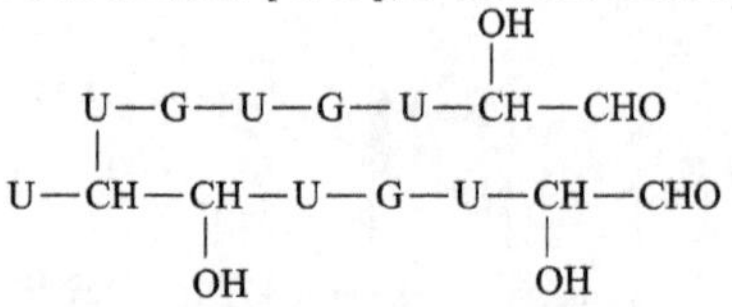
875.87	876	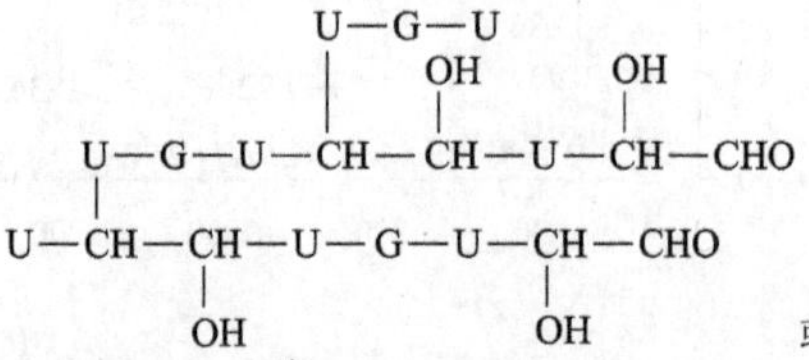 或 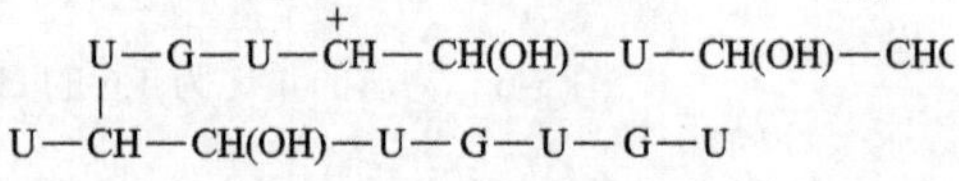
1037.96	1037	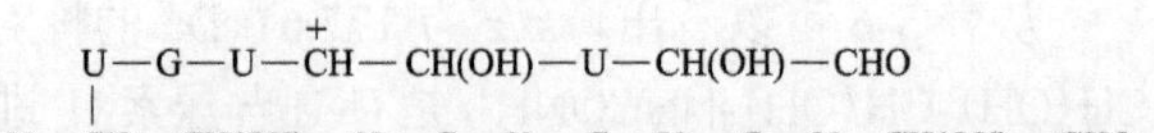

续表

m/z(实验值)	m/z(理论值)	化学结构
1214.05	1213	1037+176
1375.63	1374	1213+161
1551.37	1550	1374+176
1713.14	1711	1550+161
1888.78	1887	1711+176

$$—[—U—CH(OH)—CH(OH)—U—]—$$

176 Da

$$—[—CH(OH)—CH(OH)—U—CH(OH)—CH(OH)—]—$$

178 Da

$$—[—CH(OH)—CH(OH)—U—CH(OH)—CHO$$

177 Da

$$—[—CH(OH)—CH(OH)—U—CH(OH)—CH(OH)—]$$

161 Da

$$—[—CH(OH)—C^+H—U—CH(OH)—CHO$$

160 Da

$$—[—U—C^+H—CH(OH)—U—]—$$

159 Da

图 5-7　MALDI-TOF-MS 中重复单元的结构

从这些重复单元的结构可以看出，它们均是碳正离子 C-p-UG、C-p-UG1 或配合物 UG、UG1 进一步反应的产物，而且这些结构构成了 GU 树脂的基本骨架。这些结果进一步表明碳正离子 C-p-UG、C-p-UG1 及配合物 UG、UG1 是 GU 树脂形成过程中重要的中间产物，进一步证实了量子化学计算提出的乙二醛与尿素的反应机理。

5.2.2.5　乙二醛-尿素树脂的胶合性能

根据前面 GU 树脂合成条件的优化结果，在本部分选择反应温度为 75℃，反应时间为 3 h，反应 pH 为 4～5，乙二醛分两次加入，合成了不同物质的量比的 GU 树脂，所合成树脂的储存期均在 30 天以上，外观均为淡黄色均一乳液，并对树脂的基本性能及所制备胶合板的力学性能进行了测定，结果见表 5-7。

表 5-7　不同物质的量比对 GU 树脂性能的影响

n_G/n_U	涂-4 杯黏度/s	固含量/%	干状胶合强度/MPa
1.4	13.8	49.3	0.80
1.6	14.3	48.9	0.87
1.8	15.1	49.1	0.71
2.0	15.5	49.7	0.70
2.2	16.4	50.1	0.62
2.5	16.9	49.8	0.51

从表 5-7 可以看出，当 n_G/n_U 为 1.4～2.0 时所制备的 GU 树脂胶合板的干状胶

合强度基本可满足 GB/T 9846.3—2004《胶合板第 3 部分：普通胶合板通用技术条件》对Ⅲ类胶合板的要求；当 n_G/n_U 为 1.4 和 1.6 时，胶合板的内结合强度相对较大，且板材无甲醛释放，可以在干燥状态下使用；当 $n_G/n_U \geqslant 2.0$ 时，胶合板的胶合强度下降，不能满足相关国家标准的要求。这些结果进一步表明，在 GU 树脂的合成过程中选择合适的原料物质的量比对优化树脂性能至关重要。

5.2.3　合成反应机理

乙二醛具有两个并列的羰基(C=O)，其与尿素的反应比甲醛与尿素的反应更复杂。量子化学及分子模拟计算的快速发展，能够选择性地对单个反应进行深入研究，从而了解各步反应的竞争机制，可为树脂的合成提供有价值的理论依据。

5.2.3.1　尿素与乙二醛及 2,2-二羟基乙醛的加成反应

根据亲核加成反应机理(邢其毅等，2005)，拟定尿素(U)与乙二醛(G)及 2,2-二羟基乙醛(G1)的反应路线如图 5-8 所示。通过量子化学计算，上述反应的焓变($\Delta_r H$)和 Gibbs 函数改变($\Delta_r G$)值见表 5-8。

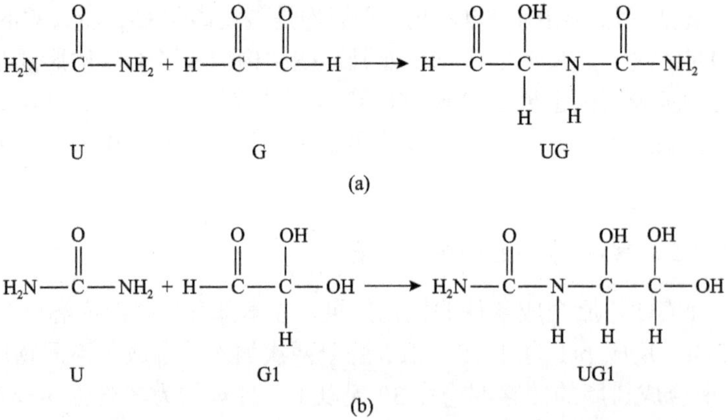

图 5-8　尿素与乙二醛(a)及 2,2-二羟基乙醛(b)的加成反应路线

表 5-8　尿素(U)与乙二醛(G)及 2,2-二羟基乙醛(G1)于 350K 时
焓变($\Delta_r H$)和 Gibbs 函数改变($\Delta_r G$)值

化学反应	$\Delta_r H$/(kJ/mol)	$\Delta_r G$/(kJ/mol)
U + G ⟶ UG	−41.6	19.7
U + G1 ⟶ UG1	−33.0	33.4

醛与尿素的亲核加成反应包括两个步骤：①尿素氨基中的 N 原子进攻羰基(C=O)上的 C 原子，形成 C—N 键；②氨基中的 H 原子转移到羰基(C=O)的 O

原子上，形成 O—H 键（Nair et al.，1983）。从表 5-8 可以看出，尿素与乙二醛及
2,2-二羟基乙醛反应的$\Delta_r G$ 为正值，因此从热力学角度来看，不利于反应发生。由
于$\Delta_r G$ 均小于 48.0 kJ/mol，故反应能够在外界环境提供能量或反应条件改变时发
生，但根据以上分析可知，乙二醛在水溶液中存在的量较少，故可以推断乙二醛
与尿素的加成反应很难发生。事实上，分析尿素的分子结构可知，分子中的氨基（—
NH_2）和羰基（C=O）存在强烈的 p-π共轭，使电荷较离域地均分于整个分子中，降
低了尿素的亲核加成反应的能力。

　　为进一步探究上述两个化学反应的反应动力学机理，对上述反应进行了过渡
态的搜索探究。反应物 G、G1、U，过渡态 TS1、TS2 和产物 UG 及 UG1 的优化结
构见图 5-9。如前所述，醛与尿素的亲核加成反应包括形成 C—N 键和形成 O—H

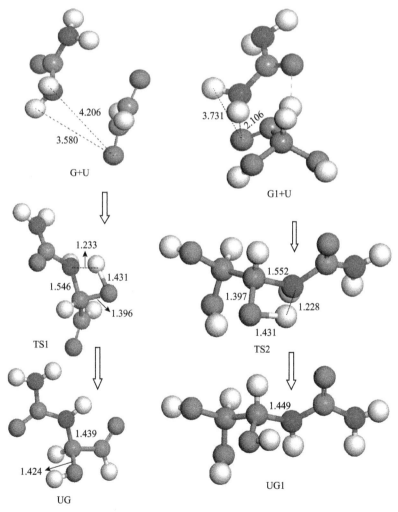

图 5-9　G+U、G1+U、TS1、TS2、UG、UG1 的优化结构（键长单位 Å）

键两个步骤。但在此处，通过量子化学计算表明，U 和 G、G1 的化学反应只通过 TS1、TS2 过渡态的一个"合二为一"的步骤。过渡态 TS1 和 TS2 中的 C7—N4 键长分别为 1.546 Å 和 1.397 Å，键长很短，说明键结合得非常牢固，即 C—N 单键已基本形成。大虚频(IMGs)分别为 1553.8i 和 1529.6i，对应于质子 H 分别转移至 N 和 O。相对于反应物，过渡态 TS1 和 TS2 的活化能均超过了 130 kJ/mol，表明形成 UG 和 UG1 的产物相对较为困难。

5.2.3.2　尿素与质子化乙二醛及质子化 2,2-二羟基乙醛的加成反应

拟定尿素(U)与质子化乙二醛(p-G)及质子化 2,2-二羟基乙醛(p-G1)的加成反应路线如图 5-10 所示。

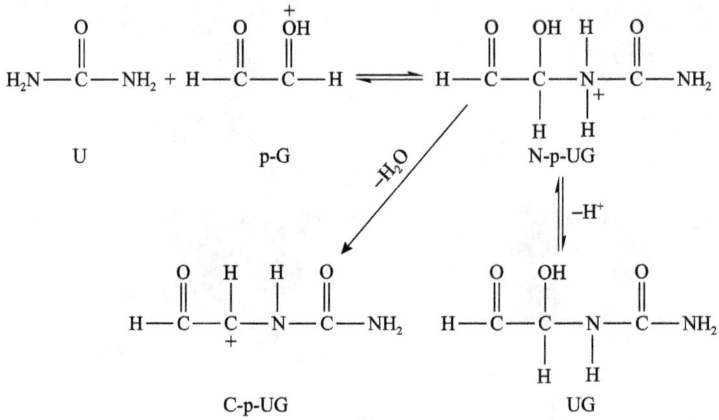

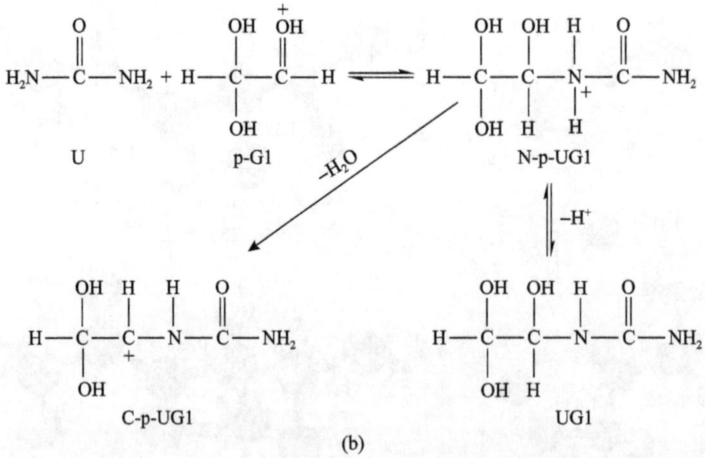

图 5-10　U 与 p-G(a)及 p-G1(b)的加成反应路线

从表 5-9 可看出，在酸性溶液中 p-G、p-G1 与 U 反应的 $\Delta_r G$ 均为负值，从

热力学角度判断，上述反应容易发生，特别是 p-G 和 U 之间反应的 $\Delta_r G$ 值小于 −48.0 kJ/mol，反应更容易进行。这是由于质子化分子中带有正电荷而缺少电子，而尿素的 N 原子具有孤对电子，因此两者之间的直接碰撞易形成稳定的配合物。

表 5-9　350 K 时化学反应焓变 ($\Delta_r H$) 和 Gibbs 函数改变 ($\Delta_r G$) 值

化学反应	$\Delta_r H$/(kJ/mol)	$\Delta_r G$/(kJ/mol)
U + p-G ⟶ N-p-UG	−127.7	−65.9
N-p-UG ⟶ C-p-UG + H$_2$O	56.4	−5.8
U + p-G1 ⟶ N-p-UG1	−91.8	−28.2
N-p-UG1 ⟶ C-p-UG1 + H$_2$O	45.0	−12.6

配合物 N-p-UG 和 N-p-UG1 失去 H$_2$O 后变为碳正离子 C-p-UG 和 C-p-UG1。表 5-9 中此反应的 $\Delta_r H > 0$，为吸热反应，即温度升高对反应有利。此外，$\Delta_r G$ 在 350 K 下为负数，进一步表明在高温时有利于反应发生。C-p-UG 和 C-p-UG1 是重要的中间产物，它们是树脂形成过程中加成反应和缩聚反应阶段重要的中间产物。

在热力学基础上，对反应的动力学做了进一步研究。图 5-11 为 p-G 和 U 的反应势能面。

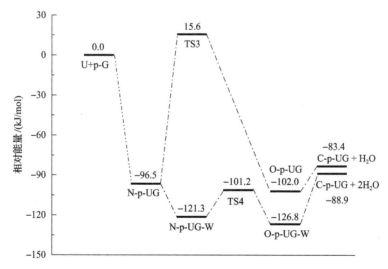

图 5-11　在 BLYP/DND/COSMO (溶剂化模型) 水平上 U 与 p-G 的反应势能面

计算结果表明，p-G 和 U 首先发生碰撞生成一个重要的中间体 N-p-UG，该步反应在 BLYP/DND/COSMO 溶剂化条件下放出热量 96.5 kJ/mol。值得注意的是，p-G 和 U 之间的反应通过反复多次的过渡态搜索，均未找到对应的过渡态。在 N-p-UG 形成以后，有两种涉及质子发生转移的反应路径。第一条路径为分子内的直接转移，其中 C-N-H-O 形成四元环过渡态 TS3 后，N 原子上的质子直接转移到 O 上，形成另一络合物 O-p-UG，N-p-UG 到 O-p-UG 反应经过 TS3 的能垒为 112.1 kJ/mol。中间体 O-p-UG 的分子结构中，C—O 键键长为 2.377 Å，明显长于正常 C—O 键的键长 1.41 Å，故可以认为这个结构中的 C—O 键基本处于断键状态。当络合物 O-p-UG 中的 C—O 键断裂后，容易失去一分子 H_2O 变成碳正离子 C-p-UG。从反应势能面图 5-11 可以得出，O-p-UG 解离生成 C-p-UG 和 H_2O 所消耗的能量为–83.4 kJ/mol+102 kJ/mol=18.6 kJ/mol。第二条路径为由水催化的水夺氢 (WCP) 反应机理。在第二条反应路径中，N-p-UG 与一分子 H_2O 结合形成新的络合物 N-p-UG-W，随后 N 原子上的 H 受到 H_2O 分子中 O 原子的吸引而使 N—H 键逐渐被拉长，同时 O—H 之间的距离逐渐缩短，经过过渡态 TS4 后又生成一个新的络合物 O-p-UG-W，该反应的活化能垒仅为 20.1 kJ/mol。O-p-UG-W 中的 C—O 键键长为 2.167 Å，同样长于正常 C—O 键的键长 1.41 Å，因此也容易断裂，最终导致失去 2 个 H_2O 分子，从而形成重要的碳正离子中间体 C-p-UG。通过对比两条质子转移反应路径的能量变化，特别是所经历的过渡态对应的活化能垒，不难发现 WCP 机理基本上为一个无势垒的反应，而分子内的质子转移机理中涉及能量较高的势垒，所以可以初步断定 p-G 和 U 的反应应为 WCP 机理。类似地，也可通过量子化学计算得出，p-G1 和 U 的反应为 WCP 机理。

5.2.3.3　乙二醛-尿素树脂的形成

通过上述加成阶段的研究可知，C-p-UG 和 C-p-UG1 是 GU 树脂形成过程中重要的中间产物。C-p-UG 和 C-p-UG1 可以直接和 U 发生如下反应使分子量增加。此外，UG 和 UG1 中有大量的羟基(—OH)，它们之间可以通过脱水缩合的方式生成醚键(—CH—O—CH—)形成树脂。

GU 树脂形成过程中可能发生的缩聚反应见图 5-12，350 K 时化学反应焓变 $(\Delta_r H)$ 和 Gibbs 函数改变 $(\Delta_r G)$ 值见表 5-10，缩聚产物的优化构型见图 5-13。

从表 5-10 可看出，在 GU 树脂形成过程中缩聚阶段的反应 C-p-UG+U $\longrightarrow$ N-p-UG-U 和 2 UG $\longrightarrow$ UG-UG+H_2O 的 $\Delta_r G$ 为负值，从热力学角度判断，上述反应容易发生，且 C-p-UG+U $\longrightarrow$ N-p-UG-U 的 $\Delta_r H$ 为负值，故反应为放热反应，而 2UG $\longrightarrow$ UG-UG+H_2O 的 $\Delta_r H$ 接近零，反应热效应不太明显。另外的两个反应 C-p-UG1+U $\longrightarrow$ N-p-UG1-U 和 2UG1 $\longrightarrow$ UG1-UG1+H_2O 的 $\Delta_r G$ 为正值，但远远低于 48.2 kJ/mol，这两个反应的 $\Delta_r H$ 为负值，且绝对值很大，故反应会释放出大量的热量，所以这两个反应能够在释放出能量时也可能会发生反应。总而言之，GU 树脂的缩聚阶段主要生成 C—N—C 和 C—O—C 两种键。

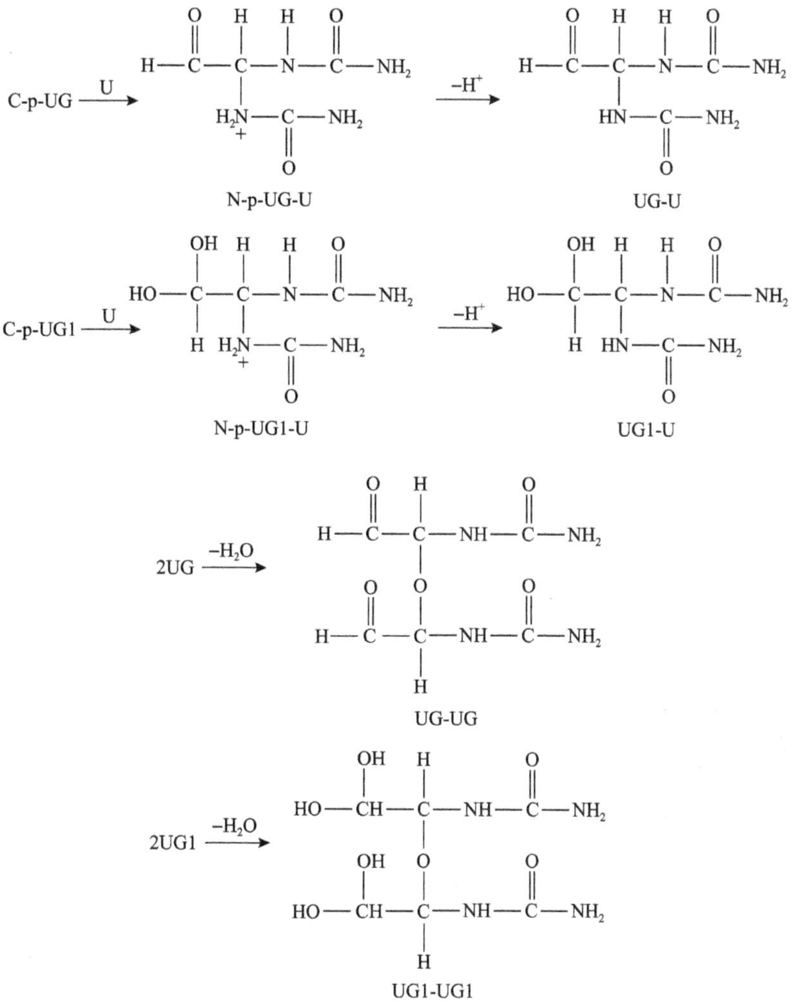

图 5-12　GU 树脂形成过程中可能发生的缩聚反应

表 5-10　350 K 时化学反应焓变($\Delta_r H$)和 Gibbs 函数改变($\Delta_r G$)值

化学反应	$\Delta_r H/(\text{kJ/mol})$	$\Delta_r G/(\text{kJ/mol})$
C-p-UG + U $\longrightarrow$ N-p-UG-U	−66.52	−1.87
C-p-UG1 + U $\longrightarrow$ N-p-UG1-U	−49.94	9.43
2 UG $\longrightarrow$ UG-UG + H_2O	0.11	−17.58
2 UG1 $\longrightarrow$ UG1-UG1 + H_2O	−124.93	13.65

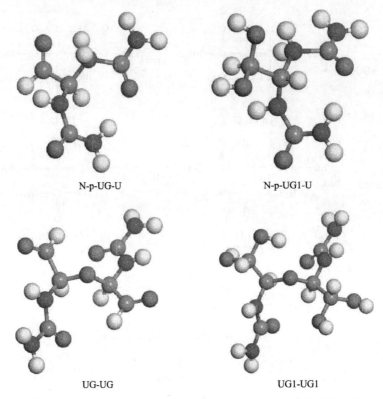

N-p-UG-U   N-p-UG1-U

UG-UG   UG1-UG1

图 5-13   N-p-UG-U、N-p-UG1-U、UG-UG、UG1-UG1 的优化结构

5.3 乙二醛-尿素-甲醛共缩聚树脂合成

要使 GUF 树脂既具有 UF 树脂优异的性能又能降低树脂的甲醛释放，必须实现乙二醛(G)、尿素(U)、甲醛(F)三者之间的共缩聚反应。然而，怎样实施这三者之间共缩聚、共缩聚方法及条件的选择均需要三者之间反应机理的理论指导。在前面的几章中分别研究了甲醛与尿素、单羟甲基脲、双羟甲基脲的反应机理及树脂的合成、结构与性能，这些虽为以乙二醛、尿素、甲醛起始制备 GUF 树脂提供了重要的理论指导和奠定了一定的实验基础，但乙二醛、尿素、甲醛三者在溶液中的反应比上述反应要复杂得多。

在乙二醛、尿素和甲醛三者共存的反应体系中，首先必须考虑反应的先后顺序。乙二醛和甲醛均会与尿素发生亲核加成反应，故应先比较甲醛和乙二醛的亲核反应活性。从基础有机反应理论来看，醛的亲核加成反应活性主要取决于空间位阻。显然，甲醛的空间位阻效应明显小于乙二醛，从这个角度分析，甲醛的反应活性明显高于乙二醛，因此在该体系中可以认为甲醛与尿素先发生反应，产生大量的中间产物，然后乙二醛再与这些中间产物或剩余的尿素发生反应。

　　鉴于以上原因，主要在比较了乙二醛与甲醛反应活性的基础上，从化学反应热力学的角度分别研究了溶液中乙二醛与单羟甲基脲、乙二醛与双羟甲基脲、乙二醛与甲醛、尿素的合成反应机理，并进行对比分析，以期对 GUF 共缩聚树脂合成路线的设计提供理论指导。

5.3.1　乙二醛-单羟甲基脲树脂的合成反应

　　单羟甲基脲（MMU）又称羟甲基脲，作为 UF 树脂形成过程中重要的中间体，它既是 UF 树脂加成阶段的重要产物，又是缩聚阶段的重要原料。从化学结构来看，MMU 中两个氨基（—NH$_2$）中的一个氨基上的氢被羟甲基（—CH$_2$OH）取代后，还剩三个氢可以与羰基（C=O）发生亲核加成反应，随之发生后续的聚合反应。

5.3.1.1　单羟甲基脲与乙二醛及 2,2-二羟基乙醛的加成反应热力学

　　MMU 中一个氨基（—NH$_2$）上的氢被羟甲基（—CH$_2$OH）取代，使其反应时存在较大的空间位阻效应，而另外一个未被取代的氨基的反应活性相对较高。在此基础上，拟定的 MMU 与 G 及 G1 的反应路线见图 5-14。相应的反应热力学参数分别列于表 5-11。

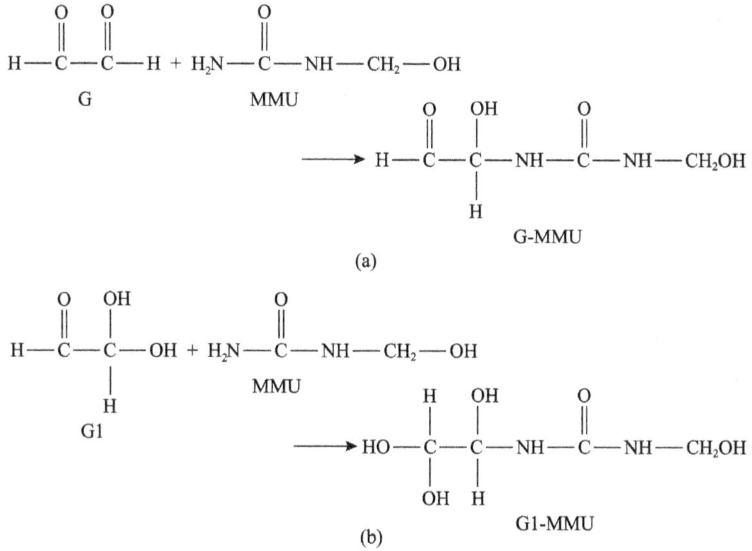

图 5-14　MMU 与 G(a) 及 G1(b) 的加成路线

表 5-11　MMU 与 G 及 G1 的反应焓变($\Delta_r H$)和 Gibbs 函数改变($\Delta_r G$)值

化学反应	$\Delta_r H/(kJ/mol)$	$\Delta_r G/(kJ/mol)$
G + MMU $\longrightarrow$ G-MMU	−2.72	67.37
G1 + MMU $\longrightarrow$ G1-MMU	7.99	72.85

表 5-11 表明，MMU 与 G 或 G1 反应的$\Delta_r G$ 为正值，且均大于 48 kJ/mol，从化学反应热力学角度考虑，反应很难发生。原因可解释为 MMU 分子中的氨基（—NH$_2$）和羰基（C＝O）仍存在强烈的 p-π 共轭，电荷较为离域地均分布于整个 MMU 分子中，降低了 MMU 的亲核反应能力。此外，从表 5-11 中的$\Delta_r H$ 表明，G+MMU $\longrightarrow$ G-MMU 为放热反应，而 G1+MMU $\longrightarrow$ G1-MMU 为吸热反应。值得注意的是，两者反应的$\Delta_r H$ 的绝对值很小，表明反应的热效应并不明显。

5.3.1.2　单羟甲基脲与乙二醛及 2,2-二羟基乙醛的加成反应动力学

除从热力学角度分析外，进一步从动力学角度探究上述两个化学反应的过渡态及反应势能面。图 5-15 为 MMU 和 G、G1 反应中拟定的过渡态 TS1 和 TS2。图 5-15 表明，上述两个反应主要是通过 MMU 分子氨基（—NH$_2$）中一个氢原子转移到 G、G1 分子中的羰基（C＝O）形成羟基（O—H），经过的两个过渡态 TS1 和 TS2 均为四元环过渡态。通过分子模拟计算，可搜索出 TS1 和 TS2 两个过渡态。

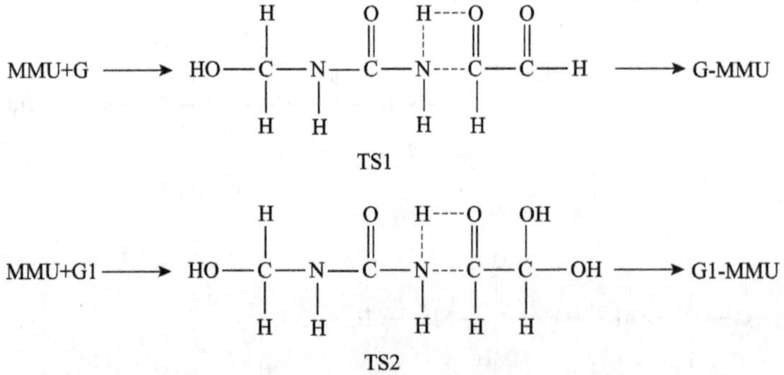

图 5-15　MMU 与 G 及 G1 反应的过渡态 TS1 和 TS2

反应物 G+MMU、G1+MMU，过渡态 TS1、TS2，产物 G-MMU 和 G1-MMU 的优化结构见图 5-16。前已述及，醛基（—CHO）与氨基（—NH$_2$）的亲核加成反应包括形成 C—N 键和形成 O—H 键两个步骤。但通过量子化学计算表明，MMU 与 G、G1 的化学反应只通过 TS1、TS2 过渡态的一个步骤，即同时形成 C—N 键和 O—H 键。过渡态 TS1 和 TS2 中的 C7—N4 键长分别为 1.513 Å 和 1.502Å，键长

很短,说明键结合得非常牢固,即 C—N 单键已形成。大虚频(IMG)分别为 1467.0 i 和 1412.9 i,对应于质子(H)从 N 原子上断键并转移至 O 原子上,形成 O—H 键。相对于反应物,过渡态 TS1 和 TS2 的活化能均超过 120 kJ/mol,表明形成 G-MMU 和 G1-MMU 的产物相对较为困难。

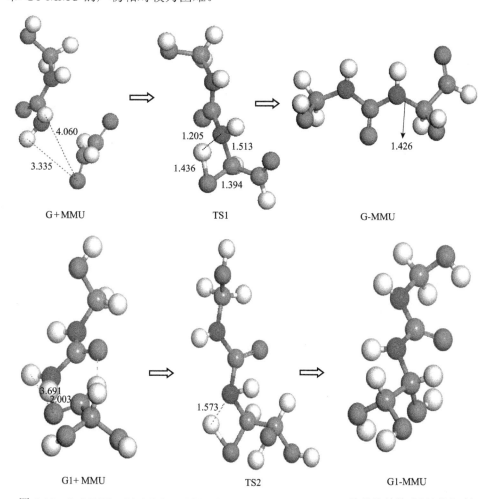

图 5-16 G+MMU、G1+MMU、TS1、TS2、G-MMU、G1-MMU 的优化结构(键长单位 Å)

5.3.1.3 单羟甲基脲与质子化乙二醛及质子化 2,2-二羟基乙醛的加成反应

拟定的 MMU 与 p-G 及 p-G1 的加成反应路线如图 5-17 所示。在 BLYP/DND/COSMO 水平下,在酸性溶液中,从表 5-12 可看出 p-G 与 MMU 的化学反应 Δ_rG 为–32.59 kJ/mol,从热力学角度判断,上述反应非常容易进行。由于 p-G 分子带有正电荷而缺少电子,而 MMU 上的 N 原子具有孤对电子,两者之间的直接碰撞

易形成稳定的配合物。热力学参数$\Delta_r H$高达–105.06 kJ/mol，表明该反应会放出大量的热。配合物 N-p-G-MMU 失去 H_2O 后变为碳正离子 C-p-G-MMU，反应为吸热反应，温度升高对反应有利。此外，$\Delta_r G$ 在 350 K 下为–35.12 kJ/mol，表明高温条件有利于该反应的发生。值得注意的是，p-G1+MMU ——→ N-p-G1-MMU 的反应$\Delta_r G$ 为 2.02 kJ/mol，该数值接近零，表明该化学反应在该条件下很接近平衡状态，但生成物 N-p-G1-MMU 脱去一分子 H_2O 的反应 N-p-G1-MMU ——→ C-p-G1-MMU+H_2O 的$\Delta_r G$ 为–57.57 kJ/mol，远远低于–48 kJ/mol，反应向右进行的趋势比较明显，所以 p-G1+MMU ——→ N-p-G1-MMU 的反应处于平衡状态，但由于产物 N-p-G1-MMU 会进一步继续往下进行反应，即反应会向右进行，所以反应 p-G1+MMU ——→ N-p-G1-MMU 也会向正反应方向发生。

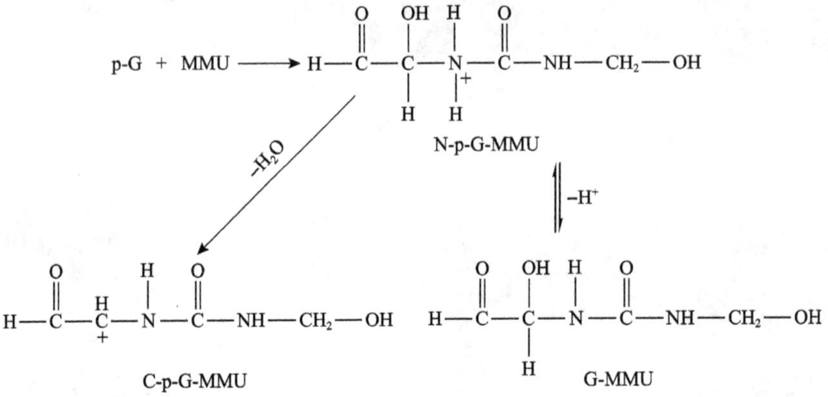

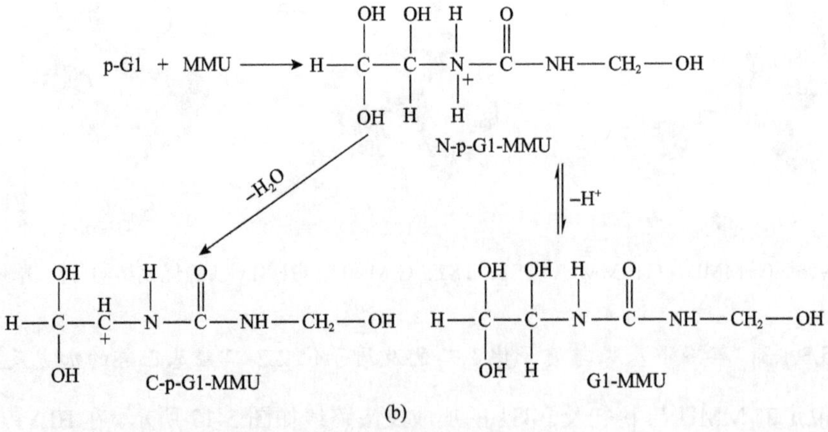

图 5-17 MMU 与质子化乙二醛(a)及质子化 2,2-二羟基乙醛(b)的加成反应路线

表 5-12　350 K 时化学反应焓变$(\Delta_r H)$和 Gibbs 函数改变$(\Delta_r G)$值

化学反应	$\Delta_r H/(kJ/mol)$	$\Delta_r G/(kJ/mol)$
p-G + MMU $\longrightarrow$ N-p-G-MMU	−105.06	−32.59
N-p-G-MMU $\longrightarrow$ C-p-G-MMU + H$_2$O	31.89	−35.12
p-G1 + MMU $\longrightarrow$ N-p-G1-MMU	−58.76	2.02
N-p-G1-MMU $\longrightarrow$ C-p-G1-MMU + H$_2$O	−4.54	−57.57
p-G2 + MMU $\longrightarrow$ N-p-G1-MMU + H$_2$O	−23.09	−16.61

5.3.1.4　乙二醛-单羟甲基脲树脂的缩聚反应路线

通过上述加成阶段的研究可知，C-p-G-MMU 和 C-p-G1-MMU 是树脂形成过程中重要的中间产物，二者均可直接和 MMU 发生反应。此外，G-MMU 和 G1-MMU 中有大量的—OH，它们之间可以通过脱水缩合的方式生成醚键（—C—O—C—）形成聚合物，相关热力学参数变化列于表 5-13。

表 5-13　350 K 时化学反应焓变$(\Delta_r H)$和 Gibbs 函数改变$(\Delta_r G)$值

化学反应	$\Delta_r H/(kJ/mol)$	$\Delta_r G/(kJ/mol)$
C-p-G-MMU + MMU $\longrightarrow$ N-p-G-MMU-MMU	−45.72	17.40
C-p-G1-MMU + MMU $\longrightarrow$ N-p-G1-MMU-MMU	−22.04	45.42
2 G-MMU $\longrightarrow$ G-MMU-G-MMU + H$_2$O	−113.99	34.52
2 G1-MMU $\longrightarrow$ G1-MMU-G1-MMU + H$_2$O	−139.42	12.09

从表 5-13 可看出，缩聚阶段的反应 C-p-G-MMU+MMU $\longrightarrow$ N-p-G-MMU-MMU，C-p-G1-MMU+MMU $\longrightarrow$ N-p-G1-MMU-MMU，2G-MMU $\longrightarrow$ G-MMU-G-MMU+H$_2$O 和 2G1-MMU $\longrightarrow$ G1-MMU-G1-MMU+H$_2$O 的$\Delta_r H$ 为负值，从热力学角度判断，反应为放热反应，而另一反应热力学参数$\Delta_r G$ 大于零，但绝对值低于 48.2 kJ/mol，这些缩聚反应在释放出能量时也可能会发生，总而言之 G-MMU 树脂的缩聚阶段主要依靠 C—N—C 和 C—O—C 两种键的生成使分子量增加。

5.3.1.5　乙二醛-单羟甲基脲树脂的合成条件优化

合成工艺对树脂的化学结构及性能有重要影响，合成工艺不同，树脂的结构与性能也不同。本小节主要对 G-MMU 树脂合成过程中反应物料物质的量比（n_{MMU}/n_G）及反应 pH 对树脂基本性能的影响进行研究，并以树脂外观、稳定性、固含量以及黏度为主要评价指标，确定较适宜的合成工艺条件。

1) 反应 pH 对树脂基本性能的影响

醛与胺类物质的亲核加成反应在酸性和碱性条件下均能进行，但在酸性条件下反应速率更快，缩聚反应一般只能在酸性条件下进行，为探索乙二醛与单羟甲基脲反应较适宜的 pH 范围，初步选定原料物质的量比 n_{MMU} : $n_G=1$: 1.4，反应温度 75℃，以 30% 的 NaOH 溶液为 pH 调节剂，分别在反应 pH 为 2～3、3～4、4～5、5～6、6～7 的酸性条件下进行实验，实验结果见表 5-14。

表 5-14　反应 pH 对 GUF 树脂基本性能的影响

序号	反应 pH	树脂状态	稳定性(25℃)	涂-4 杯黏度/s	固含量/%
1	2～3	淡黄、均一	>30 天	18.7	54.3
2	3～4	淡黄、均一	>30 天	17.2	54.8
3	4～5	淡黄、均一	>30 天	15.3	53.7
4	5～6	淡黄、均一	>30 天	14.6	55.5
5	6～7	淡黄、均一	>30 天	15.8	54.7

从表 5-14 可以看出，在所选定的反应 pH 条件下，乙二醛与单羟甲基脲反应制备的 GUF 树脂均为淡黄色、均一乳液，储存期均能达到 30 天以上；当反应 pH 为强酸性时，合成的 GUF 树脂黏度最大，可能是由在酸性条件下单羟甲基脲发生缩聚反应及与乙二醛的反应速率较快所致；总的来说，反应 pH 对树脂黏度和固含量的影响并不显著。

2) 反应物料物质的量比对树脂基本性能的影响

根据反应机理的研究结果，乙二醛与单羟甲基脲可在酸性条件下发生反应生成 GUF 树脂，在此先选定反应 pH 为 3～4，反应温度 75℃，反应时间 3 h，原料物质的量比 n_{MMU}/n_G 分别为 0.8、1.0、1.2 进行 3 组水平实验，并对树脂的基本性能进行测定，结果见表 5-15。

表 5-15　原料物质的量比对 GUF 树脂基本性能的影响

序号	n_{MMU}/n_G	树脂状态	稳定性(25℃)	涂-4 杯黏度/s	固含量/%
1	0.8	淡黄色、均一	>30 天	27.1	58.4
2	1.0	微黄色、均一	>30 天	30.7	60.9
3	1.2	白色、均一	>30 天	34.5	64.7

由表 5-15 的结果可知，原料物质的量比对 GUF 树脂的状态、固含量以及黏度影响较大。在选定实验条件下均能得到稳定的 GUF 树脂，且 GUF 树脂的黏度和固含量随着 n_{MMU}/n_G 物质的量比的增加而逐渐增大；树脂颜色随着物质的量比

的增加逐渐变浅，当 n_{MMU}/n_G=0.8 时 GUF 树脂为淡黄色、均一乳液，n_{MMU}/n_G=1.0 时，树脂颜色变淡，为微黄色、均一乳液，n_{MMU}/n_G=1.2 时，树脂为白色、均一乳液，此时的 GUF 树脂外观与 UF 树脂相似。

5.3.2　乙二醛-双羟甲基脲树脂的合成反应

双羟甲基脲(DMU)又称二羟甲基脲，和 MMU 均是 UF 树脂合成过程中重要的中间产物(顾继友，1999)，当 $n_F/n_U>1$ 时，尿素与甲醛的加成反应除生成 MMU 外还有 DMU，其结构中含有活性基团亚氨基(—NH—)和羟甲基(—CH₂OH)，既可以进行加成反应又可以进行缩聚反应。

5.3.2.1　双羟甲基脲与乙二醛及 2,2-二羟基乙醛的加成反应

和尿素(U)相比，DMU 的两个氨基(—NH₂)中的一个 H 被羟甲基(—CH₂OH)取代，空间位阻效应虽使氨基上未被取代的 H 的反应活性降低，但也有参与反应的可能性。在此基础上，拟定 DMU 与 G 及 G1 的反应路线见图 5-18，GGA/PW91/DNP/COSMO 水平下反应物 DMU 及产物 G-DMU 和 G1-DMU 的优化分子结构见图 5-19，相应的化学反应热力学参数分别列于表 5-16。

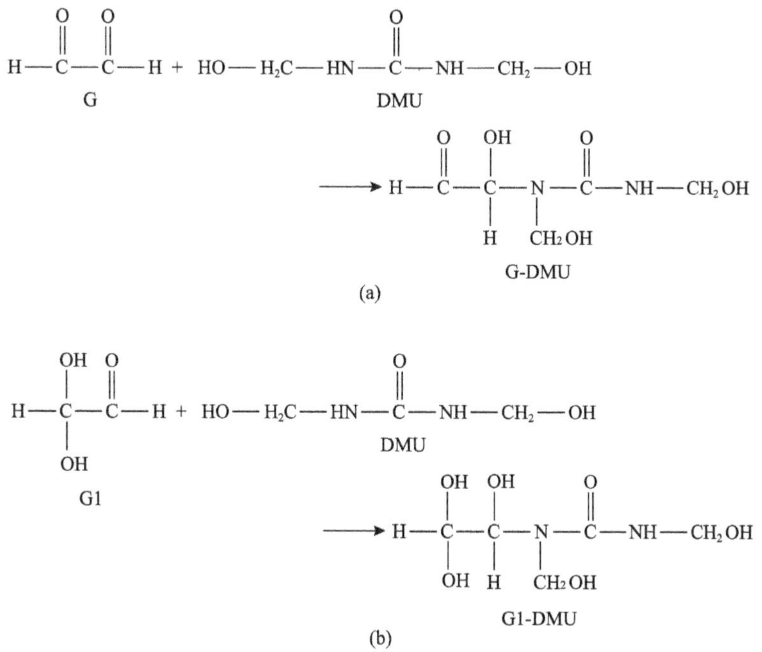

$$H{-}\overset{\overset{\textstyle O}{\|}}{C}{-}\overset{\overset{\textstyle O}{\|}}{C}{-}H \;+\; HO{-}H_2C{-}HN{-}\overset{\overset{\textstyle O}{\|}}{C}{-}NH{-}CH_2{-}OH$$

G　　　　　　　　　　　　　　　DMU

$$\longrightarrow H{-}\overset{\overset{\textstyle O}{\|}}{C}{-}\overset{\overset{\textstyle OH}{|}}{\underset{\underset{\textstyle H}{|}}{C}}{-}\overset{\overset{\textstyle }{}}{\underset{\underset{\textstyle CH_2OH}{|}}{N}}{-}\overset{\overset{\textstyle O}{\|}}{C}{-}NH{-}CH_2OH$$

G-DMU

(a)

$$H{-}\overset{\overset{\textstyle OH}{|}}{\underset{\underset{\textstyle OH}{|}}{C}}{-}\overset{\overset{\textstyle O}{\|}}{C}{-}H \;+\; HO{-}H_2C{-}HN{-}\overset{\overset{\textstyle O}{\|}}{C}{-}NH{-}CH_2{-}OH$$

G1　　　　　　　　　　　　　　DMU

$$\longrightarrow H{-}\overset{\overset{\textstyle OH}{|}}{\underset{\underset{\textstyle OH}{|}}{C}}{-}\overset{\overset{\textstyle OH}{|}}{\underset{\underset{\textstyle H}{|}}{C}}{-}\overset{\overset{\textstyle }{}}{\underset{\underset{\textstyle CH_2OH}{|}}{N}}{-}\overset{\overset{\textstyle O}{\|}}{C}{-}NH{-}CH_2OH$$

G1-DMU

(b)

图 5-18　DMU 与 G(a)及 G1(b)的加成反应路线

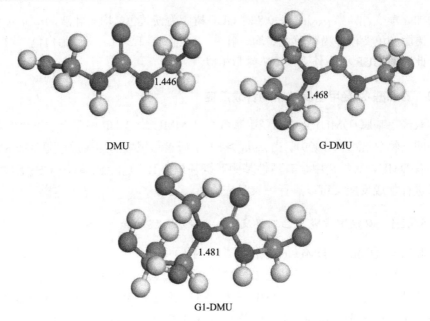

图 5-19　DMU、G-DMU 和 G1-DMU 的优化结构（键长单位 Å）

表 5-16　350 K 时 GGA/PW91/DNP/COSMO 水平下 DMU 与 G 及 G1 的
反应焓变 ($\Delta_r H$) 和 Gibbs 函数改变 ($\Delta_r G$) 值

化学反应	ΔE/(kJ/mol)	$\Delta_r H$/(kJ/mol)	$\Delta_r G$/(kJ/mol)
G + DMU ⟶ G-DMU	−26.64	−28.95	30.69
G1 + DMU ⟶ G1-DMU	−28.13	−33.12	41.71

　　表 5-16 表明，DMU 与 G 或 G1 反应的 $\Delta_r G$ 为正值，且大于 30 kJ/mol，从热力学角度分析，反应较难发生。原因可能为 DMU 分子中氨基上的 H 被—CH$_2$OH 取代后，对剩余 H 产生了强烈的空间位阻效应，从而使其和 G 或 G1 中 C═O 发生亲核反应的活性降低。此外，表 5-16 中的 $\Delta_r H$ 为负值，表明 G+DMU ⟶ G-DMU 和 G1+DMU ⟶ G1-DMU 的反应均为放热反应，即在反应时会放出大量的热量。

5.3.2.2　双羟甲基脲与质子化乙二醛及质子化 2,2-二羟基乙醛的加成反应

　　以乙二醛与尿素及单羟甲基脲反应机理的研究为基础，拟定 DMU 与 p-G 及 p-G1 的加成反应路线，如图 5-20 所示。在 PW91/DNP/COSMO 水平下，加成产物及其质子化化合物的优化构型见图 5-21，反应路线中涉及的各个化合物的化学反应热力学参数变化见表 5-17。

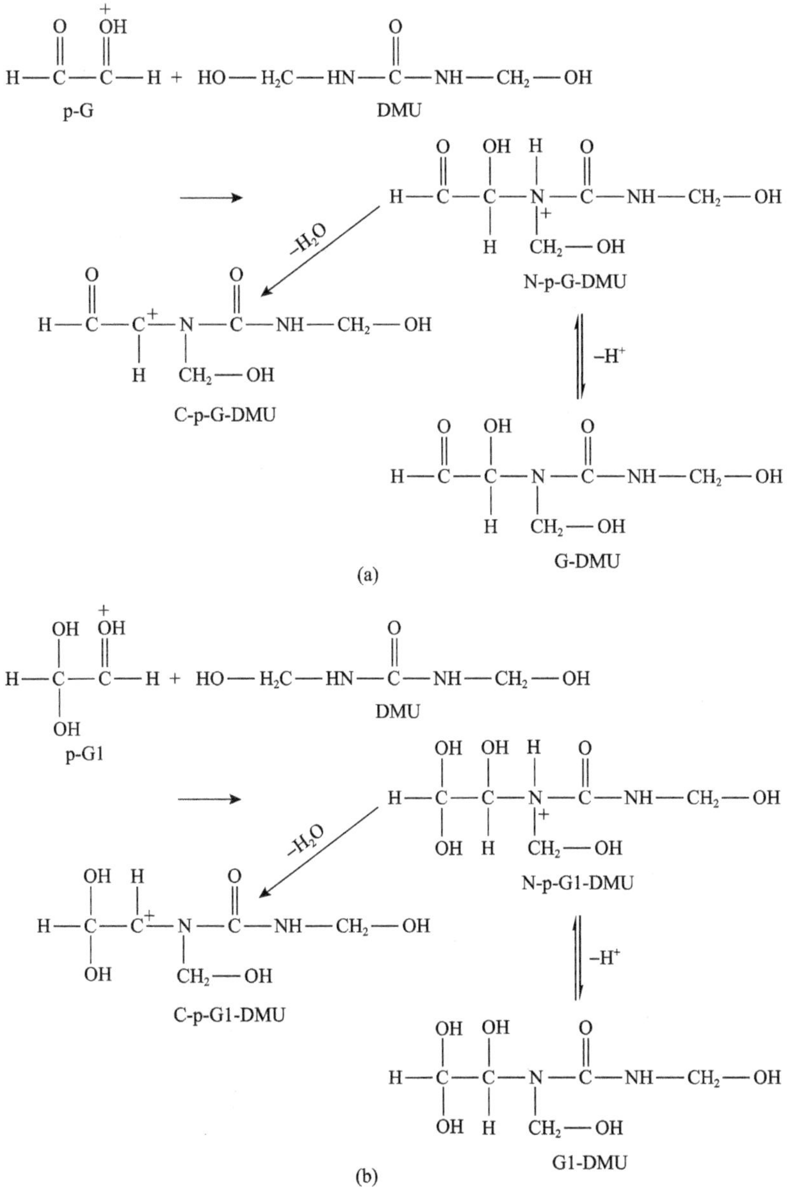

图 5-20　双羟甲基脲(DMU)与质子化乙二醛(a)及质子化 2,2-二羟基乙醛(b)的加成反应路线

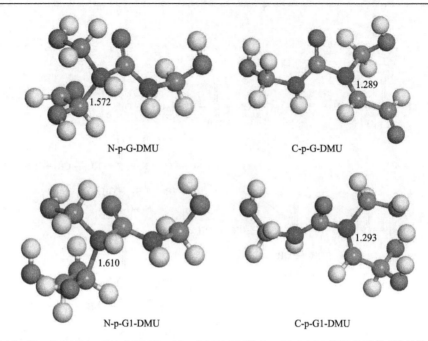

图 5-21　N-p-G-DMU、C-p-G-DMU、N-p-G1-DMU 和 C-p-G1-DMU 的优化结构(键长单位 Å)

表 5-17　350 K 时化学反应的焓变(Δ_rH)和 Gibbs 函数改变(Δ_rG)值

化学反应	Δ_rH/(kJ/mol)	Δ_rG/(kJ/mol)
p-G + DMU $\longrightarrow$ N-p-G-DMU	−112.27	−42.76
N-p-G-DMU $\longrightarrow$ C-p-G-DMU + H_2O	−82.59	−20.23
p-G1 + DMU $\longrightarrow$ N-p-G1-DMU	−62.43	10.85
N-p-G1-DMU $\longrightarrow$ C-p-G-DMU + H_2O	7.747	−31.95

在酸性溶液中，从表 5-17 可看出 p-G 与 DMU 的化学反应 Δ_rG 为−42.76 kJ/mol，从热力学角度判断，反应很容易进行。这是由于质子化分子中带有正电荷而缺少电子，而 DMU 中的 N 原子具有孤对电子，两者之间的直接碰撞易形成稳定的配合物；反应的焓变 Δ_rH 高达−112.27 kJ/mol，表明反应会放出大量的热。配合物 N-p-G-DMU 失去 H_2O 后变为碳正离子 C-p-G-DMU 的反应也为放热反应，故对反应有利。值得注意的是，反应 p-G1+DMU $\longrightarrow$ N-p-G1-DMU 的 Δ_rG 为 10.85 kJ/mol，远远低于 48 kJ/mol，表明该反应在该条件下较难发生，但生成物脱去一分子水的反应 N-p-G1-DMU $\longrightarrow$ C-p-G1-DMU+H_2O 的 Δ_rG 为−31.95 kJ/mol，反应向右的趋势很大，所以反应产物 N-p-G1-DMU 会进一步继续进行反应，即反应会向右进行，从而有利于反应 p-G1+DMU $\longrightarrow$ N-p-G1-DMU 向正反应方向进行。

同样，C-p-G-DMU 和 C-p-G1-DMU 是重要的中间产物，它是 G-DMU 树脂形成过程中加成和缩聚阶段重要的中间产物。对键长各参数分析得知，各类键长为正常范围，键结合较为牢固。此外，对 C-p-G-DMU 和 C-p-G1-DMU 进行马利肯（Mulliken）布居数分析，见图 5-22。

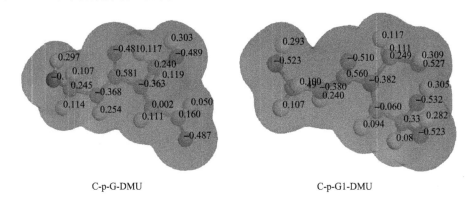

C-p-G-DMU　　　　　　　　　　　C-p-G1-DMU

图 5-22　C-p-G-DMU 和 C-p-G1-DMU 的马利肯布居数分布

从图 5-22 可以看出，正电荷离域均匀分散在整个分子中，整个分子非常稳定。在酸性条件下合成 UF 树脂的实验（Nair et al.，1983）中，也检测出类似的碳正离子 $NH_2CONHCH_2^+$；Li 等（2012）通过量子化学计算也证明了碳正离子 $NH_2CONHCH_2^+$ 可以稳定存在且是 UF 树脂形成过程中重要的中间产物；最近，邓书端等（Deng et al.，2013）用分子模拟计算与 MALDI-TOF-MS 相结合，发现在 GU 树脂的形成过程中也存在重要的碳正离子活性中间体 C-p-UG 和 C-p-UG1。

5.3.2.3　乙二醛-双羟甲基脲树脂的缩聚反应路线

通过上述加成阶段的研究可知，C-p-G-DMU 和 C-p-G1-DMU 是重要的中间产物。C-p-G-DMU 和 C-p-G1-DMU 可以直接和 DMU 发生反应。此外，G-DMU 和 G1-DMU 中含有大量的—OH，它们之间可以通过脱水缩合的方式生成醚键（—C—O—C—）形成聚合物。

G-DMU 树脂形成过程中可能发生的缩聚反应过程见图 5-23，在 PW91/DNP/COSMO 水平下，各缩聚产物 N-p-G-DMU-DMU、N-p-G1-DMU-DMU、G-DMU-G-DMU、G1-DMU-G1-DMU 的优化构型见图 5-24，相关的化学反应参数分别列于表 5-18。

虽然上述拟定的反应中间产物之间的缩聚反应较难发生，但是由于反应加成阶段的产物 N-p-G-DMU、C-p-G-DMU、G-DMU 和 G1—DMU 中的—OH 较多，—OH 之间脱水缩合的排列组合可能性也在增加，因此从理论上讲，G-DMU 树脂的缩聚阶段仍然会有 C—O—C 键的生成，而且可能会有多种反应同时发生。

C-p-G-DMU $\xrightarrow{\text{DMU}}$ **N-p-G-DMU-DMU**

C-p-G1-DMU $\xrightarrow{\text{DMU}}$ **N-p-G1-DMU-DMU**

2G-DMU $\longrightarrow$ **G-DMU-G-DMU**

2G1-DMU $\longrightarrow$ **G1-DMU-G1-DMU**

图 5-23　G-DMU 树脂形成过程中可能发生的缩聚反应

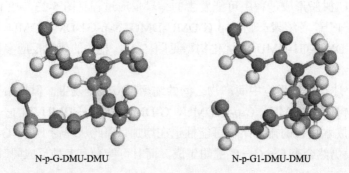

N-p-G-DMU-DMU　　　　　　　　　　N-p-G1-DMU-DMU

G-DMU-G-DMU   G1-DMU-G1-DMU

图 5-24 N-p-G-DMU-DMU、N-p-G1-DMU-DMU、G-DMU-G-DMU、
G1-DMU-G1-DMU 的优化结构

表 5-18 350 K 时化学反应的焓变($\Delta_r H$)和 Gibbs 函数改变($\Delta_r G$)值

化学反应	$\Delta_r H/$(kJ/mol)	$\Delta_r G/$(kJ/mol)
C-p-G-DMU + DMU $\longrightarrow$ N-p-G-DMU-DMU	−22.83	53.77
C-p-G1-DMU +DMU $\longrightarrow$ N-p-G1-DMU-DMU	−0.65	73.16
2 G-DMU $\longrightarrow$ G-DMU-G-DMU + H$_2$O	−99.78	52.48
2 G1-DMU $\longrightarrow$ G1-DMU-G1-DMU + H$_2$O	−169.59	40.73

5.3.2.4 乙二醛-双羟甲基脲树脂的合成条件优化

树脂的性能及化学结构随合成工艺的不同而改变(Pizzi，1994)。通过对 GUF 树脂合成过程中反应物料物质的量比(n_{DMU}/n_G)及反应 pH 对树脂基本性能的影响进行研究，并以树脂外观、稳定性、固含量以及黏度为评价指标，确定以 DMU 起始制备 GUF 树脂较适宜的合成工艺条件。

1)反应 pH 对树脂性能的影响

为探索 G 与 DMU 反应的较适宜 pH 范围，初步选定原料物质的量比 n_{DMU}：n_G=1∶1.4，反应温度 75℃，以 30%的 NaOH 溶液为 pH 调节剂，分别在反应 pH 为 2~3、3~4、4~5、5~6、6~7、7.5~8.5 的条件下进行 6 组实验，结果见表 5-19。

表 5-19 反应 pH 对 GUF 树脂基本性能的影响

序号	pH	树脂状态	稳定性(25℃)	涂-4 杯黏度/s	固含量/%
1	2~3	淡黄、均一	>30 天	15.4	57.9
2	3~4	淡黄、均一	>30 天	13.5	58.3
3	4~5	淡黄、均一	>30 天	14.4	57.8
4	5~6	淡黄、均一	>30 天	14.2	58.6
5	6~7	淡黄、均一	>30 天	15.0	57.4
6	7.5~8.5	黄色、均一	>30 天	14.9	57.8

从表 5-19 可看出，在所选定的反应 pH 条件下，均能得到淡黄色或黄色、均一的 GUF 树脂，且储存期在 30 天以上；其次，反应 pH 对树脂的黏度和固含量影响并不显著，在所选定的 pH 范围内，树脂的黏度在 14.2~15.4 s 之间，固含量在 57.4%~58.6%之间。

2)反应物料物质的量比对树脂基本性能的影响

为避免 DMU 在酸性条件下的自缩聚反应和 G 在强碱性条件下的坎尼扎罗反应，在此先选定反应条件为弱碱性(pH 为 7.5~8.5)，反应温度 75℃，反应时间 3 h，原料物质的量比 n_{DMU}/n_G 分别为 0.6、0.8、1.0、1.2、1.4 进行实验，结果见表 5-20。

表 5-20　原料物质的量比对 GUF 树脂性能的影响

序号	$n_{DMU} : n_G$	树脂状态	稳定性(25℃)	涂-4 杯黏度/s	固含量/%
1	0.6 : 1	淡黄色，均一	>30 天	13.6	54.0
2	0.8 : 1	淡黄色，均一	>30 天	14.0	60.3
3	1.0 : 1	淡黄色，均一	>30 天	14.5	64.2
4	1.2 : 1	淡黄色，均一	>30 天	15.6	66.8
5	1.4 : 1	淡黄色，均一	>30 天	16.1	68.9

由表 5-20 的结果可知，原料物质的量比对 GUF 树脂的状态、固含量以及黏度影响较大。在选定的实验条件下均能得到稳定的 GUF 树脂，且 GUF 树脂的黏度和固含量随着 n_{DMU}/n_G 的增加而增大；在 GUF 树脂合成过程中选择哪个物质的量比比较合适，还需对树脂结构及胶合性能进行深入研究。

5.4　乙二醛-尿素-甲醛共缩聚树脂合成反应

乙二醛与尿素、单羟甲基脲及双羟甲基脲均能发生反应生成聚合物，为实现乙二醛、尿素、甲醛三者之间的共缩聚提供了理论依据。然而，实现共缩聚的方法很多，常见的是一步法反应，即乙二醛、尿素、甲醛全部一次性加入反应容器，在一定条件下反应，作者在这方面做了大量的探索性实验，但合成的树脂稳定性均不理想，储存期不能超过 2 天，放置后树脂发生明显分层，上层为淡黄色液体，颜色和状态与 GU 树脂相似，下层为乳白色，与 UF 树脂相似，可能因为在溶液中乙二醛、尿素、甲醛三者之间并没有发生共缩聚反应，而只是乙二醛与尿素反应生成了 GU 树脂、甲醛与尿素反应生成了 UF 树脂，三者的共缩聚程度很低，所得到的大部分是 UF 树脂与 GU 树脂的混合物，由于 UF 树脂与 GU 树脂分子量存在较大差异，致使放置后分层。因此研究乙二醛、尿素、甲醛三者在溶液中的竞争反应机制对实现乙二醛、尿素、甲醛三者的共缩聚具有直接的理论指导意义。

5.4.1　甲醛与乙二醛的亲核反应活性比较

除考虑空间位阻效应外，醛的亲核反应活性还可以通过 Fukui 指数和前线轨道来衡量(江南等，2006)。在 GGA/PW91/DNP/COSMO 水平下，采用 Dmol^3 程序对甲醛和乙二醛分别进行优化，结构(各原子已编号)见图 5-25。

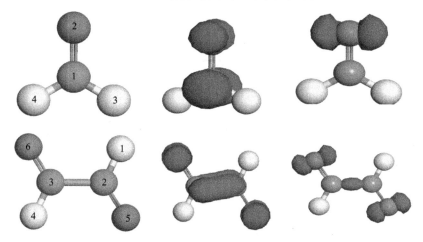

图 5-25　甲醛和乙二醛的 Fukui 指数分布图

左边为优化构型；中间为 $f(\bar{r})^+$；右边为 $f(\bar{r})^-$

从图 5-25 中可看出，甲醛和乙二醛的亲核反应 Fukui 指数［$f(\bar{r})^+$］主要集中在羰基(C=O)的 C 和 O 原子上；亲电反应 Fukui 指数［$f(\bar{r})^-$］主要集中在 O 原子上。在醛与尿素的亲核加成反应中，尿素氨基上的 N 原子进攻醛中羰基(C=O)上的 C 原子，形成 C—N 键，而尿素氨基上的 H 原子转移到羰基(C=O)的 O 原子上，形成 O—H 键(Nair et al.，1983)。由此可见，甲醛和乙二醛分子的亲核反应中心为 C 原子，而亲电反应中心为 O 原子。

为更清晰地比较甲醛与乙二醛的反应活性，甲醛和乙二醛分子中各原子的 $f(\bar{r})^+$ 和 $f(\bar{r})^-$ 数据见表 5-21。从表 5-21 可以看出，甲醛中 C 原子的 $f(\bar{r})^+$ 为 0.441，乙二醛中则为 0.188，表明甲醛的亲核反应活性明显高于乙二醛。这与图 5-25 的分析结果一致。

表 5-21　甲醛和乙二醛的量子化学参数 $f(\bar{r})^+$ 和 $f(\bar{r})^-$ 数值

分子	原子	$f(\bar{r})^+$	$f(\bar{r})^-$
F	C1	0.441	0.117
	O2	0.271	0.447
	H3	0.144	0.218
	H4	0.144	0.218

续表

分子	原子	$f(\vec{r})^+$	$f(\vec{r})^-$
F	H1	0.107	0.160
	C2	0.188	0.074
	C3	0.187	0.074
G	H4	0.107	0.160
	O5	0.205	0.266
	O6	0.205	0.266

　　根据福井谦一(Fukui Kenichi)的前线轨道理论，化学反应中化合物分子的反应主要取决于最高占据分子轨道(HOMO)和最低未占分子轨道(LUMO)。图 5-26 为甲醛和乙二醛的 HOMO 和 LUMO 的前线轨道分布图。表 5-22 列出了前线轨道能量的数值。

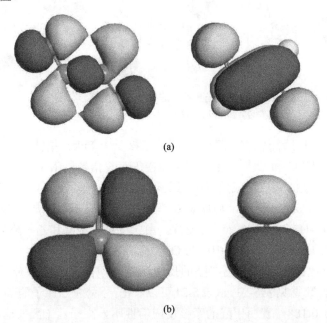

(a)

(b)

图 5-26　乙二醛(a)和甲醛(b)的分子前线轨道分布图

左边为 HOMO；右边为 LUMO

表 5-22　甲醛和乙二醛的量子化学参数 E_{HOMO}、E_{LUMO} 和 ΔE 数值

分子	E_{HOMO}/eV	E_{LUMO}/eV	ΔE/eV
F	−6.298	−2.554	3.744
G	−6.331	−4.307	2.024

　　从图 5-26 可看出，两种醛类分子的前线轨道较离域地分布于整个分子中，因

此这两种醛的反应活性均很高。从表 5-22 的数据可知，甲醛的最高占据能量
(E_{HOMO}) 数值高于乙二醛，这从另一个角度也表明甲醛的亲核反应活性高于乙
二醛。

5.4.2　甲醛与尿素的反应

F 与 U 的反应已有广泛研究，最近 Li 等 (2012, 2013) 通过 Gaussian 量子化学
软件研究了该反应的动力学机理，搜索出相应的过渡态。在此基础上，从化学热
力学的角度来探讨 F 与 U 的亲核加成反应机理。

5.4.2.1　甲醛在酸性水溶液中的存在形式

甲醛水溶液为水合甲醛、游离甲醛、聚甲醛的混合物。F 分子与 1 个 H_2O 分
子发生亲核加成反应生成甲二醇 (M)，在酸性溶液中，上述化合物会发生质子化
形成质子化甲醛 (p-F) 和质子化甲二醇 (p-M)，反应路线如图 5-27 所示。

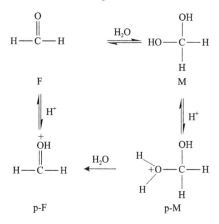

图 5-27　甲醛与水的加成及在酸介质中的质子化路线

在 GGA/PW91/DNP/COSMO 和 GGA/BLYP/DND/COSMO 两个水平下对反应
路径中的 F 和水的加成产物及质子化产物进行量子化学计算，图 5-28 列出了
GGA/PW91/DNP/COSMO 水平下反应物 F、M、p-F 和 p-M 的优化分子结构。相
应的化学反应的相对能量 (ΔE) 及质子化亲和能 (PA) 分别列于表 5-23。

从图 5-28 中可以看出，F 分子为平面三角形，分子中的 C 原子主要采用的杂
化方式为 sp^2 杂化。此外，p-M 结构中质子化后的 C—O 键的长度为 1.635 Å，明
显高于正常的 C—O 键键长 1.41 Å，很容易断裂失去一分子的 H_2O 又转变为 p-F。
对于醛类与水的加成反应的可行性一般主要的衡量指标为 ΔE (Li et al., 2012)。一
般情况下，如果 ΔE 为负值，则表明与水的加成反应容易进行。有机物的质子化能

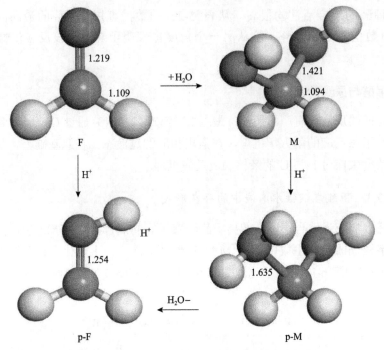

图 5-28　F、M、p-F 及 p-M 的优化结构(键长单位 Å)

表 5-23　甲醛在酸性介质中化学反应的相对能量(ΔE)和质子化亲和能(PA)值

水平	化学反应	ΔE/(kJ/mol)	PA/(kJ/mol)
GGA/PW91/DNP/COSMO	F+ H_2O ⟶ M	−33.57	—
	F+H^+ ⟶ p-F	—	1003.44
	M+H^+ ⟶ p-M	—	1038.79
GGA/BLYP/DND/COSMO	F+H_2O ⟶ M	−8.21	—
	F+H^+ ⟶ p-F	—	984.84
	M+H^+ ⟶ p-M	—	1030.07

注："—"表示未进行相关计算。

力一般用 PA 来衡量(李大枝等，2009)，表 5-23 列出了ΔE 和 PA 值。从表 5-23 中可看出，ΔE 为负值，表明 F 在水中会与水发生亲核加成反应，生成 M，且为放热反应。表 5-23 表明，PA 的数值基本在 1000 kJ/mol 上，故在酸性介质中，化合物 F 和 M 均容易发生质子化生成相应的 p-F 和 p-M。根据上述分析，F 在酸性水溶液中存在的反应较多，考虑到它们是一个平衡体系，需要考虑 F、M、p-F、p-M 四种主要形式与 U 的反应。但是，由于 M 中无羰基(C=O)，很难与 U 发生亲核加成反应。因此，主要研究了 F、p-F、p-M 三种主要形式与 U 的反应。

5.4.2.2　甲醛与尿素的加成反应

拟定 F 与 U 的反应路线见图 5-29，在反应中，主要是 U 分子中氨基(—NH₂)上的 N 原子进攻 F 羰基(C=O)上的 C 原子，形成 C—N 键，并且氨基中的 H 原子转移到羰基(C=O)的 O 原子上，形成 O—H 键。在 GGA/DNP/PW91/COSMO 和 GGA/DND/BLYP/COSMO 水平下，相关的结构和化学反应参数列于表 5-24。

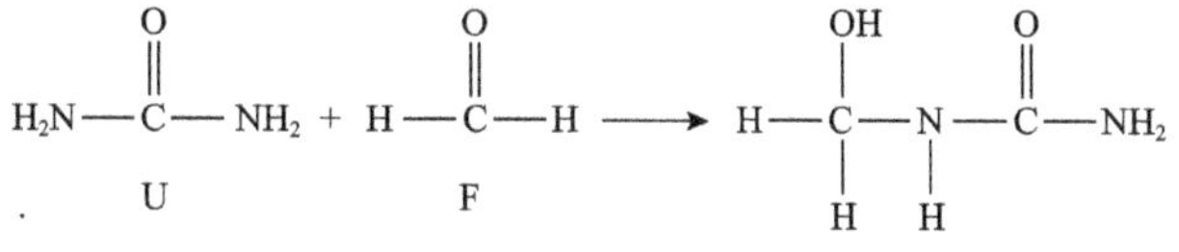

图 5-29　U 与 F 的加成反应路线

表 5-24　U 与 F 的反应焓变($\Delta_r H$)和 Gibbs 函数改变($\Delta_r G$)值

水平	化学反应	$\Delta_r H/$(kJ/mol)	$\Delta_r G/$(kJ/mol)
GGA/DNP/PW91/COSMO	U + F ——→ MMU	−48.54	10.42
GGA/DND/BLYP/COSMO	U + F ——→ MMU	−13.81	42.06

表 5-24 中 U 与 F 反应的$\Delta_r G$为正值，从热力学角度考虑，反应不容易发生。Dunky 等已报道过 U 与 F 在中性条件下的反应较难发生(Dunky，1998；Soulard et al.，1999)。Li 等(2013)也通过反应动力学过渡态搜索计算表明，在中性条件下，U 与 F 的反应活化能垒超过 130 kJ/mol，反应很难发生。

U 与 F 反应的 Gibbs 函数改变($\Delta_r G$)数值均小于 48.0 kJ/mol，表明反应能够在外界环境提供能量或反应条件改变时有可能会发生。但由于在水溶液中以游离形式存在的 F 含量极少，可以认为 U 与 F 的加成反应很难发生。由于 U 分子中氨基(—NH₂)和 F 中羰基(C=O)强烈的 p-π 共轭效应的影响，使电荷较离域地分散于整个分子中，从而降低了 U 的亲核反应能力。

5.4.2.3　质子化甲醛及质子化甲二醇与尿素的加成反应

拟定的 p-F 及 p-M 与 U 的加成反应路线见图 5-30。在 GGA/DNP/PW91/COSMO 水平下，加成产物 N-p-MMU 和 C-p-MMU 的优化构型见图 5-31，反应路线中涉及的化合物和化学反应参数列于表 5-25。

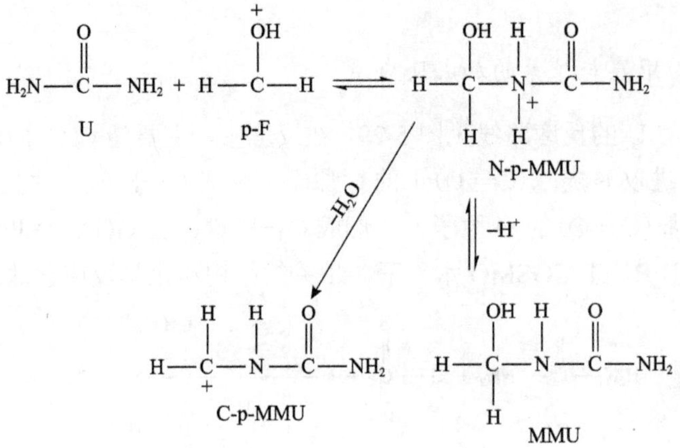

图 5-30　U 与 p-F(a) 及 p-M(b) 的加成反应路线

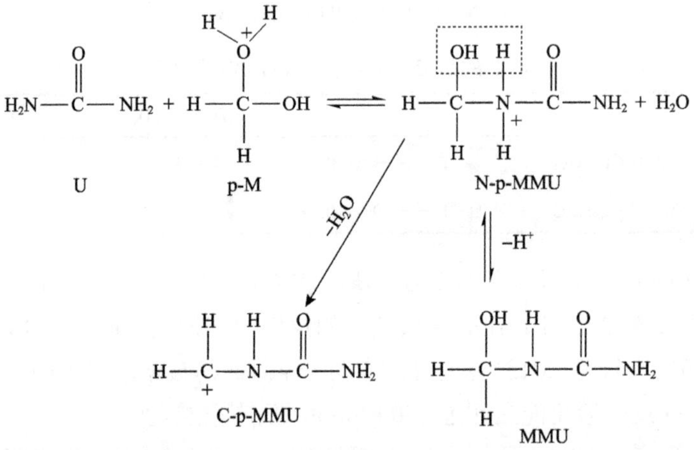

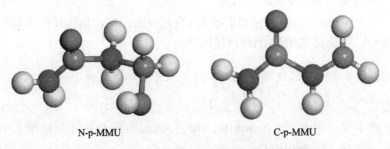

N-p-MMU　　　　　　C-p-MMU

图 5-31　N-p-MMU 和 C-p-MMU 的优化结构

表 5-25　350 K 时 U 与 p-F 和 p-M 的反应焓变($\Delta_r H$)和 Gibbs 函数改变($\Delta_r G$)值

水平	化学反应	$\Delta_r H$/(kJ/mol)	$\Delta_r G$/(kJ/mol)
	U + p-F ⟶ N-p-MMU	−115.82	−61.02
GGA/DNP/PW91/COSMO	N-p-MMU ⟶ C-p-MMU + H_2O	39.18	−43.54
	U + p-M ⟶ N-p-MMU + H_2O	−41.22	−35.34
	U + p-F ⟶ N-p-MMU	−90.79	−31.33
GGA/DND/BLYP/COSMO	N-p-MMU ⟶ C-p-MMU + H_2O	18.58	−109.56
	U + p-M ⟶ C-p-MMU + H_2O	−35.14	−25.38

从表 5-25 可看出，在酸性溶液中，p-F 及 p-M 与 U 反应的$\Delta_r G$均为负值，从热力学角度判断，上述反应容易发生，特别是 p-F 和 U 之间反应的$\Delta_r G$数值小于 −48.0 kJ/mol，反应更容易进行。这是由于质子化分子中带有正电荷而缺少电子，而 U 的 N 原子具有孤对电子，因此两者之间直接碰撞即可形成稳定的配合物。此外，上述两个反应的$\Delta_r H<0$，表明反应为放热反应。

配合物 N-p-MMU 失去 H_2O 后变为碳正离子 C-p-MMU，反应为吸热反应，故温度升高对反应有利。

C-p-MMU 是重要的中间产物，它既是 U 与 F 加成阶段重要的中间产物又是缩聚反应阶段重要的反应物。对键长各参数分析得知，各类键长为正常范围，表明键结合比较牢固。此外，对 C-p-MMU 进行马利肯布居数分析，结果见图 5-32，从图中可看出，正电荷离域均匀分散在整个分子中，整个分子非常稳定。这与 Nair、Li 等(Nair et al.，1983；Li et al.，2012)关于 UF 树脂形成机理的研究结果一致。

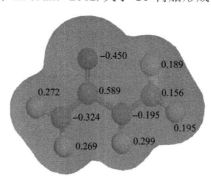

图 5-32　C-p-MMU 的马利肯布居数分布

5.4.2.4　尿素与甲醛反应体系中的缩聚反应

通过上述 U 与 p-F、p-M 的加成反应可知，C-p-MMU 是重要的中间产物。C-p-MMU 可以直接和 U 发生反应。此外，MMU 中有大量的—OH，它们之间可以通过脱水缩合的方式生成醚键（—C—O—C—）形成聚合物。图 5-33 列出了 UF 树脂形成过程中可能发生的缩聚反应。

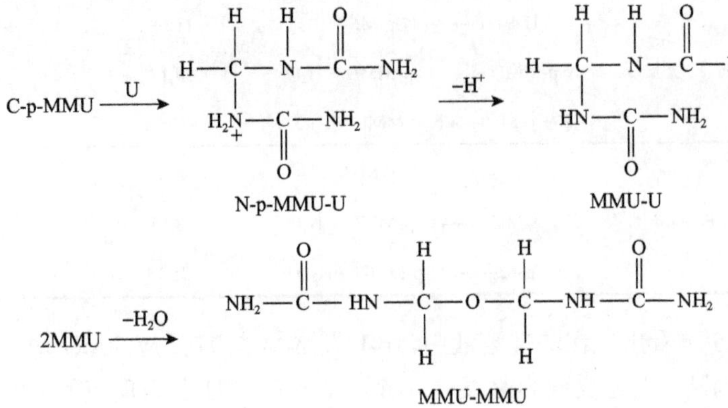

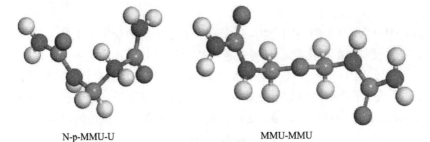

图 5-33　UF 树脂形成过程中可能发生的缩聚反应

在 PW91/DNP/COSMO 水平下，缩聚产物 N-p-MMU-U 和 MMU-MMU 的优化构型见图 5-34，相关的结构参数和化学反应参数分别列于表 5-26 和表 5-27。

N-p-MMU-U　　　　　　　　MMU-MMU

图 5-34　N-p-MMU-U 和 MMU-MMU 的优化结构

表 5-26　在 PW91/DNP/COSMO 水平下的优化结构参数

物质	E_e/Ha	ZPVE/(kcal/mol)	H(350 K)/(kcal/mol)	G(350 K)/(kcal/mol)
N-p-MMU-U	−489.1619554	92.741	101.678	65.321
MMU-MMU	−603.2736148	104.070	113.820	70.051

注：ZPVE 表示零点振动能。

表 5-27　350 K 时化学反应热力学参数 $\Delta_r H$ 和 $\Delta_r G$

反应	$\Delta_r H$/(kJ/mol)	$\Delta_r G$/(kJ/mol)
C-p-MMU + U $\longrightarrow$ N-p-MMU-U	−56.03	6.01
2 MMU $\longrightarrow$ MMU-MMU + H$_2$O	2.10	−0.39

从表 5-27 可看出, 在 UF 树脂形成过程中, 反应 C-p-MMU+U ——→ N-p-MMU-U 和 2MMU ——→ MMU-MMU+H_2O 的 $\Delta_r G$ 绝对值很小, 均不超过 10 kJ/mol, 从热力学角度判断, 相对而言, 上述反应比较容易发生。C-p-MMU+U ——→ N-p-MMU-U 的 $\Delta_r H$ 为负值, 且绝对值较大, 反应时会伴随有大量的热效应产生, 而 2MMU ——→ MMU-MMU+H_2O 的 $\Delta_r H$ 接近零, 反应热效应不太明显。根据以上结果, 可以推断 UF 树脂的缩聚阶段主要以 C—N—C 和 C—O—C 两种键生成的方式形成聚合物。

5.4.2.5 乙二醛与体系中剩余尿素的反应

G 的反应活性比 F 低, 从竞争反应的角度看, 在 G、U、F 的反应体系中, 反应初期可能 F 与 U 的加成反应占据主导地位, 尽管如此, 体系中仍然会有少量 G 与 U 发生反应。

G 和 U 的反应较为复杂, 主要的加成反应式如下:

$$U + G \longrightarrow UG \tag{5-1}$$

$$U + G1 \longrightarrow UG1 \tag{5-2}$$

$$U + p\text{-}G \longrightarrow N\text{-}p\text{-}UG \longrightarrow C\text{-}p\text{-}UG + H_2O \tag{5-3}$$

$$U + p\text{-}G1 \longrightarrow N\text{-}p\text{-}UG1 \longrightarrow C\text{-}p\text{-}UG1 + H_2O \tag{5-4}$$

反应(5-1)和(5-2)较难发生, 而反应(5-3)和(5-4)则相对容易进行, 反应过程中形成的中间产物为 C-p-UG 和 C-p-UG1。

缩聚阶段主要发生如下反应:

$$C\text{-}p\text{-}UG + U \longrightarrow N\text{-}p\text{-}UG\text{-}U \tag{5-5}$$

$$C\text{-}p\text{-}UG1 + U \longrightarrow N\text{-}p\text{-}UG1\text{-}U \tag{5-6}$$

$$2UG \longrightarrow UG\text{-}UG + H_2O \tag{5-7}$$

$$2UG1 \longrightarrow UG1\text{-}UG1 + H_2O \tag{5-8}$$

GU 树脂的缩聚阶段主要有 C—N—C 和 C—O—C 两种键生成。

5.4.2.6 乙二醛与体系中单羟甲基脲的反应

G 除了会与剩余的 U 发生反应外, 还会和 U 与 F 反应时的重要中间产物 MMU 发生反应。

研究结果表明, G 和 MMU 的反应较为复杂, 主要发生的加成反应如下:

$$MMU + G \longrightarrow G\text{-}MMU \tag{5-9}$$

$$MMU + G1 \longrightarrow G1\text{-}MMU \tag{5-10}$$

$$MMU + p\text{-}G \longrightarrow N\text{-}p\text{-}G\text{-}MMU \longrightarrow C\text{-}p\text{-}G\text{-}MMU + H_2O \tag{5-11}$$

$$MMU + p\text{-}G1 \longrightarrow N\text{-}p\text{-}G1\text{-}MMU \longrightarrow C\text{-}p\text{-}G1\text{-}MMU + H_2O \tag{5-12}$$

与 GU 树脂相类似，反应(5-9)和(5-10)较难发生，从热力学和动力学角度判断，反应(5-11)和(5-12)较容易进行，反应中形成了重要的中间产物 C-p-G-MMU 和 C-p-G1-MMU。

根据前期研究结果，G-MMU 树脂在缩聚阶段，主要有 C—N—C 和 C—O—C 两种键生成，主要发生的缩聚反应如下：

$$C\text{-}p\text{-}G\text{-}MMU + MMU \longrightarrow N\text{-}p\text{-}G\text{-}MMU\text{-}MMU \tag{5-13}$$

$$C\text{-}p\text{-}G1\text{-}MMU + MMU \longrightarrow N\text{-}p\text{-}G1\text{-}MMU\text{-}MMU \tag{5-14}$$

$$2G\text{-}MMU \longrightarrow G\text{-}MMU\text{-}G\text{-}MMU + H_2O \tag{5-15}$$

$$2G1\text{-}MMU \longrightarrow G1\text{-}MMU\text{-}G1\text{-}MMU + H_2O \tag{5-16}$$

5.4.3　乙二醛-尿素-甲醛共缩聚树脂的合成条件优化

根据研究结果，乙二醛可与单羟甲基脲和双羟甲基脲反应制备 GUF 树脂，故先让甲醛与尿素在弱碱性条件下反应生成羟甲基脲，再加入乙二醛反应生成 GUF 树脂；为降低 GUF 树脂中的游离甲醛含量，控制甲醛与尿素的物质的量比 $n_F/n_U < 1.0$。经过大量的预实验之后，初步选择 $n_{(F+G)}/n_U = 1.4$ 进行后面的优化实验。

此部分主要研究了反应 pH、反应时间及反应物料物质的量比对 GUF 树脂基本性能的影响，为以乙二醛、尿素、甲醛起始制备 GUF 共缩聚树脂合成工艺路线的设计提供了实验数据。

5.4.3.1　反应 pH 对树脂基本性能的影响

为探索第二阶段反应的较适宜 pH 范围，本组实验初步选定原料物质的量比 $n_F : n_U : n_G = 0.7 : 1.0 : 0.7$，根据 UF 树脂的合成工艺，为使尿素与甲醛发生充分的羟甲基化反应，让尿素与甲醛先在弱碱性条件(pH 为 7.5～8.5)下于 75～80℃保温反应 40 min，再加入乙二醛，将其 pH 调至不同的范围后保温反应 1 h，冷却至 40℃以下，调至弱碱性出料。所制备 GUF 树脂的基本性能见表 5-28。

表 5-28　第二阶段反应 pH 对 GUF 树脂基本性能的影响

序号	第二阶段反应 pH	树脂状态	涂-4 杯黏度/s	固含量/%
1	2.5～3.0	乳白色，均一	14.8	52.9
2	3.5～4.0	乳白色，均一	13.1	51.4
3	4.5～5.0	淡黄色，均一	14.3	49.2
4	5.5～6.0	淡黄色，均一	12.8	49.2
5	6.5～7.0	淡黄色，均一	13.3	50.2
6	7.5～8.5	橙黄色，均一	12.6	47.9

从表 5-28 可以看出，第二阶段反应 pH 对 GUF 树脂固含量和黏度的影响较小，随着 pH 从 2.5 调到 8.5，其固含量基本维持在 47%～53%，黏度维持在 12～15 s；第二阶段反应 pH 为酸性时所制备的 GUF 树脂，颜色较浅，储存期 3 天左右；当第二阶段反应 pH 为弱碱性时，GUF 树脂储存期相对较长，可达 7 天左右，但树脂的黏度和固含量均较低；再根据前面 MMU 与 G 的反应，后面的优化实验中，选择第二阶段反应 pH 为弱酸性。

5.4.3.2　反应时间对树脂基本性能的影响

为考察第二阶段反应时间的影响，固定 $n_F : n_U : n_G = 0.7 : 1.0 : 0.7$，尿素与甲醛在 pH 为 7.5～8.0 下于 75～80℃保温反应 40 min，加入乙二醛后再将其调至弱酸性，保温反应不同时间后，冷却，调至弱碱性出料，树脂的基本性能见表 5-29。从表 5-29 可以看出，第二阶段反应时间对树脂的黏度和固含量影响并不大，对于反应时间的选择还应该深入研究。

表 5-29　第二阶段反应时间对 GUF 树脂基本性能的影响

序号	第二阶段反应时间/h	树脂外观	涂-4 杯黏度/s	固含量/%
1	1.0	淡黄色，均一	13.7	49.3
2	2.0	淡黄色，均一	13.5	50.3
3	3.0	橙色，均一	13.7	49.2

5.4.3.3　反应物料物质的量比对树脂基本性能的影响

为研究原料物质的量比对树脂基本性能的影响，固定 $n_{(F+G)} / n_U = 1.4 : 1$，在确保 $n_F / n_U < 1$ 的前提下，第二阶段反应 pH 为弱酸性（4.5～5.5），不断改变甲醛与乙二醛的物质的量比进行实验，树脂的基本性能见表 5-30。

表 5-30 物料物质的量比对树脂基本性能的影响

序号	n_F/n_G	树脂外观	涂-4 杯黏度/s	固含量/%	游离甲醛含量/%
1	0.9:0.5	乳白色,均一	14.3	51.8	0.04
2	0.7:0.7	淡黄色,均一	13.8	49.8	0.07
3	0.4:1.0	淡黄色,均一	13.8	49.7	0.05

从表 5-30 可以看出,原料物质的量比对树脂外观的影响较大,随着乙二醛用量逐渐增加,树脂颜色由乳白色转变为淡黄色;黏度和固含量随物质的量比的变化并不显著。随着甲醛与乙二醛物质的量比的改变,树脂中游离甲醛的含量很低且没发生明显变化,表明在此条件下甲醛的羟甲基化反应程度较高,体系中游离的甲醛含量很少。

5.5 乙二醛-尿素-甲醛共缩聚树脂的结构与性能

用两步法合成 GUF 共缩聚树脂,并研究各种合成条件对树脂性能的影响。为研究 GUF 树脂的结构,采用 UV-vis、FTIR、^{13}C-NMR 以及 MALDI-TOF-MS 对 GUF 树脂的结构进行表征,用 DMA 方法研究树脂的固化过程,以 GUF 树脂制备胶合板并测定板材的干状胶合强度及甲醛释放量,旨在为 GUF 共缩聚树脂应用于木材胶黏剂提供理论指导。

5.5.1 乙二醛-尿素-甲醛共缩聚树脂的结构

5.5.1.1 GUF 树脂的紫外-可见吸收光谱研究

为研究溶液中乙二醛、尿素、甲醛在溶液中的反应情况以及 GUF 共缩聚树脂的结构,以蒸馏水为参比,对乙二醛、尿素及 GUF 树脂的紫外-可见吸收光谱进行扫描,结果如图 5-35 所示。

从图 5-35 可以看出,尿素只在 198 nm 处有吸收,是其分子中羰基(C═O)的 n→π* 跃迁所致;乙二醛在 218 nm 和 266 nm 处有吸收,分别对应于 π→π* 和 n→π* 跃迁产生的吸收峰,这与前面的研究结果一致(Deng et al.,2013);GUF 树脂在 222 nm 处有强吸收和 287 nm 附近有宽的吸收峰,分别对应于树脂结构中的 π→π* 跃迁和 n→π* 跃迁,且与乙二醛和尿素的谱图相比,其吸收位置和强度均发生了明显变化,表明在此合成条件下,乙二醛、尿素、甲醛发生了反应且生成的物质可能具有共轭结构。

5.5.1.2 GUF 树脂的傅里叶变换红外光谱研究

为鉴定 GUF 树脂结构中的主要官能团,分别测定了第二阶段不同反应 pH 的

GUF 树脂 FTIR 谱图，如图 5-36 所示。

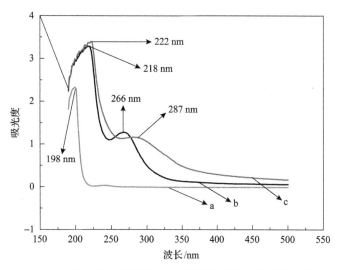

图 5-35 乙二醛、尿素及 GUF 树脂的紫外-可见吸收光谱
(a)尿素；(b)乙二醛；(c)GUF 树脂

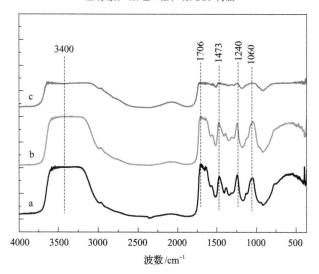

图 5-36 第二阶段不同反应 pH 的 GUF 树脂的 FTIR 谱图
(a)pH 为 4.5～5.0；(b)pH 为 5.5～6.0；(c)pH 为 7.5～8.0

从 GUF 树脂的 FTIR 谱图可以看出，第二阶段不同反应 pH 的 GUF 树脂在吸收位置和形状方面呈现相似特征，表明 GUF 树脂含有的主要官能团相同。其中，3400 cm^{-1} 附近的宽强吸收带应为树脂结构中 N—H 和 O—H 伸缩振动吸收的重合；1706 cm^{-1} 处的强吸收为羰基(C═O)伸缩振动；1473 cm^{-1} 处对应树脂结构中饱和 C—H 的变形振动；1240 cm^{-1} 处的吸收对应 C—O—C 的伸缩振动；1060 cm^{-1}

为 C—N 伸缩振动。

5.5.1.3　GUF 共缩聚树脂的核磁共振碳谱研究

为研究 GUF 树脂的结构，固定 $n_F : n_U : n_G$=0.7 : 1.0 : 0.7，第二阶段反应 pH 为弱酸性，反应时间为 1 h 时 GUF 树脂的 ^{13}C-NMR 谱见图 5-37。以氨基树脂的 ^{13}C-NMR 研究为基础并充分考虑 ^{13}C-NMR 中影响碳化学位移的因素（Tohmura et al.，2000；Kim，1999，2000；Kim et al.，2001），对各个谱峰进行分析。

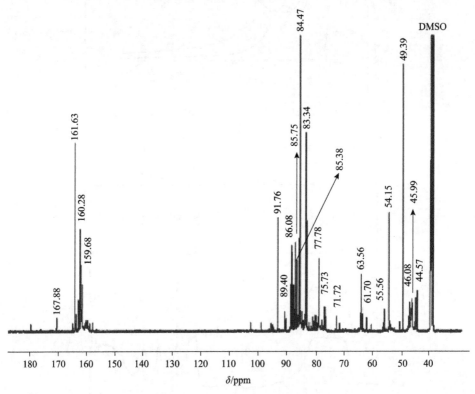

图 5-37　GUF 树脂的 ^{13}C-NMR 谱图

从图 5-37 可以看出，GUF 树脂的 ^{13}C-NMR 谱图中出现了许多吸收峰，表明体系中 GUF 树脂的结构更为复杂，存在多种化学环境的碳。其中，44～92 ppm 范围为 sp^3 杂化碳的吸收，由于树脂结构中氧原子(O)和氮原子(N)电负性的影响使其吸收移向高波数，此范围内吸收峰比较多而且相互重叠，表明 GUF 树脂中含有多种不同取代结构的 sp^3 杂化碳；159.68 ppm、160.28 ppm、161.63 ppm、167.88 ppm 处为羰基碳(C=O)的吸收，由于乙二醛、尿素、甲醛三者在溶液中复杂的反应改变了羰基(C=O)所处的化学环境从而改变了其化学位移,使其在多个位置有吸收。

5.5.1.4　GUF 共缩聚树脂的 MALDI-TOF-MS 研究

为进一步研究 GUF 树脂的结构及分子量分布情况，对物质的量比 $n_F : n_U : n_G = 0.7 : 1.0 : 0.7$，第二阶段反应时间为 1 h、2 h、3 h 的 GUF 树脂分别用 MALDI-TOF-MS 进行表征，结果见图 5-38。

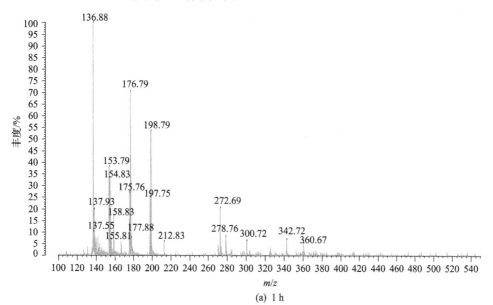

(a) 1 h

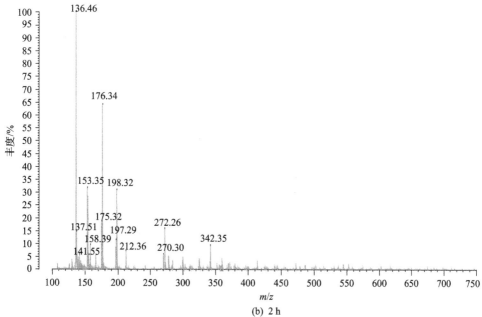

(b) 2 h

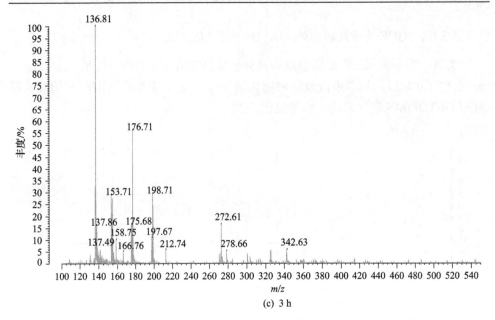

(c) 3 h

图 5-38　第二阶段不同反应时间 GUF 树脂的 MALDI-TOF-MS 谱图

对比分析图 5-38 中相对强度较大的峰可见，第二阶段不同反应时间的 GUF 树脂 MALDI-TOF-MS 谱图中虽然各峰的强度不一样，但主要峰的吸收位置相同，表明 GUF 树脂的结构中具有相同的重复单元，由于其分子量分布情况不同导致各自的图谱中相同质荷比的峰的强度不一样，而且谱图中主要是质荷比 m/z 小于 400 Da 的峰，m/z 大于 400 Da 的峰几乎未出现，表明在所研究的合成条件下，体系中主要是一些低聚物存在，高聚反应较少发生。这些结果表明，第二阶段反应时间对 GUF 树脂聚合程度及分子量分布情况的影响并不显著。

5.5.2　乙二醛-尿素-甲醛共缩聚树脂的性能

5.5.2.1　GUF 共缩聚树脂的 DMA 分析

为进一步研究各种合成条件下 GUF 树脂的性能，用 DMA 模拟各种 GUF 树脂制造人造板的热压过程。

为研究第二阶段反应 pH 对 GUF 树脂固化过程及固化后性能的影响，在此用 DMA 方法模拟胶合板热压过程中样品模量和损耗角正切随温度的变化情况。在实验中采取多频率，但由于样品在 5 个频率测试的结果十分相似，为了数据的可比性，本节均选择 10 Hz 的数据进行分析。第二阶段反应 pH 分别为强酸性、弱酸性和弱碱性的 GUF 样品的储存模量（E'）随温度的变化曲线如图 5-39 所示。

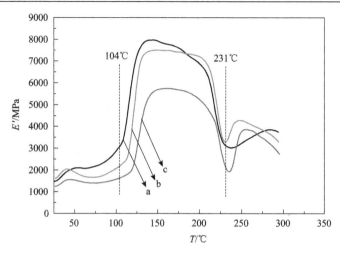

图 5-39　第二阶段不同反应 pH 的 GUF 样品储存模量（E'）随温度的变化曲线
(a) pH 为 2.5～3.0；(b) pH 为 5.5～6.0；(c) pH 为 7.5～8.0

从图 5-39 可以看出，第二阶段不同反应 pH 的 GUF 样品在 104℃ 以下样品的 E' 很低，从约 104℃ 开始，各 GUF 样品的 E' 随着温度的增加而迅速增加，然后在一定的温度范围内基本保持稳定，此后又迅速降低，在约 231℃ 降至最低点并在很小的范围内波动，表明各 GUF 树脂的起始固化温度相差不大，均约为 104℃。各 GUF 样品的 E' 相差较大，表明第二阶段不同 pH 的 GUF 样品固化后的热稳定性和热机械性能各不相同。为更清晰地比较各种树脂的固化行为及固化后的热机械性能，各 GUF 样品的峰值温度、峰值 E' 及稳定的温度区间列于表 5-31。

表 5-31　第二阶段不同反应 pH 的 GUF 样品峰值温度、峰值 E' 及 E' 保持稳定的温度区间

第二阶段反应 pH	峰值温度/℃	峰值 E'/MPa	E' 保持稳定的温度范围/℃
强酸性(2.5～3.0)	133	7966	125～195
弱酸性(5.5～6.0)	134	7376	131～210
弱碱性(7.5～8.0)	150	5710	140～205

从表 5-31 可以看出，随着第二阶段反应 pH 的增加，样品的峰值 E' 逐渐降低而峰值温度逐渐升高，E' 保持稳定的温度范围相差不大；当第二阶段反应 pH 为强酸性和弱酸性时，GUF 样品的峰值温度基本相同，分别为 133℃ 和 134℃，而第二阶段反应 pH 为弱碱性时，其峰值温度为 150℃，表明此 GUF 树脂的固化速率较慢；各 GUF 样品的最大 E' 也有类似的变化趋势，强酸性：7966 MPa、弱酸性：7376 MPa、弱碱性：5710 MPa，表明第二阶段为强酸性和弱酸性时，GUF 树脂固化后的力学性能相近，而第二阶段反应 pH 为弱碱性时，GUF 树脂固化后的力学性能最差。为尽量降低羟甲基脲的自缩聚反应，从而更大程度地实现乙二

醛、尿素、甲醛三者之间的共缩聚，第二阶段反应 pH 应选择弱酸性为宜。

tanδ-T 曲线的峰值代表相应的相转变或物质结构的显著变化(Kim et al.，1991)，如图 5-40 所示。从图 5-40 可以看出，各 GUF 样品的 tanδ-T 曲线的峰值温度和峰值 tanδ 各不相同。其中第一个峰值温度代表树脂因固化由液相转变为固相的温度(Wang et al.，2009)，分别为：强酸性，111℃；弱酸性，117℃；弱碱性，125℃，表明第二阶段为弱碱性时制备的 GUF 树脂的固化速率最慢。第二个峰值温度为固化后树脂因在高温下发生降解或分子链断裂产生新的化合物等导致树脂结构发生显著变化的温度，强酸性、弱酸性及弱碱性分别为 232℃、230℃、226℃，表明第二阶段不同反应 pH 的 GUF 树脂固化后的热稳定性相差不大。这与 E' -温度曲线得到的结果基本一致。

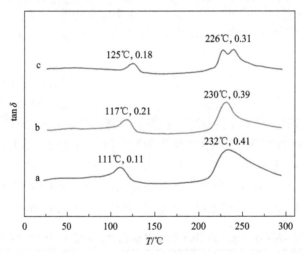

图 5-40 第二阶段不同反应 pH 的 GUF 样品损耗角正切(tanδ)随温度的变化曲线
(a)pH 为 2.5～3.0； (b)pH 为 5.5～6.0； (c)pH 为 7.5～8.0

5.5.2.2 第二阶段不同反应时间的 GUF 树脂 DMA 分析

为研究第二阶段反应时间对 GUF 树脂固化过程及固化后性能的影响，在此用 DMA 方法模拟了胶合板热压过程中样品模量和损耗角正切随温度的变化情况。第二阶段反应时间分别为 1 h、2 h、3 h 的 GUF 样品 E' 随温度的变化曲线如图 5-41 所示。

从图 5-41 可以看出，从约 112℃开始，样品的 E' 随着温度的升高而迅速增加，然后在一定温度范围内基本保持不变，此后又迅速降低，在大约 232℃时具有最小值并基本保持不变。样品的 E' 均在约 112℃开始迅速增加，由于此时树脂开始固化，表明各 GUF 树脂固化起始温度大致相同；随着样品固化程度的增加，

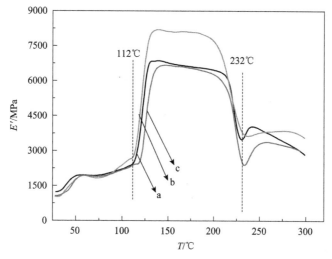

图 5-41　第二阶段不同反应时间的 GUF 样品 E' 随温度的变化曲线

(a) 1 h；(b) 2 h；(c) 3 h

E' 迅速增加并达到最大值，由于固化后的树脂在一定的温度范围内具有热稳定性和保持其力学性能的性质，所以样品的 E' 在一定的温度范围内基本保持不变；但随着温度的升高，固化后的树脂在高温下会发生降解、分子链断裂、交联键断裂或者热膨胀等因素导致样品的力学性能显著恶化，在 E'-T 曲线上表现为 E' 迅速下降。为更清晰地比较各种树脂的固化行为及固化后的热机械性能，各 GUF 样品的峰值温度、峰值 E' 及稳定的温度区间列于表 5-32。

表 5-32　第二阶段不同反应时间的 GUF 样品峰值温度、峰值 E' 及 E' 保持稳定的温度区间

第二阶段反应时间/h	峰值温度/℃	峰值 E'/MPa	E' 保持稳定的温度范围/℃
1	132	6841	126~214
2	136	8190	130~200
3	142	6717	135~213

从表 5-32 可以看出，随着第二阶段反应时间的增加，样品的峰值温度略有增加，最大 E' 先增加后降低，E' 保持稳定的温度范围相差不大；第二阶段不同反应时间的 GUF 样品的峰值 E' 分别为 1 h: 6841 MPa、2 h: 8190 MPa、3 h: 6717 MPa，表明第二阶段反应时间为 2 h 时制备的 GUF 树脂固化后具有最好的力学性能，因此以乙二醛、尿素、甲醛起始制备 GUF 树脂，第二阶段反应时间应选择 2 h 为宜。

tanδ-T 曲线如图 5-42 所示。

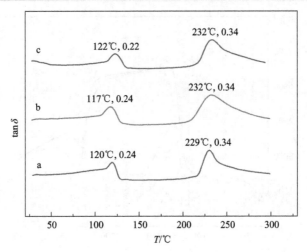

图 5-42　第二阶段不同反应时间的 GUF 样品损耗角正切(tanδ)随温度的变化曲线

(a) 1 h；(b) 2 h；(c) 3 h

从图 5-42 的 tanδ-T 曲线可以看出，各 GUF 样品的 tanδ-T 曲线的峰值温度和峰值 tanδ 各不相同。其中第一个峰值温度代表树脂因固化由液相转变为固相的温度(Wang et al.，2009)，第二阶段不同反应时间的 GUF 样品的峰值温度分别为 1 h：120℃、2 h：117℃、3 h：122℃，表明第二阶段不同反应时间制备的 GUF 树脂的固化速率相差不大，第二阶段反应时间为 2 h 的 GUF 树脂固化速率较快。第二个峰值温度为固化后树脂因在高温下发生降解或分子链断裂产生新的化合物等导致树脂结构发生显著变化的温度，1 h：229℃、2 h：232℃、3 h：232℃，表明第二阶段不同反应时间制备的 GUF 树脂固化后的热稳定性基本相同。这与储存模量-温度曲线得到的结果基本一致。

5.5.2.3　不同物料物质的量比 GUF 树脂的 DMA 分析

为进一步研究物料物质的量比对 GUF 树脂固化过程及固化后性能的影响，选择合适的原料物质的量比优化树脂的性能，用 DMA 方法研究不同物质的量比 GUF 树脂的固化过程。固定 $n_{(F+G)}/n_U$=1.4：1，第二阶段反应 pH 为弱酸性，反应时间为 1 h，不断改变 n_F/n_G 合成 GUF 树脂，不同物料物质的量比的 GUF 树脂 E' 随温度的变化曲线见图 5-43。

从图 5-43 可以看出，GUF 树脂的起始固化温度约为 100℃，约 234℃时样品的 E' 降到很低，样品的峰值 E' 相差较大，表明物料物质的量比对固化后树脂的力学性能影响较大。为更清晰地比较各种树脂的固化行为及固化后的热机械性能，各 GUF 样品的峰值温度、峰值 E' 及稳定的温度区间见表 5-33。

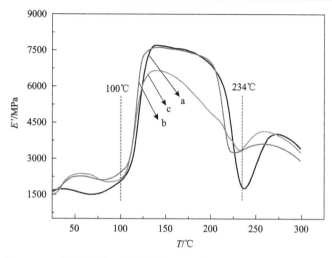

图 5-43　不同原料物质的量比的 GUF 样品 E' 随温度的变化曲线

(a) n_F/n_G=0.9 : 0.5；(b) n_F/n_G=0.7 : 0.7；(c) n_F/n_G=0.4 : 1.0

表 5-33　第二阶段不同原料物质的量比的 GUF 样品峰值温度、峰值 E' 及 E' 保持稳定的温度区间

n_F/n_G	峰值温度/℃	峰值 E'/MPa	E' 保持稳定的温度范围/℃
0.9 : 0.5	137	7695	128～200
0.7 : 0.7	132	7533	124～204
0.4 : 1.0	133	6624	126～168

从表 5-33 可以看出，当 $n_F/n_U \geqslant 1$ 时，GUF 树脂的峰值温度、峰值 E' 及 E' 保持稳定的温度范围变化不大，表明树脂的固化速率和固化后树脂的热稳定性相差不大；当 n_F/n_G=0.4 : 1.0 时，GUF 样品固化后的峰值 E' 明显降低，表明此时的 GUF 树脂固化后的力学性能相对较差。

根据 DMA 对固化过程的研究结果，并考虑与实际热压过程的差异，在胶合板的热压过程中选择 160℃ 的热压温度。为进一步研究 GUF 树脂的胶合性能，对不同条件制备的 GUF 树脂胶合的胶合板力学性能和甲醛释放量进行了测定。

5.5.2.4　第二阶段不同反应 pH 的 GUF 树脂胶合板的性能

为进一步研究第二阶段反应 pH 对树脂性能的影响，固定 n_F : n_U : n_G=0.7 : 1.0 : 0.7，第二阶段反应时间为 2 h，改变第二阶段反应 pH 合成 GUF 树脂并用于胶合板的制备，并测定了板材的力学性能，结果见表 5-34。

表 5-34　第二阶段不同反应 pH 的 GUF 树脂制备的胶合板的性能

序号	第二阶段反应 pH	干状胶合强度/MPa	湿状胶合强度/MPa
1	2.5～3.0	0.83	0.23
2	3.5～4.0	0.83	0.21
3	4.5～5.0	0.79	0.22
4	5.5～6.0	0.84	0.28
5	6.5～7.0	0.75	0.22
6	7.5～8.0	0.56	0.26

从表 5-34 可以看出，当第二阶段反应 pH 为酸性时，胶合板的干状胶合强度和湿状胶合强度相差不大，干状胶合强度均能满足 GB/T 9846.3—2004《胶合板 第 3 部分：普通胶合板通用技术条件》中对Ⅲ类胶合板的要求，可以在干燥状态下使用；当第二阶段反应 pH 为弱碱性时，胶合板的内结合强度降低，不能满足相关国家标准要求。据前面 GUF 树脂的合成及 DMA 分析结果，第二阶段反应 pH 以弱酸性为宜。

5.5.2.5　不同原料物质的量比的 GUF 树脂胶合板的性能

为进一步研究物料物质的量比对树脂性能的影响，固定第二阶段反应 pH 为弱酸性，反应时间为 2 h，不断改变物料物质的量比合成 GUF 树脂并用于胶合板的制备，板材的力学性能及甲醛释放量测定结果列于表 5-35。

表 5-35　不同 n_F/n_G 的 GUF 树脂制备的胶合板性能

序号	n_F/n_G	干状胶合强度/MPa	湿状胶合强度/MPa	胶合板的甲醛释放量/(mg/L)
1	0.9∶0.5	0.96	0.34	0.20
2	0.7∶0.7	0.76	0.22	0.17
3	0.4∶1.0	0.64	0.16	0.10

从表 5-35 可以看出，物料物质的量比对树脂的性能影响较大，在所研究的物质的量比范围内，胶合板的干状胶合强度、湿状胶合强度及甲醛释放量均随着乙二醛用量的增加而逐渐降低，当 $n_F/n_G \geqslant 1$ 时，板材的干状胶合强度能满足 GB/T 9846.3—2004 中对Ⅲ类胶合板的要求；在所研究的物质的量比范围内，胶合板的甲醛释放量均小于 0.5 mg/L，能满足 GB/T 9846.3—2004 对 E_0 级胶合板甲醛释放限量的要求，可直接用于室内；综合考虑板材的胶合性能及甲醛释放，再根据前面 GUF 树脂的合成及 DMA 分析结果，在 GUF 树脂的合成过程中，物料物质的量比应选择 $n_F∶n_U∶n_G \geqslant 0.7∶1.0∶0.7$ 为宜。这与不同物质的量比 GUF 样品的 DMA 分析结果基本一致。

参 考 文 献

邓书端, 曹龙, 张俊, 等. 2018. 乙二醛-尿素-甲醛共缩聚树脂的结构与性能研究[J]. 中国胶粘剂, 27(1): 1-6.

邓书端, 汪进, 杜官本, 等. 2016. 乙二醛-尿素树脂提高脲醛树脂固化速率和性能的研究[J]. 中国胶粘剂, 25(5): 1-5.

高振华, 顾皞. 2010. 利用强碱性降解大豆蛋白制备木材胶粘剂及其表征[J]. 高分子材料科学与工程, 26(11): 126-129.

顾继友. 1999. 胶粘剂与涂料[M]. 北京: 中国林业出版社.

韩书广, 崔举庆, 任乐, 等. 2014. 尿素-乙二醛-聚乙烯醇树脂合成及胶合性能研究[J]. 南京林业大学学报(自然科学版), 38(2): 21-25.

郝志显, 王淑珍, 王乐乐, 等. 2013. 乙二醛存在时脲醛树脂的控制性聚合现象[J]. 高分子学报, (7): 878-887.

何兴帮. 2013. 三聚氰胺乙二醛溶液制备、性质、改性和应用的研究[D]. 广州: 华南理工大学.

胡极航, 刘君良, 范书桐. 2020. 乙二醛-尿素树脂的合成及橡胶木改性应用[J]. 木材工业, (2): 6-9.

江南, 杨儒, 邱瑾, 等. 2006. 2,2-二羟甲基丁醛的结构和性质的理论研究[J]. 北京化工大学学报(自然科学版), 33(1): 46-49.

雷洪, 杜官本, Pizzi A, 等. 2011. 乙二醛对蛋白基胶黏剂结构及性能的影响[J]. 西南林学院学报, (2): 70-73.

李大枝, 张士国, 卞贺, 等. 2009. 苯并咪唑类化合物缓蚀性能的量子化学研究[J]. 计算机与应用化学, 26(03): 324-328.

李晓宣, 李星纬, 蒋鹏举. 1999. 乙二醛/尿素树脂的合成及在造纸上的应用[J]. 南京理工大学学报(自然科学版), 23(2): 162-165.

任怀燕, 赵传山, 许洪正. 2008. 暂时性湿强剂乙二醛聚酰胺树脂的合成与应用[J]. 中国造纸学报, 23(3): 63-67.

宋成剑, 苏文强. 2009. 乙二醛/尿素树脂改善瓦楞原纸强度性能的研究[J]. 华东纸业, 40(3): 65-69.

宋成剑, 苏文强. 2010. 乙二醛/尿素树脂的合成及改善瓦楞原纸抗水性能[J]. 纸和造纸, 29(3): 51-55.

孙永春. 2015. 乙二醛-三聚氰胺-尿素共缩聚树脂的制备性质及应用的研究[D]. 广州: 华南理工大学.

孙玉来, 杜官本, 雷洪, 等. 2012. 三聚氰胺-乙二醛-甲醛共缩聚树脂合成研究[J]. 中国胶粘剂, 21(5): 9-12, 20.

邢其毅, 裴伟伟, 徐瑞秋, 等. 2005. 基础有机化学(第三版)[M]. 北京: 高等教育出版社.

徐海鑫, 高强, 张世锋, 等. 2015. 乙二醛/尿素共缩聚树脂增强大豆蛋白基胶黏剂的研究[J]. 中国人造板, (2): 17-20.

张自祥, 李来才. 1997. 乙二醛的 Cannizzaro 反应的量子化学研究[J]. 四川师范大学学报（自然科学版), 20 (4): 86-89.

章昌华, 郑祥, 陈高, 等. 2008. 聚乙烯醇-乙二醛缩醛树脂的合成工艺研究[J]. 上海化工, (12): 22-24.

Ballerini A, Despres A, Pizzi A, et al. 2005. Non-toxic, zero emission tannin-glyoxal adhesives for wood panels[J]. European Journal of Wood and Wood Products, 63 (6): 477-478.

Deng S D, Li X H, Xie X G, et al. 2013. Reaction mechanism, synthesis and characterization of urea-glyoxal (UG) resin[J]. Chinese Journal of Structural Chemistry, 32 (12): 1773-1786.

Deng S, Du G, Li X, et al. 2014a. Performance and reaction mechanism of zero formaldehyde-emission urea-glyoxal (UG) resin[J]. Journal of the Taiwan Institute of Chemical Engineers, 45 (4): 2029-2038.

Deng S, Du G, Li X, et al. 2014b. Performance, reaction mechanism, and characterization of glyoxal-monomethylol urea (G-MMU) resin[J]. Industrial & Engineering Chemistry Research, 53 (13): 5421-5431.

Deng S, Pizzi A, Du G, et al. 2014c. Synthesis, structure, and characterization of glyoxal‐urea‐formaldehyde cocondensed resins[J]. Journal of Applied Polymer Science, 131 (21): 1094.

Deng S, Pizzi A, Du G, et al. 2018. Synthesis, structure characterization and application of melamine-glyoxal adhesive resins[J]. European Journal of Wood and Wood Products, 76 (1): 283-296.

Despres A, Pizzi A, Vu C, et al. 2008. Formaldehyde‐free aminoresin wood adhesives based on dimethoxyethanal[J]. Journal of Applied Polymer Science, 110 (6): 3908-3916.

Despres A, Pizzi A, Vu C, et al. 2010. Colourless formaldehyde-free urea resin adhesives for wood panels[J]. European Journal of Wood and Wood Products, 68 (1): 13-20.

Dunky M. 1998. Urea-formaldehyde (UF) adhesive resins for wood[J]. International Journal of Adhesion & Adhesives, 18 (2): 95-107.

Kim M G. 1999. Examination of selected synthesis parameters for typical wood adhesive-type urea-formaldehyde resins by ^{13}C NMR spectroscopy. I[J]. Journal of Polymer Science Part A, 37 (7): 995-1007.

Kim M G. 2000. Examination of selected synthesis parameter for typical wood adhesive type urea-formaldehyde resins by ^{13}C-NMR spectroscopy. II [J]. Journal of Applied Polymer Science, 75: 1243-1254.

Kim M G, Nieh W L S, Meacham R M. 1991. Study on the curing of phenol-formaldehyde resol resins by dynamic mechanical analysis[J]. Industrial & Engineering Chemistry Research, 30(4): 798-803.

Kim M G, Wan H, No B Y, et al. 2001. Examination of selected synthesis and room-temperature storage parameters for wood adhesive type urea-formaldehyde resins by ^{13}C-NMR spectroscopy. IV[J]. Journal of Applied Polymer Science, 82(5): 1155-1169.

Lei H, Pizzi A, Du G. 2008. Environmentally friendly mixed tannin/lignin wood resins[J]. Journal of Applied Polymer Science, 107(1): 203-209.

Li T H, Wang C M, Xie X, et al. 2012. A computational exploration of the mechanisms for the acid-catalytic urea-formaldehyde reaction: New insight into the old topic[J]. Journal of Physical Organic Chemistry, 25(2): 118-125.

Li T, Xie X, Du G, et al. 2013. A theoretical study on the water-mediated asynchronous addition between urea and formaldehyde[J]. Chinese Chemical Letters, 24(1): 85-88.

Mamiński M L, Borysiuk P, Zado A. 2008. Study on the water resistance of plywood bonded with UF-glutaraldehyde adhesive[J]. Holz als Roh-und Werkstoff, 66(6): 469-470.

Mamiński M L, Pawlicki J, Zado A, et al. 2007. Glutaraldehyde-modified MUF adhesive system: Improved hot water resistance[J]. European Journal of Wood and Wood Products, 65(3): 251-253.

Mamiński M, Krol M, Grabowska M, et al. 2011. Simple urea-glutaraldehyde mix used as a formaldehyde-free adhesive: Effect of blending with nano-Al_2O_3[J]. European Journal of Wood and Wood Products, 69(3): 505-506.

Mansouri H R, Navarrete P, Pizzi A, et al. 2011. Synthetic-resin-free wood panel adhesives from mixed low molecular mass lignin and tannin[J]. European Journal of Wood and Wood Products, 69(2): 221-229.

Mansouri H R, Pizzi A. 2006. Urea-formaldehyde-propionaldehyde physical gelation resins for improved swelling in water[J]. Journal of Applied Polymer Science, 102(6): 5131-5136.

Nair B R, Francis D J. 1983. Kinetics and mechanism of urea-formaldehyde reaction[J]. Polymer, 24(5): 626-630.

Navarrete P, Pizzi A, Pasch H, et al. 2012. Study on lignin-glyoxal reaction by MALDI-TOF and CP-MAS ^{13}C-NMR[J]. Journal of Adhesion Science and Technology, 26(8-9): 1069-1082.

Perminova D A, Malkov V S, Guschin V, et al. 2019. Influence of glyoxal on curing of urea-formaldehyde resins[J]. International Journal of Adhesion and Adhesives, 92: 1-6.

Pizzi A. 1994. Advance Wood Adhesive Technology[M]. New York: CRC Press.

Properzi M, Wieland S, Pichelin F, et al. 2010. Formaldehyde-free dimethoxyethanal-derived resins for wood-based panels[J]. Journal of Adhesion Science and Technology, 24(8-10): 1787-1799.

Soulard C, Kamoun C, Pizzi A. 1999. Uron and uron-urea-formaldehyde resins[J]. Journal of Applied Polymer Science, 72(2): 277-289.

Tohmura S I, Hse C Y, Higuchi M, et al. 2000. Formaldehyde emission and high-temperature stability of cured urea-formaldehyde resins[J]. Journal of Wood Science, 46(4): 303-309.

Vazquez G, Santos J, Freire M S, et al. 2012. DSC and DMA study of chestnut shell tannins for their application as wood adhesives without formaldehyde emission[J]. Journal of Thermal Analysis and Calorimetry, 108(2): 605-611.

Wang D, Sun X S, Yang G, et al. 2009. Improved water resistance of soy protein adhesive at isoelectric point[J]. Transactions of the ASABE, 52(1): 173-177.

Wang S, Pizzi A. 1997. Succinaldehyde induced water resistance improvements of UF wood adhesives[J]. European Journal of Wood and Wood Products, 55(1): 9-12.

Zhang J, Xi X, Liang J, et al. 2019. Tannin-based adhesive cross-linked by furfuryl alcohol-glyoxal and epoxy resins[J]. International Journal of Adhesion and Adhesives, 94: 47-52.

Zhang Y, Zeng X, Ren B, et al. 2009. Synthesis and structural characterization of urea-isobutyraldehyde-formaldehyde resins[J]. Journal of Coatings Technology and Research, 6(3): 337-344.

第6章 生物质多组分共缩聚树脂

生物质是指利用大气、水、土地等通过光合作用而产生的各种有机体，即一切有生命的可以生长的有机物质通称为生物质，包括所有动物、植物和微生物以及由这些有生命物质派生、排泄和代谢的许多有机质。生物质具有可再生性、低污染性、广泛分布性、资源丰富、碳中性等特点。

生物质是地球上最广泛存在的物质，随着化石资源的逐渐枯竭，促使人们不断开发以生物质为原料的各类化学品。生物质胶黏剂指以植物、动物等天然高分子物质为主要原料制成的胶黏剂，因此生物质胶黏剂也为植物胶黏剂和动物胶黏剂。植物胶黏剂主要有单宁胶黏剂、木素胶黏剂、多糖类胶黏剂、蛋白质胶黏剂及油脂胶黏剂等；动物胶黏剂主要有皮胶、骨胶、血胶、干酪素胶和鱼胶等，用作木材胶黏剂的主要是植物胶黏剂。

常用于合成生物质胶黏剂的材料有单宁、木素、糖、蛋白质等(Li et al., 2004a)。单宁基胶黏剂是目前木材胶黏剂应用最为成功的一种生物质胶黏剂，在南美、南非和澳大利亚等地区已大规模在人造板生产中使用，但受原料品种的限制，在我国有关单宁基胶黏剂的研究和应用并不多见(Pizzi, 1981, 2003; Pizzi et al., 1981a, 1981b)。木素胶黏剂的研究起步较早，最早可追溯到19世纪末，但是木素结构的复杂性、变异性以及物理化学性质的不均一性，导致木素合成的胶黏剂性能不稳定，从而限制了木素基胶黏剂的发展(Barry et al., 1993; Shinatani et al., 1994; 于红卫等，2014)。糖基胶黏剂尤其是淀粉胶黏剂已广泛应用于标签胶行业，但其存在制备工艺复杂、制备成本高、流动性差和耐水性差等问题，使其不适宜直接用作木材胶黏剂(林巧佳等，2004; 时友君等，2007)。在生物质胶黏剂中，以蛋白质基胶黏剂为主流，相关研究也相对最多。蛋白质基胶黏剂研究起步较早，可以分为植物蛋白基胶黏剂和动物蛋白基胶黏剂两种(王孟钟等，1987)，植物蛋白基胶黏剂研究起步相对较晚，主要集中在大豆蛋白胶胶黏剂上，并且已有部分大豆蛋白胶黏剂实现工业化生产(郭梦麟，2005; 周晓剑，2009; 雷文，2011)。

天然胶黏剂的制备与应用的历史悠久，我国在4000年前就利用生漆作胶黏剂制作器具，周朝已使用动物胶作为木船嵌缝密封胶。20世纪初，蛋白质胶黏剂的技术进步与应用极大地促进了实际木材工业的发展。常用的蛋白质胶黏剂有血胶、豆胶、干酪素胶、骨胶等，其中豆胶是将大豆蛋白与水调制成一定浓度的溶液，为了调节胶液的黏度、延长胶液使用时间和防止长霉等，加入一些助剂如石灰乳、氢氧化钠、水玻璃及防腐剂硫酸铜等，豆胶主要用于胶合板制造及木材加工，特别是制造食品及茶叶包装材料等。

尽管合成树脂胶黏剂在成本、产品性能特别是耐久性和使用性能等方面具有显著优势，但生物质胶黏剂的研究和应用从未间断，将两种胶黏剂的优势结合也一直是行业的努力方向。利用蛋白质、单宁、木素、糖等生物质原料与树脂进行共混，或利用生物质原料与树脂之间形成生物质基共缩聚树脂体系是当前广泛使用的两条路径。这两种改性方法均能达到理想的改性效果，不仅可以控制合成树脂的成本和降低游离甲醛，还可以提高树脂胶黏剂的性能，所制备的人造板材满足国家标准要求。

6.1　蛋白质基共缩聚树脂

6.1.1　蛋白质化学与蛋白质胶黏剂

6.1.1.1　蛋白质化学

1) 蛋白质结构与化学键

蛋白质是各种氨基酸以肽键连接而成，随着肽键的数目增加，氨基酸组成和排列顺序不同，具有不同的空间结构，依次分为一级结构、二级结构、三级结构和四级结构，其中二、三和四级结构都可称为高级结构(图 6-1)。一级结构主要化

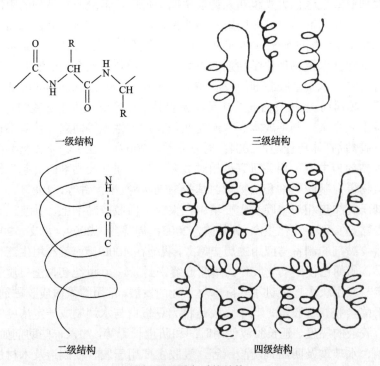

一级结构　　　　　　　　　　三级结构

二级结构　　　　　　　　　　四级结构

图 6-1　蛋白质的结构

学键为肽键，有些蛋白质还包含二硫键，在蛋白质分子中起着稳定肽链空间结构的作用。二级结构主要化学键是氢键。三级结构主要化学键为疏水键、盐键、二硫键、氢键、范德瓦耳斯力。四级结构主要化学键是疏水键、氢键、离子键(李湘宜，2012；陶红等，2003)。

稳定蛋白质空间结构的各个作用力存在很大的差异，其中共价键和静电作用的键能最大，氢键、范德瓦耳斯力等键能较小。蛋白质的三级结构主要靠疏水侧基间的非极性共价键的作用力维持，根据相似相容原理，表面活性剂如十二烷基苯磺酸钠(魏起华等，2008)、十二烷基磺酸钠(李永辉等，2007)与蛋白质的非极性侧链相互作用而破坏稳定天然蛋白质结构的疏水相互作用，使得隐藏在蛋白质内部的极性官能团暴露出来。氢键主要维持蛋白质分子结构的稳定性，如尿素、乙醇等能破坏蛋白质中的氢键，形成新的氢键，蛋白质胶黏剂的稳定性提高。二级结构对蛋白质基胶黏剂本身的强度贡献较大，因此要保证制备的大豆蛋白胶黏剂具有一定的强度性能必须保留一定程度的二级结构。

组成蛋白质氨基酸侧链所含的官能团不同，主要有氨基(—NH$_2$)、羧基(—COOH)、羟基(—OH)、硫基(—SH)和苯羟基(—Ph—OH)等(图 6-2)。很多疏水侧基与以上活性官能团都隐藏在蛋白质分子内部。在制备蛋白质基胶黏剂时，为了充分利用这些活性基团，必须把蛋白质分子降解成链状，通过暴露出疏水侧基和活性基团，产生活性位点，才能对其进一步改性，这也是蛋白质基胶黏剂改性的理论基础。

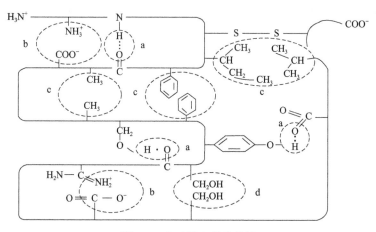

图 6-2　大豆蛋白的化学键

(a)极性基团间的氢键；(b)离子间的盐键；(c)非极性分子间的疏水键；(d)范德瓦耳斯力

2)酸碱性与等电点

蛋白质和氨基酸一样，由于给出质子的酸性基团和接受质子的碱性基团数目和能力存在差异，使得它们在水中存在不同的酸碱性，具有两性解离和等电点(pI)

的性质(图 6-3)。

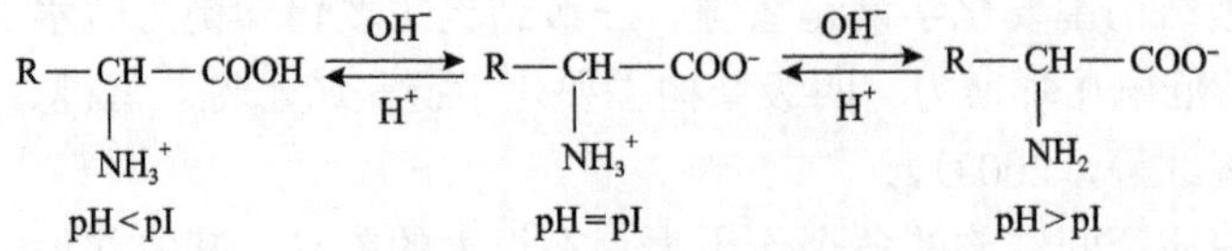

图 6-3　氨基酸的两性解离

等电点是蛋白质重要的理化常数之一，它与所含的氨基酸种类及数量有关，处于等电点的蛋白质静电荷为零，由于没有相同电荷相互排斥的作用使得此时的蛋白质颗粒变得极不稳定、水溶性降低，很容易借助静电引力迅速结合成较大的聚合体而从溶液中沉淀析出(吴梧桐，2010)。不同氨基酸的等电点存在差异(表 6-1)，但蛋白质的等电点一般小于 7(王尔惠，1999；崔洪斌，2001)，这也就是在降解改性大豆蛋白时多选用碱降解的原因所在(张国治，1998；吴志刚等，2012)。

表 6-1　氨基酸解离常数和等电点

序号	氨基酸	pK_1(—COOH)	pK_2(—NH$_3^+$)	pK_R	pI
1	色氨酸	2.38	9.39		5.89
2	异亮氨酸	2.36	9.68		6.02
3	酪氨酸	2.20	9.11	10.07(Ph-OH)	5.66
4	苯丙氨酸	1.83	9.13		5.48
5	脯氨酸	1.99	10.60		6.30
6	亮氨酸	2.36	9.60		5.98
7	缬氨酸	2.32	9.62		5.97
8	赖氨酸	2.18	8.95	10.50(ε-氨基)	9.74
9	甲硫氨酸	2.28	9.21		5.75
10	半胱氨酸	1.71	8.33	10.78(—SH)	5.02
11	丙氨酸	2.34	9.60		6.02
12	精氨酸	2.17	9.04	12.48(胍基)	10.76
13	苏氨酸	2.63	10.43		6.53
14	甘氨酸	2.34	9.60		5.97
15	丝氨酸	2.21	9.15		5.68
16	组氨酸	1.82	9.17	6.00(咪唑基)	7.59
17	天冬氨酸	2.09	9.82	3.86(β-COOH)	
18	谷氨酸	2.19	9.67	4.25(γ-COOH)	3.22

3) 胶体性质

蛋白质具有胶体溶液的性质。蛋白质分子的颗粒直径达 1～100 nm，处于胶体(亲水胶体)颗粒的范围。蛋白质具有胶体溶液的性质包括布朗运动、丁达尔现象、不能透过半透膜、具有吸附力等(陈复生等,2012;陈云等,2014;周春燕等,2018)。

4)电泳

蛋白质在溶液中解离成带电的颗粒,因此能在电场中移动,这种大分子化合物在电场中的移动现象称为电泳。

5)变性与复性作用

蛋白质在某些物理或化学因素的作用下,空间结构被破坏(肽键不断裂,一级结构不变),从而引起蛋白质若干理化性质和生物学性质的改变,称为蛋白质的变性。蛋白质的变性就是蛋白质分子中肽链高度规则的紧密排列方式因氢键及其他次级键的破坏而变成不规则的松散排列方式。变性后的蛋白质旋光性改变,溶解度下降,结晶能力下降,沉降率升高,黏度升高,官能团反应性增加,光吸收度增加等(陈复生等,2012;陈云等,2014;周春燕等,2018)。

某些蛋白质变性后可以在一定的条件下重新形成原来的空间结构,并恢复原来部分理化特性和生物学活性,这个过程称为蛋白质的复性。一般来说,如果变性程度浅,蛋白质分子的构象未被严重破坏或蛋白质具有特殊的分子结构,经特殊处理则可以复性。

6)蛋白质沉淀作用

外加一些因素去除蛋白质胶体的稳定因素后,使蛋白质分子相互聚集而从溶液中析出的现象称为沉淀。变性后的蛋白质由于疏水基团的暴露而易于沉淀,但沉淀的蛋白质不一定都是变性后的蛋白质。

蛋白质沉淀分为可逆与不可逆两种。前者是指沉淀后的蛋白质仍能保持生物活性的沉淀,包括盐析——中性盐沉淀法、有机溶剂沉淀法、酸沉淀法。后者是指沉淀后蛋白质失去生物活性的沉淀,包括重金属盐沉淀法、生物碱试剂沉淀法、热凝固沉淀法等(陈复生等,2012;陈云等,2014;周春燕等,2018)。

7)蛋白质紫外吸收性质

大部分蛋白质均含有带芳香环的苯丙氨酸、酪氨酸和色氨酸。这三种氨基酸在 280 nm 附近有最大吸收。因此,大多数蛋白质在 280 nm 附近显示强的吸收。可以对蛋白质进行定性和定量检测(陈复生等,2012;陈云等,2014;周春燕等,2018)。

8)蛋白质的颜色反应

蛋白质中的一些基团能与某些试剂反应,生成有色物质,统称蛋白质的颜色反应。重要的颜色反应有双缩脲反应、茚三酮反应、福林酚试剂反应、黄色反应(芳香族氨基酸的特有反应)、米伦氏反应(酪氨酸的特有反应)、乙醛酸反应(色氨酸的特有反应)、坂口反应(精氨酸的特有反应)(陈复生等,2012;陈云等,2014;

周春燕等，2018）。

6.1.1.2　蛋白质胶黏剂

在生物质胶黏剂中，有关蛋白质基胶黏剂的研究相对最多。大豆蛋白具有很多优点，如来源丰富、反应活性高等，在材料领域，大豆蛋白被誉为"生长着的黄金"（张俐娜，2006；石彦国等，1993）。以大豆蛋白为原料制备环保型木材胶黏剂引起了人们的高度关注，而耐水性较差是长期以来限制大豆蛋白胶黏剂发展的关键问题，几乎所有相关的研究都是针对这个问题而展开的。虽然已有部分大豆蛋白胶黏剂实现工业化生产，但绝大部分依然处在研发阶段。

1）胶合板用大豆蛋白胶黏剂

大豆蛋白胶黏剂自从美国 Davidon 和 Laucks 发明以来，辉煌了近半个世纪（郭梦麟，2005）。19 世纪 20～30 年代，在欧美等国已经出现了蛋白质胶黏剂，但较大的施胶黏度使其应用局限于胶合板上。此后，经过近二十年的发展，大豆蛋白胶盛极一时，几乎占据当时美国胶合板工业用胶量的 85% 甚至更多。大豆蛋白胶在这个时期的研究相对较多，研究水平也相对较高。第二次世界大战以后，以石化为基础的合成树脂进入人造板领域，合成树脂如酚醛树脂凭借其优越的胶接性能、耐水性能尤其是耐沸水性能及耐候性能，使在价格和性能上没有优势的大豆蛋白胶逐渐退出历史舞台。直至 20 世纪末，石化资源日益短缺导致以石化为基础的合成树脂价格飙升，而且由于人们环保意识的逐渐提高使得以大豆蛋白胶为代表的环保型生物质胶黏剂的研究才得以重新升温（Liu et al.，2005；常亮等，2014；储强等，2014）。

蛋白质的基本结构是多肽链，其中大部分范德瓦耳斯力、氢键等形成了稳定的多级、多功能结构，构建了致密结合的球体，但是其胶接性能不好，因此导致大豆蛋白胶黏剂的耐水性较差，且胶合强度较弱。把蛋白质分子降解成链状，通过暴露出疏水侧基和活性基团，产生活性位点，进而对其进一步改性。通过变性处理，大豆蛋白分子被降解或松弛，部分球形结构被打开，是后序改性的基础（吴志刚，2013）。蛋白质变性试剂有很多，如脲、乙醇、还原性盐、酶、酸和碱等，其中碱是大豆蛋白最为常见且最为有效的变性剂。碱可以剪断分子长链，提高其溶解度，能使蛋白质表面的极性和疏水基团明显增多，胶接强度和耐水性能得到很大提高。此外，在碱降解处理大豆蛋白的基础上，有时还会配合使用化学试剂盐酸胍（GuHCl）、尿素、乙醇、1,3-二氯-2-丙醇（DCP）、十二烷基苯磺酸钠（SDBS）、十二烷基磺酸钠（SDS）等，对大豆蛋白胶进一步改性。常用的碱性试剂有：NaOH、Ca(OH)$_2$、Na$_2$HPO$_4$、NH$_3$·H$_2$O 等，但碱试剂加入量不宜过高，一方面使大豆蛋白过度降解而影响强度性能，另一方面会使木材表面变色（吴志刚等，2015）。

目前，全世界大豆蛋白在木材行业的应用主要有以下两个方面：①以大豆蛋白为原料制备生物质大豆蛋白胶黏剂；②以大豆蛋白或降解后的大豆蛋白作为合成树脂如氨基树脂的改良剂，一方面可以降低氨基树脂的生产成本和有毒甲醛的释放，另一方面可以改善氨基树脂的生物可降解性。

　　朱劲等(2014)研究发现碱(NaOH)能大幅度地降解蛋白质的肽键或酰胺键，暴露出大量的极性基团，并且这些基团在碱的催化作用下，发生了交联反应，生成了分子量更大的分子，使得溶液黏度急剧升高。Hettiarachchy 等(1995)研究发现碱(NaOH)在 50℃、pH 为 10 时处理大豆蛋白，最终蛋白质胶黏剂胶合板胶合强度增加 2 倍以上，而且耐水性获得了明显的提高。Nordqvist 等(2010)研究了不同碱(NaOH)浓度对大豆蛋白胶的影响，研究结果表明用浓度 0.1 mol/L NaOH 改性的大豆蛋白胶最佳湿态拉伸强度为 5.33 MPa(参照欧洲标准)，NaOH 能够打开蛋白质球形结构暴露出更多的活性点，胶黏剂耐水性得到改善。Kalapathy 等(1996)的研究发现，复合碱[如 NaOH 与 Ca(OH)$_2$或镁盐混合物]可以对大豆蛋白胶的胶合强度性能有一定的改善作用，同时也可以稳定蛋白质的结构和黏度，改善大豆蛋白胶耐水性和活性期。王伟宏等(2007)利用 Ca(OH)$_2$ 和 NaOH 等对大豆蛋白进行改性，制备的大豆蛋白胶最优配方可以达到Ⅲ类胶合板的强度要求，耐水性也明显提高。吴志刚等以弱碱石灰乳和强碱氢氧化钠混合改性大豆蛋白，研究结果表明这种方法改性的大豆蛋白胶具有较优的干强度和湿强度，并且所制备的胶合板具有较高的木破率(Wu et al.，2013)。

　　在碱改性大豆蛋白的基础上，再进行交联改性是目前改性大豆蛋白胶耐水性非常有效且实用的方法。交联剂可以在大豆蛋白使用前直接与大豆蛋白预解液共混使用，也可在大豆蛋白解聚过程中添加。直接混合使用的交联剂包括铜盐、铬盐、锌盐、脂肪族环氧化物等(Sun，2005)；另外与木材工业相关的各种醛类及衍生物如二羟甲基脲、甲醛二硫化钠、醛化淀粉、甘油醛等也可用作大豆蛋白的交联剂(Lambuth，1997)。若交联剂在大豆蛋白解聚过程中加入，通常涉及大豆蛋白与交联剂之间的接枝共聚反应，用于接枝的物质包括烷基丙烯酰胺甘醇酸烷基酯和羟基烷基丙烯酸酯(Steinmetz et al.，1987)、顺丁烯二酸酐和聚乙烯亚胺(Liu et al.，2007)、甲基丙烯酸缩水甘油酯(唐蔚波等，2008)、顺丁烯二酸酐及苯乙烯(雷文等，2009)等。当交联剂在大豆蛋白胶制备过程中加入时，通常涉及较为烦琐和严格的制备工艺条件，成果应用推广不易。目前，研究得较多也更为简便的方法是直接将交联剂与大豆蛋白解聚液共混使用。

　　研究证实，异氰酸酯(胡显宁，2015)、三聚氰胺-甲醛树脂(Lei et al.，2014)等合成树脂，乙二醛(徐海鑫等，2015)、戊二醛(李飞等，2009)等官能度≥2 的交联剂，都能与降解后的大豆蛋白残基反应，通过与残基的交联反应，对大豆蛋白易破坏的次级结构进行补充和增强，从而增加胶黏剂本身的内聚强度，最终改善大豆蛋白胶的耐水性和胶合强度。雷洪等(2011)在碱处理大豆蛋白基础上，比较了两种醛(甲醛和乙二醛)交联改性大豆蛋白的性能，研究结果表明两种醛都能与降解后的大豆蛋白发生交联反应，其中甲醛与大豆蛋白交联程度优于乙二醛。Zhong 等研究聚酰胺-环氧氯丙烷(PAE)树脂在不同酸碱环境下对大豆蛋白胶耐水性的影响，结果表明 PAE 含有的羟基在 pH 为 4~9 的环境下能够与大豆蛋白中的酰胺Ⅰ和酰胺Ⅱ发生交联反应，形成空间网状结构，提高大豆蛋白胶黏剂的胶合性能和耐水性(Zhong et al.，2007)。朱伍权等(2013)以碱处理大豆蛋白，以封闭型异氰酸酯作为大豆蛋白胶的交联剂，制备的胶合板仅能满足国家Ⅱ类要求并且所制备的大豆蛋白胶具有相对较长的存储期。高强等以氢氧化钠等处理大豆蛋白，以三聚氰胺-尿素-甲醛(MUF)树脂为交联剂改性制备大豆蛋白胶胶合板强度满足相关标准要求，并且胶合板具有很低的甲醛释放(Gao et al.，2012)。Qi 等(2011)在碱处理大豆蛋白基础上，利用四种不同的脲醛树脂交联改性大豆蛋白胶，研究表明，其中一种脲醛基(PBG)交联剂交联改性的大豆蛋白胶性能相对最好，湿态剪切强度达到 6.14 MPa(美国 ASTM D1183-96)。PBG 中的羟甲基能与蛋白质中残基如氨基和羧基发生交联反应，与大豆蛋白交联反应所形成的聚酯键和酰胺键具有较优的耐水性能，这正是 PBG 交联剂交联改性大豆蛋白胶性能较好的主要原因。王伟宏等(2007)将 Ca(OH)$_2$、NaOH 降解的大豆蛋白与酚醛树脂以等质量混合使用，酚醛树脂以适当的比例添加才能极大改善胶合板的胶合强度和耐水性能，所制备的胶合板可以达到Ⅰ类胶合板的性能要求。

为了更有效地改善大豆蛋白胶的耐水性，人们在交联改性的基础上，综合各种交联剂对大豆蛋白进行复合交联改性。

Amaral-Labat 等(2008)将乙二醛交联改性和多异氰酸酯交联改性复合，制备的大豆蛋白胶黏剂具有较好的耐水性能。李玲等(2013)采用水性聚酰胺、乙二醛和 pMDI 复合交联改性大豆蛋白胶满足国家Ⅱ类胶合板使用要求。雷文等(2010)以马来酸酐和环氧树脂复合交联改性制备的大豆蛋白胶的耐水胶合强度达到了国家Ⅱ类胶合板的技术要求。张亚慧等(2008)以碱降解大豆蛋白，再与苯酚、甲醛交联共聚制备耐水性木材胶黏剂，所制备的杨木胶合板胶合性能达到Ⅰ类胶合板的标准。雷洪等(2013a)以复合碱 Ca(OH)$_2$/NaOH 处理大豆蛋白，自制以酚醛树脂为主的复合交联剂，所制备的胶合板干、湿强度满足Ⅰ类胶合板的强度要求。胶合板的耐水性能非常稳定，即使经过 8 h 水煮实验，其耐沸水强度也无明显下降。高振华等(2011)以硫酸和磷酸混合液为催化剂，采用苯酚液化的方法将脱脂大豆粉液化并制备大豆蛋白胶，结果表明以苯酚液化大豆蛋白，大豆蛋白的紧密球形结构遭到破坏，蛋白质降解产生了更多的活性官能团，可以与甲醛、苯酚发生复杂的交联反应，所制备的大豆蛋白胶具有较低的游离甲醛，其制备的胶合板 28 h "煮-烘-煮" 耐沸水强度在 1.24~1.81 MPa，达到耐候胶合板性能要求。

2) 刨花板用大豆蛋白胶黏剂

大豆蛋白的碱变性处理一般在低浓度下进行，胶液的固含量通常不高(10%~20%)。Li 等(2009)用于制备中密度纤维板的大豆蛋白胶的固含量为 15%，Huang 等(2000a)制备的胶合板用大豆蛋白胶黏剂固含量仅为 6.7%左右。固含量较低意味着后面的热压过程需要更长的热压时间、更大的能耗。并且，在此基础上交联改性制备的大豆蛋白胶黏度较高，相关研究多集中于胶合板用胶，有关刨花板用大豆蛋白胶的研究则较少。目前人造板行业普遍使用的脲醛树脂固含量通常在60%左右，酚醛树脂在 50%左右。为了扩大大豆蛋白胶黏剂在木材工业的应用范畴，需重点解决胶黏剂的黏度和固含量问题。

国内外有关刨花板用大豆蛋白胶的研究以关于制板工艺的研究居多。方坤等(2008)研究了 NaOH、十二烷基磺酸钠(SDS)及脲改性大豆蛋白胶刨花板力学性能，结果表明三者均能使大豆蛋白胶的黏度增大，NaOH 和 SDS 的改性效果优于脲，NaOH 和 SDS 的改性大豆蛋白胶刨花板已达到美国标准 ANSIA 208.1 中 M-S 级刨花板性能指标的要求。基于 NaOH 改性大豆蛋白胶的木刨花板力学性能优于竹刨花板及稻秸刨花板，且竹刨花板物理力学性能指标均达到国家标准。高强等(2009)对改性大豆蛋白胶在纤维板生产中的应用进行了研究。结果表明，纤维板性能指标可达到国家标准要求，甲醛释放量几乎为零，最佳工艺下纤维板内结合强度为 0.74 MPa。吴英山等(2013)以大豆蛋白胶为胶黏剂制备杨木-麦秸复合刨花板，探讨了制备工艺对刨花板性能的影响。李光荣等(2015)利用植物蛋白胶制备刨花板，所制备的刨花板内结合强度为 0.49 MPa，2 h 吸水厚度膨胀率为 1.8%，甲醛释放量为 14.0 mg/kg，外观质量、理化性能达到了 GB/T 4897.1—2003 和 GB/T 4897.3—2003 的要求，且甲醛释放量来自于木刨花。杨光等(2015)使用大豆蛋白胶制备枫木刨花板，并通过响应面设计得出最佳实验参数。结果表明，大豆蛋白胶可以用于枫木刨花板的制造，其最佳工艺参数为：热压温度 180℃，热压时间27.5 min，施胶量 15.7%，在此条件压制的板材性能均达到 GB/T 4897.1—2003 对在干燥状态下使用的普通用板要求。何爽爽等(2015)以大豆蛋白胶为胶黏剂，分别采用剥皮和未剥皮的竹柳枝桠材制备中密度纤维板，并与脲醛树脂胶制备的剥皮竹柳中密度纤维板进行性能对比分析，结果表明大豆蛋白胶所制纤维板性能略低于脲醛树脂所制纤维板，但基本可以满足国家标准要求。Mo 等(2001)采用强碱氢氧化钠、十二烷基苯磺酸钠和脲联合改性分离大豆蛋白，以其制备的大豆蛋白胶制备了低密度稻草秸秆刨花板，由于该研究后期并未采取交联剂进一步改性，该大豆蛋白胶的耐水性能存疑。Yang 等(2011)以大豆蛋白胶制备中密度纤维板，研究了热压工艺对纤维板性能的影响，研究表明大豆蛋白胶需要较高的固化温度(200℃)，但并未详细给出大豆蛋白胶的黏度等参数。美国爱荷华州立大学的 Kuo 等(2001)、Yang 等(2013)在制备能喷胶的大豆蛋白胶黏剂方面做了大量工作。研究表明，利用70%的碱降解豆粉及30%的酚醛树脂预聚体的混合物作胶黏剂可以制备得到满足CSA标准的定向刨花板。李开畅等开发出具有较好耐水性能和强度性能的交联改性大豆蛋白胶，但与交联剂混合后的大豆蛋白胶同样存在黏度大、不易施胶的问题，为此，该研究团队采取了一种新的施胶工艺，即将大豆蛋白胶与交联剂分别施加，并成功制备得到大豆蛋白胶黏剂刨花板(Prasittisopin et al.，2010)。顾曌(2011)采用高温、强碱处理分离大豆蛋白，完全打开了大豆蛋白的高级结构，并使一级结构产生一定的变化，以提高大豆蛋白胶的胶液浓度、改善胶接效果从而获得一种高固含量、低黏度的产物。通过调整反应时间、温度以及碱加入量，并对强碱性降解工艺进行了优化处理。结果表明，最佳工艺为：温度90℃，9%氢氧化钠，降解时间为3.5 h。此时制备的大豆蛋白降解液黏度仅为36.5 mPa·s，固含量高达38%。通过GPC分析表明降解液化后的大豆蛋白分子量在3400左右，降解液甲醛反应能力随着降解时间的提高也随之升高。在此研究基础上，朱伍权等(2013)选用MUF和封闭型异氰酸酯为交联剂，分别对碱降解的大豆蛋白液进行交联改性，制备的胶合板仅能满足国家Ⅱ类要求。大豆蛋白胶要具有较好的耐水性和强度性能，自身的分子量不宜过小，但其固含量和黏度又与分子量有着密切关系。因此，在制备低黏度、高固含量大豆蛋白胶黏剂时，要找到大豆蛋白降解液黏度、分子量大小和胶合强度、耐水性能的平衡点，并不是降解越充分越好。

作者课题组在实际研发过程中，为了使降解的大豆蛋白达到可操作的黏度，并具有一定的强度性能，所使用的碱通常占豆粉质量的8%甚至更高。在此基础之上，通过加入12%～17%复合交联剂改性制备的大豆蛋白胶胶合板干状、湿状剪切强度满足GB/T 9846.3—2004中有关Ⅰ类胶合板的强度要求，但复合交联剂加入量及成本较高(Lei et al.，2014；吴志刚，2013)，这对后期交联剂用量、交联剂的选择(包括交联剂自身的环保性)、反应条件等提出新的要求。

3) 当前研究存在的问题和不足

目前，大豆蛋白胶是研究相对最多的蛋白质胶黏剂，虽然多数改性后的大豆蛋白胶性能上有很大幅度的提升，但黏度过大依然是其无法规避的问题，无法满足刨花板、纤维板制备中胶黏剂的喷胶黏度要求，应用局限于胶合板上，并且其实际工业化应用并不多。国内外有关刨花板、纤维板用的大豆蛋白胶研究很少，并且大多数仅仅是对刨花板制板工艺的介绍。大豆蛋白胶在木材工业的应用范围有待扩展。

现阶段交联改性大豆蛋白胶的机理多数是建立在现有化学理论基础之上的推导，而缺乏实验数据支撑。Huang等(2000b)提出顺丁烯二酸酐和聚乙烯亚胺交联改性大豆蛋白时原料之间可能发生的反应方式。Liu等(2002)受海洋贝类物质的启发，提出3,4-二羟苯丙氨酸(3,4-dihydroxylphenylalanine，DOPA)与大豆蛋白交联的反应机理。Rogers 等(2004)提出当用环氧氯丙烷作为大豆蛋白的交联剂时，可以与蛋白质分子链上的羟基、氨基反应。以上反应方式的提出均只停留在理论设想层面。其他交联剂如各种醛类及衍生物对大豆蛋白胶黏剂耐水性能的改进作用也非常明显，但理论研究缺乏问题仍然存在。由于蛋白质种类的多样性和组成成分的复杂性，相关研究报道多集中于应用技术开发层面，大豆蛋白改性基础理论研究相对匮乏，应用的仪器分析手段也大为受限(普遍采用 FTIR 分析方法)。

　　有鉴于此，杜官本等参照模型化合物的研究思想，以蛋白质分子的基本组成单位氨基酸为突破口，以前期开展的交联改性为基础，通过研究各种蛋白质改性剂与氨基酸之间的反应进程及结构变化特征，判断改性剂与氨基酸之间的相互作用，之后将研究向改性剂与二肽、多肽之间的相互作用层层推进，通过解析蛋白质分子模型化合物反应机理，以实现对蛋白质胶黏剂制备的理论指导(Wu et al.,2017，2019；Liang et al.，2017，2019；Lei et al.，2016)。所采取的模型化合物研究方法不仅解决了常规分析方法以蛋白粉为原料时化学解析难度大的问题，同时，研究中所选用的氨基酸、二肽、多肽等具有蛋白质分子组成成分的普遍性。蛋白质模型化合物反应机理研究结果具有普适性，对大豆蛋白、小桐子蛋白之外的其他蛋白质胶黏剂研究也具有很好的借鉴意义，该机理研究也为共缩聚树脂的合成提供了参考。

6.1.2　蛋白质基多组分共缩聚树脂

　　利用生物质大豆蛋白与合成树脂交联共聚或共混，降低合成树脂的成本和游离甲醛含量，已成为木材胶黏剂新的研究热点。UF 和 MUF 树脂中的羟甲基可以与大豆蛋白的残基反应，一方面可以降低 UF 和 MUF 游离甲醛含量，另一方面还可以在降低 UF 和 MUF 制备成本的同时增加 UF 和 MUF 的生物可降解性。程海明等(2006)研究表明在磺化氨基树脂合成工艺酸性缩合末期，添加胶原蛋白水解物，可大大降低氨基树脂中游离甲醛的含量，提高氨基树脂的稳定性和水溶性。高金贵等(2014)以动物角蛋白改性 UF 树脂，研究结果表明蛋白质能在一定程度上提高 UF 树脂的胶合板胶合强度，但会降低 UF 胶合板的耐水性；随着动物角蛋白添加量的逐步增加，UF 胶合板甲醛释放量呈明显下降趋势，当添加量接近 15%时，甲醛释放量接近 E_0 级。李建章等(2006)采用葫芦巴蛋白改性酚醛树脂，研究结果表明在不降低酚醛树脂固化速率和不影响胶合板胶合强度的情况下，葫芦巴蛋白引入可以大大降低酚醛树脂的制备成本。孙恩惠等(2014)以碱水解后的大豆分离蛋白(SPI)为改性剂，替代一定量的尿素，制备大豆分离蛋白改性脲醛树脂(SPI/UF)，研究结果表明 SPI 水解液尿素替代率对 UF 树脂的胶接性能影响最大，SPI/UF 树脂具有较好的热稳定性。黄红英等(2013)以大豆分离蛋白水解液、尿素、三聚氰胺和甲醛为原料通过溶液聚合反应合成了一种含有三嗪环结构的水解大豆蛋白基改性三聚氰胺-脲醛树脂(SPI/MUF)胶黏剂。研究结果表明 SPI/MUF 树脂热稳定性高于 MUF，固化温度低于 MUF。Qu 等(2015)研究发现降解的大豆蛋白改性 UF 树脂比纯 UF 树脂胶合强度提高 51.5%，大豆蛋白的引入还可以改善 UF 树脂的游离甲醛问题，提高其表面润湿性，同时还可以增加 UF 树脂的生物可降解性。

曹明等(2017)在 UF 树脂"碱-酸-碱"制备工艺第一阶段加入大豆蛋白，如表 6-2 所示，树脂亚甲基醚键含量有所降低，支链和亚甲基桥键含量明显增加，使树脂具有较高的交联度和缩聚度，从而进一步提高树脂的机械性能和热稳定性；在 UF 制备的第二阶段加入大豆蛋白，树脂的缩聚反应受阻，从而导致树脂极差的胶合性能和储存稳定性；在 UF 制备的第三阶段加入大豆蛋白主要是起捕捉游离甲醛的作用。

表 6-2　大豆蛋白降解液加入量对改性 UF 树脂的性能影响

UF 树脂的不同反应阶段	大豆蛋白/%	黏度/(mPa·s)	固含量/%	游离甲醛/%	羟甲基含量/%	胶合强度/MPa
	5	967	62.4	0.086	12.81	6.95±0.94
加成反应阶段	10	270	61.8	0.088	12.59	6.92±0.59
	20	200	60	0.148	15.01	6.00±0.87
	5	—	—	—	—	—
缩聚反应阶段	10	330	62	0.072	10.9	1.42±0.27
	20	853	63.4	0.12	13.01	1.81±0.22
	5	2665	64.1	0.077	12.64	4.07±0.60
调碱储存阶段	10	1790	65.4	0.069	10.82	7.01±0.99
	20	1680	62.1	0.076	11.58	6.20±0.66

吴志刚等(2015)以高浓度甲醛和大豆蛋白制备了 MUF 树脂，由表 6-3 可以看出，改性 MUF 树脂具有相对较高的内结合强度和更低的游离甲醛含量。

表 6-3　豆粉-三聚氰胺-尿素-甲醛树脂的性能

树脂	黏度/(mPa·s)	固含量/%	游离甲醛/%	密度/(g/cm³)	内结合强度/MPa
MUF_0	72	57.7	0.136	0.73	0.87±0.12
$HMUF_0$	410	67	0.066	0.73	1.09±0.14
DS_1HMUF	740	60.6	0.065	0.77	1.23±0.04
DS_2HMUF	835	67.4	0.060	0.76	1.29±0.09
DS_3HMUF	812	66	0.083	0.73	1.21±0.16

实现蛋白质与 MUF 共缩聚树脂甲醛释放和理化性能之间的有效平衡至关重要，要实现两者的平衡，固化非常重要。传统的单一固化剂显然很难满足共缩聚

树脂体系的甲醛释放、理化性能和固化速率及固化胶层之间的一系列问题。如图 6-4 所示，选用 $(NH_4)_2SO_4$、$(NH_4)_2HPO_4$、$(NH_4)_2HPO_4+(NH_4)_2SO_4$、$(NH_4)_2HPO_4+$ $(NH_4)_2S_2O_8$ 和 $(NH_4)_2HPO_4+(NH_4)_2SO_4+(NH_4)_2S_2O_8$ 作为树脂的固化剂（吴志刚等，2019）。研究发现 $(NH_4)_2SO_4$ 不能使树脂充分固化，最终树脂胶合强度低、耐水性差，固化后的胶层断面疏松、多孔。$(NH_4)_2HPO_4$ 一方面可以水解产生氢离子促进树脂固化，另一方面能形成聚磷酸与树脂发生交联反应，但是单独以 $(NH_4)_2HPO_4$ 作为固化剂使用时，以上两个反应存在较大的选择性和竞争性，对固化后树脂的空间网络结构的形成有一定的影响。$(NH_4)_2HPO_4$ 是一种非常有潜力的固化剂，以 $(NH_4)_2HPO_4$ 为主剂的复合固化剂，共缩聚树脂固化易形成空间网状结构，胶层断面呈现交联交织状，胶合性能也不同程度地得到改善。而以 $(NH_4)_2HPO_4+(NH_4)_2SO_4+(NH_4)_2S_2O_8$ 为固化剂时，树脂胶合强度、耐水性和耐热性最佳，固化温度最低，固化放热量最高，交联程度最大，胶层断面以交联交织状为主。

图 6-4　MUF 树脂断面 SEM 图

(a) $(NH_4)_2SO_4$；(b) $(NH_4)_2HPO_4$；(c) $(NH_4)_2HPO_4+(NH_4)_2SO_4$；(d) $(NH_4)_2HPO_4+(NH_4)_2S_2O_8$；
(e) $(NH_4)_2HPO_4+(NH_4)_2SO_4+(NH_4)_2S_2O_8$

如表 6-4 所示，采取相同的方法以高浓度甲醛和大豆蛋白降解液制备酚醛树脂（张本刚等，2018），得到的树脂具有较高的黏度和固含量，较高的缩聚度，尤其是羟甲基酚含量。与普通酚醛树脂相比，共缩聚酚醛树脂强度性能有所提高，固化起始温度和固化温度有所降低，耐热性能变化不大。较低的游离甲醛增加了树脂的环保性和应用范畴。此外，引入具有可降解性能的大豆蛋白结构，可以提高酚醛树脂的微生物降解作用。

表 6-4　酚醛树脂 DMA 主要参数

样品	凝胶温度/℃	玻璃转变温度/℃	储存模量/MPa	300℃储存模量/MPa	模量损失/%
PF	132	251	7386	3168	55.8
PF+5%大豆蛋白	120	251	7421	3158	57.4
PF+10%大豆蛋白	127	254	7440	3039	59.2
PF+20%大豆蛋白	131	254	6655	2959	55.5

6.2　单宁基共缩聚树脂

6.2.1　单宁化学与单宁胶黏剂

6.2.1.1　常见单宁资源结构特征

单宁是植物的水抽提物，又称植物鞣质，是植物体内产生的、能使生皮成革的复杂多酚，由于与酚化学结构的相似性，单宁可以部分或全部取代常用木材胶黏剂之一的酚醛树脂中的酚类物质而用于木材胶黏剂，这也是单宁能用于木材胶黏剂的化学基础。

根据结构的不同，单宁可分为水解单宁和缩合单宁。缩合单宁占世界单宁总产量的90%，是单宁基木材胶黏剂的主要原料。下面以黑荆树、坚木和松树为例简要介绍一下主要缩合单宁资源的结构特征(图 6-5)。它们主要由缩合度不同的类黄酮单体组成，类黄酮单体的结构特点决定了最终单宁的性质。黑荆树单宁的两种主要结构单体见Ⅰ、Ⅱ，其中结构Ⅰ约占黑荆树单宁总含量的70%，结构Ⅱ约占25%，其余的5%由结构Ⅲ、Ⅳ组成。坚木的单宁结构单体组成与黑荆树的类似，也以结构Ⅰ、Ⅱ为主，而结构Ⅲ、Ⅴ含量较少甚至于没有。大部分的松树单宁如落叶松单宁由两种基本结构单体Ⅴ、Ⅵ组成，其中结构Ⅴ含量较结构Ⅵ大。由此可见，黑荆树和坚木单宁与松树单宁的主要区别在于前者主要由间苯二酚 A 环型单体连接而成，而后者主要为间苯三酚 A 环型单体(雷洪等，2008；周晓剑等，2017)。

单宁高分子聚合物是在以上介绍的各种类黄酮单体结构基础上、单体与单体之间通过一定的连接方式连接而成。黑荆树和坚木单宁的连接形式按其可能性排列为：间苯二酚 A 环型单体之间的 4,6-连接＞间苯二酚 A 环型单体之间的 4,8-连接＞间苯二酚 A 环型与间苯三酚 A 环型之间的 4,6-连接。松树单宁单体之间主要为 4,8-连接。

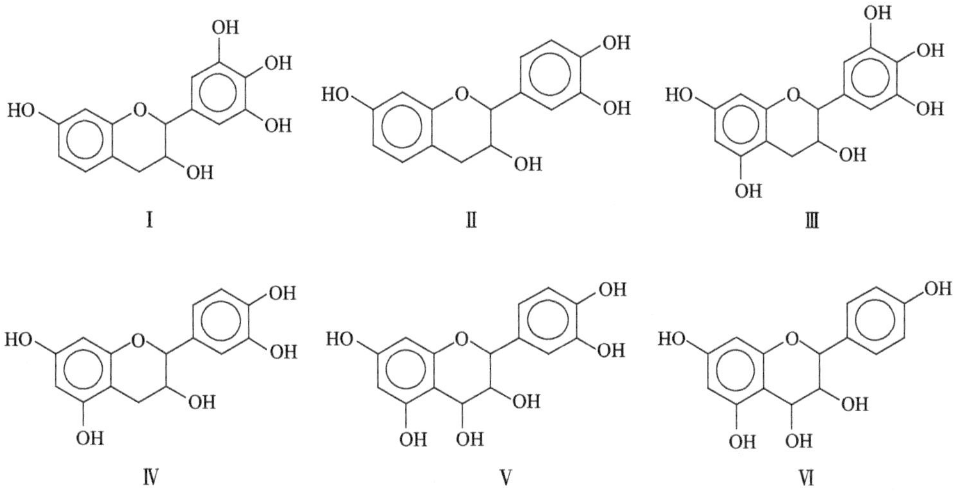

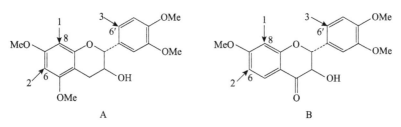

图 6-5　单宁的结构单元

6.2.1.2　单宁的主要化学反应

由单宁两个主要类黄酮结构单体 A、B（图 6-6）的溴化反应可知，在单体 A（A 环为间苯三酚）中溴化反应首先发生在 A 环的 C8 位置上，随之在 C6 上进行，B 环是不反应的，除非反应物过量，才会相继在 C6′位置上进行溴化反应，该反应较弱。单宁类黄酮结构单体 A 上的溴化反应活性大小依次为：C8＞C6＞C6′。而结构类型 B（A 环为间苯二酚）上的溴化反应活性大小依次为 C6＞C8＞C6′。正是类黄酮结构中 A 环（间苯二酚型）中 C8 位与（间苯三酚型）C6 位的取代优越性，为单宁与其他物质反应形成大分子结构奠定了基础。

图 6-6　类黄酮溴化反应位点示意图

1）单宁与醛反应

单宁与醛在一定条件下能发生化学反应，其中与甲醛主要通过亚甲基键连接形成大分子化合物，其反应在单宁类黄酮结构 A 环中 C6 和 C8 位置上进行，反应如图 6-7 所示（Pizzi，2003），单宁 B 环连苯三酚或邻苯二酚的 C 位上很少发生反应，除非在 pH 较高且伴随有阴离子形成条件下，C6′位置上才可能发生反应（Roux et al.，1975）。这是由于 B 环中羟基的干扰导致其他位置失去响应的能力。但 Osman

等(2002)认为在高温条件下，B环的反应活性会被激活。

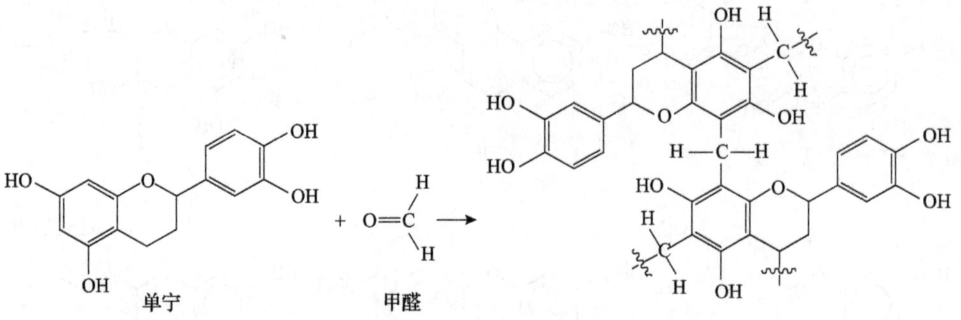

图 6-7　单宁与甲醛反应

单宁与甲醛的反应在室温下即可进行，不同种类的单宁与甲醛反应存在较大差异(Roffael et al.，2000)。单宁与甲醛反应主要分为两种方式：一是单宁通过与甲醛反应形成亚甲基桥键；二是单宁与甲醛反应形成亚甲基醚键($—CH_2OCH_2—$)，但亚甲基醚键不稳定，容易转化为亚甲基桥键和游离甲醛。

不同单宁与甲醛反应的 pH 范围存在差异，如黑荆树单宁与甲醛通常在 pH 为 4.0～4.5，但反应速率慢。而松树单宁则在 3.3～3.9(Meikleham and Pizzi，1994)。单宁除与甲醛反应外，还能与乙醛、丙醛、异丁醛、戊二醛、苯甲醛及乙二醛反应，以上几种物质与单宁的反应均较甲醛慢(Rossouw，1979)。

2) 单宁的水解及自缩聚反应

在高温及强酸的环境下，缩合单宁会发生两种反应，一是会水解成典型的儿茶素及花青素，如图 6-8 所示(Pizzi，1983)。二是水解得到一些带羟基及阳离子的杂环化合物，这些化合物会缩聚形成一定分子量的鞣红聚合物，如图 6-9 所示(Pizzi et al.，1993；Navarrete et al.，2010)。

单宁间的缩聚反应取决于单宁在结构上的差异。松树单宁、黑荆树单宁及坚木单宁由于结构的不同导致自缩聚的程度不同(Masson et al.，1996，1997；Merlin et al.，1996)。单宁自缩聚仅增大黏度，并没有产生凝胶现象(Pizzi et al.，1995)。

6.2.1.3　单宁基胶黏剂

单宁在碱的催化作用下，能与甲醛发生反应，首先生成羟甲基酚，继之发生缩聚反应，生成亚甲基键，随着反应的进行，最终形成不溶不熔的体型高聚物，其反应原理与酚醛树脂相同。

1) 单宁基木材胶黏剂的应用研究进展

有关单宁基木材胶黏剂的制备已有 30 多年的历史，很多国家对单宁树脂展开了深入研究，并开发出大量满足性能要求的工业级单宁基胶黏剂(Pizzi，1983)。

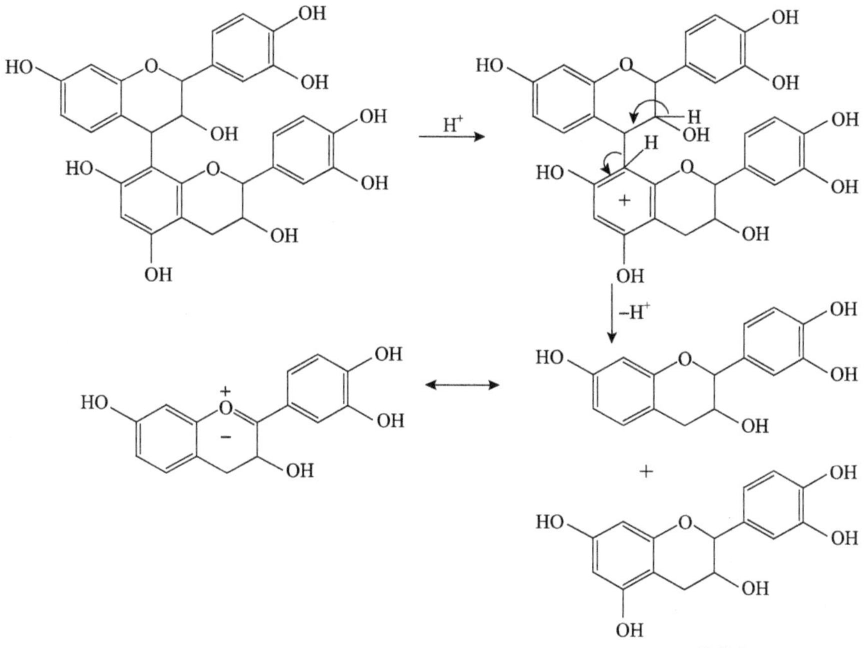

(+)-儿茶素

图 6-8　单宁降解为儿茶素及花青素的反应过程

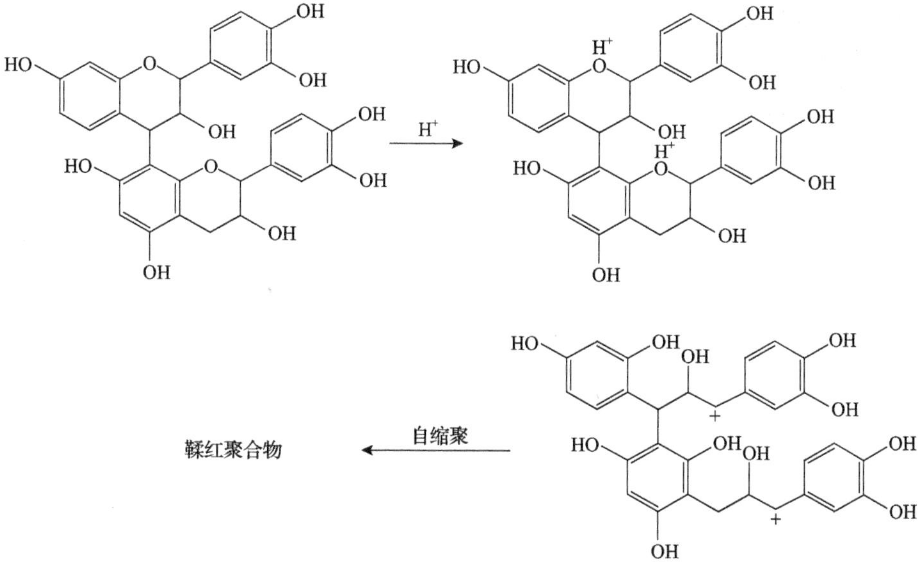

图 6-9　单宁在酸性环境下水解杂环的自缩聚反应过程

最早用于研究的是间苯二酚 A 环型黑荆树和坚木单宁胶黏剂，胶黏剂可单独使用，也可以与酚醛树脂或脲醛树脂等共混制备增强型胶黏剂，被广泛用于刨花板、胶合板、层积材、耐水瓦楞纸板和纸张胶合等,而且有关共混工艺、板材性能等的研究还在不断深化(Bisanda et al., 2003;Sowunmi et al., 1196)。另外,俄罗斯、芬兰和美国还将这种单宁用作酚醛树脂的固化加速剂。

相比较而言,由于间苯三酚A环型如松树单宁树脂反应活性过高,所以其应用不及间苯二酚A环型单宁树脂广泛。但经一定的工艺改进如单独施胶等也可用于刨花板等的生产。南非的科学家利用松树皮单宁提取物和美国山核桃坚果的单宁提取物制备出性能较好、甲醛释放量较低的室外型刨花板胶黏剂;Jorge 等(2002)制备的松树单宁胶黏剂性能与酚醛树脂相当;Vázquez 等(1996)利用松树单宁为基本胶黏剂原料制备得到的板材耐水性和胶合强度性能甚至比工业用酚醛树脂好。利用间苯三酚A环型单宁反应活性高的特点,还可用于制备常温固化型胶黏剂。南非、智利先后以松树单宁为基本原料开发出二组分型快速固化型胶黏剂,用于木材层压和指接,并达到了工业化水平。美国南方林业试验站用美国南方松树皮提取物与间苯二酚或苯酚-间苯二酚-甲醛树脂混合制成了冷固型木工胶。并在此基础上,对该种胶黏剂进行了改进,用于要求较高的木结构端点的结合,效果较好。Roffael 等(2000)的研究认为中纤板生产用60%的坚木单宁可为云杉单宁代替,所制中纤板的耐水性能满足相关标准要求,当取代量为100%时,也可用于室内级中纤板的制备。

除了与常规木材胶黏剂酚醛树脂或脲醛树脂共混外,还可以利用单宁的高反应活性特点,使之代替苯酚-间苯二酚-甲醛(PRF)树脂或间苯二酚-甲醛(RF)树脂中的部分间苯二酚。Lee 等(2006)研究认为利用相思树单宁和冷杉单宁取代部分间苯二酚制备得到RTF树脂胶黏剂,较之于RF,同等胶合强度条件下,RTF适用期更短,黏度更大。Gornik 等(2000)也成功利用核桃壳单宁取代了PRF树脂中50%～70%的间苯二酚,且认为在常温下固化时间越长,胶接强度越高。但 Grigsby 等(2004)认为虽然通过添加单宁的方式可以减少冷固化型PRF树脂中间苯二酚的使用量,坚木单宁、松树单宁均能加速胶黏剂固化,但坚木单宁与PRF混合得到的胶黏剂达不到强度要求,而松树单宁也只有在与PRF一定的混合比例下才能达到要求。

Li 等(2004b)模拟了贝类胶黏蛋白的胶接原理,利用单宁B环结构易生成邻苯醌的特点,使之与聚乙烯亚胺(PEI)反应制备得到木材工业用单宁基胶黏剂,所制胶合板胶接强度高,耐水性能优异,该研究不同于传统的单宁基木材胶黏剂反应原理,为单宁基木材胶黏剂的改性提供了新的思路。我国对单宁基木材胶黏剂的研究起步于20世纪70年代(吕时铎,1989),而直至20世纪90年代初才引起较为广泛的关注,研究对象主要包括落叶松树皮单宁、黑荆树单宁等,也有使用薯莨块茎、厚皮香树皮中凝缩类单宁制备木材胶黏剂的研究报道(罗庆云等,1994;陈茜文,1994)。1992 年,南京林业大学与内蒙古牙克石栲胶厂合作开发了用落叶松树皮单宁代替 60%苯酚的单宁酚醛树脂胶黏剂，所制树脂性能与传统酚醛树脂相当(张齐生等，1991)。孙丰文等(1999，2000，2001)逐步对配方进行了改进，并将液体胶制成粉状胶，避免了储存过程中的自缩聚反应，使胶黏剂的储存期大大延长，可用于胶合板、纤维板、刨花板等的生产。赵临五等(1993)利用活性 PF 和 PUF 树脂作为单宁树脂的交联剂，并获得成功。黄晓丹(2003)对黑荆树单宁胶黏剂进行了研究，通过亚硫酸钠和三聚氰胺-尿素-甲醛预缩液的改性处理，所制单宁胶黏剂可用于室外型中纤板。

2)单宁基木材胶黏剂存在的问题及其解决办法

作为一种天然胶黏剂，由于原料的结构特点，单宁基木材胶黏剂在使用过程中存在一些问题，现将主要问题总结如下(雷洪等，2008)。

a. 单宁胶黏剂分子量高、黏度大

单宁中还含有其他非单宁成分，通常黑荆树和坚木单宁抽提物中单宁含量为 70%～80%，松树为 50%～60%。其他非单宁成分主要是糖类和树胶，在树脂制备过程中，它们不能参与树脂胶黏剂的合成。糖类主要是对树脂的实际固含量起稀释作用，树胶在单宁抽提物中含量很低，通常仅占单宁抽提物含量的 3%～6%，但对树脂黏度影响很大，是导致同等浓度下单宁黏度比其他合成树脂大的最主要原因。另外，单宁与单宁之间、单宁与树胶之间及树胶与树胶之间的氢键和静电作用、单宁中存在的天然单宁高分子物质等也对单宁抽提物黏度有一定影响。进行木材胶接时，胶黏剂在木材表面的浸润扩散是保证良好胶接的先决条件。若胶黏剂的黏度过大，既不利于实际操作，也极大地影响树脂最终的胶接性能。

b. 单宁胶黏剂与甲醛反应活性高、适用期短

单宁树脂胶黏剂中最常使用的醛类是甲醛，通常以福尔马林溶液或在碱性条件下可以快速释放出甲醛的聚合物聚甲醛形式加入。单宁基胶黏剂与甲醛反应活性高、适用期短，延长树脂适用期的方法主要有：①稀释；②调节胶黏剂的 pH；③加入醇类，最常见的为甲醇，当体系中存在甲醇时，部分甲醛将与甲醇结合，以较为稳定的半乙缩醛 $CH_2(OH)(OCH_3)$ 的形式存在，当树脂受热时，甲醛即被逐步释放出来参与反应；④添加其他类添加剂，如 Na_2SO_3。其中以第一、第二种方法最常用(Ballerini et al.，2005；Li et al.，2013)。

c. 单宁基胶黏剂交联度低，胶合强度低，耐湿性差

当单宁与甲醛反应缩聚程度不高时，单宁分子即失去流动性，而由于其分子尺寸及形状的限制，使得分子中尚存的反应活性位相距太远而无法进一步形成亚甲基连接键，导致单宁基胶黏剂胶层脆性高、强度低。提高单宁基胶黏剂交联度的方法总体上可以归为两类。

(1)以较长分子链的键桥增长剂代替短分子链的甲醛。常见的键桥增长剂有木材工业用常见胶黏剂酚醛树脂和氨基树脂。为了分散固化后胶层内应力，常添加呋

喃用作增塑剂，而且呋喃与甲醛共同使用时，与单宁作用生成的连接键比—CH$_2$—连接键长，因此也可算作一种键桥增长剂。所使用的酚醛树脂要求缩聚程度不高，原因一方面是为了减少苯酚或间苯二酚的使用量，另一方面是为了保证酚醛树脂与单宁的相容性，更有利于反应。也有研究对以其他醛类物质代替甲醛的可能性进行了探讨，能对树脂交联起作用的其他醛类仅见糠醛的报道，使用时需与甲醛配合使用，同时糠醛还能有效提高树脂的塑性。除甲醛和糠醛外，其他醛类物质对单宁的交联作用不大，但对树脂的其他性能可能有一定影响，如用丁醛取代10%～30%的甲醛时，可以在一定程度上提高树脂的耐水性。

(2) 使通常情况下不参与反应的 B 环参与反应。单宁树脂胶黏剂在正常使用条件下只有反应活性很强的 A 环参与反应。若能使 B 环参与交联，则可以提高树脂的交联度。常见的方法主要有两种，一是加入聚异氰酸酯(Pizzi，1981)，二是加入醋酸锌(Gao et al.，2007)。

d. 单宁胶黏剂直接使用甲醛或含甲醛物质，存在甲醛释放问题

尽管由于单宁本身大分子的特性，单宁-甲醛树脂无需经酚醛树脂中酚与醛自单体的逐步缩聚过程，其所需的甲醛量已比酚醛树脂少得多，但其少量甲醛仍将对环境构成潜在威胁。目前对于单宁基胶黏剂降低甲醛释放量的相关研究主要集中在以下两个方面(Tondi et al.，2009a，2009b，2009c，2009d)。

(1) 使用无挥发性的固化剂代替甲醛，使反应过程中不产生醛类物质或使生成的醛包含于体系之中无法释放。主要是向单宁胶黏剂中添加羟甲基化硝基石蜡，尤其是三羟甲基硝基甲烷和六次甲基四胺等。

(2) 借助于单宁的自缩聚降低甲醛释放量。自缩聚的基本原理为不添加醛类物质，在酸或碱性条件下，使单宁类黄酮单体的杂环醚键 O1—C2 键断裂，并使断开后的反应活性中心 C2 与其他单宁分子中的 C6 或 C8 位发生缩聚。这种自缩聚反应使体系黏度增大，但并未凝胶。有两种凝胶方法：①向体系中加入少量的硅酸或硅酸盐；②置于木质纤维素表面。利用自缩聚反应制备的板材尽管干状胶合强度有显著提高，但仍不足以使其应用于室外，如用于室外，仍需添加醛类固化剂。向单宁中加入其他物质如醋酸锌也可能导致单宁分子的自缩聚，但比硅酸或硅酸盐的反应要慢得多，且自缩聚反应仅在较高固化温度时发生。

6.2.2 单宁-糠醇-甲醛共缩聚树脂

关于糠醇与缩合单宁反应的研究始于 1985 年，当时 Foo 等(1985)采用糠醇与黑荆树单宁结构单体模型在酸性条件下进行反应。研究表明，糠醇与单宁在100℃强酸条件下反应剧烈，高温能避免糠醇的自缩聚。糠醇中的羟甲基在单宁单体 A 环的 C6 及 C8 号位置上的取代反应最明显，通过高效液相色谱(HPLC)

分离出单宁 C6 及 C8 号位置上发生取代反应后的产物分别占总产物的 4%及 1.5%（图 6-10）。由于反应过程中存在空间位阻的影响，B 环与糠醇的取代反应产物相对较低。

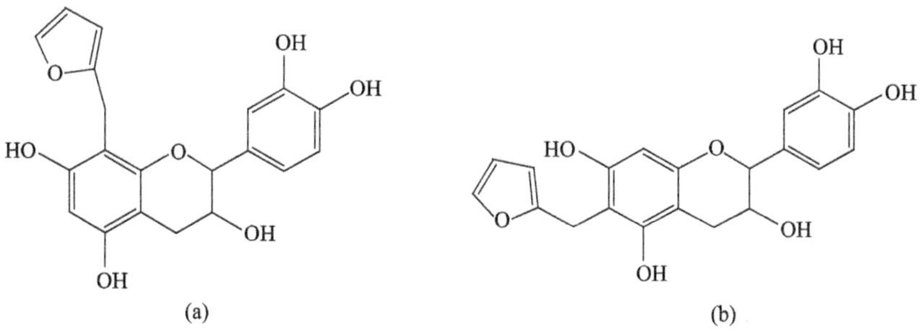

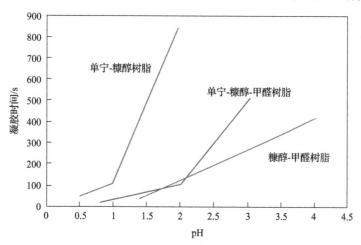

图 6-10　糠醇与单宁的反应产物

(a)4%产量；(b)1.5%产量

为进一步研究单宁与糠醇在不同 pH 条件下的反应程度，Tondi 等(2009a，2009b，2009c，2009d，2010)测试了黑荆树单宁-糠醇混合液的凝胶时间，并对比糠醇-甲醛混合液和单宁-糠醇-甲醛混合液，其结果如图 6-11 所示。单宁-糠醇混合液在 pH<1 的条件下，凝胶时间<100 s，说明二者反应剧烈，但当 pH>1 后，二者的反应随 pH 的增加而变慢，在相同 pH 条件下，单宁-糠醇-甲醛混合液的凝胶时间均低于单宁-糠醇混合液，说明甲醛的加入增加了体系的反应活性。

图 6-11　不同树脂在不同 pH 范围内所对应的凝胶时间

Abdullah 等(2013)利用单宁与糠醇在一定条件下合成了无游离甲醛释放的环境友好型可再生胶黏剂，只需将缩合单宁粉末用水稀释后与一定质量的糠醇混合，为了避免糠醇在酸性条件下的自缩聚，反应 pH 为 11，搅拌 10 min 即可对板材进行施胶。但由于碱性条件下，单宁的反应活性低且大量水分的存在降低了糠醇与单宁的缩聚程度，该胶黏剂黏度较低，用此胶黏剂制得的刨花板内结合强度(干强度)仅达到 0.25 MPa，与传统"三醛胶"相比，存在一定差距。根据 Tondi 等(2008a，2008b)对黑荆树单宁与糠醇树脂研究结果可知，热固性单宁-糠醇-甲醛(TF)树脂合成过程中最佳 pH 为 2～4，且高温可降低糠醇的自缩聚。为提高 TF 树脂的胶合强度及耐水性能，杜官本等在酸性条件下合成 TF 树脂，通过调节黑荆树单宁与糠醇质量比、反应条件及固化条件来摸索新的制备工艺，具体合成步骤为：将糠醇与黑荆树单宁按质量比为 3∶1 混合，用电磁搅拌器搅拌均匀后加入 65%对甲苯磺酸(pTSA)的水溶液，调节 pH 为 3，用电磁搅拌器搅拌 2 min 在旋转蒸发仪(60℃)下旋转蒸发 1 h 后冷却即可。此方法制备得到的 TF 树脂胶黏剂的外观为深褐色，密度为 1.11 g/cm³，凝胶时间为 308 s，黏度为 233 mPa·s，用其制备的胶合板的干强度为 1.69 MPa，沸水强度为 1.22 MPa，与实验室自制 PF 树脂胶黏剂相比，二者的胶合强度较为接近，说明该方法制备的 TF 树脂中单宁与糠醇的反应程度较高，糠醇自缩聚现象显著减少。但糠醇的价格昂贵，按照 3∶1 质量比合成的 TF 树脂胶黏剂与 PF 树脂相比没有任何市场优势。

杜官本等尝试用甲醛与乙二醛来替代部分糠醇与单宁、糠醇共缩聚合成改性 TF 树脂(Zhang et al.，2017，2019)。甲醛与糠醇呋喃环 b1 号位在常温及酸性条件下反应能生成羟甲基糠醇，乙二醛与糠醇中的羟甲基在酸性条件下能发生交联，甲醛和乙二醛能提高糠醇与单宁的反应活性及降低糠醇在酸性条件下的自缩聚，应用 ^{13}C-NMR 谱图可知，甲醛和乙二醛分别与糠醇的反应机理如图 6-12 和图 6-13 所示。在 TF 树脂中加入甲醛，用对甲苯磺酸调节 pH 为强酸条件能制出耐水性较好的 TF 木材胶黏剂，该胶黏剂制备胶合板的干强度高于 PF 树脂，沸水强度接近于 PF 树脂。乙二醛的反应活性较甲醛弱，但通过 MALDI-TOF-MS 可知，乙二醛与糠醇反应后，树脂中的二聚体以上结构明显减少，说明该方法可有效降低糠醇的自缩聚反应。甲醛、乙二醛的加入能提高 TF 树脂胶黏剂的耐水性能和胶合性能，也能降低糠醇的用量，但甲醛为有毒物质，在使用过程中需要降低其与糠醇的物质的量比，这样一来，糠醇的用量没有办法降至最低。乙二醛毒性较低，且不挥发，但反应活性较弱，因此也只能替代少数糠醇。作者课题组对甲醛或乙二醛改性 TF 树脂胶黏剂的研究仍需不断深入。

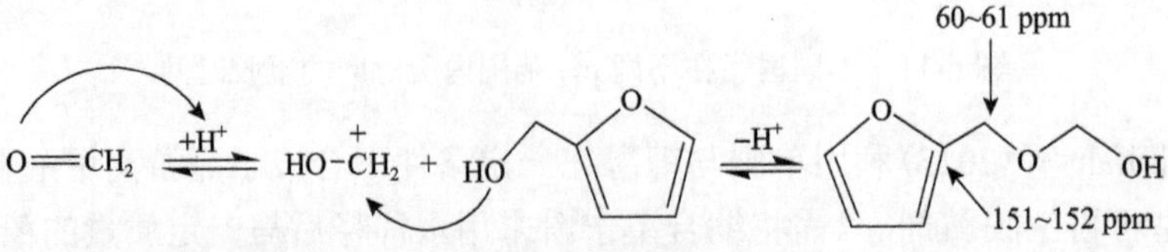

图 6-12　甲醛与糠醇的反应

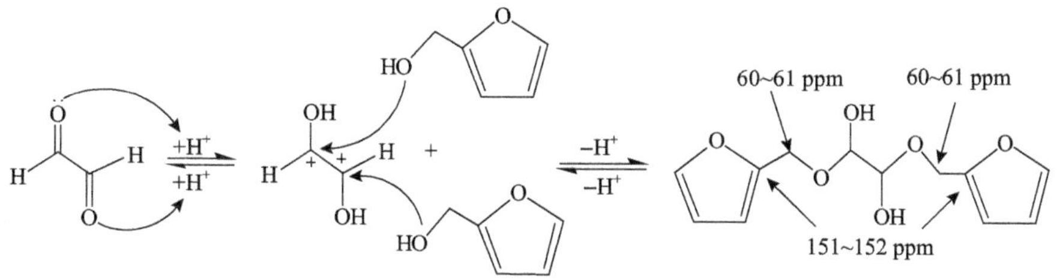

图 6-13　乙二醛与糠醇的反应

6.3　木素基共缩聚树脂

6.3.1　木素结构特征

木素是植物体内普遍存在的一类高聚物，是支撑植物生长的主要物质，同纤维素与半纤维素一起构成纤维素纤维，是植物界中仅次于纤维素的最为丰富的有机高聚物，是裸子植物和被子植物所特有的化学成分。木素在木材中的含量一般为 20%～40%，禾本科植物中为 15%～25%，木素无毒，为可再生的资源，在制革、染料、食品、建筑、工业和农业等行业得到广泛的应用。

在植物细胞壁中，木素高分子的形成阶段，主要是向已经堆积木素的生长末端依次供给木素单元，不断地结合下去，形成木素大分子结构。也可以与已经形成的纤维素与半纤维素结合形成亚甲基醌加成的碳水化合物，这样也就形成了木素与纤维素或者半纤维素之间的结合。由于这一过程是在酶的催化作用下形成的，这种极为特殊的生物过程，带来了化学结构的不规则性，使得不同树种之间的木素有不同的结构。

木素化学结构与纤维素和蛋白质相比，缺少重复单元间的规律性和有序性。研究表明，木素是由木素的结构单元(木素的前驱体)按照连续脱氢聚合作用机理，用几种形式相互无规则地连接起来，形成一个三维网状的聚酚化合物，因此它不能像纤维素等有规则天然聚合物可用化学式来表示，木素的结构是一种物质的结构模型，是按测定结果平均出来的假定分子结构。木素分子结构复杂，一般认为木素的基本结构是苯丙烷，有三种基本结构，即对羟苯基苯丙烷、愈创木基苯丙烷和紫丁香基苯丙烷(图 6-14)。

木素结构中有复杂的官能团，其分布与种类有关，也与提取分离方法有关。

(1)羟基：木素结构中存在较多的羟基，是木素的重要官能团之一，以醇羟基和酚羟基两种形式存在。木素结构中酚羟基是一个十分重要的结构，直接影响着木素化学性质和物理性质，如木素醚化、酯化、缩合程度和溶解性能等。

(2)甲氧基：甲氧基含量因木素的来源而异，一般针叶材木素中含 13%～16%，阔叶材木素中含 17%～23%。阔叶材木素中甲氧基含量高于针叶材，因为阔叶材木素既存在愈创木基结构单元，也存在紫丁香基结构单元。

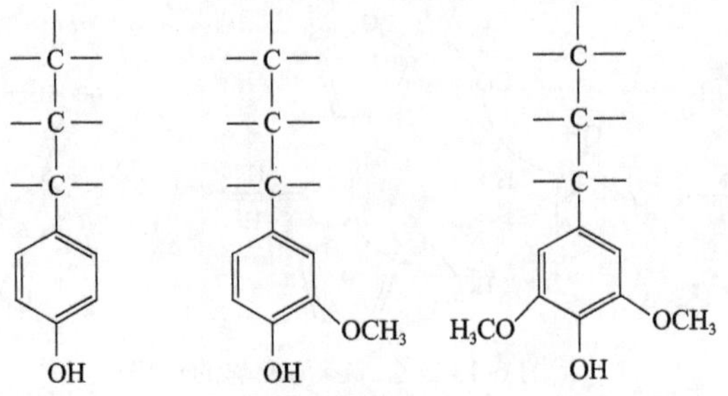

图 6-14　木素三种基本结构单元

（3）羰基：木素结构中存在约 6 种羰基，其定量通常用盐酸羟胺法，与芳香环共轭的羰基，可用紫外光谱法定量测定。

（4）羧基：一般认为木素中是不存在羧基的。

6.3.2　木素基多组分共缩聚树脂

6.3.2.1　木素-氨基树脂

Lin Stephen（1982）、Schmitt 等（1991）首先用甲醛对木素进行羟甲基化，然后再与脲醛树脂混合制得的木素-脲醛树脂，游离甲醛含量低于 1%，且性质稳定。Baskin 等（2001）以木素磺酸盐和不饱和羰基化合物以及饱和醛分两步反应，得到一个接枝共聚物，再与脲醛树脂混合得到的胶黏剂甚至能代替 100%纯的脲醛树脂，而且对人造板的物理或机械性能没有任何的负面影响。Felby 等（2002）用氧化还原酶氧化木素制备木素-尿素-甲醛树脂胶黏剂，该产品可与脲醛树脂相媲美。

三聚氰胺-甲醛树脂胶性能优良，但具有价格高、性脆易裂、柔韧性差等缺点。将木素加入到三聚氰胺-甲醛树脂中，可以降低树脂的交联度，增加其柔性，同时降低产品的成本。Bornstein 等（1978）采用木素磺酸盐与三聚氰胺甲醛共缩聚制得的胶黏剂，其木素磺酸盐的比例高达 70%；用亚硫酸盐造纸废液和甲醛在碱性条件下加入缩合，并加入少量三聚氰胺，直至黏度为 200～300 mPa·s 时，由此制得了一种耐水性很好的木材胶黏剂。

6.3.2.2　木素-酚醛树脂

木素中特别是愈创木基和对羟苯基，它们的邻空位有很强的反应活性，由芳香族单体高度交联形成的木素大分子，具有和酚醛树脂类似的结构，可以在一定的条件下参与苯酚、甲醛的缩合固化反应，因此具有部分取代苯酚、降低成本、提高环保性能和改善性能的作用（Hoong et al.，2011；Gornik et al.，2000）。木素应用于酚醛树脂胶黏剂的研究开始得较早，相关研究也较多（Pizzi et al.，2012；

Sauget et al., 2014; Lee et al., 2006)。许多种类的木素-酚醛树脂已经商业化。时君友等(1997)采用亚硫酸盐废液取代 40%苯酚所合成的酚醛树脂改性胶黏剂，经吉林省产品质量监督监测站测试，胶合板各项物理力学性能指标达到Ⅰ类胶合板标准要求，该产品经过蛟河东北林产工业公司生产性试验，结果证明该胶黏剂用于Ⅰ类胶合板是完全可行的。陕西以造纸厂副产品——木素为原料，代替传统酚醛树脂胶中部分苯酚制备的木素-酚醛树脂原料成本与脲醛树脂相当，比酚醛树脂可降低 30%左右，性能经国家人造板检测中心和多家用户检测试验，完全达到国家标准Ⅰ类胶合板用胶标准(潘婵等，2004)。

6.3.2.3　木素-糠醛

糠醛是一种来源于农产品的天然化学品，分子中含有大量的醛基和二烯基醚等官能团，具有很高的反应活性(Patel et al., 2009; Amaral-Labat et al., 2008)。因此，利用木素替代苯酚，糠醛替代甲醛制备木素-糠醛胶黏剂，既解决了酚醛树脂的安全性问题，又提高了木素和糠醛的利用率。利用水解木素和羟甲基糠醛，在路易斯酸催化条件下制备的木素-糠醛胶黏剂产率高达 85%(Zhang et al., 2016; Dongre et al., 2015)。木素-糠醛胶黏剂官能团和固化机理与酚醛树脂类似，但其分子量更大，分子量分布更广，而且玻璃化转变温度、储能模量和拉伸强度均高于酚醛树脂。与酚醛树脂胶黏剂相比，木素-糠醛胶黏剂需要更高的固化温度和更长的固化时间。Dongre 等(2015)提出的木素-糠醛胶黏剂反应机理如图 6-15 所示。

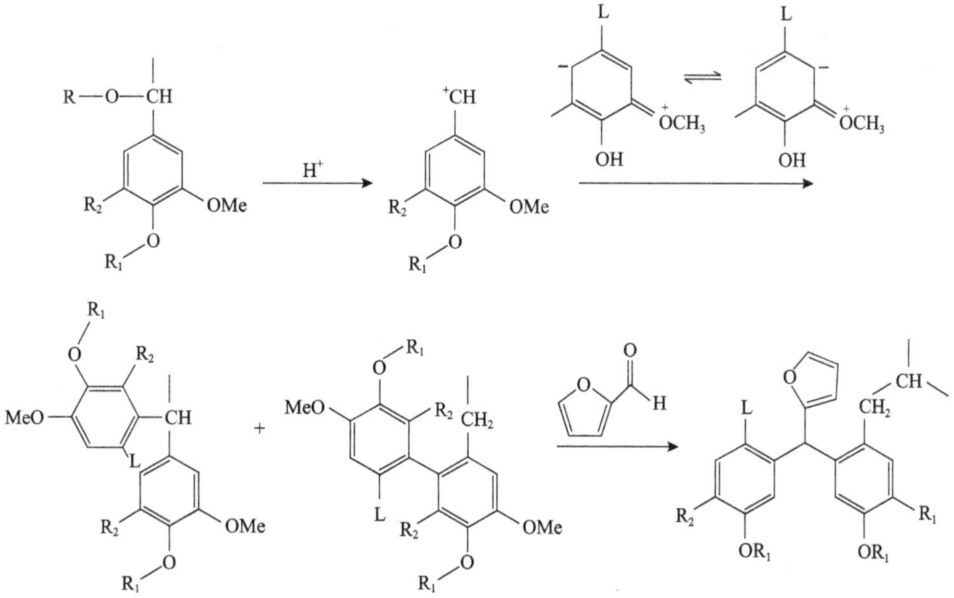

图 6-15　木素-糠醛胶黏剂反应机理

　　木素-糠醛胶黏剂的相关研究很多，但是始终没能实现工业化应用。这是因为木素、糠醛与苯酚和甲醛等小分子单体的活性差距较大，虽然两者固化机理类似，黏接强度相近，但是木素-糠醛胶黏剂在固化速率和固化温度方面却始终无法满足工业化要求。此外，木素前期酚化过程中苯酚的使用给胶黏剂安全性带来隐患。

6.3.2.4　木素-聚氨酯

　　木素可以看作是一种多元醇结构，能够与异氰酸酯反应，因此可以利用木素为原料制备聚氨酯胶黏剂。Hermiati 等(2015)以碱木素代替聚乙烯醇，天然橡胶胶乳作为骨架材料，多异氰酸酯作为固化剂，制备了木素-聚氨酯胶黏剂。Lee 等(2015)利用大豆油和硫酸盐木素两种天然资源制备了非异氰酸酯基聚氨酯胶黏剂，其生物质含量高达85%，制备的胶合板胶合强度可达 1.4 MPa。Koumba-Yoya 等(2017)用枫树树皮获得的溶剂型木素与乙二醛或异氰酸酯反应制备胶黏剂并成功制备了刨花板。

　　木素-聚氨酯胶黏剂主要通过木素中的活泼羟基和异氰酸酯基反应形成交联固化，最终达到黏接目的。但是，木素中活泼羟基含量有限，通常需改性后才能满足制备胶黏剂的条件。在胶黏剂配方中适当增加异氰酸酯含量可以提高胶接强度，但是成本也会有所提高。

6.3.2.5　木素-聚乙烯亚胺树脂

　　Geng 等(2006)在室温下将木素硫酸盐和聚乙烯亚胺(PEI)混合制备了新型木材胶黏剂，胶合板的湿剪切强度达到 1.92 MPa。Yuan 等(2013)制备的中密度纤维板内结合强度可达 1.23 MPa，利用活化后的木素与 PEI 制备的木材胶黏剂，其干胶合强度与酚醛树脂相近，但湿胶合强度与酚醛树脂还有一定差距。Liu 等(2006)提出木素-PEI 胶黏剂的反应机理可能与醌鞣反应类似，在热压过程中木素中的酚羟基被氧化为醌基，然后进一步与 PEI 中的氨基进行反应，最终形成一个交联网络状结构。

　　有关木素-PEI 的研究相对不多，大部分研究只停留在宏观的力学特性方面，而对两者反应机理的研究还不够深入。但木素-PEI 在胶合板的剪切强度及耐水性和刨花板的内结合强度上表现良好，发展前景广阔。

6.3.2.6　木素-单宁

　　单宁与苯酚的化学结构极为相似，这也是单宁能够用于制备木材胶黏剂的化学基础。常见的单宁胶黏剂主要是以单宁为主体，配以适当的固化剂制备而成，其主要特点为反应活性高、固化速率快。将溶剂型木素进行羟乙基化处理得到活性较高的羟乙基化木素，然后将羟乙基化木素、单宁、固化剂混合配胶，在不添加任何合成树脂的条件下制备生物质含量高达 99.5%的木素-单宁木材胶黏剂，这种胶黏剂制备的胶合板剪切强度达到 1.20 MPa 和刨花板内结合强度达到 0.52 MPa（Navarrete et al.，2010）。木素与单宁的反应机理如图 6-16 所示。

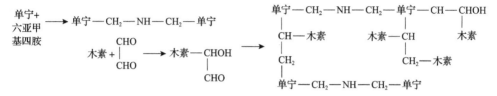

图 6-16　木素-单宁胶黏剂反应机理

木素-单宁胶黏剂和其他木素基胶黏剂相比，生物质含量更高，但同样由于两者的生物质特点，导致胶黏剂在制备和使用过程中出现黏度大、交联度低、适用期短等问题，极大地限制了胶黏剂更为广泛的发展与应用。

6.3.2.7　木素-大豆蛋白

大豆蛋白胶黏剂价格便宜，原料来源丰富，加工制作简单，但胶接强度低、适用期短、固含量低、耐生物腐蚀性差，特别是耐水性差等问题限制了其应用范围。木素的交联结构以及芳环结构可以提高大豆蛋白胶黏剂的强度、耐水性和耐生物腐蚀性。

Xiao 等（2013）研究了高粱木素经过挤压后的结构和性能变化，并且利用两种木素（水体系和氢氧化钠体系）制备了木素-大豆蛋白胶黏剂，所制胶合板在剪切强度和耐水性方面都有较大提升。

Ibrahim 等（2013）利用未处理木素、漆酶处理的木素、漆酶及 NaBH$_4$ 处理的木素分别与大豆蛋白混合制备胶黏剂，经过漆酶和 NaBH$_4$ 处理的木素与大豆蛋白制备的胶黏剂所制胶合板的胶合强度是其他两种处理方式的 4 倍。Luo 等（2015）利用一种廉价的木素基树脂和大豆蛋白混合制备胶黏剂。当木素树脂质量分数为 10%时，所制胶合板的强度相比纯大豆蛋白胶黏剂增加了两倍，达到 1.05 MPa。木素能和蛋白质中的活性基团反应，从而增加交联结构，并增强力学和耐热性能；添加木素后的胶黏剂能形成顺滑的黏接面，防止水汽进入基体内部；制备的胶黏剂黏度适中，能够在被黏接物表面形成润湿，固化后在黏接面形成良好的机械铆合结构。

大豆蛋白和木素同属生物质资源，因此木素-大豆蛋白胶黏剂生物质含量很高。但是大豆蛋白和木素的反应活性较差，导致胶黏剂性能一般。如何提高大豆蛋白活性成为制备木素-大豆蛋白胶黏剂的关键。

6.4 糖基共缩聚树脂

6.4.1 淀粉与多糖化学

6.4.1.1 淀粉

糖又称碳水化合物,是植物光合作用的初生产物,同时也是绝大多数天然产物生物合成的初始原料。

以糖类制备木材胶黏剂的报道中,采用淀粉为原料较为常见。淀粉是一种多糖,在自然界分布十分广泛,主要存在于高等植物的根、茎、叶、果实和花粉器官中,是植物通过光合作用把二氧化碳和水变成淀粉,并且储存于器官组织当中。淀粉也是食物的重要组成部分,咀嚼米饭等时感到有些甜味,这是因为唾液中的淀粉酶将淀粉水解成了麦芽糖。食物进入胃肠后,还能被胰脏分泌出来的唾液淀粉酶水解,形成的葡萄糖被小肠壁吸收,成为人体组织的营养物。

1)淀粉的分类

a. 按来源分

禾类淀粉:主要来源于玉米、大米、大麦、小麦、燕麦、荞麦、高粱和黑麦等,主要存在于种子的胚乳细胞中。淀粉工业主要以玉米为原料进行加工。

薯类淀粉:薯类是高产作物,我国以甘薯、马铃薯和木薯为主,主要来源于块根和块茎,工业上以木薯和马铃薯为主。

豆类淀粉:主要来源于蚕豆、绿豆、豌豆等,这类淀粉直链淀粉含量较高。

其他淀粉:植物的果实(如香蕉、芭蕉、白果等)、基髓(如大米、豆苗、菠萝等)等中都含有淀粉。因为淀粉含量有限,这些通常不作为淀粉加工的原料。

b. 按分子结构分

直链淀粉:也称糖淀粉,遇碘呈蓝色,为无分支的螺旋结构。

支链淀粉:也称胶淀粉,遇碘呈紫红色,以 24～30 个葡萄糖残基以 α-1,4-糖苷键首尾相连而成,在支链处为 α-1,6-糖苷键。

天然淀粉中直链的占 20%～26%,它是可溶性的,其余的则为支链淀粉。

2)淀粉的性质

组成:淀粉颗粒是由多种成分组成的混合物,每种成分的含量因原料的不同而异,主要组成元素有 C、H、O,分子式为 $(C_6H_{10}O)_n$。

形状:淀粉是白色无味粉末,因其来源不同,颗粒的大小和形状也不同,通过显微镜或电镜扫描都可以看出玉米和糯米淀粉呈圆形和多边形,大米淀粉呈多边形,高粱淀粉呈圆形或多边形,小麦淀粉呈圆形和扁豆形,马铃薯淀粉为椭圆形,木薯淀粉为圆形。

密度：淀粉的密度因水含量不同而不同，含水量在 10%～20% 范围内的密度大约是 1.5 g/cm³，相对密度约是 1.5。

其他特性：淀粉在冷水中形成淀粉浆，当静置时，由于淀粉相对密度较大，全部沉于底部，无法形成稳定体系，这是因为淀粉粒内形成的氢键阻止了淀粉溶解于水。但淀粉在冷水中仍有轻微的吸水而膨胀，颗粒吸收水分会达到一个极限量，但当降低或升高温度时，膨胀又是可逆的。

6.4.1.2　多糖化学

糖的化学性质在普通有机化学中已有详细的论述。下面仅介绍糖制备木材胶黏剂涉及的相关化学反应。

1) 氧化反应

糖分子有醛(酮)基、伯醇基、仲醇基和邻二醇基结构单元，通常醛(酮)基最易被氧化，伯醇次之。在控制反应条件的情况下，不同的氧化剂可选择性地氧化某些特定的基团。Ag、Cu^{2+} 以及溴水可将醛基氧化成羧基，硝酸可使醛糖氧化成糖二酸，过碘酸和四醋酸铅可将醛基氧化成邻二羟基。

过碘酸氧化反应是一个常用的反应。该反应的特点是：①不仅能氧化邻二醇，而且对于 α-氨基醇、α-羟基醛(酮)、α-羟基酸、邻二酮、酮酸和某些活性次甲基也可氧化；②在中性或弱酸性条件下，对顺式邻二醇羟基的氧化速率比反式快得多，但在弱碱性条件下顺式和反式邻二醇羟基的反应速率相差不大；③对固定在环的异边并无扭曲余地的邻二醇羟基不反应；④对开裂邻二醇羟基，最终的降解产物(如甲醛、甲酸等)也比较稳定；⑤反应在水溶液中进行。

2) 焦糖化反应

糖类在没有氨基化合物存在的情况下，加热到熔点以上(一般为 140～170℃)时，会因发生脱水、降解等过程而发生褐变反应，这种反应称为焦糖化反应，又称卡拉蜜尔作用。焦糖化反应有两种反应方向：一是经脱水得到焦糖(糖色)等产物；二是经裂解得到挥发性的醛类、酮类物质，这些物质还可以进一步缩合、聚合，最终也得到一些深颜色的物质。这些反应在酸性、碱性条件下均可进行，但在碱性条件下进行的速率要快得多。

3) 糠醛形成反应

多糖在浓酸的作用下首先水解成单糖，然后再脱水形成相应的糠醛产物。五碳醛糖生成的是糠醛，甲基五碳醛糖生成的是 5-甲基糠醛，六碳醛糖生成的是 5-羟甲基糠醛，六碳糖醛酸生成的是 5-羧基糠醛。通常在形成糠醛的反应中五碳醛糖和甲基五碳醛糖较六碳醛糖容易，生成的产物也较稳定；六碳酮糖较六碳醛糖容易，生成的 5-羟甲基糠醛的产率也较高。

4) 羟基反应

糖的羟基反应包括醚化、酯化、缩醛（缩酮）化以及与硼酸的络合反应等。羟基反应活泼性：半缩醛羟基（C_1-OH）＞伯醇羟基（C_6-OH）＞C_2 羟基（C_2-OH）＞其他 OH。

5) 美拉德反应

糖类与含氨基化合物（如氨基酸等）通过缩合、聚合而生成类黑色素的反应。美拉德反应是一个非常复杂的过程，需经历亲核加成、分子内重排、脱水、环化等步骤。

6.4.2　糖基多组分共缩聚树脂

在糖基胶黏剂领域，报道较多的是淀粉基胶黏剂。但是，淀粉基胶黏剂在使用过程中存在很多不足，如湿胶合强度较低、耐水性差等。淀粉基胶黏剂主要通过氧化、糊化、酯化、接枝、交联等手段，封闭淀粉中的羟基并引入其他活性基团，使乳液体系中的羟基数量降低到适当的程度，同时保持有足够的活性基团数目，通过改性要达到既能够保证淀粉胶黏剂的黏接强度，又可以提高耐水性和流动性能，延长储存期等目的（张新荔等，2012；Yu et al.，2016）。

氧化是化学改性淀粉过程中的常用方法。淀粉中的羟甲基可以被氧化成醛基和羧基，其中醛类具有防霉和防腐作用，而羧基更容易和纤维发生相互作用，因此会增加胶黏剂的稳定性、渗透性和黏接能力。氧化作用还可以减少淀粉分子中的羟基数量，明显改善胶黏剂的稳定性。此外，糖苷链的断裂会降低淀粉分子量，从而降低胶黏剂的黏度，提高流动性、耐水性等性能（谭属琼等，2011）。

对淀粉进行接枝共聚，可以增加淀粉的疏水链，合成的共聚物既保留了淀粉自身的特性，又可以提高耐水和力学强度，从而提升淀粉胶黏剂性能（郑志锋，2015）。淀粉接枝聚合大多以铈盐作引发剂，引发效果虽然较好，但所得产品成本较高（Nie et al.，2013；Baishya et al.，2014）。

酯化可以弱化分子间的氢键作用，限制直链淀粉链之间的相互作用，从而有效降低淀粉的老化回生。十二烷基琥珀酸酐是一种长链油状酸酐，取代淀粉空间位阻大，其反应程度较低，可使淀粉具备一定的疏水性能，提高其耐水特性（Liu et al.，2017）。在此基础上，以异氰酸酯作为交联剂制得的淀粉胶黏剂具有较高的耐水性和热稳定性（Wang et al.，2015）。

有学者对绿色环保的蛋白质-淀粉无甲醛胶黏剂和单宁-淀粉无甲醛胶黏剂等进行了研究，用于木材和木制品胶接。Akbari 等（2014）通过添加橡胶胶乳和淀粉制备混合胶黏剂用于中密度纤维板的生产，结果表明 5 g 淀粉与 15 g 橡胶胶乳复配配方所制胶黏剂具有较高的胶接强度，同时淀粉的加入可使中密度纤维板表现出更好的热稳定性。Moubarik 等（2010）研制的一种新型无甲醛玉米淀粉-单宁胶黏剂，以六次甲基四胺为固化剂，该淀粉无甲醛胶黏剂黏度低、抗剪切强度较高。

参 考 文 献

曹明, 吴志刚, 杜官本, 等. 2017. 高浓度甲醛和大豆蛋白增强低摩尔脲醛树脂研究[J]. 中南林业科技大学学报(自然科学版), 37(1): 105-111, 117.

常亮, 郭文静, 陈勇平, 等. 2014. 人造板用无醛胶黏剂的研究进展及应用现状[J]. 林产工业, 41(1): 3-6, 12.

陈复生, 郭兴凤. 2012. 蛋白质化学与工艺[M]. 郑州: 郑州大学出版社.

陈茜文. 1994. 薯莨提取物制造木材胶粘剂的研究[J]. 林产化工通讯, 28(5): 6-8.

陈云, 王念贵. 2014. 大豆蛋白质科学与材料[M]. 北京: 化学工业出版社.

程海明, 陈敏, 王睿, 等. 2006. 低游离甲醛氨基树脂的合成[J]. 中国皮革, 35(21): 9-11, 15.

储强, 魏安池, 李海旺. 2014. 植物蛋白胶黏剂研究进展[J]. 粮食与油脂, 27(2): 16-19.

崔洪斌. 2001. 大豆生物活性的开发与应用[M]. 北京: 中国轻工业出版社.

方坤, 吕谷来, 盛奎川, 等. 2008. 基于改性大豆蛋白胶黏剂的竹刨花板性能[J]. 农业工程学报, 24(11): 316-320.

高金贵, 邹志平, 王立影, 等. 2014. 环保型动物角蛋白改性剂对胶合板性能的影响[J]. 林业科技, 39(1): 26-28.

高强, 张世锋, 李建章. 2009. 改性大豆蛋白胶黏剂制造纤维板工艺参数研究[J]. 北京林业大学学报, (S1): 123-126.

高振华, 顾继友. 2011. 利用苯酚液化大豆粉制备耐水性木材胶黏剂[J]. 林业科学, 47(9): 129-134.

顾皞. 2011. 应用大豆蛋白制备耐水性木材胶黏剂[D]. 哈尔滨: 东北林业大学.

郭梦麟. 2005. 蛋白质木材胶黏剂[J]. 林产工业, (5): 5-9.

何爽爽, 王新洲, 董葛平, 等. 2015. 大豆蛋白胶黏剂用于竹柳中密度纤维板试验[J]. 林业工程学报, 29(3): 59-63.

胡显宁. 2015. 异氰酸酯改性大豆蛋白胶的研究[J]. 辽宁林业科技, (2): 13-15+22.

黄红英, 孙恩惠, 武国峰, 等. 2013. 大豆分离蛋白水解物改性三聚氰胺脲醛树脂的合成及表征[J]. 林产化学与工业, 33(3): 85-90.

黄晓丹. 2003. 室外型中密度纤维板用黑荆树单宁胶粘剂的研制[J]. 林产工业, 30(5): 31-33, 44.

雷洪, 杜官本, Pizzi A. 2008. 单宁基木材胶黏剂的研究进展[J]. 林产工业, 35(6): 15-19.

雷洪, 杜官本, Pizzi A, 等. 2011. 乙二醛对蛋白基胶黏剂结构及性能的影响[J]. 西南林业大学学报, 31(2): 70-73.

雷洪, 杜官本, 吴志刚, 等. 2013a. 甲醛和 SDBS 对碱降解改性大豆蛋白胶的影响[J]. 林业科技开发, 27(2): 81-84.

雷洪, 吴志刚, 杜官本. 2013b. 交联改性大豆蛋白胶胶合板的工艺及湿剪切强度研究[J]. 木材工业, 27(2): 8-11.

雷文. 2011. 国内大豆蛋白胶黏剂的改性研究进展[J]. 大豆科学, 30(2): 328-332.

雷文, 杨涛, 王考将, 等. 2009. 一种单体共聚改性大豆蛋白胶黏剂及其制备方法[P]. CN
　　101486889A.

雷文, 杨涛, 王考将, 等. 2010. 环氧树脂改性大豆基木材胶粘剂的制备与表征[J]. 大豆科学,
　　(1): 126-128.

李飞, 李晓平, 翁向丽, 等. 2009. 戊二醛改性提高大豆胶粘剂耐水性能[J]. 大豆科学, (6):
　　120-124+128.

李光荣, 辜忠春, 李军章, 等. 2015. 植物蛋白胶刨花板生产技术[J]. 浙江农林大学学报, 32(6):
　　909-913.

李建章, 周文瑞, 蒋建新, 等. 2006. 改性葫芦巴蛋白质降低酚醛树脂胶粘剂成本的研究[J]. 中
　　国胶粘剂, 15(2): 5-7, 20.

李玲, 许玉芝, 王春鹏, 等. 2013. 豆粕基木材胶黏剂的复合改性与性能研究[J]. 林产工业,
　　40(3): 34-37.

李湘宜. 2012. 大豆蛋白基木材胶黏剂的研究与应用[D]. 北京: 北京化工大学.

李永辉, 方坤, 盛奎川. 2007. SDS 改性大豆分离蛋白胶粘剂的性能研究[J]. 粮油加工, (8):
　　83-86.

林巧佳, 刘景宏, 杨桂娣. 2004. 高性能淀粉胶制备机理的研究[J]. 森林与环境学报, 24(2):
　　101-106.

罗庆云, 马文秀, 曾效槐, 等. 1994. 厚皮香树皮单宁的化学组成及制胶性能的研究[J]. 林产化
　　学与工业, (3): 15-20.

吕时铎. 1989. 再生资源制备木工胶粘剂的展望[J]. 林产化学与工业, 9(2): 1-8.

潘婵, 方继敏, 杨红刚. 2004. 草浆造纸黑液用于粘结剂生产的研究[J]. 安全与环境工程, 11(2):
　　24-26.

石彦国, 任莉. 1993. 大豆制品工艺学[M]. 北京: 中国轻工业出版社.

时君友. 2007. 淀粉基 API 木材胶粘剂及其固化与老化机理的研究[D]. 哈尔滨: 东北林业大学.

时君友, 乐磊. 1997. 酚醛树脂改性的亚硫酸盐废液胶粘剂应用研究[J]. 林产工业, 24(3): 16-21.

孙丰文. 2000. 粉状落叶松单宁酚醛树脂胶生产胶合板的研究[J]. 木材工业, 14(6): 6-8, 14.

孙丰文, 高宏, 关明杰, 等. 1999. 几种低成本改性酚醛胶及其胶合性能的研究[J]. 林产工业,
　　26(3): 14-16, 20.

孙丰文, 张齐生, 蒋身学. 2001. 粉状落叶松单宁胶在集装箱底板生产中的应用[J]. 林业科技开
　　发, 15(1): 24-26.

孙恩惠, 黄红英, 武国峰, 等. 2014. 大豆蛋白改性脲醛树脂胶的合成及降解性研究[J]. 南京林
　　业大学学报(自然科学版), (1): 97-102.

谭属琼, 陈厚荣, 刘雄. 2011. 氧化淀粉胶应用研究进展[J]. 中国粮油学报, (7): 131-135.

唐蔚波, 周华, 周翠, 等. 2008. 接枝改性大豆蛋白胶粘剂的合成及性能研究[J]. 大豆科学, (6):
　　135-139.

陶红, 梁歧, 张鸣镝. 2003. 热处理对大豆蛋白水解液分子量的影响[J]. 食品科学, (11): 18-22.

王尔惠. 1999. 大豆蛋白质生产新技术[M]. 北京: 中国轻工业出版社.

王孟钟, 黄应昌. 1987. 胶粘剂应用手册[M]. 北京: 化学工业出版社.

王伟宏, 徐国良. 2007. 豆胶/PF 的混合应用[J]. 东北林业大学学报, (2): 59-60.

魏起华, 童玲, 陈奶荣, 等. 2008. 十二烷基硫酸钠对大豆基木材胶黏剂的改性作用[J]. 浙江林学院学报, 25(6): 772-776.

吴梧桐. 2010. 生物化学[M]. 2 版. 北京: 中国医药科技出版社.

吴英山, 张洋, 李文定, 等. 2013. 豆胶杨木/麦秸复合刨花板制造工艺[J]. 林业工程学报, 27(5): 95-97.

吴志刚. 2013. 解聚和交联改性大豆蛋白基胶黏剂研究[D]. 昆明: 西南林业大学.

吴志刚, 雷洪, 杜官本. 2012. 大豆蛋白的碱处理研究[J]. 林业工程学报, 26(5): 75-78.

吴志刚, 雷洪, 杜官本. 2015. 大豆蛋白基胶黏剂研究与应用发展现状[J]. 粮食与油脂, 28(11): 1-5.

吴志刚, 张本刚, 梁坚坤, 等. 2019. 大豆蛋白-三聚氰胺-尿素-甲醛树脂胶黏剂固化剂的研究[J]. 西北林学院学报, (5): 212-217.

徐海鑫, 高强, 张世锋, 等. 2015. 乙二醛/尿素共缩聚树脂增强大豆蛋白基胶黏剂的研究[J]. 中国人造板, (2): 17-20.

杨光, 卢晶昌, 杨波, 等. 2015. 大豆蛋白胶枫木刨花板热压工艺研究[J]. 上海理工大学学报, (1): 89-98.

于红卫, 刘志坤, 方群, 等. 2014. 淀粉-碱木素改性酚醛树脂的粘接性能及固化动力学研究[J]. 浙江农林大学学报, 31(1): 129-135.

张本刚, 吴志刚, 席雪冬, 等. 2018. 高浓度甲醛和大豆蛋白改性酚醛树脂的研究[J]. 中国胶粘剂, 27(5): 27-30+49.

张国治. 1998. 碱法水解大豆蛋白的研究[J]. 食品工业, (5): 12-13.

张俐娜. 2006. 天然高分子改性材料及应用[M]. 北京: 化学工业出版社.

张齐生, 焦士任. 1991. 单宁酚醛树脂胶在竹材胶合板中的应用研究[J]. 林产工业, (4): 11-15.

张新荔, 吴义强, 胡云楚, 等. 2012. 高强耐水 PVA/淀粉木材胶黏剂的制备与性能表征[J]. 中南林业科技大学学报, 32(1): 104-108.

张亚慧, 于文吉, 祝荣先. 2008. 苯酚改性豆基蛋白胶黏剂的制备及胶接强度的研究[J]. 化学与黏合, 30(1): 13-16.

郑志锋, 郑云武, 顾继友, 等. 2015. 生物基木材胶粘剂[J]. 粘接, (2): 32-40.

周春燕, 药立波. 2018. 物化学与分子生物学[M]. 9 版. 北京: 人民卫生出版社.

周晓剑. 2009. 胶合板用豆胶的解聚与交联特性初探[D]. 昆明: 西南林业大学.

周晓剑, 王辉, 张俊, 等. 2017. 单宁树脂在木材工业的应用研究进展[J]. 西北林学院学报, 32(5): 225-229.

朱劲, 单人为, 李琴, 等. 2014. 几种常规改性方法对大豆蛋白化学结构的影响[J]. 浙江林业科技, (2): 5-8.

朱伍权, 陆莹, 张跃宏, 等. 2013. MUF 改性大豆蛋白胶黏剂的制备与性能研究[C]. 北京: 北京国际粘接技术研讨会暨第五届亚洲粘接技术研讨会.

赵临五, 曹葆卓, 王锋, 等. 1993. 胶合板用黑荆树单宁粘合剂[J]. 林产化学与工业, 13(2): 113-119.

Abdullah U H, Pizzi A. 2013. Tannin-furfuryl alcohol wood panel adhesives without formaldehyde[J]. European Journal of Wood and Wood Products, 71(1): 131-132.

Akbari S, Gupta A, Khan T A, et al. 2014. Synthesis and characterization of medium density fiber board by using mixture of natural rubber latex and starch as an adhesive[J]. Journal of the Indian Academy of Wood Science, 11(2): 109-115.

Amaral-Labat G A, Pizzi A, Goncalves A R, et al. 2008. Environment-friendly soy flour-based resins without formaldehyde[J]. Journal of Applied Polymer Science, 108(1): 624-632.

Baishya P, Maji T K. 2014. Studies on effects of different cross-linkers on the properties of starch-based wood composites[J]. Acs Sustainable Chemistry & Engineering, 2(7): 1760-1768.

Ballerini A, Despres A, Pizzi A. 2005. Non-toxic, zero emission tannin-glyoxal adhesives for wood panels[J]. Holz als Roh-und Werkstoff, 63(6): 477-478.

Barry A O, Peng W, Riedl B. 1993. The effect of lignin content on the cure properties of phenol-formaldehyde resin as determined by differential scanning calorimetry[J]. Holzforschung, 47(3): 247-252.

Bisanda E T N, Ogola W O, Tesha J V. 2003. Characterisation of tannin resin blends for particle board applications[J]. Cement & Concrete Composites, 25(6): 593-598.

Bornstein L F. 1978. Lignin-based composition board binder comprising a copolymer of a lignosulfonate, melamine and an aldehyde: US4130515[P]. 1978-12-19.

Dongre P, Driscoll M, Amidon T, et al. 2015. Lignin-furfural based adhesives[J]. Energies, 8(8): 7897-7914.

Felby C, Hassingboe J, Lund M. 2002. Pilot-scale production of fiberboards made by laccase oxidized wood fibers: Board properties and evidence for cross-linking of lignin[J]. Enzyme and Microbial Technology, 31(6): 736-741.

Foo L Y, Hemingway R W. 1985. Condensed tannins: Reactions of model compounds with furfuryl alcohol and furfuraldehyde[J]. Journal of Wood Chemistry and Technology, 5(1): 135-158.

Gao Q, Shi S Q, Zhang S F, et al. 2012. Soybean meal-based adhesive enhanced by MUF resin[J]. Journal of Applied Polymer Science, 125(5): 3676-3681.

Gao Z, Yuan J L, Wang X M, et al. 2007. Phenolated larch - bark formaldehyde adhesive with multiple additions of sodium hydroxide[J]. Pigment & Resin Technology, 36(5): 279-285.

Geng X, Li K. 2006. Investigation of wood adhesives from kraft lignin and polyethylenimine[J]. Journal of Adhesion Science and Technology, 20(8): 847-858.

Gornik D, Hemingway R W, Tišler V. 2000. Tannin-based cold-setting adhesives for face lamination of wood[J]. Holz als Roh-und Werkstoff, 58(1/2): 23-30.

Grigsby W, Warnes J. 2004. Potential of tannin extracts as resorcinol replacements in cold cure thermoset adhesives[J]. Holz als Roh-und Werkstoff, 62(6): 433-438.

Hermiati E, Lubis M A R, Risanto L, et al. 2015. Characteristics and bond performance of wood adhesive made from natural rubber latex and alkaline pretreatment lignin[J]. Procedia Chemistry, 16: 376-383.

Hettiarachchy N S, Kalapathy U, Myers D J, et al. 1995. Alkali-modified soy protein with improved adhesive and hydrophobic properties[J]. Journal of the American Oil Chemists' Society, 72(12): 1461-1464.

Hoong Y B, Paridah M T, Loh Y F, et al. 2011. A new source of natural adhesive: *Acacia mangium* bark extracts co-polymerized with phenol-formaldehyde (PF) for bonding Mempisang (*Annonaceae* spp.) veneers[J]. International Journal of Adhesion & Adhesives, 31(3): 164-167.

Huang W N, Sun X Z. 2000a. Adhesive properties of soy proteins modified by sodium dodecyl sulfate and sodium dodecyl benzene sulfonate[J]. Journal of the American Oil Chemists' Society, 77(7): 705-708.

Huang W N, Sun X Z. 2000b. Adhesive properties of soy proteins modified by urea and guanidine hydrochlo-ride[J]. Journal of the American Oil Chemists' Society, 77(1): 101-104.

Ibrahim V, Mamo G, Gustafsson P J, et al. 2013. Production and properties of adhesives formulated from laccase modified Kraft lignin[J]. Industrial Crops & Products, 45: 343-348.

Jorge F C, Neto C P, Irle M, et al. 2002. Wood adhesives derived from alkaline extracts of maritime Pine bark: Preparation, physical characteristics and bonding efficacy[J]. European Journal of Wood and Wood Products, 60(4): 303-310.

Kalapathy U, Hettiarachchy N S, Myers D, et al. 1996. Alkali-modified soy proteins: Effect of salts and disulfide bond cleavage on adhesion and viscosity[J]. Journal of the American Oil Chemists, Society, 73(8): 1063-1066.

Koumba-Yoya G, Stevanovic T. 2017. Study of organosolv lignins as adhesives in wood panel production[J]. Polymers, 9(2): 46-59.

Kuo M, Stokke D. 2001. Soybean-based adhesive resins for composite products[J]. Forest Products Society: 163-166.

Lambuth A L. 1997. Soybean Glues[M]. 2nd ed. New York: Handbook of Adhesives.

Lee A, Deng Y. 2015. Green polyurethane from lignin and soybean oil through non-isocyanate reactions[J]. European Polymer Journal, 63: 67-73.

Lee W J, Lan W C. 2006. Properties of resorcinol-tannin-formaldehyde copolymer resins prepared from the bark extracts of Taiwan acacia and China fir[J]. Bioresource Technology, 97(2): 257-264.

Lei H, Wu Z G, Du G B. 2014. Cross-linked soy-based wood adhesives for plywood[J]. International Journal of Adhesion & Adhesives, 50: 199-203.

Lei H, Wu Z, Cao M, et al. 2016. Study on the soy protein-based wood adhesive modified by hydroxymethyl phenol[J]. Polymers, 8(7): 256-265.

Li K, Geng X, Simonsen J, et al. 2004a. Novel wood adhesives from condensed tannins and polyethylenimine[J]. International Journal of Adhesion & Adhesives, 24(4): 327-333.

Li K, Peshkova S, Geng X, et al. 2004b. Investigation of soy protein-kymene® adhesive systems for wood composites[J]. Journal of the American Oil Chemists' Society, 81(5): 487-491.

Li X, Li Y, Zhong Z, et al. 2009. Mechanical and water soaking properties of medium density fiberboard with wood fiber and soybean protein adhesive[J]. Bioresource Technology, 100(14): 3556-3562.

Li X, Nicollin A, Pizzi A, et al. 2013. Natural tannin–furanic thermosetting moulding plastics[J]. RSC Advances, 3(39): 17732.

Liang J, Wu Z, Lei H, et al. 2017. The reaction between furfuryl alcohol and model compound of protein[J]. Polymers, 9(12): 711.

Liang J, Wu Z, Xi X, et al. 2019. Investigation of the reaction between a soy-based protein model compound and formaldehyde[J]. Wood Science and Technology, 53(5): 1061-1077.

Lin Stephen Y. 1982. Method for Polymerization Adhesive[P]. US 4332589.

Liu X, Lv S, Jiang Y, et al. 2017. Effects of alkali treatment on the properties of WF/PLA composites[J]. Journal of Adhesion Science and Technology, 31(10): 1151-1161.

Liu Y, Li K. 2002. Chemical modification of soy protein for wood adhesives[J]. Macromolecular Rapid Communications, 23(13): 739-742.

Liu Y, Li K. 2006. Preparation and characterization of demethylated lignin-polyethylenimine adhesives[J]. Journal of Adhesion, 82(6): 593-605.

Liu Y, Li K. 2007. Development and characterization of adhesives from soy protein for bonding wood[J]. International Journal of Adhesion & Adhesives, 27(1): 59-67.

Liu Y, Ruan R, Lin X, et al. 2005. Soy based wood adhesive research and development[J]. Journal of Fujian Forest Science and Technology, 32(4): 1-5.

Luo J, Luo J L, Yuan C, et al. 2015. An eco-friendly wood adhesive from soy protein and lignin: Performance properties[J]. RSC Advances, 5(122): 100849-100855.

Liu Y H, Ruan R S, Lin X Y, et al. 2005. Soy based wood adhesive research and development[J]. Journal of Fujian Forest Science and Technology, 32(4): 1-5.

Masson E, Pizzi A, Merlin A. 1996. Comparative kinetics of the induced radical autocondensation of polyflavonoid tannins. III. Micellar reactions *vs.* cellulose surface catalysis[J]. Journal of Applied Polymer Science, 60(10): 1655-1664.

Masson E, Pizzi A, Merlin M. 1997. Comparative kinetics of the induced radical autocondensation of polyflavonoid tannins. II. Flavonoid units effects[J]. Journal of Applied Polymer Science, 64(2): 243-265.

Meikleham N E, Pizzi A. 1994. Acid-catalyzed and alkali-catalyzed tannin-based rigid foams[J]. Journal of Applied Polymer Science, 53(11): 1547-1556.

Merlin A, Pizzi A. 1996. An ESR study of the silica-induced autocondensation of polyflavonoid tannins[J]. Journal of Applied Polymer Science, 59(6): 945-952.

Mo X, Hu J, Sun X S, et al. 2001. Compression and tensile strength of low-density straw-protein particleboard[J]. Industrial Crops & Products, 14(1): 1-9.

Moubarik A, Charrier B, Allal A, et al. 2010. Development and optimization of a new formaldehyde-free cornstarch and tannin wood adhesive[J]. European Journal of Wood & Wood Products, 68(2): 167-177.

Navarrete P, Mansouri H R, Pizzi A, et al. 2010. Wood panel adhesives from low molecular mass lignin and tannin without synthetic resins[J]. Journal of Adhesion Science and Technology: 1597-1610.

Nie Y N, Tian X C, Liu Y C, et al. 2013. Research on starch-g-poly-vinyl acetate and epoxy resin-modified corn starch adhesive[J]. Polymer Composites, 34(1): 77-87.

Nordqvist P, Khabbaz F, Malmstrom E. 2010. Comparing bond strength and water resistance of alkali-modified soy protein isolate and wheat gluten adhesives[J]. International Journal of Adhesion & Adhesives, 30(2): 72-79.

Osman Z, Pizzi A. 2002. Comparison of gelling reaction effectiveness of procyanidin tannins forwood adhesives[J]. European Journal of Wood and Wood Products, 60(5): 328.

Patel A, Sonis S, Patel H. 2009. Synthesis, characterization and curing of *o*-cresol-furfural resins[J]. International Journal of Polymeric Materials and Polymeric Biomaterials, 58(10): 509-516.

Pizzi A. 1981. Mechanism of viscosity variations during treatment of wattle tannins with hot NaOH[J]. International Journal of Adhesion & Adhesives, 1(4): 213-214.

Pizzi A. 1983. Wood Adhesive: Chemistry and Technology[M]. New York: Dekker.

Pizzi A. 2003. Handbook of Adhesive Technology[M]. New York: Marcel Dekker.

Pizzi A, Meikleham N, Stephanou A. 1995. Induced accelerated autocondensation of polyflavonoid tannins for phenolic polycondensates. II. Cellulose effect and application[J]. Journal of Applied Polymer Science, 55(6): 929-933.

Pizzi A, Merlin M. 1981a. A new class of tannin adhesives for exterior particleboard[J]. International Journal of Adhesion & Adhesives, 1(5): 261-264.

Pizzi A, Knauff C J, Sorfa P, et al. 1981b. Effect of acrylic emulsions on tannin-based adhesives for exterior plywood[J]. European Journal of Wood and Wood Products, 39(6): 223-226.

Pizzi A, Tondi G, Pasch H, et al. 2008. MALDI-TOF structure determination of complex thermoset networks-polyflavonoid tannin-furanic rigid foams[J]. Journal of Applied Polymer Science, 110(3): 1451-1456.

Pizzi A, Valenzuela J, Westermeyer C. 1993. Non-emulsifiable, water-based diisocyanate adhesives for exterior plywood—Part 2: Theory application and industrial results[J]. Holzforschung, 47(1): 69-72.

Pizzi A, Pasch H, Celzard A, et al. 2012. Oligomer distribution at the gel point of tannin-resorcinol-formaldehyde cold-set wood adhesives[J]. Journal of Adhesion Science and Technology, 26(1/3): 79-88.

Prasittisopin L, Li K. 2010. A new method of making particleboard with a formaldehyde-free soy-based adhesive[J]. Composites Part A—Applied Science and Manufacturing, 41(10): 1447-1453.

Qi G, Sun X S. 2011. Soy protein adhesive blends with synthetic latex on wood veneer[J]. Journal of the American Oil Chemists' Society, 88(2): 271-281.

Qu P, Huang H, Wu G, et al. 2015. The effect of hydrolyzed soy protein isolate on the structure and biodegradability of urea-formaldehyde adhesives[J]. Journal of Adhesion Science & Technology, 29(6): 502-517.

Raskin M, Ioffe L O, Pulcis A Z, et al. 2001. Composition Board Binding Material: US 6291558[P]. 2001-9-18.

Roffael E, Dix B, Okum J. 2000. Use of spruce tannin as a binder in particleboards and medium density fiberboards(MDF)[J]. Holz als Roh-und Werkstoff, 58(5): 301-305.

Rogers J, Geng X L, Li K C. 2004. Soy-based adhesives with 1,3-dichloro-2-propanol as a curing agent[J]. Wood & Fiber Science Journal of the Society of Wood Science & Technology, 36(2): 186-194.

Rossouw D. 1979. Reaction Kinetics of Phenols and Tannin with Aldehydes[M]. Gauteng: University of South Africa.

Roux D G, Ferreira D, Hundt H K, et al. 1975. Structure, Stereochemistry, and Reactivity of Natural Condensed Tannins as Basis for Their Extended Industrial Application[M]. New York: ACS Publications: 335-353.

Sauget A, Zhou X, Pizzi A. 2014. Tannin-resorcinol-formaldehyde resin and flax fiber biocomposites [J]. Journal of Renewable Materials, 2(3): 173-181.

Schmitt L G, Hollis J W. 1991. Non-toxic, stable lignosulfonate-urea-formaldehyde composition and method of preparation thereof: US 5075402[P]. 1991-12-24.

Shinatani K, Sano Y, Sasaya T. 1994. Preparation of moderate temperature setting adhesives from softwood kraft lignin[J]. Hohforschung, 48: 337-342.

Sowunmi S, Ebewele R O, Conner A H, et al. 1996. Fortified mangrove tannin-based plywood adhesive[J]. Journal of Applied Polymer Science, 62: 577-584.

Steinmetz A L, Krinski T L. 1987. Modified protein adhesive binder and process for producing: US 4689381[P]. 1987-8-18.

Sun X Z. 2005. Adhesives from modified soy protein: US20050116796[P]. 2005-8-4.

Akbari S, Gupta A, Khan T A, et al. 2014. Synthesis and characterization of medium density fiber board by using mixture of natural rubber latex and starch as an adhesive[J]. Journal of the Indian Academy of Wood, 11(2): 109-115.

Tondi G, Blacher S, Léonard A, et al. 2009a. X-ray microtomography studies of tannin-derived organic and carbon foams[J]. Microscopy & Microanalysis, 15(5): 384-394.

Tondi G, Fierro V, Pizzi A, et al. 2009b. Tannin-based carbon foams[J]. Carbon, 47(6): 1480-1492.

Tondi G, Oo C W, Pizzi A, et al. 2009c. Metal adsorption of tannin based rigid foams[J]. Industrial Crops & Products, 29(2/3): 336-340.

Tondi G, Pizzi A, Delmotte L, et al. 2010. Chemical activation of tannin-furanic carbon foams[J]. Industrial Crops & Products, 31(2): 327-334.

Tondi G, Pizzi A, Masson E, et al. 2008a. Analysis of gases emitted during carbonization degradation of polyflavonoid tannin/furanic rigid foams[J]. Polymer Degradation and Stability, 93(8): 1539-1543.

Tondi G, Pizzi A, Olives R. 2008b. Natural tannin-based rigid foams as insulation for doors and wall panels[J]. Maderas: Ciencia y Tecnología, 10(3): 219-227.

Tondi G, Pizzi A, Pasch H, et al. 2008c. Structure degradation, conservation and rearrangement in the carbonisation of polyflavonoid tannin/furanic rigid foams: A MALDI-TOF investigation[J]. Polymer Degradation & Stability, 93(5): 968-975.

Tondi G, Zhao W, Pizzi A, et al. 2009d. Tannin-based rigid foams: A survey of chemical and physical properties[J]. Bioresource Technology, 100(21): 5162-5169.

Vázquez G, Antorrena G, González J, et al. 1996. Tannin-based adhesives for bonding high-moisture *Eucalyptus* veneers: Influence of tannin extraction and press conditions[J]. Holz als Roh-und Werkstoff, 54(2): 93-97.

Wang S M, Shi J Y, Xu W B. 2015. Synthesis and characterization of starch-based aqueous polymer isocyanate wood adhesive[J]. Bioresources, 10(4): 7653-7666.

Wu Z, Lei H, Du G. 2013. Disruption of soy-based adhesive treated by Ca(OH)$_2$ and NaOH[J]. Journal of Adhesion Science and Technology, 27(20): 2226-2232.

Wu Z, Xi X, Lei H, et al. 2017. Soy-based adhesive cross-linked by phenol-formaldehyde-glutaraldehyde[J]. Polymers, 9(5): 169.

Wu Z, Xi X, Lei H, et al. 2019. Study on soy-based adhesives enhanced by phenol formaldehyde cross-linker[J]. Polymers, 11(2): 365.

Wu Z, Xi X, Xia Y, et al. 2020. Effects of *Broussonetia papyrifera* leaf cutting modes on bonding performance of its protein-based adhesives[J]. European Journal of Wood and Wood Products: doi.org/10.1007/s00107-020- 01533-w.

Xiao Z, Li Y, Wu X, et al. 2013. Utilization of sorghum lignin to improve adhesion strength of soy protein adhesives on wood veneer[J]. Industrial Crops & Products, 50: 501-509.

Yang G, Yang B, Yuan C, et al. 2011. Effects of preparation parameters on properties of soy protein-based fiberboard[J]. Journal of Polymers and the Environment, 19(1): 146-151.

Yang I, Kuo M L, Deland J M. 2013. Bond quality of soy-based phenolic adhesives in southern pine plywood[J]. Journal of the American Oil Chemists' Society, 83(3): 213-237.

Yuan Y, Guo M H, Liu F Y. 2013. Preparation and evaluation of green composites using modified ammonium lignosulfonate and polyethylenimine as a binder[J]. Bioresources, 9(1): 836-848.

Yu H W, Fang Q, Cao Y, et al. 2016. Effect of HCl on starch structure and properties of starch-based wood adhesives[J]. Bioresources, 11(1): 1721-1728.

Zhang J, Liang J, Du G, et al. 2017. Development and characterization of a bayberry tannin-based adhesive for particleboard[J]. Bioresources, 12(3): 6082-6093.

Zhang J, Wang W, Zhou X, et al. 2019. Lignin-based adhesive crosslinked by furfuryl alcohol-glyoxal and epoxy resins[J]. Nordic Pulp & Paper Research Journal, 34: 47-52.

Zhang Y S, Yuan Z S, Mahmood N, et al. 2016. Sustainable bio-phenol-hydroxymethylfurfural resins using phenolated de-polymerized hydrolysis lignin and their application in bio-composites[J]. Industrial Crops & Products, 79: 84-90.

Zhong Z, Sun X, Wang D. 2007. Isoelectric pH of polyamide-epichlorohydrin modified soy protein improved water resistance and adhesion properties[J]. Journal of Applied Polymer Science, 103(4): 2261-2270.

第7章 高(超)支化氨基共缩聚树脂

7.1 高(超)支化聚合物

7.1.1 概述

高度支化的聚合物作为一种新型高分子聚合物发展于20世纪80年代，是继线型、轻度支化和交联高分子之后的第四类高分子(谭惠民等，2004)。因其具有高度的密集结构、几近完美的几何构型、溶解性好、黏度小和大量活性端部基团等独特性能和潜在的应用前景受到科技界和工业界的普遍关注，是聚合物科学领域引起人们广泛研究的一种具有特殊大分子结构的聚合物。

从结构特征来归类，高度支化的聚合物包括树枝状聚合物(dendrimer)和高(超)支化聚合物(highly or hyper branched polymer)(谭惠民等，2004)。树枝状聚合物分子具有规则的和可控制的支化结构，必须经多步连续合成法来制备，每一步合成后都要经过分离、提纯等工序，过程十分烦琐(朱鸣岗等，2002)。高(超)支化聚合物往往只通过单体间的直接聚合一步制得，工序简单，操作方便(孙凤霞等，2015)。因此，高(超)支化聚合物的结构并没有树枝状聚合物复杂，其支化度小于树枝状聚合物，但高(超)支化聚合物的分子支化结构不完善，而且难以控制。

尽管这两类聚合物在结构上和性质上存在差异，但有许多化学性质和物理性质却十分相近，例如在分子结构表面上都有很高的官能度，在有机溶剂中都有较大溶解度，与相应的线型分子相比，它们的熔体和溶液都有较低的黏度，而玻璃化转变温度不受分子结构的影响。

树枝状聚合物一般由 AB_x 型单体($x \geqslant 2$，A，B 均为可反应基团)来制备。如果严格控制聚合条件，并且每一步反应产物经仔细纯化，最后可得到完全支化的规整树枝状大分子。严格来说，树枝状大分子是具有严格的几何对称性的，每一层称为一代反应，在几次反应之后有可能形成一种类似球形的外观，如图 7-1(a)所示。在每一步反应时，树枝状大分子均需要特别的保护措施，每步反应之间对其纯度要求也非常高，从而限制了大规模的工业化生产。如果对反应不加控制，则会得到具有多分散性的高支化聚合物，如图 7-1(b)所示。

高(超)支化的概念最初由 Flory 在 1950 年提出，高和超的区别主要在于反应和支化的程度，在这种结构中，链增长发生在两种不同的官能团之间，而无须另加保护步骤。高(超)支化聚合物与线型聚合物明显不同，常用支化度来进行描述。所谓聚合物的支化度是指完全支化单元和末端单元所占的物质的量分数，它标志

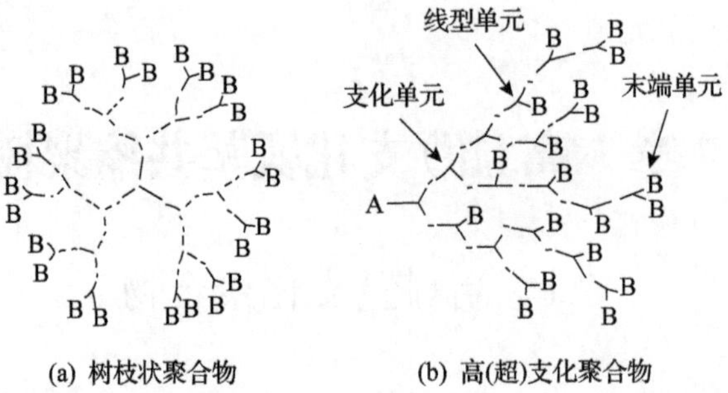

(a) 树枝状聚合物　　　　　　　　　(b) 高(超)支化聚合物

图 7-1　树枝状聚合物和高(超)支化聚合物的结构示意图

注：高支化聚合物的 3 种不同类型的重复单元：线型单元、支化单元、末端单元

着体系中 AB_x 型单体通过"一步法"或"准一步法"聚合而成的聚合物的结构和由多步法合成的完善的树枝状大分子的接近程度，是表征高(超)支化聚合物形状结构的关键参数(Hölter et al.，1997)。高(超)支化聚合物含有 3 种不同类型的重复单元，即支化单元、线型单元和末端单元，而树枝状大分子结构中只含有末端单元和支化单元，没有线型单元。

由于高支化聚合物简单的合成方法使得它比树枝状聚合物更具有应用潜力，更有可能实现大规模工业化生产的基础，因此近年来人们对它们表现出更大的兴趣。根据高支化聚合物的特点和性能，预计可在涂料、黏合剂、流变助剂、线型聚合物的改性剂、晶体成核剂、有机-无机掺杂物的结构控制剂等领域得以应用(刘宏文等，2000)。

7.1.2　合成方法

了解高支化聚合物的合成方法，无论对于那些现在和将来可能参与高支化高分子材料生产和研究的科学工作者，或者从事其他相关科学研究工作的人们，在理论和应用方面都具有重要的指导意义。所有高支化聚合物合成方法的一个普遍特征就是聚合物很少需要纯化，甚至不需要纯化，大大简化了大规模合成高支化聚合物的工艺和降低了其生产成本，使得这类聚合物得以迅猛发展。高支化聚合物大多数是采用缩合反应方法来合成，聚合反应可以在本体中进行，也可在溶液中进行。

几乎所有高支化聚合物都是按照不加控制的方式通过一步法合成，得到多分散性的聚合物，如图 7-2 所示。降低最终产物分散性的一种方法是 AB_x 单体与一个具有 B 官能团的单体进行共聚，该分子充当中心核分子，B 官能团的引入不仅能控制最终产物的分散性，而且能控制最终产物的分子量。

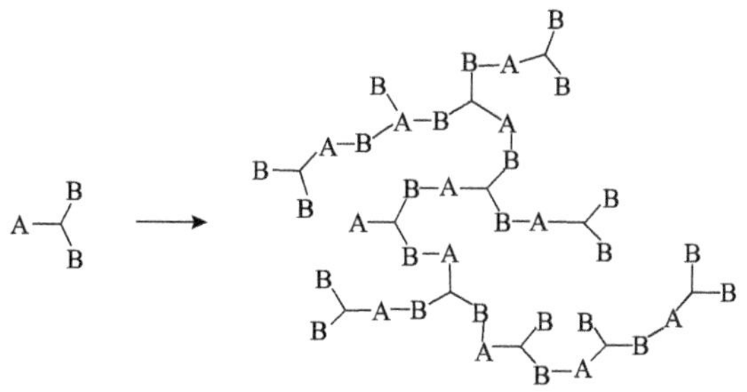

(a)

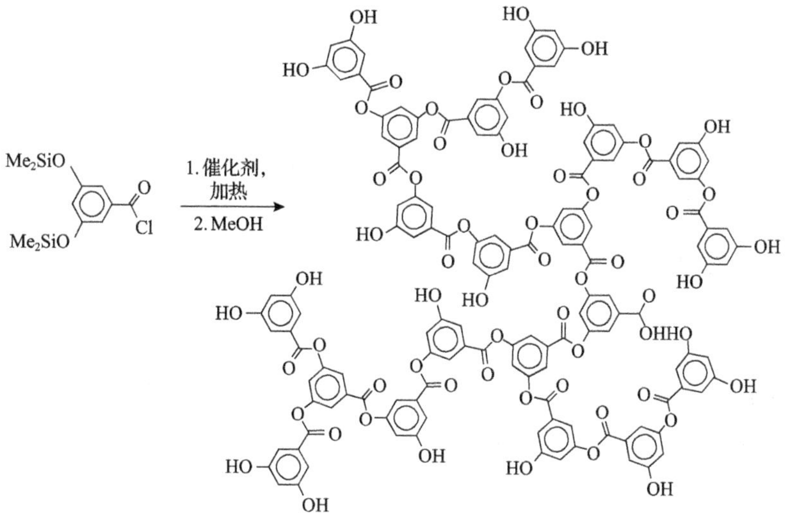

(b)

图 7-2　一步法合成高支化聚合物

(a)由 AB$_2$ 型单体通过缩聚反应合成的无规则高支化聚合物；(b)高支化聚酯的合成

　　高支化聚合物的合成与具有完善支化结构的树枝状大分子的区别在于高支化聚合物采用一步缩聚法合成，与树枝状大分子的多步精确控制合成相比，具有反应条件简单、产物易得、生产效率高和成本低廉等优点。超支化大分子的合成通常使用的单体是 AB$_x$ 型单体，如果添加 B 型分子作为“中心核”，可以起到控制产物的分子量和降低产物分子量分布宽度的作用。从理论上讲，绝大多数聚合反应的方式都可以应用于 AR 单体的聚合。

　　高支化聚合物的合成方法除研究比较成熟的一步缩聚法外，近年来又发展了其他一些合成方法，如固相聚合法、高选择性化学反应法、开环聚合法、自由基聚合法、活性自由基聚合法、阳离子聚合机理的乙烯基自缩聚、基团转移聚合、活性单体法及点击化学法等。随着对超支化聚合物研究的不断深入，人们在不断寻求超支化聚合物新的合成方法。这些“新”的聚合方法进一步增加了得到高支化聚合物的渠道和较为稳定的聚合物，大大地拓展了高支化聚合物的用途。

7.1.2.1 缩聚反应

缩聚反应是合成高支化聚合物最常用的聚合方法，研究比较成熟，与线型缩聚反应的原理相似，只是所用的单体类型不同。通常来说，超支化聚合物的合成方法可分为无控制增长"一步法"和逐步控制增长"准一步法"。

(1)"一步法"是指由 AB_x 型单体不加控制一步反应。它是合成和研究超支化聚合物最常用，也是比较成熟的方法，其优点是合成方法简单，一般无须逐步分离提纯，且聚合物仍可保持树枝状大分子的许多结构特征和性质，其缺点是常得到多分散性的聚合物，分子量无法精准控制。目前已用该方法合成出一系列超支化大分子，如聚醚酮类、聚醚类、聚氨酯类、聚酰胺类、聚碳酸酯、聚酯类、聚硅烷类等。

(2)"准一步法"是指添加 B_y 型分子作为中心"核"。该方法的优点是 B_y 官能团的引入不仅能控制最终产物的分散性，而且能控制最终产物的分子量。众多科学家采用此方法成功合成了具有较低分散性和可控分子量的端羟基超支化聚(胺酯)，所获得的端羟基超支化聚(胺酯)经甲基丙烯酸甲酯改性后可作为光固涂料的甲基丙烯酸酯低聚物，它具有低黏度、高活性和对基材具有高黏结力的优良特性，可大大改善涂料的性能。

7.1.2.2 聚合反应

(1)加成聚合：与缩合聚合的机理不同，加成聚合(加聚)反应是在已存在的引发基团上通过乙烯基加成反应生成超支化聚合物的，有文献将利用自缩合乙烯基聚合方法合成的超支化聚合物称为第二代超支化聚合物。加成反应使合成超支化聚合物的单体数大大增加，其缺点为较难控制聚合度和支化度。

(2)自由基聚合：该聚合物在光致变色涂料及光信息存储薄膜等领域具有较好的应用前景。自由基聚合工业上实现较为容易，可聚合单体的范围广，一般聚合条件温和，可用聚合方法多，如本体聚合、乳液聚合、溶液聚合和气相聚合等。这些优点使得自由基聚合成为应用最广泛的高聚物合成方法。控制聚合物最终的物理和化学性质对于商用聚合物是至关重要的，但是自由基聚合产物分子量分布一般较宽，且难于对聚合物结构进行有效控制。活性自由基聚合由于在聚合过程中增长链始终保持与单体反应的活性，没有链转移与链终止过程，故活性链的浓度始终保持不变。因此，活性自由基聚合是一种可以人为精确控制聚合速率和产物分子量与结构的聚合方法。

近年来，"活性"自由基聚合在合成窄分布线型聚合物和一些嵌段共聚物方面的研究得到很大进展，成为高分子化学界研究的一个热点。迟继波等(2013)用原子转移自由基聚合法，设计合成了超支化聚对氯甲基苯乙烯(h-PCMS)。

(3)阴(阳)离子聚合:Bochkarev 等(1982)报道了用阴离子聚合方法合成三(五氟代苯基)卤化锗超支化聚合物,该聚合反应通过三乙基胺对金属的去质子化作用,产生连着金属的全氟化苯环活性阴离子,然后在全氟化苯环对位进行亲核取代得到高度支化结构,这种聚合物溶于极性和芳香烃类溶剂中。

由于阴离子聚合对于单体、溶剂和引发剂的纯度要求很高,如要求无水、无氧、无二氧化碳以及不存在其他的活性杂质,聚合条件苛刻,可聚合的单体种类有限,实现工业化十分困难。

7.1.2.3　开环聚合

从概念上讲,开环聚合与普通逐步聚合相比,优点就是在合成过程中不需要排除低分子化合物就可得到高分子量产物,但采用开环聚合方法合成超支化聚合物的报道并不多见。现有的开环法制备超支化聚合物一般是利用环氧基团的开环反应,还有一些其他形式的开环聚合,如利用 5-甲基全氢化-1,3 噁嗪-2-酮为单体,钯为催化剂,在 25℃和苯胺引发下,通过脱羧开环聚合合成了含伯胺、仲胺(无支化)、叔胺三级(支化)的超支化聚胺。Suzuki 等(1998)报道了在引发剂存在时环状氨基甲酸酯钯催化开环聚合得到超支化聚醚,引发剂同时也是中心核分子。这种聚合反应是一种原位多支化过程,链端基增长的数量随聚合过程的进行而增加。Sunder 等(1999)通过开环聚合合成了分子量可控且分布较窄的超支化脂肪聚醚。杨晓东等(2009)通过开环聚合反应,以三羟甲基丙烷为核心与偏苯三酸酐和环氧氯丙烷合成了芳香族端羟基超支化聚酯,在碳酸钾水溶液中脱除氯化氢获得了超支化聚酯型环氧树脂。Bach 等(2013)通过表面引发阳离子开环聚合方法,在羟磷灰石纳米晶体表面以甘油为单体合成了超支化聚甘油。

7.1.2.4　其他反应

一般而言,超支化聚合物的合成方法大都采用溶液聚合法,但也有人用收敛法和固相合成法合成了具有精确结构的超支化聚合物。有趣的是,从溶液中聚合得到的超支化聚合物与固相聚合的产物表现出极大的差别,固相聚合的超支化聚合物的尺寸排除色谱峰(SEC)是对称的,且分子量分布很窄[分子量分布宽度指数(FDI)=1.28]。

在普通线型大分子链上接上支链,然后在支链上再接支链,如此循环地反应,直到获得超支化聚合物,这种方法为发散法。与之相对应的是收敛法,即先得到高度支化的支链,再将支链接到线型高分子的主链上,用以上方法得到的超支化高分子,即使分子量再大,也不会发生分子链的缠绕,梳状树枝状高分子就是通过该种方法获得。

另外，利用含有双键并有羧基或酯基的丙烯酸甲酯、丙烯酸乙酯等单体与各种胺类化合物(乙二胺、二乙烯基三胺、二亚乙基三胺、四乙烯五胺等)进行迈克尔加成反应和末端基的氨化反应来获得超支化聚合物，并实现在染料工艺上的应用，既节约了能源又减少了对环境造成的污染(Gao et al.，2003；张峰，2009；刘艳等，2012)。

点击化学法于2001年提出，主要通过小单元的拼接来快速可靠地完成各种各样分子的化学合成(Kolb et al.，2001)。Xie等(2012)采用此方法，以硫基化的超支化聚合物与 3-(4-苯甲酰基苯氧基)丙酯和二甲基氨基乙基丙烯酸酯为原料，进行巯基-烯烃点击化学反应，合成了1种新型的端基为二苯甲酮和叔胺的含硫超支化高分子光引发剂，该超支化聚合物主要用作紫外光固化涂层。

从A、B单体合成制备高分子量的高支化聚合物时应当注意以下几点：①反应基团A和B在催化剂作用下或经过适当的活化(如通过化学、热或光化学过程)后，只能互相反应，自身之间不会发生反应；②在催化剂作用或活化后，基团A和B的反应活性应当足够高，以利于聚合物的生成；③应当防止副反应发生，避免增长的聚合物链失去活性；④特别重要的是，每一个增长链应当具有一个反应基团A而没有在聚合过程中失去活性，以避免链增长过程受到不可逆转的干扰，即分子内不会发生环化等副反应。

7.1.3 性能与应用

7.1.3.1 性能

1)溶液性能

a. 溶解性及溶液黏度

高度支化结构的引入可以显著提高聚合物的溶解性，超支化聚苯和芳香聚酰胺可溶解在有机溶剂中，而对应的线型聚合物则由于主链的刚性，在有机溶剂中几乎是不能溶解的。

由于超支化聚合物含有支化结构，与线型聚合物的溶液黏度也不相同。树枝状大分子最典型的性能特点之一就是其特性黏度随分子量的增加出现最大值，高分子量时，其特性黏度远小于相应的线型分子，但目前还没有发现高支化聚合物的特性黏度随分子量的增加出现最大值，而是随分子量的增加而增加，且在高分子量时明显高于相应的树枝状大分子，其特性黏度要比相应的线型聚合物小得多。

一般而言，小分子液体可看成是牛顿流体，但包括线型高聚物熔体和浓溶液在内的许多流体并不符合牛顿流体定律。树枝状大分子和超支化聚合物的分子结构与传统意义上的线型聚合物的无规则结构不同，其分子结构较紧密，在空间具有三维立体结构，表现出牛顿流体行为，从而在聚合物材料的流变学改性剂方面具有潜在的应用价值。

b. 胶束特性

超支化聚合物可以将一种非极性的内层结构与另外一种极性的外层结构结合在一起，虽然疏水基团与预先形成的分子空腔的主客体作用很特殊，但胶束的易络合性是众所周知的，如胶束在水中可以溶解非极性物质。超支化聚合物具有的发射状聚合物链排列形成了与胶束结构一样的环境，故超支化聚合物在胶束环境中可以表现出典型的胶束性质。与树枝状大分子一样，超支化聚合物在同一分子中同时具有大量的亲水基团和亲油基团，也可以形成单分子胶束。

c. 气-液及液-液平衡性能

超支化聚合物端基的特殊性能，特别是其端基官能团的可控性，使得含有超支化聚合物的溶液能表现特殊的气-液及液-液平衡性能。

d. 其他溶液特性

超支化聚合物在溶液中的尺度会受溶液极性和 pH 等参数的影响表现出其他如荧光等特性。

2) 本体性能

与溶液性能一样，超支化聚合物本体性能与线型聚合物也有很多不同之处，如低的熔体黏度、不易结晶等。以下从超支化聚合物的热性能、结晶性能、力学及流变性能等方面进行解释。

a. 热性能

超支化聚合物虽然都有一个与传统的玻璃化转变相似的热转变温度，但引起热转变的原因可能有所不同，因为它的链段运动主要受支化点和大量端基的影响。

b. 结晶性能

线型聚合物以无定形(非晶态)、结晶态和液晶态的形式存在，而超支化聚合物由于骨架的支化结构降低了它们的结晶能力，所以超支化聚合物通常是无定形聚合物，但随着研究的深入，科学家们发现某些超支化聚合物表现出液晶的性质，但要使液晶基元成功接到超支化聚合物端基上并表现出液晶性，必须要选择适当柔软、完美支化结构的超支化聚合物。

c. 多功能性

树枝状大分子的多功能性源于表面大量官能团的存在，高支化聚合物同样具有大量的官能团，通过端基官能团的改性可以赋予其各种各样的功能特性。

对于超支化聚合物而言，通常用支化度、几何异构体、端基特性、分子量的分散性作为其主要性能指标，其中端基的性质在很大程度上决定了超支化聚合物的热性质和理化功能特性，因为超支化聚合物的功能化主要在端基上进行，如封端和端基接枝等方法。

7.1.3.2　应用

由于现代聚合物合成技术、化学修饰技术以及物理改性技术的不断发展和进步，随着超支化聚合物科学的发展和人们对高支化聚合物的研究和理解，超支化聚合物的性能将能够被设计与调控，各种新型的高支化聚合物和以此为基础的新型材料将会不断涌现，其应用领域也将不断拓展和更新。我们有理由相信，高支化聚合物将是未来最具竞争力且最有应用前途的聚合物之一。超支化聚合物可由核向外生长再封端，终端接枝，表面生长等方法来改性和功能化，依此获得具有特殊结构和性能的超支化聚合物材料。

超支化聚合物的一个成功应用是作为复合材料的增韧剂，在这种应用中，超支化聚合物的极性可以调整，以在体系中实现反应诱导相分离，在保留体系原有良好力学性能的同时，可使体系的韧性大幅度增加。另外一个可能的应用是作为流变学改性剂，已有研究证明，超支化聚合物可成功作为加工助剂，在一些热塑性材料中，既可以改善加工性能，也可以起到增强增韧的作用。

近年来，人们一直致力于发展和开发低能耗、高附加值的环保绿色涂料，超支化聚合物在涂料上的应用吸引了涂料行业的关注和研究。由于这种超支化聚合物分子中含有很多端基官能团，而且官能团可以是多样的，其特殊的高度支化分子形态，不容易发生大分子链的缠结，当分子量增加或浓度提高时仍能保持较低的黏度，从而使其具有独特的流变性质、很好的成膜性以及极佳的抗化学品性、耐久性、力学性能，且大量极性基团使漆膜具有极好的附着力，因此它是一种理想的涂料树脂，并已开发了在高固体组分涂料、粉末涂料等方面的应用。

另外，用超支化聚合物改性纤维复合材料性能的研究越来越受到人们的关注，如采用超支化聚酰胺改性天然纤维。一方面，可在纤维表面引入大量端氨基，而氨基可以与复合材料中改性剂的羧基或酸酐发生酰胺化，大大提高了天然纤维与改性剂的界面黏结，进而提高了复合材料的强度；另一方面，聚酰胺的超支化结构也为天然纤维与改性剂之间提供了更加有效的柔性界面层，柔性界面层有利于界面松弛，当复合材料受到外力作用时，基体树脂将应力通过此柔性界面传递给纤维，此柔性界面起到缓冲层的作用，吸收大量能量，从而显著地提高复合材料的韧性。

在未来一段时间内，高(超)支化聚合物的发展将主要集中在以下几个方面。

1)丰富高(超)支化聚合物的种类

自从超支化聚合物的概念提出以后，文献已报道了大量的超支化聚合物，如超支化聚苯、超支化聚酯、超支化聚醚、超支化聚酰胺、超支化聚酯胺和聚氨酯、超支化聚硅氧烷、超支化聚醚酮等，对已有的超支化聚合物改性也进行了大量的研究。由于高分子材料的应用领域广泛，目前所合成出的超支化聚合物品种还远不能满足其潜在的应用需求，随着超支化聚合物科学的发展，必将有更多的新型超支化聚合物被合成出来，并有合成功能性超支化聚合物的发展趋势。

2)发展新的合成方法

不同的合成方法所需的单体不同，而所合成的超支化聚合物的结构和性能也存在差别。目前，大多数超支化聚合物除了采用缩合聚合反应合成、自缩合乙烯基聚合、开环聚合外还发展了原子/质子转移自由基聚合、固相聚合等新的聚合方法。为了更方便地实现规模化合成超支化聚合物，满足应用发展的需要，降低成本，并对超支化聚合物的结构实现控制外，还需要开发其他新的合成方法，如通过共价键结合或超分子自组装制备具有杂化结构的新型高支化聚合物，通过活性聚合、有机-无机共混、分子胶束化以及其他的方法和技术来设计和赋予超支化聚合物新的性能等。

3)建立新的理论体系与表征方法

由于超支化聚合物与传统的无规则线型聚合物在结构上有很大区别，因而超支化聚合物的出现对传统的以无规则线型高分子为基础建立的高分子科学理论提出了挑战，出现了很多特殊的物理性能，如黏度、流体力学性能和分子量测定表征等都不能用传统高分子理论加以解释。超支化聚合物的分子设计原理、合成化学、结构控制准则等化学问题以及构象、拓扑结构、分子表面特性、凝聚过程、凝聚态结构等物理问题都需要深入地研究，建立新的理论体系。

4)拓展和深化应用领域

目前，超支化聚合物在生物医用材料、非线型光学材料、固体粒子表面改性、超分子化学、纳米材料等方面的应用已逐渐成为研究的热点，也是未来发展的重点。超支化聚合物的应用与其分子结构和独特的性质密切相关。在一些热固性树脂的应用中，超支化聚合物具有较低的树脂黏度，从而减少了达到应用黏度时溶剂的用量和时间，同时还可得到快速固化(高反应活性)和良好的膜性质(高分子量树脂)。

热固性氨基树脂是一类具有交联网状结构的高分子化合物，具有优良的力学性能、浸渍特性、耐热耐压性能、耐腐性能，已广泛应用于复合材料等领域。然而，热固性树脂固化后韧性较差，从而影响了材料的抗冲击性和耐疲劳性能，进而限制了其应用范围，故对其进行改性是提高其性能和效益的有效方法。近些年，高(超)支化聚合物由于其独特的结构和性能受到广泛关注，其合成工艺及物理性能的研究逐渐成为热点，并用来对热固性氨基树脂进行改性。

7.2　高(超)支化氨基共缩聚树脂合成、改性及应用

7.2.1　脲醛树脂胶黏剂缺陷

脲醛树脂的合成反应体系极为复杂，任何一个反应条件都会对其结构和性能

产生显著影响(Rammon et al.，1986)。脲醛树脂结构形成示意图如图 7-3 所示，当有水分侵入时，固化后的脲醛树脂结构发生水解，失去特性，胶合逐步失效，同时释放游离甲醛(周晓剑等，2020；Zhang et al.，2019)。因此，脲醛树脂只有经过改性才能得以较好地使用。在传统合成工艺条件下，树脂化反应同时存在一个平行的水解反应。树脂水解稳定性的初步研究结果表明，树脂中亚甲基桥键最稳定，其次为 uron 环，水解过程中所释放的甲醛来源于亚甲基醚键、与叔氨相连的羟甲基、羟甲基与甲醛形成的缩醛结构(黄泽恩等，1992；孙振鸢等，1994)。高温缩聚的树脂结构简单并有利于降低醚键的含量和提高树脂储存稳定性。

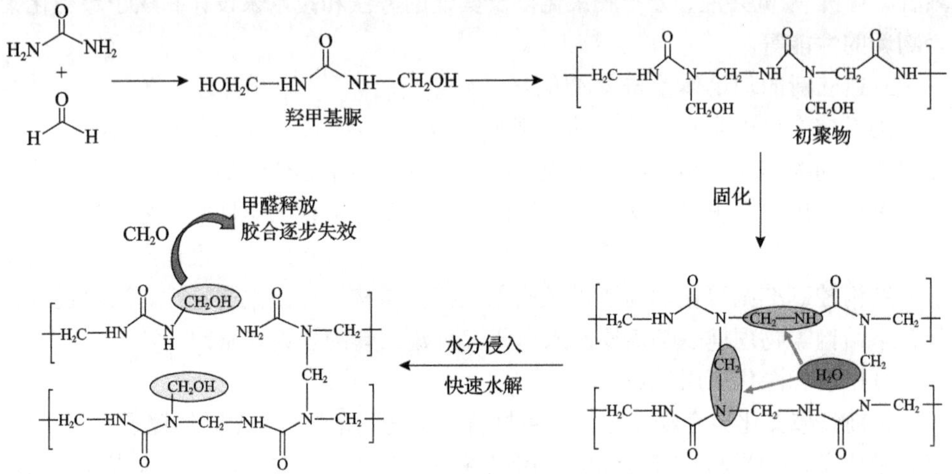

图 7-3　脲醛树脂结构形成示意图

此外，经典理论还认为，尿素与甲醛的反应为可逆反应，甲醛与尿素的物质的量比越高，生成的羟甲基键和醚键也就越多，胶结性能也就越好，但随之而来的便是游离甲醛释放量增加。最新研究结果得出，高物质的量比条件下，氨基树脂性能得到提高还可解释为树脂的支化程度大大增加，提高了树脂的交联度，去支化效应不明显。图 7-4 给出了高物质的量比条件下脲醛树脂形成的支化聚合物和高交联度结构示意图，随着物质的量比的提高，亚甲基含量逐渐下降，而亚甲基醚键的含量逐渐增加，树脂支化度也随之提高，二取代甚至三取代脲含量增

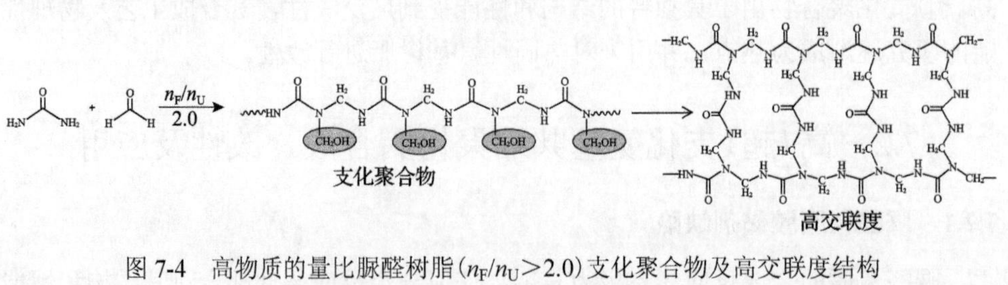

图 7-4　高物质的量比脲醛树脂$(n_F/n_U>2.0)$支化聚合物及高交联度结构

加，最终固化树脂交联度提高。对传统树脂合成工艺而言，甲醛和尿素的最终物质的量比(n_F/n_U)对树脂交联程度有很大影响，交联度高的树脂具有较高的胶合强度，但甲醛释放量始终无法得到有效控制。

为了降低氨基树脂中游离甲醛释放量，科学家们探索出了许多改性脲醛树脂的方法，包括降低甲醛和尿素的物质的量比，优化合成工艺，或使用三聚氰胺改性，实现三聚氰胺、尿素、甲醛三元共缩聚树脂体系的建立等(王辉，2013)。"碱-酸-碱"作为目前使用最为广泛的合成工艺，其方法是在第二步酸性阶段结束后新增一个碱性阶段，在此阶段再添加一批尿素，使得最终甲醛和尿素的物质的量比降至 0.9~1.2(Li et al.，2017；Wang et al.，2018)，后加入尿素的作用在于和树脂中剩余的甲醛进行反应，从而有效降低树脂的游离甲醛释放量。

通过工艺优化，当最终物质的量比相同时，1 次加甲醛和 3 次加尿素比 2 次加甲醛 2 次加尿素的工艺具有较低的分支度。此外，聚乙烯醇(PVA)的加入将导致交联程度降低。传统合成工艺中，弱酸条件下缩聚阶段的物质的量比对树脂结构，尤其是交联度影响最大。对 1 次加甲醛的工艺而言，低物质的量比缩聚的树脂线形结构部分含量较高，对 2 次加甲醛的合成工艺而言，酸性阶段的物质的量比提高导致分支度增加。延长碱性反应时间和延长酸性缩聚时间都会对树脂最终结构产生影响，延长酸性反应时间能得到支链含量高、醚键含量少的树脂，同时树脂中甲氧基的含量也有所降低(杜官本，1999)。另外，降低缩聚阶段的 pH 也有利于提高树脂交联程度和降低游离甲醛含量(杜官本，2000)。

研究表明，第二批尿素的加入使得交联树脂的支链化程度下降，图 7-5 为过量尿素加入后的去支化效应简图。从 ^{13}C-NMR 和 ESI-MS 的分析结果来看(图 7-6)，树脂中大多数支链羟甲基均被裂解，形成线型聚合物，原因是伯氨基(—NH$_2$)比仲胺基(—NHR)对甲醛的反应活性更高，导致支链的羟甲基与尿素形成小分子的羟甲基脲，这是因为单体 N-取代相对于 N,N-取代而言更加稳定。树脂支链化程度下降和低分子量组分的产生导致脲醛树脂性能的急剧下降。

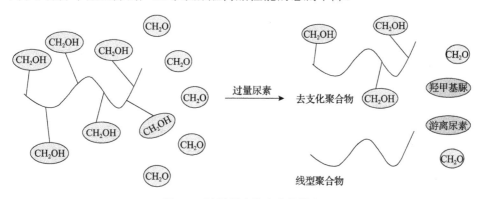

图 7-5　过量尿素的去支化效应

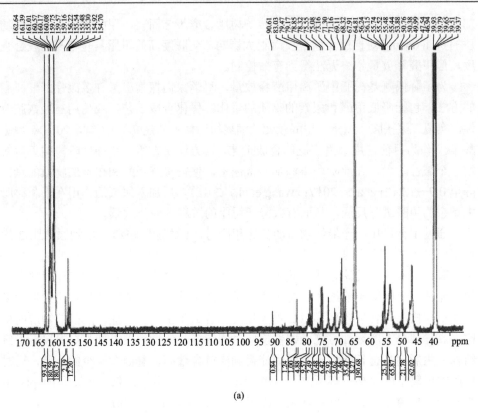

(a)

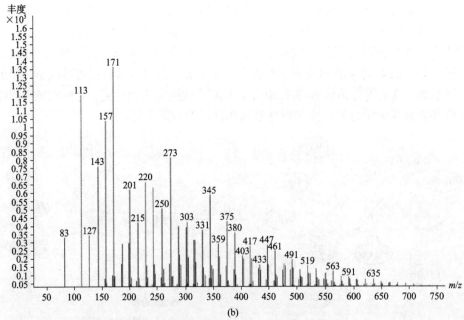

(b)

图 7-6 第二批尿素加入后脲醛树脂的 ^{13}C-NMR（a）和 ESI-MS（b）图谱

第二批尿素加入后，低物质的量比脲醛树脂的去支化聚合物和低交联度结构示意图如图 7-7 所示，聚合物上大多数支化的羟甲基被裂解，导致聚合物的支化程度明显降低。

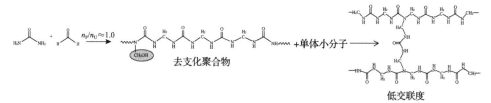

图 7-7 低物质的量比脲醛树脂($n_F/n_U < 1.0$)的去支化聚合物和低交联度结构

从脲醛树脂的 ^{13}C-NMR 谱图分析得出，经过酸性冷凝后，脲醛树脂的游离甲醛已经降到较低的水平，但由于树脂羟甲基化和缩合反应的可逆性导致后期补加尿素显得十分有必要，可进一步将甲醛含量降到最低。因此，后期补充尿素的工艺可认为是甲醛捕捉剂。

除了尿素，其他反应活性更高的小分子物质，如三聚氰胺和苯酚也经常被用作甲醛清除剂，它们不仅可以吸附游离甲醛还可以捕捉羟甲基。也就是说，使用任何一种甲醛捕捉剂都会提高支链型脲醛树脂聚合物的线形化程度。因此，甲醛捕捉剂的使用不是越多越好，但如果甲醛捕捉剂自身有高度支化的结构，和能在脲醛树脂组分及羟甲基之间发生共缩聚反应，那将直接导致树脂支化程度提高。支化结构的甲醛捕捉剂将作为交联剂的角色抵消脲醛树脂去支化效应带来的影响，原理如图 7-8 所示。

^{13}C-NMR 定量结构表征表明，过量尿素的使用，导致初聚物中代表支链结构的 N,N-二羟甲基及支链型亚甲基桥键[—N(CH$_2$—)—NH—]含量显著降低，同时线形结构增加(Wang et al.，2018)。而致密的固化网络结构(或体形结构)要求这两种支化结构单元的含量不能过低，否则固化结构交联度降低，性能劣化明显。研究还指出，低物质的量比的脲醛树脂中含有大量游离尿素和单羟甲基脲，这些小分子物质在热压过程中可以聚合，但只能形成线型聚合物，去支化效应显著。这些结构上的缺陷特征解释了低物质的量比脲醛树脂固化慢和性能下降的原因。

7.2.2 超支化聚合物共缩聚改造

已有研究得出，超支化聚合物合成过程中，A 和 B 的物质的量比为 1.0 时，聚合物也能达到 50%以上的支化程度(Schmaljohann et al.，2003；Reisch et al.，2007)。因此，结合氨基树脂去支化现象明显的缺陷问题和超支化聚合物具有高支化度的优点，可将两者进行结合，从化学和分子结构角度分析，UF 树脂结构存在的问题可通过设计、调整分子内部结构进行优化，也可向 UF 树脂中添加改性剂进行高支化结构改造，总的目的就是优化树脂结构，实现 UF 树脂固化速率、甲醛释放和胶结强度之间的平衡，赋予氨基树脂新的性能。

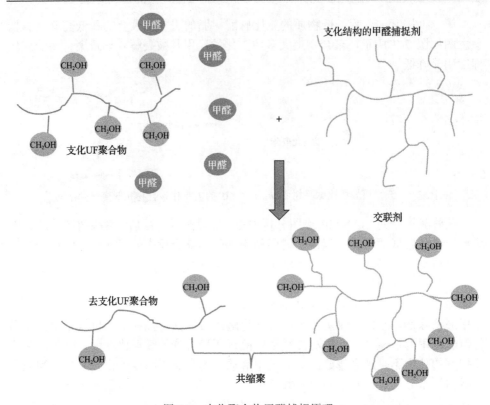

图 7-8　支化聚合物甲醛捕捉原理

端部基团为氨基并且具有较好水溶性的高支化聚合物，如用丙烯酸甲酯和乙二胺合成的聚酰胺-胺(PAMAMs)超支化聚合物可能就是一种潜在的甲醛捕捉剂和交联剂，也被用来改性脲醛树脂和三聚氰胺-尿素-甲醛树脂，但对树脂胶黏剂的力学强度(尤其是耐水性强度)改善和甲醛捕捉效果有限(王辉等，2018；Zhou et al.，2013a，2013b)。

常见的 UF 树脂支化结构改造物质有氨类单体(如三聚氰胺)或带有多氨基的高(超)支化聚合物等，最终目的就是为了提高支化程度和交联度(Tohmura et al.，2001；官仕龙等，2008；Wang et al.，2018；Boran et al.，2012；Ye et al.，2013)。三聚氰胺的加入之所以能较好地改善 UF 树脂的性能，传统研究观点认为，UF 树脂性能的改善主要归因于三聚氰胺具有的三嗪环结构，而杜官本等的最新研究结果表明，UF 树脂性能的改善可能更多地归因于三聚氰胺的官能度高和 3 个氨基(—NH$_2$)存在的事实，根据前面的分析可知，3 个氨基的存在将提高 UF 树脂的支化程度和交联度，进而改善树脂的综合性能，尤其是优化结构和改善耐水性(Li et al.，2018)。

聚酰胺-胺(PAMAMs)超支化聚合物因其具有支化度高、活性基团多及反应活性强等优点被广泛用于高分子树脂材料领域。利用不同端部基团的超支化聚合物对 UF 树脂、三聚氰胺-尿素-甲醛树脂等氨基树脂(尤其以低物质的量比树脂为主)进行改性研究,考察 PAMAMs 添加方式和添加比例对树脂黏度、固含量、固化时间、固化特性、游离甲醛含量、树脂结构及所制备板材力学强度的影响。研究得出,PAMAMs 添加比例为 2%~3%时,树脂结构得到优化(即亚甲基桥键比例增加了 86.98%,亚甲基醚键比例下降了 29.82%,二羟甲基脲比例提高了 1.98%),固化速率得到提升,并且明显降低了树脂的固化温度,由其制备的刨花板内结合强度提高了 44.9%,这种改性优势在低物质的量比 UF 树脂中表现得更为显著(廖晶晶等,2016;Zhou et al.,2014)。

PAMAMs 也可用来改性三聚氰胺-甲醛(MF)树脂,并用改性前后的 MF 树脂完成浸渍胶膜纸和饰面装饰板的制备,从物理性能方面分别对树脂、浸渍胶膜纸和饰面装饰板进行表征研究。结果表明,PAMAMs 的加入降低了 MF 树脂胶黏剂的黏度,缩短了固化时间和延长了其储存期,使树脂浸渍胶膜纸的抗张强度提高了43%和抗伸长率提高了100%,且改性树脂浸渍胶膜纸、饰面装饰板的表面耐污渍、表面耐磨和抗拉强度等物理性能均得到明显提升(周晓剑等,2018)。从理论上分析,这类超支化聚合物与甲醛反应活性高,支化程度也高,但尚无证据表明它们之间发生了真正的共缩聚反应,而且从合成反应机理来看,它们之间的共缩聚是难以发生的,如图 7-9 所示(Zhang et al.,2019)。

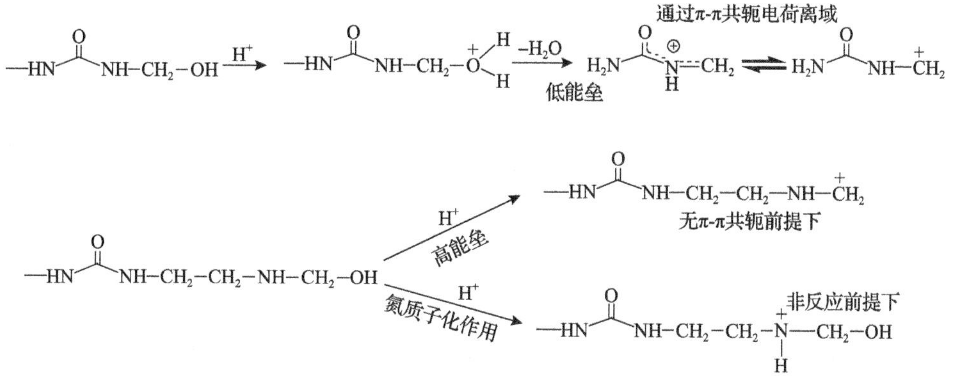

图 7-9　尿素与 PAMAMs 反应形成的中间体的反应性差异

杜官本等的后续研究证明,氨基树脂的改性还面临一定的挑战,因为既要兼顾低甲醛释放又要保证树脂理化性能,因此添加的改性剂应具备如下几个方面的特点:首先,要对甲醛有高的反应活性;其次,与甲醛反应后的产物要能与 UF 树脂本体发生共缩聚;最后,要具有较高的支化程度和水溶性。总之,要具有类似尿素的反应特性(Wang et al.,2018)。

现有高支化聚合物端基并不具备类似尿素的反应活性,必须对其进行结构改造或合成新的具有类似尿素反应活性的高支化聚合物,如图 7-10 所示,才能实现该类聚合物与 UF 树脂的共缩聚反应，形成聚脲结构，这也是作者团队一直在努力攻克的难题。

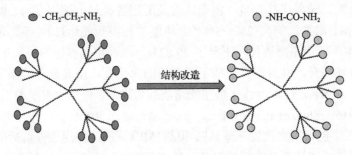

图 7-10　高支化聚合物端基改造思路

　　王辉等(2018)采用"碱-酸-碱"合成工艺，在树脂合成反应末期加入不同比例的尿素及改性端氨基超支化聚合物，合成了改性的 UF 树脂，改性前的 UF 树脂记为 UF_0，改性后的 UF 树脂记为 UF_1。研究结果表明，加入改性超支化聚合物的 UF 树脂具有较低的固化温度，有利于提升树脂的固化速率，且树脂具有较高的热稳定性，黏结的胶合板 2 h 耐冷水胶合强度提升近 50%，树脂中游离甲醛含量明显下降，最重要的是对树脂黏度影响不大(表 7-1)。这正是超支化聚合物的优势所在，不增加黏度的前提下，明显提高树脂的其他性能。通过 ^{13}C-NMR 结构分析得出(图 7-11)，改性超支化聚合物的加入可有效提升树脂中亚甲基桥键(—CH_2—)和 uron 的比例，对树脂耐冷水性能的提升具有重要作用。

表 7-1　UF 树脂改性前后的基本性能

树脂编号	固含量/%	黏度/s	固化时间/s	游离甲醛含量/%	2 h 冷水湿状胶合强度/MPa
UF_0	50	13.0	90	0.23	1.69
UF_1	49	15.0	80	0.11	2.53

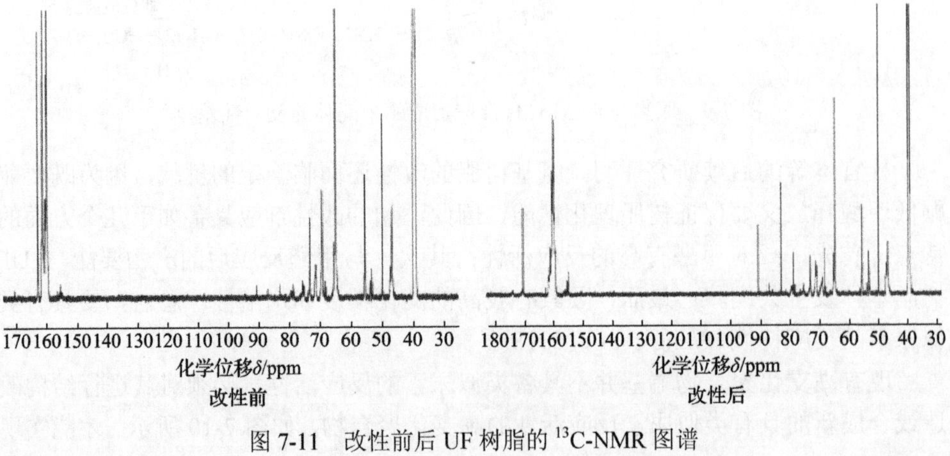

图 7-11　改性前后 UF 树脂的 ^{13}C-NMR 图谱

因此，对 UF 树脂和三聚氰胺-甲醛树脂为主的氨基树脂胶黏剂的研究一直都是人造板行业的重要内容。端部具有活性基团的高支化聚合物容易改性和交联，在材料学领域得到快速发展的同时也在人造板用树脂胶黏剂和木工涂料领域得以尝试(王辉等，2018；Zhou，2013a，2013b，2014；廖晶晶等，2014，2016；张纪芝，2015；焦钰，2009；Essawy，2010，2009)。国内也有厂家对不同端部基团的超支化聚合物进行了研究并在高分子材料和涂料领域进行了销售。但市售端部基团的超支化聚合物由于售价昂贵、黏度高，不利于在木材胶黏剂工业大规模地推广。如果能从氨基树脂结构出发，利用原料特性，则不需要经过分离纯化工序就能合成本身具有一定支化度和较高交联度的高分子树脂聚合物。该类高支化的氨基树脂胶黏剂兼具目前常规氨基树脂的优点，并弥补了缺点，优化了树脂结构，整体提高了树脂性能。期待该类高(超)支化聚合物在木材胶黏剂工业的大规模应用。

7.2.3 类尿素高(超)支化聚合物合成与应用

聚脲结构作为高度支化聚合物的热门领域早在 1995 年就已经开始研究，截至今日，已有许多种合成方法，如 Dvornic 等(2003)通过 A_2+B_3 的合成方式用二异氰酸酯和三胺反应生成聚脲；Tuerp 等(2015)通过有无异氰酸酯的方法对合成聚脲结构进行了重点介绍；在无异氰酸酯的合成方法中，Bruchmann(2007)通过三(2-氨基乙基)胺和尿素的缩聚合成了高支化的聚脲结构，但并未提及作为木材胶黏剂的使用。

杜官本等近期合成了类似尿素的三胺类和多胺类化合物直接用于 UF 树脂的改性(Zhang et al.，2019)，获得了前所未有的改性效果，同时支撑了具有 3 个氨基的三聚氰胺对 UF 树脂性能改进的理论支撑。

7.2.3.1 聚脲-甲醛树脂作为新型木材胶黏剂

利用尿素和乙二胺在高温条件下反应一段时间后获得粉末状的聚脲，然后与甲醛在加成-缩聚反应工艺下合成聚脲-甲醛树脂(Zhang et al.，2019)。为了考察物质的量比对树脂性能的影响，将甲醛与胺类化合物中尿素的物质的量比设置在1.00、0.90、0.85。

合成聚脲结构的 ESI-MS 图谱见图 7-12。

从图 7-12 分析得出聚脲聚合物和羟甲基聚脲的形成，聚脲的分子量分布主要在 169～569 Da，更大分子量的聚合物或许已经形成，但在质谱图中并没有被电离。谱峰对应的结构可大致分析为如图 7-13 所示。87 Da 可归属为循环的产物亚乙基脲，但数量十分有限；169 Da 的谱峰强度最强，可归属为尿素-乙二胺-尿素的三聚体，它的同分异构体乙二胺-尿素-乙二胺在适当物质的量比条件下同样可以获得；147 Da 和 185 Da 代表了带有氢离子和钾离子的同系物；255 Da 和 315 Da 是五聚体和未反应尿素相关的五聚体(Zhang et al.，2019)。

丰度
×10⁵
169
185
87
61
147
212
239
255
271
295
315
331
358
394
422
484
569
m/z
331
358
394
341
377
368
353
384
389
400
411
417
438
445
454
463
484
503
508
522
527
539
554
569
578

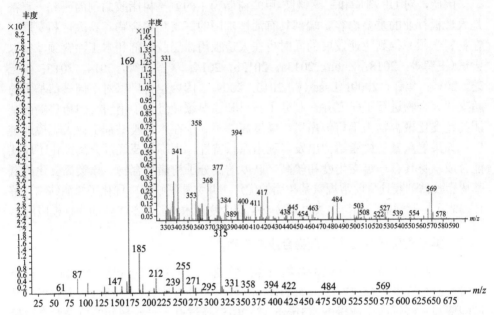

图 7-12　聚脲的 ESI-MS 光谱

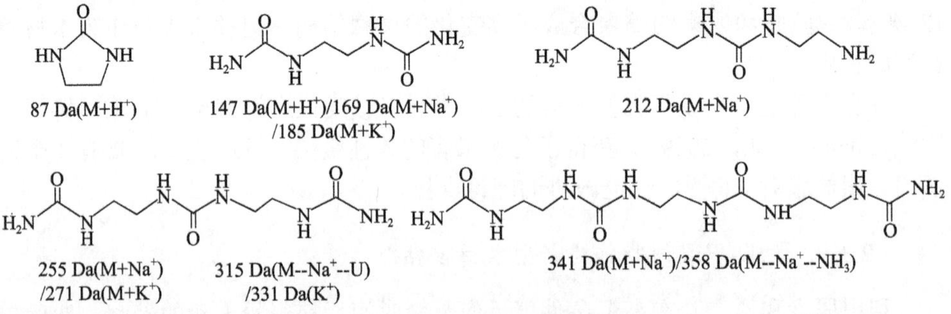

87 Da(M+H⁺)
147 Da(M+H⁺)/169 Da(M+Na⁺)
/185 Da(M+K⁺)
212 Da(M+Na⁺)
255 Da(M+Na⁺)
/271 Da(M+K⁺)
315 Da(M--Na⁺--U)
/331 Da(K⁺)
341 Da(M+Na⁺)/358 Da(M--Na⁺--NH₃)

图 7-13　聚脲 ESI-MS 谱峰归属的代表性结构

质谱图（图 7-14、图 7-15）证明在聚脲和甲醛之间发生了加成反应，羟甲基化的聚脲结构主要归属于 199～982 Da（Zhang et al.，2019）。这些分子量分布与传统 UF 树脂尤其是低物质的量比 UF 树脂的分子量分布是一致的（Wang et al.，2018），299 Da 的谱峰可归属为包含 2 个尿素单体和 2 个羟甲基基团的聚脲结构，199 Da、259 Da、289 Da 与一羟甲基、二羟甲基、三羟甲基和四羟甲基官能团类似。273 Da 可归属为 259 Da 衍生出来的一个被甲氧基化的羟甲基，213 Da 和 243 Da 同样的衍生道理。在固化反应中，由于甲氧基的不活泼特性，因此不希望获得这类产物的形成，但又不可避免，这是因为甲醛溶液中有甲醇的存在，常规氨基树脂合成过程中，甲醛溶液中通常含有 7%～8%的甲醇。375 Da 的系列衍生物是包含 3 个尿素结构的羟甲基化聚合物。387 Da 和 463 Da 代表了环亚甲醚结构(即 uron 结构)形成的产物,如图 7-16 所示。在 500~1000 Da 处的峰值可归属为上述羟甲基化聚脲聚合物的较大同系物(Zhang et al.,2019)。

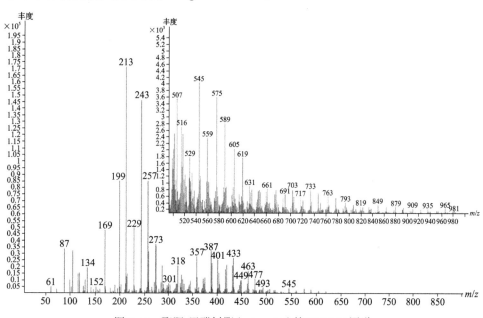

图 7-14 聚脲-甲醛树脂($n_F/n_U=1.0$)的 ESI-MS 图谱

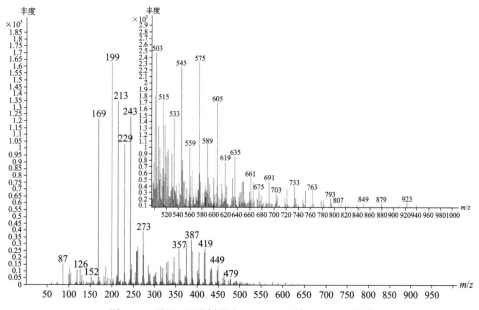

图 7-15 聚脲-甲醛树脂($n_F/n_U=0.85$)的 ESI-MS 图谱

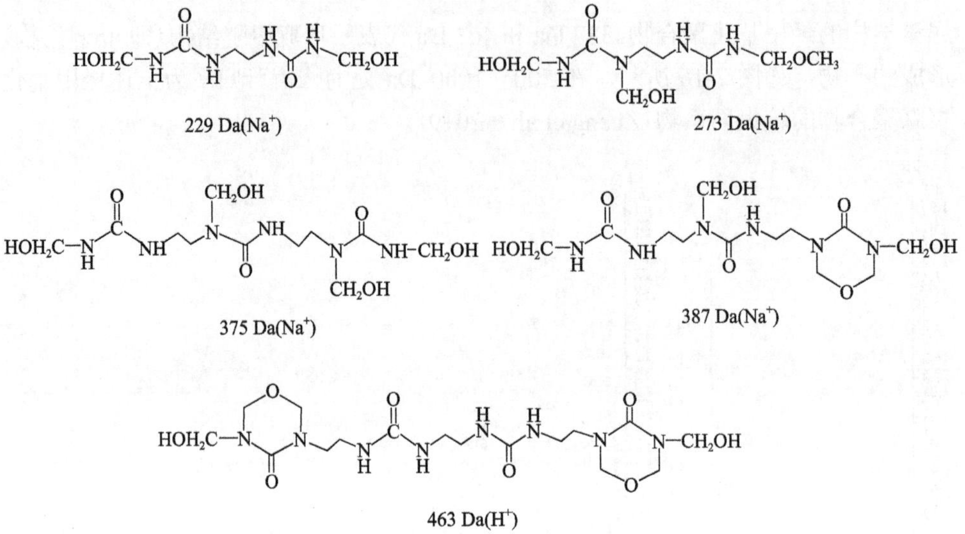

229 Da(Na$^+$)　　　　　273 Da(Na$^+$)

375 Da(Na$^+$)　　　　　387 Da(Na$^+$)

463 Da(H$^+$)

图 7-16　聚脲-甲醛树脂 ESI-MS 谱峰对应的归属结构

对比图 7-14 和图 7-15 得出，不同物质的量比条件下，聚脲-甲醛树脂的谱峰基本相同，但低物质的量比条件下 169 Da 和 199 Da 对应的谱峰强度更强，说明低物质的量比条件下，反应将生成更多未反应和单羟甲基化结构的聚脲，进而导致聚脲树脂交联度的降低。

结构表征也表明这种聚合物具有末端尿素结构，可以和甲醛反应，并且反应产物可以和 UF 树脂发生共缩聚，其机理如图 7-17 所示。

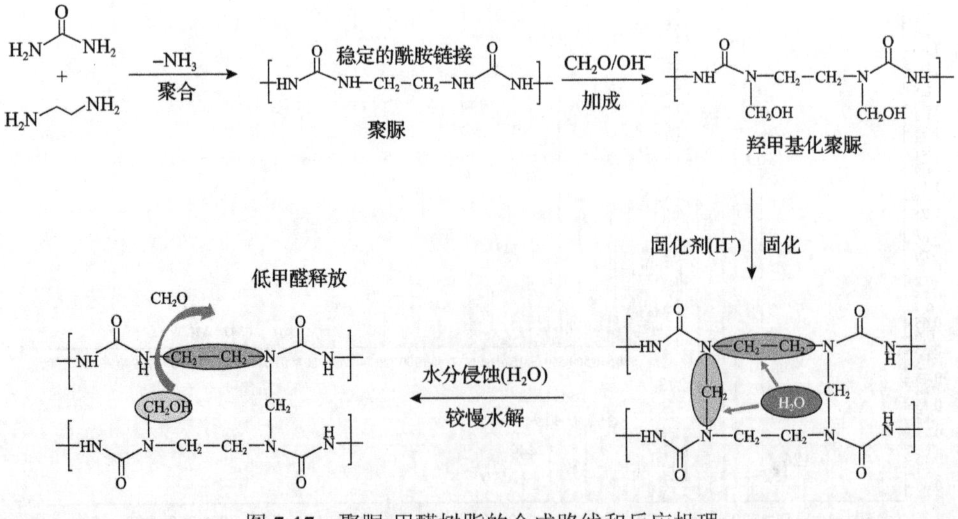

图 7-17　聚脲-甲醛树脂的合成路线和反应机理

对于传统 UF 树脂而言，固化往往在 90～110℃之间发生。聚脲-甲醛树脂有所不同，其 DSC 曲线见图 7-18。从图 7-18 可以看出，聚脲-甲醛树脂与传统 UF 树脂具有同样的固化特性，起始温度从 94.9~98.3℃开始，112.9~117.3℃达到峰值。同时得出，随着物质的量比降低，聚脲-甲醛树脂的固化温度没有发生明显变化(Zhang et al., 2019)，这与传统 UF 树脂的固化温度和固化速率随着物质的量比降低发生的显著变化是截然不同的。

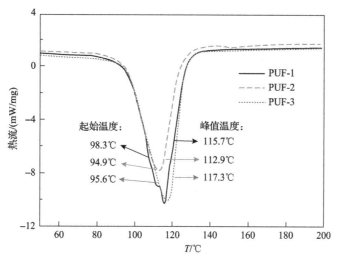

图 7-18　聚脲-甲醛树脂的 DSC 曲线

聚脲-甲醛树脂(物质的量比分别为 1.00、0.90、0.85)与物质的量比 1.6 的 UF 树脂相比，聚脲-甲醛树脂不仅具有优异的胶结特性，更重要的是聚脲结构的 UF 树脂甲醛释放量显著降低(表 7-2)。因此，聚脲结构的引入完全解决了传统 UF 树脂因为物质的量比降低引起树脂性能急剧劣化的突出矛盾问题，实现了由于低物质的量比的树脂性能和甲醛释放之间的平衡。

表 7-2　聚脲 UF 树脂的主要性能

树脂编号	n_F/n_U	黏度/(mPa·s)	固含量/%	胶合强度/MPa		游离甲醛含量/(mg/L)
				冷水	热水	
UF	1.60	1008.0	66.4	1.56±0.09	1.04±0.16	4.0
PUF-1	1.00	351.0	62.5	1.62±0.07	1.10±0.08	1.2
PUF-2	0.90	710.9	65.4	1.54±0.10	1.11±0.16	0.7
PUF-3	0.85	>10000	69.1	0.77±0.06	0.46±0.05	0.3

7.2.3.2　高支化聚脲改性 UF 树脂胶黏剂

杜官本等近几年对传统 UF 树脂合成机理及低物质的量比 UF 树脂的结构缺陷

研究表明，用于改性 UF 树脂的物质需同时满足几个条件：①与 UF 树脂有较好的融合性；②改性剂本身具备较高的支化程度和较大的分子量；③其化学性质类似尿素，对甲醛有较高的反应活性，并且与甲醛反应后的产物(羟甲基化产物)能与 UF 树脂本体发生共缩聚反应。乙二胺与尿素缩合可以生成线型聚脲，那么尿素与具有支链结构的多氨基化合物反应就可以生成高度支化的聚脲。基于上述改性剂的结构要求，利用三(2-氨基乙基)胺(TAEA)和尿素的缩合反应制备了具有类似尿素反应活性的高支化聚脲(HPU)。选择 TAEA 有两个方面的考量：①这一化合物本身分子量较小，聚合物分子量相对容易控制；②分子结构中有三个空间上距离较远的伯氨基，且这三个氨基在参与反应时空间位阻很小。

TAEA 和尿素的缩聚反应属于 A_3+B_2 型，理论上可以控制生成的聚合物支链末端为 TAEA 的脂肪氨基或者是尿素端基。但如果不经过产物的纯化，同时含有脂肪胺端基和尿素端基的产物很可能是主要产物。如前所述，脂肪氨基虽然对甲醛有很高的反应活性，但羟甲基化的脂肪氨基难以和 UF 树脂发生共缩聚。因此，在较高的 U/TAEA 物质的量比条件下，同时延长反应时间，才有可能得到尿素高度封端的聚合物(图 7-19)。在不进行产物纯化的前提下，虽然聚合物的分子量分布可能较宽，但聚合物末端可能几乎都是尿素端基。用这类聚合物改性 UF 树脂可能会得到显著的效果。

基于上述思路，作者课题组采用一步法合成聚脲，且合成中不使用溶剂和催化剂。不使用溶剂的主要原因是考虑到 TAEA 本身黏度较小，且可以溶解尿素。另外，不使用溶剂也可以避免溶剂参与反应生成副产物。对于聚合反应，如果使用催化剂就必须对产物进行纯化，去除催化剂，否则在一定条件下催化剂将催化解聚反应。UF 树脂的固化剂使用就是典型的例子。为催化缩聚反应快速发生，使用了固化剂，但树脂固化后，固化剂残留于树脂，当遇到有水的环境时，固化剂就变成了解聚反应的催化剂。这是 UF 树脂耐水性能较差的原因之一。不使用催化剂，会付出反应时间上的代价，但可以避免后期纯化。经过摸索，TAEA 与尿素的反应时间设为 13 h，温度为 115℃(避免尿素自身在其熔点附近发生缩合)，U/TAEA 物质的量之比分别为 2.5(HPU-2.5)、3.0(HPU-3.0)。对合成得到的产物采用 ESI-MS、GPC 和 ^{13}C-NMR 分析技术进行表征。

ESI-MS 分析的优势在于几乎不产生碎片峰，那么在已知单体结构的基础上根据分子离子峰解析聚合物结构就显得容易，尤其是当参与聚合的单体具有不同分子量时，结构解析就更容易。但是，质谱方法也有显著的局限性。首先，对于混合物体系，尤其对于分子量分布很宽的混合物体系不可能实现定量分析，即谱图中分子离子峰的相对强度往往不能反映各组分的真实相对含量。其次，质谱方法能检测的分子量范围较小。本节所使用的质谱仪分子量检测范围在 2000 Da 以内，这对于高分子聚合物来说显然不足。即便如此，采用 ESI-MS 方法分析聚合物仍

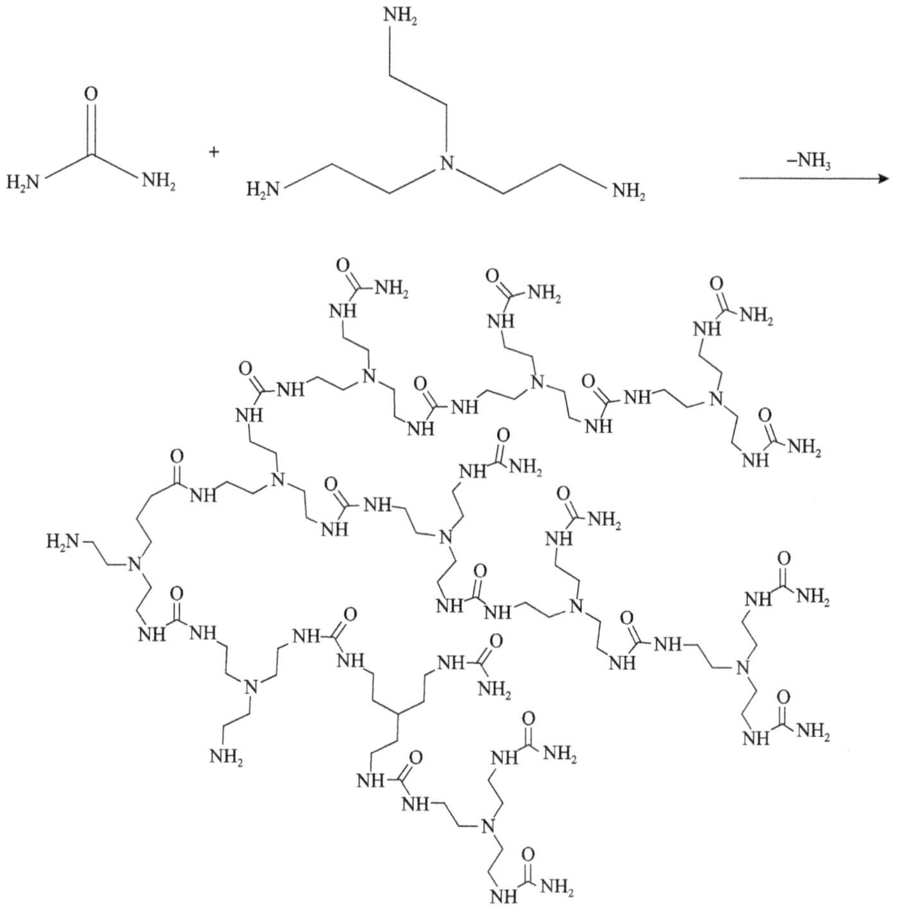

图 7-19　高支化聚脲的合成示意图

然可以获得十分有价值的信息。虽然聚合物的分子量分布可能很宽，但其聚合方式是有限的。简单讲，可以通过小分子量聚合物的结构推断大分子量聚合物的结构。

HPU-2.5 和 HPU-3.0 的质谱图见图 7-20、图 7-21，图 7-22 为分子量在 1000 Da 以内的聚合物结构归属，它们对应于含有 1～4 个 TAEA 单元的聚合物。分子量更大的聚合物可以看作它们的同系物。

从图 7-20 和图 7-21 来看，233 Da 对应于一个 TAEA 与两个尿素缩合的产物，448 Da 对应于 4 个尿素与 2 个 TAEA 缩合的产物。这两种产物中都有一个脂肪胺的氨基未参与缩合。需要指出的是，虽然它们的相对强度很高，但由于质谱不具有定量的功能，所以这并不说明这两种产物占据绝对优势。当然，它们的存在也表明即便 U/TAEA 物质的量比已经高达 2.5，也未能实现尿素的完全封端。这与合成中没有使用溶剂有关。反应后期，反应液黏度增大，反应物流动性急剧降低，导致反应不充分。491 Da、723 Da（706 Da+NH$_3$）和 922 Da（939 Da=922 Da+NH$_3$）

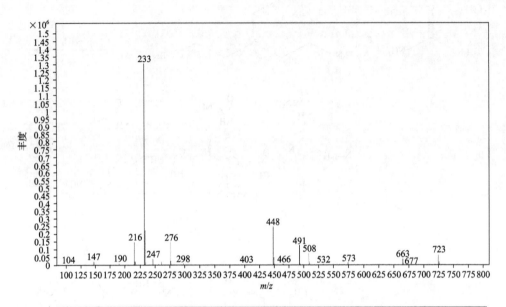

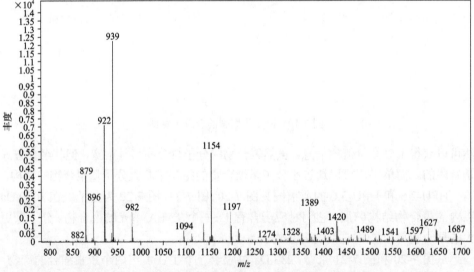

图 7-20　尿素-三(2-氨基乙基)胺合成的 HPU-2.5 质谱图(物质的量比：2.5)

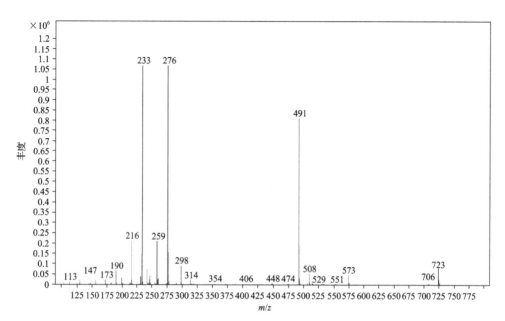

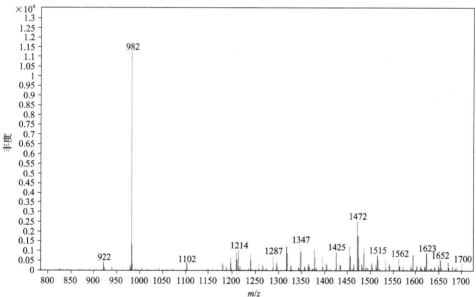

图 7-21　尿素-三(2-氨基乙基)胺合成的 HPU-3.0 质谱图(物质的量比：3.0)

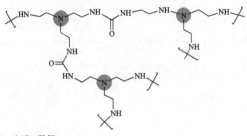

末端U数量：0~3

m/z：147 Da, 190 Da, 233 Da, 276 Da(H⁺)

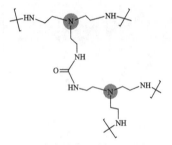

末端U数量：0~4

m/z：319 Da, 362 Da, 405 Da,
448 Da, 491 Da(H⁺)

末端U数量：0~5

m/z：491 Da, 534 Da, 577 Da, 620 Da, 663 Da, 706 Da(H⁺)

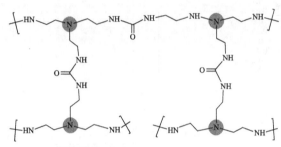

末端U数量：0~6

m/z：663 Da, 707 Da(706 Da), 750 Da,
793 Da, 836 Da, 879 Da, 922 Da(H⁺)

图 7-22　ESI-MS 质谱峰归属（147～922 Da）

则对应于尿素完全封端的聚合物。这类聚合物正是本研究的目标产物。同样，虽然它们的相对强度较低，但也不能说明它们的真实含量低。图 7-21 显示，当物质的量比升高至 3.0 时，276 Da、491 Da、982 Da（922 Da+U）的峰强度明显变大，说明 HPU-3.0 中尿素封端的产物较 HPU-2.5 显著增加。

　　要准确掌握缩聚反应生成产物的分子量分布情况，采用 GPC 分析技术是必要的。HPU-2.5 和 HPU-3.0 的峰面积所占的百分比及数均分子量、重均分子量见表 7-3，HPU-2.5 和 HPU-3.0 的 GPC 色谱图和分子量分布图见图 7-23、图 7-24。若产物在分离中出现多个峰，则 PDI 只能针对每一个峰分别计算，这样整体的 PDI 就无法得到，也不能直接进行不同样品间的比较。因此，比较不同样品中不同平均分子量对应的色谱峰峰面积占比是另一种间接的方法。

表 7-3　HPU 的 GPC 分析数据

胶种	保留时间/s	峰面积/%	数均分子量	重均分子量	多分散性系数(PDI)
	12.464	10.92	169007	254197	1.50
	13.799	32.18	11227	21218	1.89
HPU-2.5	15.735	49	519	1058	2.04
	17.508	7.898	114	117	1.03
	11.931	84.06	168417	282396	1.68
HPU-3.0	13.871	15.94	9588	12612	1.32

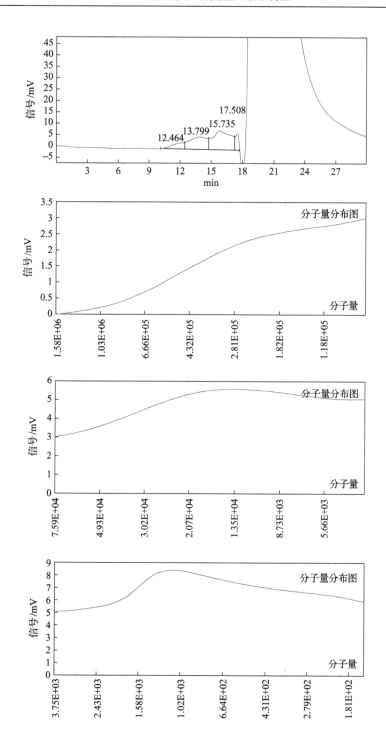

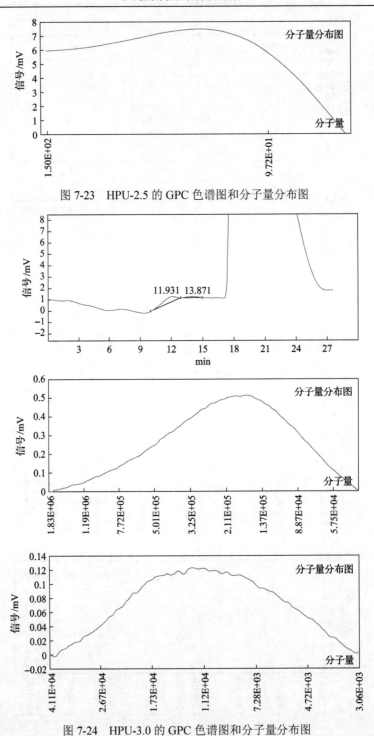

图 7-23　HPU-2.5 的 GPC 色谱图和分子量分布图

图 7-24　HPU-3.0 的 GPC 色谱图和分子量分布图

从表 7-3 中的色谱保留时间来看，HPU-3.0 的出峰时间明显低于 HPU-2.5 的出峰时间，根据出峰越早，分子量越大的原则，说明 HPU-3.0 缩聚形成的大分子的分子量总体上大于 HPU-2.5。这也体现在两者的平均分子量差异上。HPU-2.5 和 HPU-3.0 均表现出较宽的分子量分布，HPU-2.5 的色谱图甚至出现了 4 个峰。造成分子量分布较宽的主要原因是三官能团单体与二官能团单体之间的缩聚（A₃+B₂）本身随机性就大，分子量分布不均匀是必然结果。另外，合成过程中没有使用溶剂，反应后期反应液黏度快速增大，反应物流动性降低，加剧了反应的不均匀性。以数均分子量衡量，在 HPU-2.5 中，分子量在 10000 以上的大分子占比约 43%，说明缩聚反应确实生成了相当一部分高分子聚合物。但是 500 以下的小分子占比约 57%，说明缩聚不够充分。在 HPU-3.0 中，聚合物的平均分子量整体在 9000 以上，并且平均分子量在 160000 以上产物占比超过 80%，缩聚反应程度显著高于 HPU-2.5。

理论上讲，尿素在反应中充当连接 TAEA 单体的桥梁，加入过量尿素可以加快缩聚，减少小分子产物的生成。从上述结果直观地理解，采用较高的 U/TAEA 物质的量比确实可以使产物分子量分布更窄。作者课题组尝试过采用 10 h 合成时间，得到的产物中也可以看到这一趋势，当反应时间延长至 13 h 时，这种趋势更为明显。因此，反应时间可能也是重要的影响因素。

表 7-3 中每一个色谱峰对应产物的 PDI 基本都在 2.0 以下，说明每一个峰对应的产物分子量分布都很窄，产物聚合度相对均匀，结构也应该是类似的。如果将产物进行纯化是可以得到结构较为单一的聚合物的。当然，作为胶黏剂的改性剂使用时，分离产物会显著增加成本，因此在不分离的前提下收窄分子量分布宽度显得更有价值。

ESI-MS 和 GPC 分析结果清楚地表明 TAEA 和尿素确实发生了有效聚合，产生了大分子量聚合物。但是，这些聚合物的尿素封端程度是影响其对 UF 改性效果的关键因素。采用 ¹³C-NMR 技术对聚合物结构进行分析可以获得尿素封端程度的信息，其依据是 TAEA 与尿素反应后，与中心氮原子相连的亚甲基碳的化学位移受影响不明显，但与 TAEA 末端氨基相连的外部亚甲基碳则会因为氨基所连基团的改变而产生化学位移的明显变化。具体地，未与尿素反应时，其结构为 -CH₂-$\underline{CH_2}$-NH₂，而与尿素反应后结构为 -CH₂-$\underline{CH_2}$-NH-CO-NH₂。当采用定量 ¹³C-NMR 分析时，可以根据不同亚甲基碳的相对含量获得有关反应程度的信息。

HPU-2.5 与 HPU-3.0 的 ¹³C-NMR 谱图见图 7-25、图 7-26。HPU-2.5 和 HPU-3.0 中各类型亚甲基碳的相对含量见图 7-27。在其中，55～56 ppm 处的化学位移对应于 TAEA 中未反应的氨基连接的外部亚甲基碳（a 型），53～55 ppm 处的化学位移对应于和尿素相连的碳（b 型），而 37～38 ppm 处的化学位移对应于和三胺中心氮原子相连的内部亚甲基碳（c 型）。在 HPU-2.5 中，a 类型碳原子所占总亚甲基碳的比例为 5.8%。由于每一个 TAEA 分子中外部亚甲基碳数量与末端氨基数量相同，所以如果以末端亚甲基碳为总数来计算，与未反应氨基相连的亚甲基碳占比为 11.5%。也就是有 11.5%的氨基没有参与缩聚。在 HPU-3.0 中，a 型亚甲基碳占总亚甲基碳的比例为 1.0%。类似的计算方法，未与尿素反应的氨基比例为 2.0%。显然，HPU-3.0 中尿素的封端程度明显高于 HPU-2.5。根据 GPC 分析结果，HPU-3.0 平均分子量明显大于 HPU-2.5，加之 HPU-3.0 中尿素的封端程度明显更高，因此理论上讲，HPU-3.0 对于 UF 的改性效果应该更好。

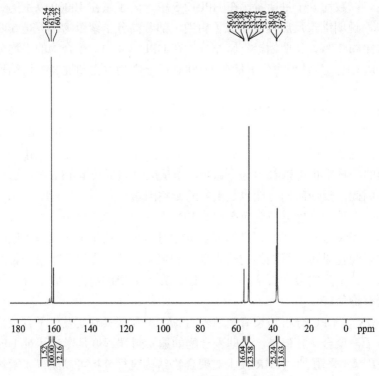

图 7-25　HPU-2.5 的 ¹³C-NMR 谱图

　　在 UF 合成的碱-酸-碱工艺中，HPU 理论上可以在其中任何一个阶段加入。在 n_F/n_U 为 2.0 左右时，若在第一个碱性阶段加入，当反应进入酸性阶段时可能会发生凝胶。同样，直接在酸性阶段加入也会导致类似的结果，因为 HPU 的加入相当于降低了 n_F/n_U。因此，本研究选择在最后一个碱性阶段加入 HPU，并且是在第二批尿素加入之前加入 HPU。这样做的意义在于，当体系中尚有较多游离甲醛时，HPU 加入后可与游离甲醛反应，一方面可以起到清除部分游离甲醛的作用，另一方面，与甲醛反应的羟甲基化 HPU 在固化过程中可与 UF 树脂本体发生共缩聚。尤其是第二批尿素加入后，体系中将产生大量线型聚脲聚合物，羟甲基化的 HPU 与这些线型聚合物在固化过程中发生共缩聚，起到交联的作用。如果在第二

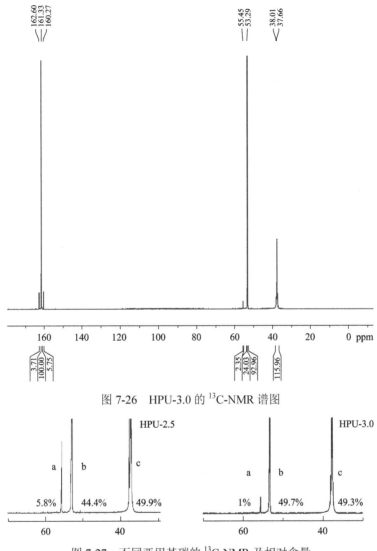

图 7-26　HPU-3.0 的 ^{13}C-NMR 谱图

图 7-27　不同亚甲基碳的 ^{13}C-NMR 及相对含量

批尿素加入之后再加入 HPU,那么绝大部分游离甲醛将与尿素反应,HPU 无法羟甲基化。当然,即便一部分 HPU 不发生羟甲基化,在固化过程中这些聚合物也能够和含有羟甲基的 UF 聚合物发生共缩聚,但反应程度可能会打折扣。为证实 HPU 加入后是否能生成羟甲基化合物,杜官本等合成了 n_F/n_U 为 1.2 的聚脲(UF)树脂,并在第二碱性阶段添加 HPU,采用 ESI-MS 对 HPU、UF 和 HPU-UF 进行了表征,并进行了谱图对照和结构归属。结果表明 HPU 与游离甲醛确实发生了羟甲基化反应。此外还有一部分 HPU 与 UF 组分发生了反应,生成一部分共缩聚产物。图 7-28 为 ESI-MS 谱图中部分产物的可能结构。

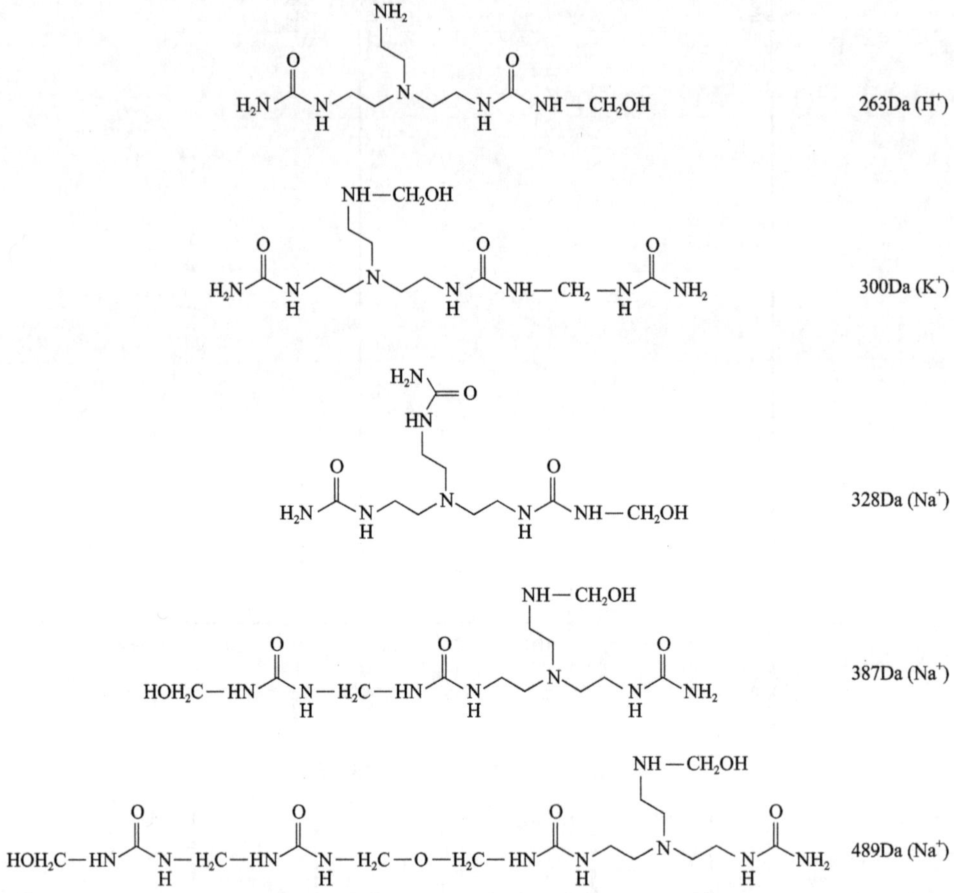

图 7-28　ESI-MS 检测到的部分 HPU-UF 产物

　　上述所有结构表征表明作者课题组的合成获得了预期产物。但是 HPU 对 UF 的性能影响如何，还需要对树脂性能进行测试。为此，杜官本等制备了 UF($n_F/n_U=$ 1.2)并采用 HPU-2.5 和 HPU-3.0 对其进行改性，考察了 HPU 添加量对固化性能和胶合性能的影响。HPU-UF-2.5-1、HPU-UF-2.5-2、HPU-UF-2.5-3　分别为使用 HPU-2.5 改性，用量为 1%、3%、5%的树脂。HPU-UF-3.0-1、HPU-UF-3.0-2、 HPU-UF-3.0-3 分别为使用 HPU-3.0 改性，用量为 1%、3%、5%的树脂。

　　首先采用 DCS 分析 HPU 添加量对树脂固化性能的影响，其结果为图 7-29～ 图 7-31 所示。从图中可以看出，无论是 UF 还是 HPU-UF-2.5 或 HPU-UF-3.0，均在 70～80℃开始固化，而固化峰值温度明显不同。UF 的固化峰值温度在 126℃左右，而添加 1%，物质的量比为 2.5 的 HPU 时，HPU-UF-2.5-1 的固化峰值温度降至 122℃左右。进一步提高添加量为 3%、5%时，峰值温度进一步降低，降至 118℃

左右。在添加物质的量比为 3.0 的 HPU 时，虽然添加量为 1%的 HPU-UF-3.0-1 的固化峰值温度略微提高，但 HPU-UF-3.0-2 和 HPU-UF-3.0-3 相对于 HPU-UF-2.5 而言，峰值温度进一步降低。因此，总的来说，HPU 的添加能够促进树脂的固化作用，并且 U/TAEA 物质的量比越高，促进作用越明显。此外，HPU-UF-3.0-2 在 150℃左右出现了第二个放热峰，根据体系组分推测，该过程应为残留的 HPU 在高温区域进一步缩合而产生。

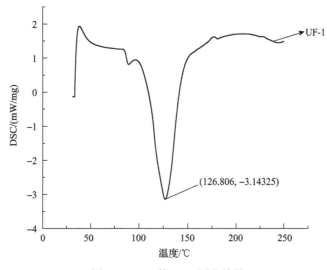

图 7-29　UF 的 DSC 测定结果

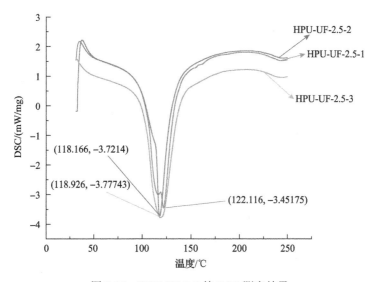

图 7-30　HPU-UF-2.5 的 DSC 测定结果

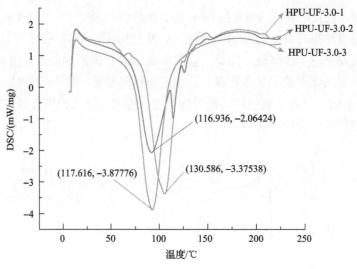

图 7-31　HPU-UF-3.0 的 DSC 测定结果

　　固化是一个交联网络结构形成的过程，其本质仍然是缩聚反应，因此缩聚反应的快慢取决于活性基团的数量。对于 UF 树脂来说，缩聚反应是羟甲基与氨基之间以及不同羟甲基之间的反应。固化网络结构是否致密则取决于树脂支化程度的高低。如前所述，低物质的量比 UF 树脂固化温度较高，或者说固化较慢的原因主要是过量尿素的加入导致羟甲基含量降低，特别是支链型的羟甲基减少。过量尿素的加入还产生了大量小分子产物，这些产物的固化本身就较为困难。从上述实验结果看，HPU 的加入确实促进了树脂固化。这与 HPU 大分子量、高支化度的特征直接有关。同时，尿素封端后，聚合物末端基团容易与 UF 树脂本体发生共缩聚反应而起到交联剂的作用。总体来看，HPU 对 UF 树脂的固化性能的影响基本符合预期。但对胶合性能，特别是耐水性能的改善效果还需要结合人造板物理力学性能测试来进行检验。

　　在最新的国家标准 GB/T 9846—2015《普通胶合板》中规定，试件在冷水中浸泡 24 h 后测得的胶合强度大于 0.7 MPa 达到Ⅲ类板的要求，而在 63℃热水中浸泡 3 h 测得的强度大于 0.7 MPa 才能达到Ⅱ类板的要求。由于 UF 及 HPU 改性 UF，在热水中浸泡 3 h 后均散失了胶合强度，无法进行对比，所以将热水浸泡时间降至 1 h，测得胶合板强度如表 7-4 所示。

　　从实验结果来看，物质的量比为 1.2 的传统 UF 树脂制备的胶合板冷水强度为 0.953 MPa，能够达到Ⅲ类板的要求，但热水中浸泡 1 h 就已经丧失强度。当添加 1%的 HPU-2.5 时，冷水强度比传统树脂高了 0.5 MPa 左右，热水 1 h 性能也大于 1 MPa。当添加量增至 3%时，冷水强度和 UF 相当，热水强度较添加 1%时均有所下降，降低至少 50%以上。添加量增至 5%时，冷水强度又显著上升，但热水强

表 7-4　HPU-UF 胶合的胶合性能

树脂编号	固含量/%	添加量/%	冷水 24 h 强度/MPa	热水 1 h 强度/MPa	黏度/(mPa·s)
UF	56.5	—	0.953	—	54.64
HPU-UF-2.5-1	54.8	1	1.471	1.065	39.24
HPU-UF-2.5-2	55.8	3	0.925	0.411	41.48
HPU-UF-2.5-3	55.6	5	1.414	0.424	45.55
HPU-UF-3.0-1	55.0	1	1.488	1.088	44.05
HPU-UF-3.0-2	55.0	3	1.635	0.826	47.20
HPU-UF-3.0-3	54.3	5	1.520	1.129	31.87

度变化不大。总体来看，HPU 改性后，树脂的耐水强度明显得到改善，尤其是耐热水性能有质的提升。但添加量变化对树脂性能的影响似乎没有体现出趋势性规律。这里主要的原因很可能是 HPU-2.5 分子量分布太宽，虽然使用同一个合成产物，但取出的产物成分差异比较大，导致改性效果变异性较大。

与 HPU-2.5 相比，HPU-3.0 的改性效果要显著得多。添加量为 1%、3%、5% 时，冷水强度在 1.4~1.7 MPa，热水强度在 0.8~1.2 MPa，添加量对强度的影响不明显。显然，正如 GPC 和 ^{13}C-NMR 分析结果所揭示的一样，HPU-3.0 具有较高的平均分子量、较窄的分子量分布宽度以及较高的尿素封端程度，这些优势完全与其改性效果相一致。需要指出，HPU 的添加量并不是越多越好，因为 HPU 本身也消耗甲醛，羟甲基化本身是可逆反应。添加量过大，HPU 除了与游离甲醛反应，同时也会导致 UF 树脂本体发生"去羟甲基化"，相当于进一步降低了 n_F/n_U。因此，HPU 的用量需要根据 UF 树脂的 n_F/n_U 进行调整。

显然，采用 HPU 改性 UF 的尝试是成功的，也充分表明作者课题组提出的 UF 改性剂在结构上需要满足的条件是科学、合理的。同时，上述研究结果也为今后 UF 树脂改性剂的研究和开发指明了方向。

参 考 文 献

迟继波, 姚军善, 李洋, 等. 2013. 借助 ATRP 法合成星型多臂氯甲基苯乙烯甲基丙烯酸甲酯共聚物[J]. 涂料工业, 43(8): 28-34.

杜官本. 1999. 摩尔比对脲醛树脂初期产物结构影响的研究[J]. 粘接, (3): 1-5.

杜官本. 2000. 缩聚条件对脲醛树脂结构的影响[J]. 粘接, (1): 12-16.

官仕龙, 李代华, 刘攀攀, 等. 2008. 脲醛-三聚氰胺甲醛复合树脂胶粘剂的研制[J]. 武汉工程大学学报, 30(4): 12-14.

黄泽恩, 孙振鸢. 1992. 脲醛树脂模型化合物的水解[J]. 木材工业, (1): 19-22.

焦钰. 2009. UV 超支化预聚物制备及功能涂料应用研究[D]. 无锡: 江南大学.

廖晶晶. 2014. 超支化聚合物改性 UF 的研究（I）：聚酰胺-胺添加方式对 UF 性能的影响[J]. 中国胶粘剂, 23（12）: 13-17.

廖晶晶, 周晓剑, 杜官本, 等. 2016. 聚酰胺-胺添加比例对超支化聚合物改性脲醛树脂的影响[J]. 林业科技开发, 1（3）: 21-26.

刘宏文, 陈明, 洪啸吟. 2000. 树枝状或超分枝聚合物在涂料中的应用[J]. 中国涂料, （2）: 33-34.

刘艳, 程友刚, 华琰蓉, 等. 2012. HBP-NH2 改性桑蚕丝织物酸性染料染色性能研究[J]. 丝绸, 48（9）: 6-8.

孙凤霞, 彭夏雨, 康立超, 等. 2015. 超支化聚合物合成方法概述[J]. 热固性树脂, （3）: 52-57.

孙振鸢, 吴书泓, 黄泽恩, 等. 1994. 脲醛树脂中 Uron 结构与胶接制品耐水性的关系[C]. 北京: 粘接学会第五届学术年会-胶黏剂论文集.

谭惠民, 罗运军. 2004. 超支化聚合物[M]. 北京: 化学工业出版社.

王辉. 2013. MUF 共缩聚树脂的合成、结构及性能研究[D]. 南京: 南京林业大学.

王辉, 杜官本, 李涛洪, 等. 2018. 改性超支化聚合物对脲醛树脂性能的影响[J]. 林业工程学报, 3（3）: 68-72.

杨晓东, 郑亚萍, 张娇霞, 等. 2009. 芳香族超支化聚酯型环氧树脂的合成及表征[J]. 材料科学与工程学报, 27（6）: 35-38.

朱鸣岗, 张其震, 侯昭升. 2002. 树枝状聚合物合成方法的新进展[J]. 高分子通报,（4）: 32-40.

张峰. 2009. 超支化聚合物的制备及对棉纤维的功能化改性[D]. 苏州: 苏州大学.

张纪芝. 2015. 多元共缩聚改性脲醛树脂的制备、结构及性能研究[D]. 北京: 北京林业大学.

周晓剑, 李涛洪, 杜官本. 2020. 脲醛树脂（高）文化结构改造研究进展[J]. 中国人造板, 27（4）: 12-17.

周晓剑, 王文丽, 李斌, 等. 2018. 超支化聚合物改性三聚氰胺甲醛树脂的物理性能研究[J]. 西南林业大学学报, 38（6）: 166-171.

Bach L G, Islam M R, Lim K T. 2013. Expanding hyperbranched polyglycerols on hydroxyapatite nanocrystals via ring-opening multibranching polymerization for controlled drug delivery system[J]. Materials Letters, 93（2）: 64-67.

Bochkarev M N, Ermolaev N L, Razuvaev G A, et al. 1982. Trifluoromethylgermylmercury derivatives[J]. Journal of Organometallic Chemistry, 229（1）: C1-C4.

Boran S, Usta M, Ondaral S, et al. 2012. The efficiency of tannin as a formaldehyde scavenger chemical in medium density fiberboard[J]. Composites Part B（Engineering）, 43（5）: 2487-2491.

Bruchmann B. 2007. Dendritic polymers based on urethane chemistry: Syntheses and applications[J]. Macromolecular Materials and Engineering, 292（9）: 981-992.

Dvornic P R, Hu J, Meier D J, et al. 2003. Hyperbranched polyureas, polyurethanes, polyamidoamines, polyamides and polyesters: US 0161113A1[P]. 2003-3-18.

Essawy H A, Moustafa A A B, Elsayed N H. 2010. Enhancing the properties of urea formaldehyde wood adhesive system using different generations of core-shell modifiers based on hydroxyl-terminated dendritic poly(amidoamine)s[J]. Journal of Applied Polymer Science, 115(1): 370-375.

Essawy H A, Moustafa A A B, Elsayed N H. 2009. Improving the performance of urea-formaldehyde wood adhesive system using dendritic poly(amidoamine)s and their corresponding half generations[J]. Journal of Applied Polymer Science, 114(2): 1348-1355.

Gao C, Xu Y, Zhang H, et al. 2003. "AB+C_n" approach to aliphatic hyperbranched polyamides[J]. Polymer Preprints, 44(1): 845-846.

Hölter D, Burgath A, Frey H. 1997. Degree of branching in hyperbranched polymers[J]. Acta Polymerica, 48(1/2): 30-35.

Kolb H C, Finn M G, Sharpless K B. 2001. Click chemistry: Diverse chemical function from a few good reactions[J]. Angewandte Chemie, 40(11): 2004-2021.

Li T, Cao M, Zhang B, et al. 2018. Effects of molar ratio and pH on the condensed structures of melamine-formaldehyde polymers[J]. Materials, 11(12): 2571: 1-12.

Rammon R M, Johns W E, Magnuson J, et al. 1986. The chemical structure of UF resins[J]. Journal of Adhesion, 19(2): 115-135.

Reisch A, Komber H, Voit B. 2007. Kinetic analysis of two hyperbranched A_2+B_3 polycondensation reactions by NMR spectroscopy[J]. Macromolecules, 40(19): 6846-6858.

Schmaljohann D, Voit B. 2003. Kinetic evaluation of hyperbranched A_2+B_3 polycondensation reactions[J]. Macromolecular Theory & Simulations, 12: 679-689.

Sunder A, Hanselmann R, Frey H, et al. 1999. Controlled synthesis of hyperbranched polyglycerols by ring-opening multibranching polymerization[J]. Macromolecules, 32(13): 4240-4246.

Suzuki M, Yoshida S, Shiraga K, et al. 1998. New ring-opening polymerization via a π-allylpalladium complex. 5. Multibranching polymerization of cyclic carbamate to produce hyperbranched dendritic polyamine[J]. Macromolecules, 31(6): 1716-1719.

Li T H, Cao M, Liang J K, et al. 2017. New mechanism proposed for the base-catalyzed urea-formaldehyde condensation reactions: A theoretical study[J]. Polymers, 9(12): 203.

Tohmura S I, Inoue A, Sahari S H. 2001. Influence of the melamine content in melamine-urea-formaldehyde resins on formaldehyde emission and cured resin structure[J]. Journal of Wood Science, 47(6): 451-457.

Tuerp D, Bruchmann B. 2015. Dendritic polyurea polymers[J]. Macromolecular Rapid Communications, 36(2): 138-150.

Wang R, Zhang Z, Chen R, et al. 2018. Synthesis of phenol-urea-formaldehyde resin and its reaction mechanism[J]. Chemistry & Industry of Forest Products, 38(1): 101-109.

Xie H, Hu L, Shi W. 2012. Synthesis and photoinitiating activity study of polymeric photoinitiators bearing BP moiety based on hyperbranched poly (ester-amine) via thiol-ene click reaction[J]. Journal of Applied Polymer Science, 123 (3): 1494-1501.

Ye J, Qiu T, Wang H, et al. 2013. Study of glycidyl ether as a new kind of modifier for urea-formaldehyde wood adhesives[J]. Journal of Applied Polymer Science, 128 (6): 4086-4094.

Zhang B, Jiang S, Du G, et al. 2019. Polyurea-formaldehyde resin: A novel wood adhesive with high bonding performance and low formaldehyde emission[J]. The Journal of Adhesion: doi.org/10.1080/00218464. 2019. 1679631.

Zhou X, Essawy H A, Pizzi A, et al. 2014. First/second generation of dendritic ester-co-aldehyde-terminated poly (amidoamine) as modifying components of melamine urea formaldehyde (MUF) adhesives: Subsequent use in particleboards production[J]. Journal of Polymer Research, 21 (3): 379-256.

Zhou X, Essawy H A, Pizzi A, et al. 2013a. Poly (amidoamine) s dendrimers of different generations as components of melamine urea formaldehyde (MUF) adhesives used for particleboards production: What are the positive implications?[J]. Journal of Polymer Research, 20 (10): 267.

Zhou X, Essawy H A, Pizzi A, et al. 2013b. Upgrading of MUF adhesives for particleboard production using oligomers of hyperbranched poly (amine-ester) [J]. Journal of Adhesion Science and Technology, 27 (9): 1058-1068.